本书配有授课用课件及习题参考答案

普通高等教育电气工程自动化系列规划教材

省级精品课程教材

计算机控制系统

第2版

主编　李　华　侯　涛
参编　魏文军　缪仲翠

U0255046

机械工业出版社

本书较全面、系统地阐述了计算机控制系统的结构、原理、设计和应用技术。

全书共10章，包括：计算机控制系统概述，线性离散系统的数学描述和分析方法，计算机控制系统的多种经典的、现代的先进控制算法，计算机控制系统硬、软件设计，计算机网络控制及网络控制系统设计，计算机控制系统的设计原则与工程实现方法，最后给出了3个计算机控制系统应用设计实例。本书书末附有3个附录，分别是常用函数的 Z 变换、MATLAB控制系统工具箱库函数和本书中部分例题 MATLAB 仿真参考程序清单。本书每章后均配有习题供读者学习使用。

本书可作为高等院校自动化、电气工程及其自动化、机械电子工程、测控技术与仪器、计算机科学与技术等专业的高年级本科生教材和控制学科以及相关学科的研究生教材，也可供有关技术人员参考和自学。

欢迎选用本书作教材的老师登录 www. cmpedu. com 下载本书课件，或发邮件至 jinacmp@ 163. com 索要。

图书在版编目（CIP）数据

计算机控制系统/李华，侯涛主编．—2 版．—北京：机械工业出版社，2016.6（2023.1 重印）
普通高等教育电气工程自动化系列规划教材
ISBN 978-7-111-54181-3

Ⅰ.①计…　Ⅱ.①李…②侯…　Ⅲ.①计算机控制系统—高等学校—教材　Ⅳ.①TP273

中国版本图书馆 CIP 数据核字（2016）第 152012 号

机械工业出版社（北京市百万庄大街 22 号　邮政编码 100037）
策划编辑：吉　玲　责任编辑：吉　玲　王　康　刘丽敏
版式设计：霍永明　责任校对：张　征
封面设计：张　静　责任印制：郜　敏
中煤（北京）印务有限公司印刷
2023 年 1 月第 2 版第 5 次印刷
184mm×260mm · 19.25 印张 · 468 千字
标准书号：ISBN 978-7-111-54181-3
定价：39.80 元

前　言

《计算机控制系统》于2007年出版以来，多次重印，得到了广大读者的认可和欢迎。为满足广大读者的使用需求，以及对新知识的更新需要，目前本书已完成了第2版的修订工作。

本书在保持原书的基本体系结构和基本特色的基础上，增加了近年来计算机控制领域的新理论、新技术，引入了近年来作者完成的科研项目的研究成果，借鉴了课程组近年来的课程改革和课程教学上的成果和经验，吸纳了原书使用中的反馈意见和建议，参考了该课程近年来的国内外优秀教材，对原书的内容进行了部分修改和增删，并继续保持了内容的先进性，使本书结构更加清晰，内容更加全面、系统，逻辑性更强，也更便于读者学习。

本书对原书的修改和调整如下：

(1) 在计算机控制系统中，由于数字信号所固有的时间上离散、幅值上量化的效应，使得控制系统的实现存在一些特殊性。因此在第1章中除了介绍计算机控制和计算机控制系统的基本概念之外，增加了对计算机控制系统与连续系统之间存在的特殊性和一些本质区别的分析，这样更有利于加深读者对计算机控制和计算机控制系统的认识。

(2) 随着通信技术、计算机网络技术、控制技术和软件技术的发展，计算机控制系统已经跨入网络化控制的新阶段。为了适应这种趋势，在第8章中加大了控制网络和网络控制系统内容的介绍，增加了工业以太控制网络系统和控制网络与管理网络的集成技术等内容，在第10章计算机控制系统设计实例中，结合作者的科研成果，增加了基于二乘二取二的分布式安全计算机联锁系统等网络控制应用案例，为读者学习设计计算机网络控制系统提供了帮助。

(3) 第7章修改为计算机控制系统的硬件设计，增加了控制用计算机的选型和构成计算机控制系统的总线连接技术；第9章修改为计算机控制系统的软件设计，增加了控制软件设计语言的选用、控制算法的编排实现和涉及的采样控制系统中采样频率的选择等内容。

(4) 鉴于科学技术迅速发展，将MATLAB计算工具软件作为控制领域的仿真工具应用已经非常普及，相应的参考书也很多，因此本书将原书第10章控制系统计算机辅助设计与仿真内容删除。

(5) 为使全书内容更加丰富和完整，对原书第3章、第4章等部分章节内容做了少量增删，并增加了每章的习题，便于读者学习使用。

本书可作为高等院校自动化、电气工程及其自动化、机械电子工程、测控技术与仪器、计算机科学与技术等专业的高年级本科生教材和控制学科以及相关学科的研究生教材，也可供有关技术人员参考和自学。建议教学学时48~64学时，其中包括8~10学时的实验教学。教师在讲授过程中也可以根据学时安排及学生对象的不同，对本书中控制算法部分的章节进行有针对性的讲授。

本书由李华、侯涛、缪仲翠和魏文军共同编写。其中第1、2章由李华完成，第3~5章由侯涛完成，第6、7、9章由缪仲翠完成，第8、10章由魏文军完成，全书由李华和侯涛统稿。

本书由华中科技大学方华京教授担任主审。第1版主编范多旺教授在本书的编写过程给予了许多宝贵的修改意见和建议；研究生李丹丹、张帅等同学绘制了书中的部分插图，并参与了部分校稿工作。本书编写中认真学习和参考了国内外同行专家学者的有关教材、专著和论文，并在本书中有所引用。此外，本书的编写得到了机械工业出版社的大力支持与帮助。在此，一并对他们表示衷心的感谢！

由于作者水平有限，书中难免存在不妥之处，殷切希望广大读者批评指正。

编　者

目录

第1章

计算机控制系统概述

随着计算机技术的迅速发展，计算机在控制工程领域发挥着越来越大的作用。计算机控制系统是计算机技术与自动控制理论、自动化技术以及检测与传感技术、通信与网络技术紧密结合的产物。利用计算机快速强大的数值计算、逻辑判断等信息加工能力，计算机控制系统可以实现比常规控制更复杂、更全面的控制方案。计算机为现代控制理论的应用提供了有力的工具。同时，计算机控制系统应用于工业控制实践所提出来的一系列理论与工程上的问题，又进一步促进和推动了控制理论和计算机技术的发展。计算机在工业领域已成为不可缺少和不可替代的强有力的控制工具，计算机的参与，对控制系统的性能、结构和控制效果都产生了深刻的影响。可以这样说，目前所有的控制系统都是基于计算机控制来实现的，而所有开发的控制系统都是以计算机控制为基础的。因此，计算机技术的发展为计算机控制系统的应用开辟了无限广阔的空间。

由于计算机的微型化、网络化、性能价格比的上升和软件功能的日益强大，计算机控制系统几乎可以出现在任何场合：实时控制、监控、数据采集、信息处理、数据库等。计算机不仅可用于单个控制回路取代常规的模拟调节器或控制器，而且还经常用在高度现代化的工业生产控制系统中。其应用领域非常广泛，不但是国防、航空航天等高精尖学科必不可少的组成部分，而且在现代化的工、农、医等领域也已发挥着越来越重要的作用。随着计算机技术、高级控制策略、现场总线智能仪表和网络技术的发展，计算机控制技术水平也必将大大提高。因此，掌握计算机控制技术，对于实现生产过程自动化是十分重要的。

本章主要介绍计算机控制系统的基本结构组成、简单概述了计算机控制系统的发展和应用，分析了计算机控制系统不同于连续控制系统的一些特殊问题以及对控制系统设计的影响，最后给出了构成计算机控制系统的一些典型形式和计算机控制系统的两种基本设计方法。

1.1 计算机控制系统的基本概念

计算机控制系统就是利用计算机来实现生产过程自动控制的系统。简单地说，如果控制系统中的控制器功能由数字计算机来实时完成，则称该系统为计算机控制系统。

所谓自动控制，是指在没有人直接参与的情况下，通过控制器使生产过程自动按照预定的规律运行。随着计算机技术的迅速发展，计算机已成为自动控制技术不可分割的重要组成部分。

图1-1所示为计算机控制系统基本结构框图。

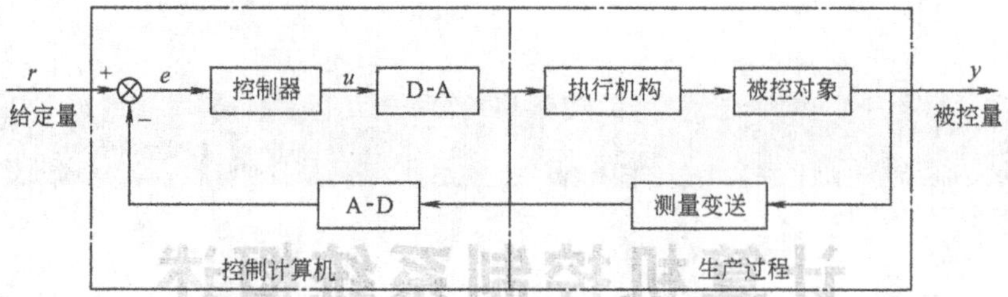

图 1-1 计算机控制系统基本结构

工业生产中的自动控制系统随控制对象、控制算法和采用的控制器结构的不同而有所差别。控制系统为了获得控制信号，要将被控量 y 和给定值 r 相比较，得到偏差信号 $e=r-y$。然后直接利用 e 来进行控制，使系统的偏差减小，直到消除偏差，被控量等于给定值。这种控制，由于控制量是控制系统的输出，被控制量的变化值又反馈到控制系统的输入端，与作为系统输入量的给定值相减，所以称为闭环负反馈系统。

从图 1-1 可以看出，自动控制系统的基本功能是信号的传递、加工和比较。这些功能是由传感器的检测、变送装置、控制器和执行装置来完成的。控制器是控制系统中最重要的部分，它从质和量两方面决定了控制系统的性能和应用范围。

计算机控制系统由控制计算机和生产过程两大部分组成。控制计算机是指按生产过程控制的特点和要求而设计的计算机系统，它可以根据系统的规模和要求选择或设计不同种类的计算机。生产过程包括被控对象、测量变送、执行机构、电气开关等装置。通常生产过程中的物理量大都是模拟信号形式，而计算机采用的是数字信号，为此，两者之间必须通过模-数（A-D）转换器和数-模（D-A）转换器，来实现这两种信号之间的相互转换。当然，对于有些系统直接利用数字信号作为输入和输出信号，就不必通过 A-D 或 D-A 转换设备。

从本质上看，计算机控制系统的控制过程可归纳为以下三个步骤：

1）实时数据采集：对来自测量变送装置的被控量的瞬时值进行检测和输入。

2）实时控制决策：对采集到的被控量进行分析和处理，并按已定的控制规律，决定将要采取的控制行为。

3）实时控制输出：根据控制决策，适时地对执行机构发出控制信号，完成控制任务。

所谓实时，是指信号的输入、计算和输出都要在一定的时间范围内完成，即计算机对输入信息以足够快的速度进行控制，超出了这个时间，就失去了控制的时机，控制也就失去了意义。实时的概念不能脱离具体过程，一个在线的系统不一定是一个实时系统，但是一个实时控制系统必定是在线系统。

上述过程不断重复，使整个系统按照一定的品质指标进行工作，并对被控对象和设备本身的异常现象及时做出处理，通过执行机构控制被控对象，以达到预期的控制目标。

1.2 计算机控制系统的发展与应用

计算机的出现使科学技术产生了一场深刻的革命，同时也把自动控制推向一个新高度。随着大规模及超大规模集成电路的发展，计算机的可靠性和性能价格比越来越高，这使得计算机控制系统得到越来越广泛的应用。

世界上第一台计算机于1946年问世。1952年计算机开始应用于化工生产过程的自动检测和数据处理，并打印出生产管理用的过程参数。1954年开始利用计算机构成开环控制系统，操作人员根据计算机的计算结果及时、准确地调节生产过程的控制参数。1957年开始利用计算机构成闭环控制系统，对石油蒸馏过程进行自动控制。1958年开始试验性地采用直接数字控制系统，从而实现了计算机的“在线”控制。1960年开始在生产过程中实现监督计算机控制。1966年以后计算机控制开始侧重于生产过程的最优控制，并向分散控制和网络控制方向发展。20世纪70年代，随着大规模集成电路技术的发展，于1972生产出微型计算机，使计算机控制技术进入了一个崭新的发展阶段。20世纪80年代以后，微型处理器件迅速发展，价格大幅下降，微型处理器件参与控制，使得计算机控制系统的应用更为普遍，开创了计算机控制的新时代，即从传统的集中控制系统革新为分散控制系统。分散控制系统为工业控制系统的发展提供了基础，它是一种由许多相关联的微计算机组合并共同担负工作负荷的系统，通常包括：控制过程的控制站以及具有操作监视作用的操作站和各种辅助的站点，所有的相互作用通过某种通信网络实现，形成目前广泛应用的集散型控制系统。这种集散型控制系统能够控制生产的各个方面，使操作员通过一台计算机就能够完成对整个生产活动的监视。从20世纪90年代开始，随着微处理技术和其他高新技术的发展，使分散型控制、全监督式控制、智能控制得到了进一步的研究和应用。计算机控制系统的性能价格比的不断提高更加速了计算机控制系统的普及和应用。促进了许多新型计算机控制方式的发展，目前嵌入式计算机控制系统、网络计算机控制系统以及许多专用控制器都得到了迅速的发展。

计算机控制技术的发展除了依赖于计算机硬件的发展外，还依赖于计算机控制软件的进展。计算机控制软件由20世纪80年代以前主要采用汇编语言编写到现在广泛采用高级语言编写实时程序，大大缩短了控制系统的研发周期，成为了控制软件设计的发展方向。

由于计算机具有存储大量信息的能力、强大的逻辑判断能力以及快速运算的能力，使计算机控制能够解决常规控制所不能解决的难题，能够达到常规控制达不到的优异的性能指标，同时进一步促进了许多新型先进技术的研究并迅速扩大了计算机控制系统的应用。先进的制造技术如计算机集成制造、柔性制造系统以及在过程控制方面的软件技术（如DDE、ActiveX、UPC、CUM等）的引入，给工业生产带来了巨大的效益。目前，计算机控制系统的发展，不仅应用在机械、化工、电力、冶金、采矿、核电站、人造卫星等不同的工业领域和航天航空等国防现代化的武器装备中，同时也快速渗透到现代生活的各个方面，并由对单一的设备或产品的控制，发展到通过网络对多个设备的同时远程控制。各类先进的计算机控制设备不仅完成单一的控制功能，甚至参与信息管理和决策支持，实现管控一体化。今天计算机控制系统正迈向网络化、智能化飞速发展的新时代。

1.3 计算机控制系统的组成

计算机控制系统由硬件和软件两部分组成。

1.3.1 计算机控制系统的硬件组成

图1-2给出了计算机控制系统的硬件组成框图。计算机控制系统的硬件主要由计算机系

统（包括主机和外部设备）、过程输入/输出通道、被控对象、执行器和检测变送环节等组成。

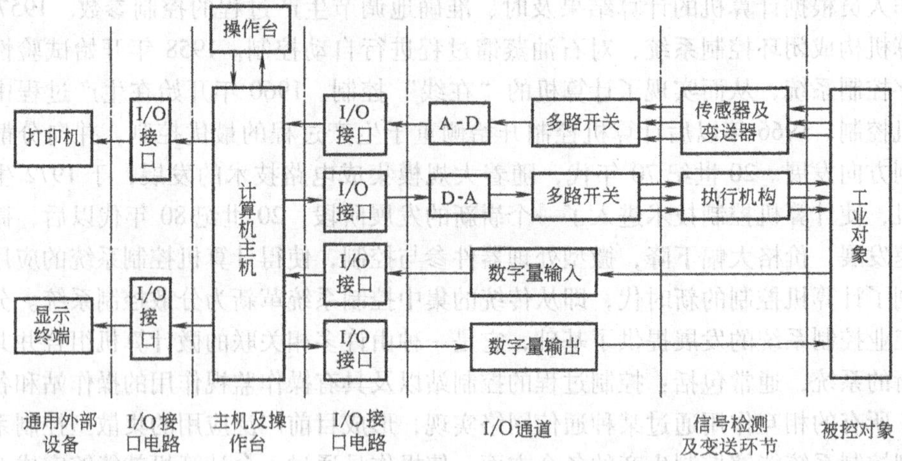

图1-2 计算机控制系统的硬件组成框图

1. 计算机系统

计算机系统包括主机和外部设备。

主机是计算机控制系统的核心，可以根据不同的生产过程控制要求，配置不同的主机设备。通常用于工业控制的主机有：专用工业控制计算机、可编程序控制器（PLC）及各种单板、单片计算机。主机根据过程输入设备送来的实时生产过程工作状况的各种信息，以及预定的控制算法，自动地进行信息处理，及时地选定相应的控制策略，并实时地通过过程输出设备向生产过程发送控制命令。

外部设备可按功能分为输入设备、输出设备、通信设备和外存储器。

常用的输入设备有键盘、鼠标、数字化仪表及专用操作台等，用来输入程序、数据和操作命令。

常用的输出设备有显示器（CRT）、打印机、绘图机和各种专用的显示台，它们以字符、曲线、表格、图形、指示灯等形式来反映生产过程工况和控制信息。

常用的外存储器有磁盘、磁带、光盘等，它们兼具输入和输出两种功能，存放程序和数据。

通信设备的任务是实现计算机与计算机或计算机与设备之间的数据交换。在大规模工业生产中，为了实现对生产过程的全面控制和管理，往往需要几台或几十台计算机才能完成控制和管理任务。不同的地理位置、不同功能的计算机及设备之间需要交换信息时，把多台计算机或设备连接起来，就构成了计算机通信网络。

2. 过程输入/输出通道

系统计算机与工业对象之间的信息传递是通过过程输入/输出通道进行的，它在两者之间起到纽带和桥梁作用。过程输入/输出系统由输入/输出通道（也称检测/控制通道）及接口、信号检测及变送装置和执行机构等组成。从信号传递的方向来看，又可分为过程输入通道和过程输出通道两部分。

常用的输入/输出接口有并行接口、串行接口等，输入/输出通道有模拟量输入/输出通道和数字量输入/输出通道。模拟量输入通道的作用是将检测变送装置得到的工业对象的生产过程参数变成二进制代码送给计算机；输出通道的作用则是将计算机输出的数字控制量变换为控制操作执行机构的模拟信号，以实现对生产过程的控制。数字量输入/输出通道的作用是完成编码数字的输入和输出，将各种继电器、限位开关的状态通过输入接口传送给计算机，或将计算机发出的开关动作逻辑信号通过输出接口传送给生产过程中的各个开关、继电器等。

3. 控制对象

控制对象是指所要控制的生产装置或设备。当控制对象用传递函数来表示时，其特性可用放大系数 K、惯性时间常数 T_m、积分时间常数 T_i 和纯滞后时间 τ 来描述。控制对象的传递函数可归纳为比例环节、惯性环节、积分环节、纯滞后环节等基本环节，而实际控制对象可能是这些基本环节的串联组合。

另外，可以按输入、输出量的个数来分类控制对象。当对象仅有一个输入 $U(s)$ 和一个输出 $Y(s)$ 时，称为单输入单输出对象，如此，还有多输入单输出对象、多输入多输出对象等，如图1-3所示。其中，$U(s)$ 为给定控制量，$Y(s)$ 为被控制量。

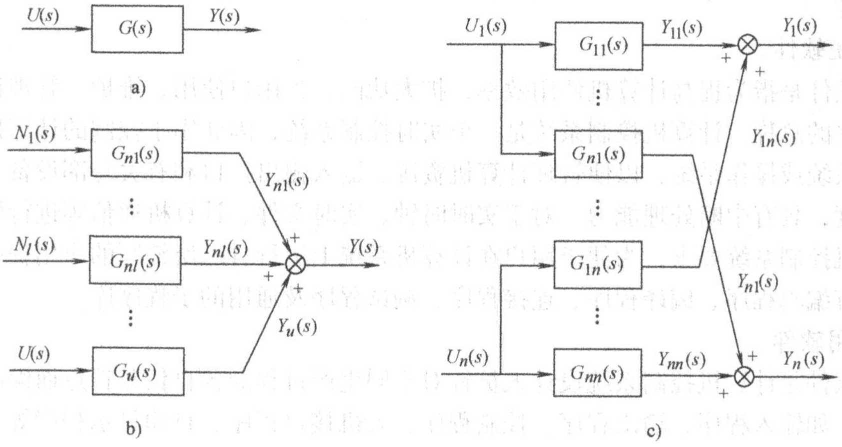

图1-3 控制对象的输入输出

a）单输入单输出对象 b）多输入单输出对象 c）多输入多输出对象

4. 执行机构

在控制系统中，有时控制器的输出可以直接驱动受控对象。但是大多数情况下，受控对象都是大功率级的，而且常与受控对象功率级别不相等，因此控制器的输出不能直接驱动受控对象，从而存在功率放大级问题。解决该问题的装置就称为执行元件，又常称为执行机构或执行器。执行器有适合大功率输出、快速运动、精确运动等不同用途的各种装置，按动力源一般可分为电动式、液压式和气动式3种。在电动执行机构中有步进电动机、直流伺服电动机、交流伺服电动机和直接驱动电动机等实现旋转运动的电动机，以及实现直线运动的直线电动机。电动执行机构由于动力源容易获得，使用方便，所以得到了广泛的应用。液压执行机构有液压油缸、液压马达等，这些装置具有体积小、输出功率大等特点。气动执行机构有气缸、气动马达等，这些装置具有质量轻、价格便宜等特点。

5. 测量变送环节

测量变送环节通常由传感器和测量电路组成，其主要功能是将被检测的各种物理量转变成电信号，并转换成适用于计算机输入的标准信号。传感器作为获取被控信息的手段，是实现测试和自动控制的首要环节，其作用相当于人的“五官”，直接感受外界信息，具有重要的地位和作用。传感器获取和转换信息的正确与否，关系到整个控制系统的准确度。如果传感器的误差很大，后面的处理设备再好，也难以实现准确的测试和控制。自动化程度越高，系统对传感器的依赖性就越大。传感器通常有温度传感器、压力传感器、流量传感器、液位传感器、力传感器等。

计算机控制系统种类繁多，系统复杂程度也不尽相同，组成计算机控制系统的硬件组成也不同，设计者可根据实际情况进行选择。

1.3.2 计算机控制系统的软件组成

计算机的硬件为计算机控制系统提供了物质基础，软件则是计算机系统的神经中枢。计算机控制系统软件是计算机控制系统中具有各种功能的计算机程序的总和，整个系统的动作都是在软件指挥下协调工作的。计算机控制系统的软件从功能上可以分为两大类：系统软件和应用软件。

1. 系统软件

系统软件是指为提高计算机使用效率，扩大功能，为用户使用、维护、管理计算机提供方便的程序的总称。计算机控制系统是一个实时控制系统，因此用于控制的计算机应配备有实时监控系统或操作系统，以便管理计算机资源、输入输出接口和有关外部设备，还要实现模块的调度，具有中断处理能力，对于实时时钟、实时文件、计算机通信等进行管理。根据实际计算机控制系统要求，为便于用户在计算机系统上运行自己所编写的应用程序，系统软件还应具有编辑程序、编译程序、连接程序、调试程序及通用的子程序库。

2. 应用软件

应用软件是计算机控制系统设计人员针对不同生产过程的各自任务特点而编制的控制和管理程序，如输入程序、输出程序、控制程序、人机接口程序、打印显示程序等。应用软件的优劣，将给控制系统的功能、精度和效率带来很大的影响。在进行应用程序的设计时，应注意具有一定的灵活性，便于软件算法的改进或控制功能的增减。

在计算机控制系统中，硬件和软件不是独立存在的，在设计时必须注意两者的有机配合和协调，只有这样才能研制出满足生产要求的高质量的控制系统。

1.4 计算机控制系统的特性

由于数字计算机工作的特殊性，当它直接参与控制构成计算机控制系统时，与连续控制系统相比，在系统的结构、信号形式、工作方式和设计实现方法上都具有一些不同的特征，在本质上也存在许多不相同的性质。

1.4.1 计算机控制系统的特点

在实际工业控制系统中，大多数的被控制量、执行机构和测量部件都是连续模拟信号，而计算机是一个数字式离散处理器，其输入输出量都是数字信号。由于计算机是串行工作的，必须按照一定的时间间隔对连续信号进行采样，将其变成时间上断续的离散信号，进而变成数字信号才能进入计算机，而计算机输出的数字量控制信号则要转换为模拟信号才能控制实际被控对象。所以，在计算机控制系统中，除具有连续模拟信号外，还有离散模拟信号和离散信号等多种信号形式。为了实现各种信号之间的通信，计算机控制系统中必须加入信号转换装置，如 A-D 和 D-A 转换器。

计算机控制系统中信号的具体变换与传输过程如图 1-4 所示。

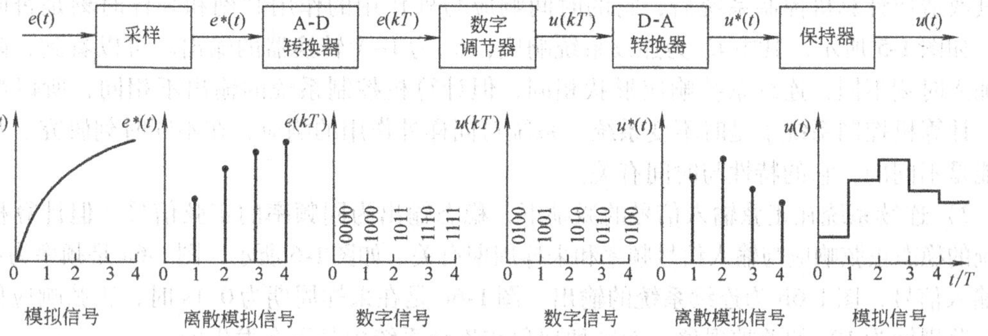

图 1-4 计算机控制系统中信号变换与传输过程

为了便于讨论，本书将图 1-4 中的信号和信号变换过程名称做一统一定义：

模拟信号——时间上、幅值上都连续的信号，如图 1-4 中的 $e(t)$、$u(t)$。

离散模拟信号——时间上离散，幅值上连续的信号，如图 1-4 中的 $e^*(t)$、$u^*(t)$。

数字信号——时间上离散，幅值也离散的信号，计算机中常用二进制表示，如图 1-4 中的 $e(kT)$、$u(kT)$。

采样——将模拟信号抽样成离散模拟信号的过程。

量化——采用一组数码（如二进制数码）来逼近离散模拟信号的幅值，将其转换成数字信号。

从图 1-4 可以清楚地看出计算机获取信号的过程是由 A-D 转换器来完成的。从模拟信号 $e(t)$ 到离散模拟信号 $e^*(t)$ 的过程就是采样，其中 T 是采样周期。显然合理地选择采样周期是必要的，T 过大会损失信息，T 过小会使计算机的负担加重，即存储与运算的数据过多。A-D 转换的过程就是一个量化的过程。

D-A 转换的过程则是将数字信号解码为模拟离散信号并转换为相应时间的模拟信号的过程。

计算机引入控制系统之后，由于其运算速度快，精度高，存储容量大，以及它强大的运算功能和可编程性，一台计算机可以采用不同的复杂控制算法同时控制多个被控对象或控制量，可以实现许多连续控制系统难以实现的复杂控制规律。由于控制规律是用软件实现的，修改一个控制规律，无论复杂还是简单，只需修改软件即可，一般不需变动硬件进行在线修改，使系统具有很大的灵活性和适应性。

1.4.2 计算机控制系统的特殊问题

在计算机控制系统中，由于数字信号所固有的时间上离散、幅值上量化的效应，使得控制系统的实现存在一些特殊问题。当采样周期比较小（时间上的离散效应可以忽略）以及计算机转换和运算字长比较长（幅值上的量化效应可以忽略）时，可以采用连续系统的分析和设计方法来研究计算机控制系统的问题。然而当采样周期比较大以及量化效应不可忽略时，必须运用专门的理论来分析和设计计算机控制系统。由下面的几个典型例子可以看到计算机控制系统与连续控制系统的不同。

1）若被控对象是时不变线性系统，通常所形成的连续控制系统也是时不变系统。但当将其改造成计算机控制系统后，它的时间响应与外作用的作用时刻和采样时刻是否同步有关。如图 1-5 所示，其中 C_c 为连续系统响应，C_s 为 D-A 转换器的输出。可以看到，阶跃信号加入时刻不同，连续系统响应形状相同，但计算机控制系统的输出不相同，所以严格地说，计算机控制系统不是时不变系统。系统对同样外作用的响应，在不同时刻研究、观察时可能是不同的，它的特性与时间有关。

2）连续系统在正弦输入信号的激励下，稳态输出为同频率的正弦信号，但计算机控制系统的稳态正弦响应与输入信号频率和采样周期有关。如图 1-6 所示，图 1-6a 是频率为 4.9 Hz 的输入信号，图 1-6b 为连续系统的输出，图 1-6c 是在采样周期为 0.1s 时，正弦响应信号发生振荡周期为 10s 的差拍现象，而这种现象在连续系统中是不会发生的。

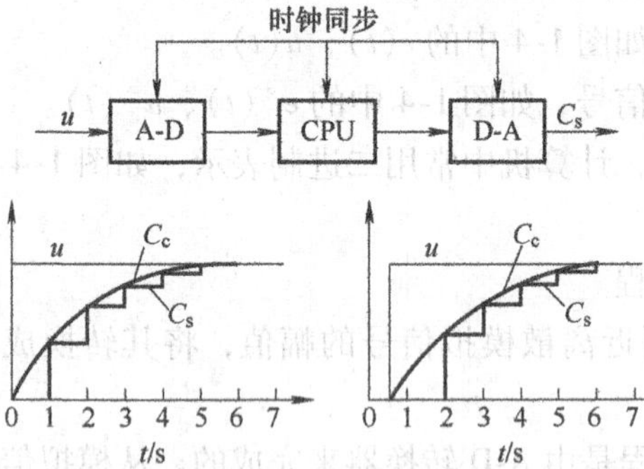

图 1-5 采样系统的时变特性

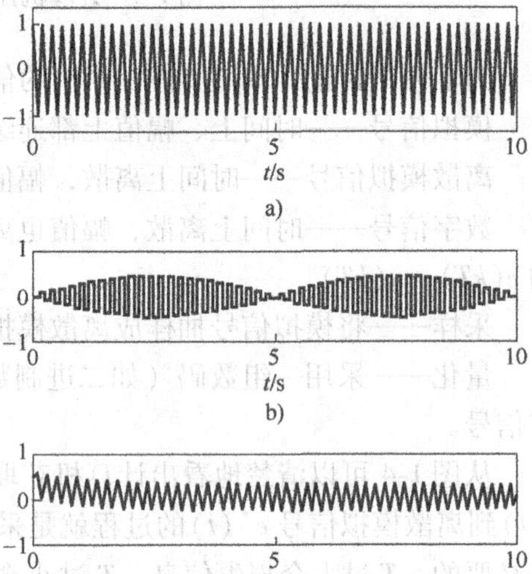

图 1-6 计算机控制系统的正弦激励响应

a）输入信号 b）系统输出 c）差拍现象

3）严格地说，一个稳定的连续时不变系统，达到稳态的时间应是无限的，因为它的响应是多个指数函数之和。而对于计算机控制系统，通过设计却可以实现在有限的采样间隔内（即有限时间内）达到稳态值，从而可以获得比连续系统更好的性能。如图 1-7 所示，实线表示连续系统位置、速度的阶跃响应和被控对象的连续输入曲线。虚线是同一被控对象的计算机控制系统的仿真曲线，其中控制器是依据有限调节时间方法设计的，最大控制输入两个系统相同。由图 1-7 可见，连续系统的调节时间大约为 6s，且有一定的超调。计算机控制系统的调节时间大约为 2.8s，具有较好的调节性能。

4）在计算机控制系统中还有一些通过连续系统理论无法解释的现象。如：一个连续系统是可控可观的，将其变成计算机控制系统时，若采样间隔时间的选取不合适，则可能会变为不可控系统；对于闭环负反馈的一阶、二阶线性连续系统，开环放大系数为任意值，系统均是稳定的，但是在计算机控制系统中，当采样周期一定时，系统开环放大系数仅处于一定的范围时，系统才能稳定。即使是一个简单的一阶惯性被控对象，只采用比例控制，也有可能在某个比例增益下，系统产生幅度不大的自持振荡。对于一个稳定的控制系统，当采样周期选择较大时，系统会变得不稳定。

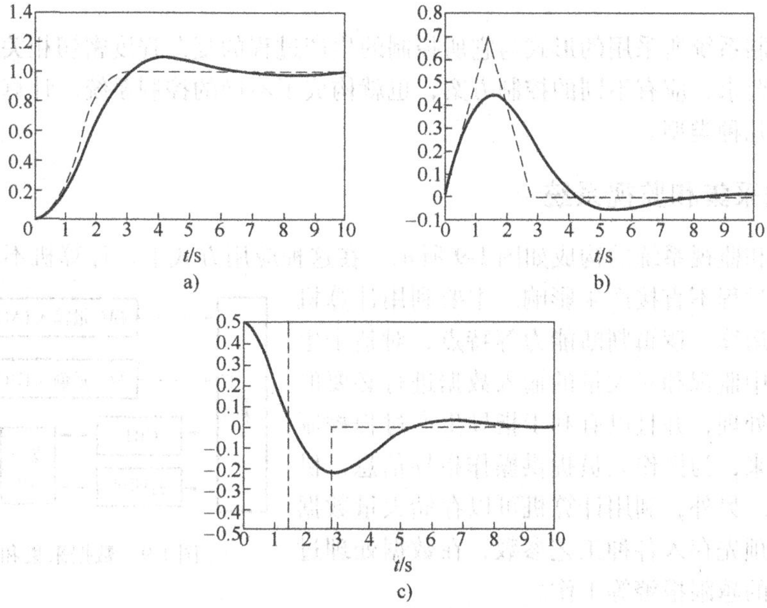

图 1-7 有限调节时间系统

a）位置响应曲线 b）速度响应曲线 c）控制作用曲线

5）在计算机控制系统的分析与设计时，还应考虑计算机内存、计算机运算器以及 A-D 与 D-A 转换器的字长问题，由于数字字长有限，不仅会带来量化误差问题，甚至会引起系统响应产生极限环振荡。如图 1-8 所示。这也是连续系统所没有的现象（当然，连续系统也会由系统中的非线性特性引起极限环振荡）。

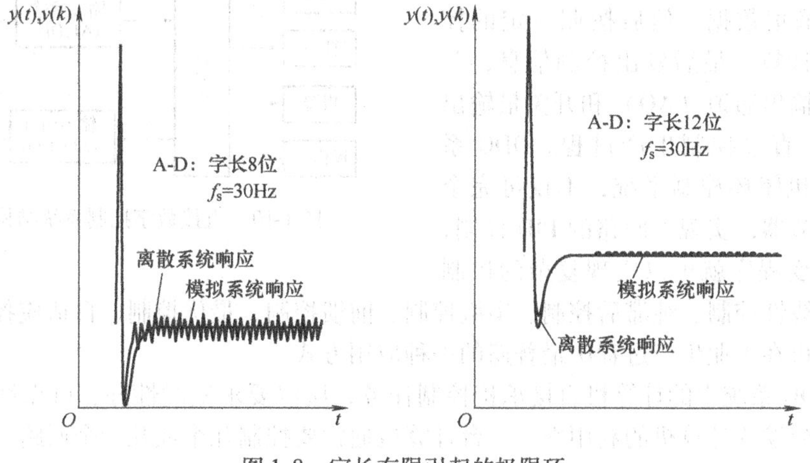

图 1-8 字长有限引起的极限环

由此可见，计算机控制系统特性还是有很多现象不能用连续系统理论加以解释，这是由于数字信号时间离散和幅值量化效应引起的特殊问题。因此，对于计算机控制系统必须采用与采样有关的理论加以分析和设计。

1.5 计算机控制系统的典型形式

计算机控制系统所采用的形式与它所控制的生产过程的复杂程度密切相关，不同的被控对象和不同的要求，应有不同的控制方案，也就构成了不同的控制系统。计算机控制系统大致可分为以下几种类型。

1.5.1 数据采集和监视系统

数据采集和监视系统的构成如图 1-9 所示。在这种应用方式下，计算机不直接参与过程控制，对生产过程不直接产生影响。主要利用计算机速度快，具有运算、逻辑判断能力等特点，对整个生产过程进行集中监视和对大量的输入数据进行必要的集中、加工和处理，并且以有利于指导生产过程控制的方式表示出来，为操作人员提供操作指导信息，供操作人员参考。另外，利用计算机可以存储大量数据的能力，可以预先存入各种工艺参数，在数据处理过程中进行参数的越限报警等工作。

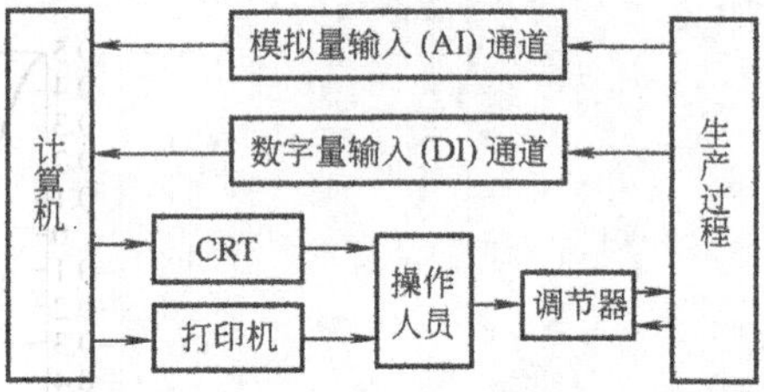

图 1-9 数据采集和监视系统

数据采集和监视系统的优点是结构简单，控制灵活和安全。缺点是要由人工操作，速度受到限制，不能控制多个对象。

1.5.2 直接数字控制系统

直接数字控制（Direct Digital Control，DDC）系统是由控制计算机取代常规的模拟式控制器而直接对生产过程或被控对象进行控制。其系统结构如图 1-10 所示。计算机首先通过模拟量输入通道（AI）和开关量输入通道（DI）实时采集数据，然后按照一定的控制规律进行计算，最后发出控制信息，并通过模拟量输出通道（AO）和开关量输出通道（DO）直接控制生产过程。DDC 系统属于计算机闭环控制系统，不仅可完全取代模拟调节器，实现多回路的 PID 控制，而且只要改变程序就可以实现复杂的控制规律，如非线性控制、纯滞后控制、串级控制、前馈控制、最优控制、自适应控制等。DDC 系统是计算机在工业生产过程中最普遍的一种应用方式。

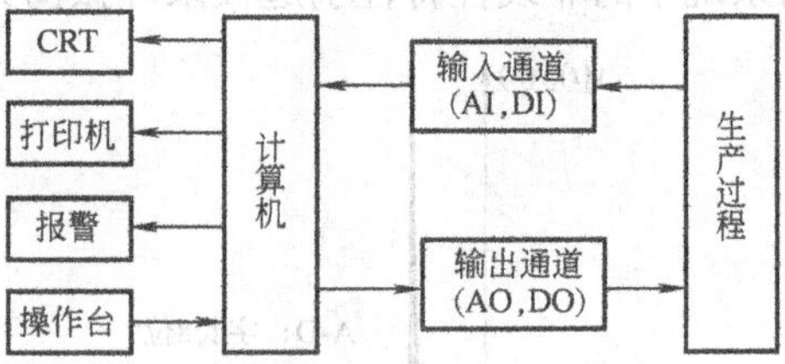

图 1-10 直接数字控制系统结构框图

由于 DDC 系统中的计算机直接承担控制任务，所以要求实时性好、可靠性高和适应性强。为了充分发挥计算机的利用率，一台计算机通常要控制几个或几十个回路，需要合理地设计应用软件，使之不失时机地完成所有功能。

1.5.3 监督控制系统

监督控制（Supervisory Computer Control，SCC）系统是针对某一生产过程或被控对象，根据原始工艺信息和其他参数，按照描述生产过程的数学模型或其他方法，计算出生产过程的最优设定值，并将其自动地作为模拟调节系统或DDC系统的给定值。从这个角度上说，它的作用是改变给定值，所以又称设定值控制（Set Point Control，SPC）。它的任务着重在控制规律的修正与实现，如最优控制、自适应控制等。监督控制系统有两种结构形式，如图1-11所示。

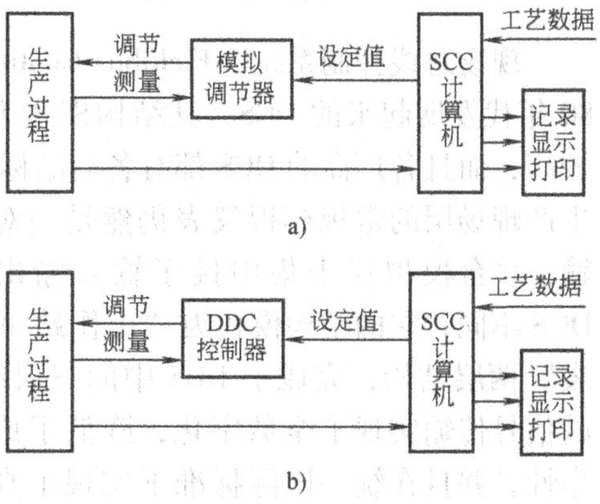

图1-11 监督控制系统的两种结构形式

a）SCC+模拟调节器的控制系统

b）SCC+DDC的分级控制系统

1. SCC+模拟调节器的控制系统

该系统是由计算机对各物理量进行巡回检测，并按一定的数学模型对生产工况进行分析、计算后得出控制对象各参数最优给定值送给调节器，使工况保持在最优状态。当SCC计算机出现故障时，可由模拟调节器独立完成操作。

2. SCC+DDC的分级控制系统

这实际上是一个二级控制系统，SCC可采用高档微型机，它与DDC之间通过接口进行信息联系。SCC微型机可完成工段、车间高一级的最优化分析和计算，并给出最优给定值，送给DDC级执行过程控制。当DDC级计算机出现故障时，可由SCC计算机完成DDC的控制功能，这种系统提高了可靠性。

1.5.4 分散型控制系统

分散型控制系统（Distributed Control System，DCS）是将控制系统分成若干个独立的局部子系统，用以完成被控过程的自动控制任务。系统采用分散控制、集中操作、分级管理和综合协调的设计原则与网络化的控制结构，把系统从下到上分为现场级、分散过程控制级、集中操作监控级、综合信息管理级等，形成分级分布式控制。所以，分散型控制系统又称为分布控制系统或集散控制系统。其结构如图1-12所示。

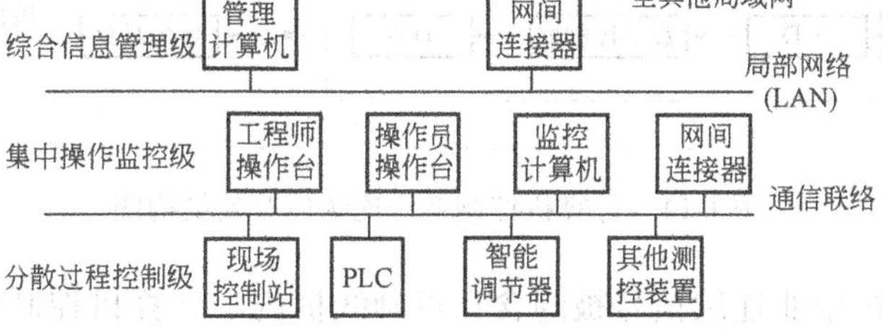

图1-12 DCS结构示意图

分散型控制系统是利用计算机为核心的基本控制器，实现功能上、物理上和地理上的分散控制，又通过高速数据通道把各个分散点的信息集中起来送到监控计算机和操作站，以进行集中监视和操作，并实现高级复杂控制。这种控制系统使企业自动化水平提高到了一个新的阶段。

1.5.5 现场总线控制系统

现场总线控制系统（Fieldbus Control System，FCS）是新一代分布式控制结构。20 世纪 80 年代发展起来的 DCS，其结构模式为“操作站-控制站-现场仪表”三层结构，系统成本较高，而且各厂商的DCS都有各自的标准，不能互联。生产现场层的常规模拟仪表仍然是一对一模拟信号传输，多台模拟仪表集中接于输入输出单元。FCS与DCS不同，它的结构模式为“工作站-现场总线智能仪表”两层结构，完成了 DCS 中的三层结构功能，FCS的信号传输实现了全数字化，降低了成本，提高了可靠性，并且在统一国际标准下实现了真正的开放式互连系统结构。FCS 在生产现场直接构成多个分散的控制回路，实现彻底的分散控制，构成了一种新型的分散控制系统。其控制层结构如图 1-13 所示。

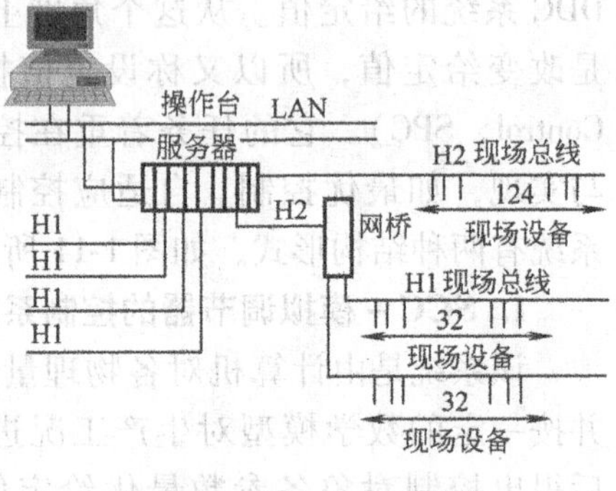

图 1-13 FCS 控制层结构

1.6 计算机控制系统的设计方法

典型的计算机控制系统既不是一个纯粹的连续控制系统，也不是一个完全的离散控制系统，而是一种混合信号控制系统，因此决定了计算机控制系统的分析和设计方法不同于模拟控制系统。其中计算机控制系统的核心环节，即数字控制器，是由计算机通过软件编程的方法得到控制算法。在计算机控制系统中，控制算法设计是系统分析与设计的关键。

目前，计算机控制系统的设计，通常可以采用两种方法：一种是连续域设计——离散化方法，另一种方法是直接数字域（离散域）设计方法。

1. 连续域设计——离散化方法

连续域设计——离散化方法又称计算机控制系统的间接设计方法。其基本设计思想是将计算机控制系统中数字控制器部分（包括：A-D、计算机和 D-A）看成是一个整体，等效为一个连续传递函数，如图 1-14 所示。

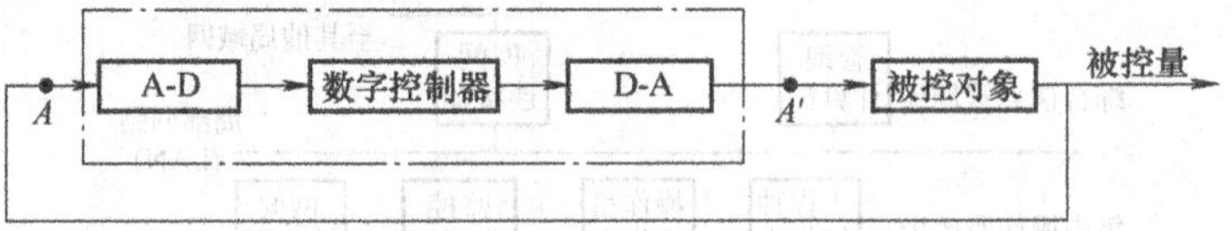

图 1-14 计算机控制系统连续域等效结构图

从 AA' 来看，系统中非连续信号被隐含在点画线框内。计算机控制系统可视为连续控制系统，进而可以用连续系统的设计方法，在连续域上设计得到连续控制器。然后将连续控制算法进行数字化（离散化）处理。把连续域中的控制算法转换到离散域的方法有很多，如：一阶后向差分法、一阶前向差分法、双线性变换法、零极点匹配法、Z 变换法与带零阶保持

器的 Z 变换法等。通过离散化后得到离散域的控制算法，以满足计算机控制的要求。

连续系统的设计方法技术成熟，而且现有许多连续系统都有改造为计算机控制系统的客观要求，因此连续域设计——离散化方法在工程上得到广泛应用。但是由于离散化过程会产生误差，转换的精度与被转换的模型及采样周期的大小有关。在实际应用中，有一定的局限性。只有当采样周期“足够小”，其设计的系统控制效果才可以逼近连续系统，当采样周期较大时，实际系统的性能往往比设计时所预期的要差。

按照一定的采样周期对连续控制算法进行离散化处理后，还应该监测系统的性能，如果不满足要求，则应该重新选择采样周期，或修改连续域的算法，直到满足预定的性能要求为止。

使用连续域设计——离散化方法时，要注意采样周期和离散化方法的选择。

2. 直接数字域（离散域）设计

直接数字域（离散域）设计又称为数字控制器的直接设计方法。其基本设计思想是把计算机控制系统看成纯离散信号系统，如图 1-15 所示。

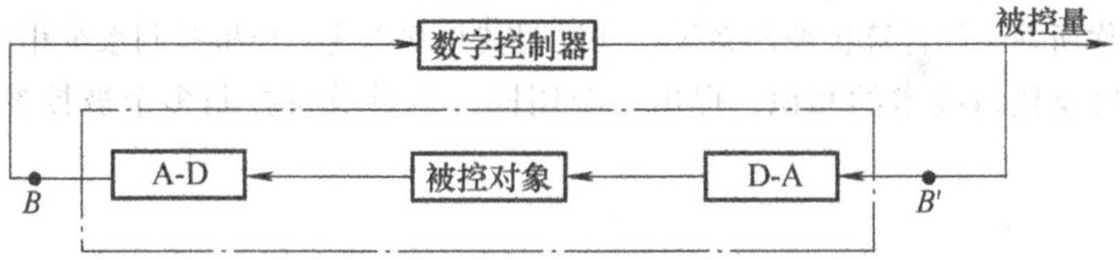

图 1-15　计算机控制系统离散域等效结构图

从 BB' 来看，系统中连续信号被隐含在点画线框内。把整个点画线框内部看成一个离散环节，直接在离散域进行设计，得到数字控制器，并在计算机里实现。

与间接设计方法相比，直接数字域（离散域）设计无需将控制器近似离散化，是一种准确的设计方法。设计是从被控对象的特性出发，直接根据离散系统理论来设计控制器，利用计算机软件的灵活性，就可以实现从简单到复杂的各种控制规律。当采用直接数字域（离散域）设计方法时，计算机控制系统甚至可以比相应的连续系统达到更好的控制性能。

从原理上讲，在离散域中进行算法设计时，采样周期可以任意选择。但是实际上，采样周期的选择要受到很多因素的制约，选择不当同样会影响系统性能。

关于两种设计计算机控制系统的方法在后续章节中将详细讨论。

本章小结

本章作为全书的引论，主要介绍了计算机控制和计算机控制系统的基本概念。

计算机作为计算机控制系统的控制器，而大多数的被控对象均为连续的模拟信号，决定了计算机控制系统是一种存在模拟信号、模拟离散信号和数字信号的多种信号形式变换的模拟—数字混合系统结构。

由于数字信号存在时间上离散和幅值上量化的效应，使得计算机控制系统与连续系统相比存在许多特殊性和一些本质上的区别。本章通过给出一些计算机控制系统的特殊现象，进一步说明对于计算机控制系统必须采用与采样有关的理论进行分析和设计。

计算机具有存储大量信息的能力、强大的逻辑判断能力以及快速运算的能力，将其引入控制系统可以实现一台计算机同时控制多个被控对象或控制量，并且可以通过网络远程控制。由于计算机控制系统的控制器是通过软件编程实现的，因此可以使控制系统的设计更灵活，完成许多连续控制系统难以实现的更复杂的智能化的控制规律。

根据不同的被控对象和不同的系统要求应有不同的控制方案，也就构成了不同的计算机控制系统。目前常用的几种计算机控制系统类型有：数据采集和监视系统、直接数字控制系统、监督控制系统、分散型控制系统和现场总线控制系统等。

计算机控制系统的设计可以通过连续化设计和离散化设计两种方法实现。

本章的内容为本书的后续内容介绍做了铺垫，同时也为读者进一步的学习打下了基础。

习题和思考题

1-1 什么是计算机控制？什么是计算机控制系统？它由哪几部分组成的？

1-2 简述计算机控制系统各部分的作用。

1-3 简述计算机控制系统的特点及其信号的变换与传输过程。

1-4 为什么计算机控制系统要用采样理论进行分析与设计？

1-5 计算机控制系统的典型形式有哪些？各有什么优缺点？

1-6 举例说明你所熟悉的计算机控制系统，并说明其与常规连续模拟控制系统相比的优点。

1-7 利用计算机及接口技术的知识，提出一个用同一台计算机控制多个被控参量的分时巡回控制方案。

第 2 章

线性离散系统的数学描述和分析方法

计算机控制系统就其物理本质而言是一个线性离散系统，或者近似于一个线性离散系统。要研究这种实际的物理系统，首先应解决其数学描述和分析工具问题。

本章着重介绍离散系统经典理论的基本概念和基本方法，为学习后续各章奠定一些基础理论知识。

2.1 信号变换理论

离散控制系统与连续控制系统的本质区别在于：连续系统中的给定量、反馈量和被控量都是连续型的时间函数，而在离散系统中，通过计算机处理的给定量、反馈量和被控量是在时间上离散的数字信号。把计算机引入连续控制系统中作为控制器使用，便构成了计算机控制系统。由于两者之间信息的表示形式和运算形式不同，所以在分析和设计计算机控制系统时，应首先对两种不同的信息进行处理。

2.1.1 连续信号的采样和量化

1. 采样过程

以一定的时间间隔对连续信号进行采样，使连续信号转换为时间上离散、幅值上连续的脉冲序列的过程称为采样过程。实现采样过程的装置是多种多样的，但不管具体是如何实现的，其基本功能都可以用一个开关来表示，该开关称为采样器或采样开关，如图 2-1 所示。设采样周期为 T，每次采样时的闭合时间为 τ。由于采样开关的闭合时间极短，一般远小于采样周期 T 和被控对象的最大时间常数，因此可以认为是瞬间完成。这样的采样开关称为理想采样开关，以后所说的采样开关都是指理想采样开关简称为采样开关。采样开关按一定的周期进行闭合采样，于是原来在时间上连续的信号 $f(t)$ 就变成了时间上离散的信号 $f^*(t)$。

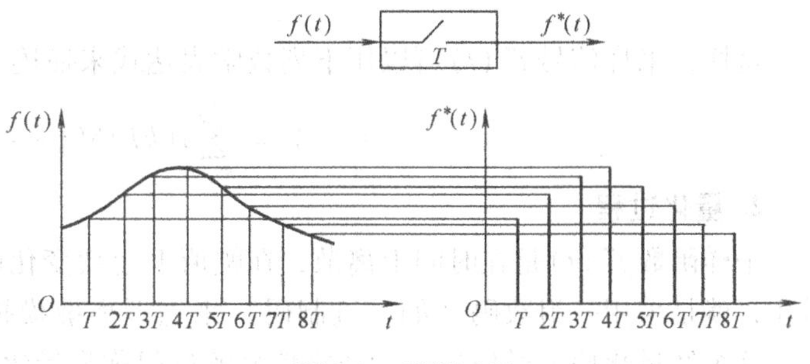

图 2-1 采样过程

在计算机控制系统中，采样信号 $f^*(t)$ 是一数字序列，可分解成一系列单脉冲之和，即

$$f^*(t) = f_0 + f_1 + \cdots + f_k + \cdots \tag{2-1-1}$$

式中 f_0——$t=0T$ 时刻的单脉冲，脉冲的幅值为 $f(0T)$；

f_1——$t=1T$ 时刻的单脉冲，脉冲的幅值为 $f(1T)$；

f_k——$t=kT$ 时刻的单脉冲，脉冲的幅值为 $f(kT)$。

除上述离散值之外，在 $t\neq kT$ 的所有时刻，f_k 的值均为零，因而 f_k 可以用下面的表达式来描述，即

$$f_k=f(kT)\delta(t-kT) \tag{2-1-2}$$

式中

$$\delta(t-kT)=\begin{cases}0, t\neq kT\\1, t=kT\end{cases}\qquad k=0,1,2,\cdots \tag{2-1-3}$$

且

$$\int_{-\infty}^{+\infty}\delta(t)\,\mathrm{d}t=1 \tag{2-1-4}$$

因此 $\delta(t-kT)$ 表示脉冲出现在 $t=kT$ 时刻。只有在 $t=kT$ 时刻，才有 $\delta(t-kT)\neq0$，而在 $t\neq kT$ 的所有时刻都有 $\delta(t-kT)=0$。应该指出，单位脉冲函数 $\delta(t-kT)$ 在这里只作为一个数学工具，而没有实际的物理意义，它仅用来表示脉冲出现在 $t=kT$ 时刻，而单脉冲的幅值由 $f(kT)$ 来表示。由上面的分析可知，对连续时间信号采样的物理意义可以解释为连续时间信号 $f(t)$ 被理想单位脉冲 $\delta(t)$ 做了离散时间调制，如图 2-2 所示。

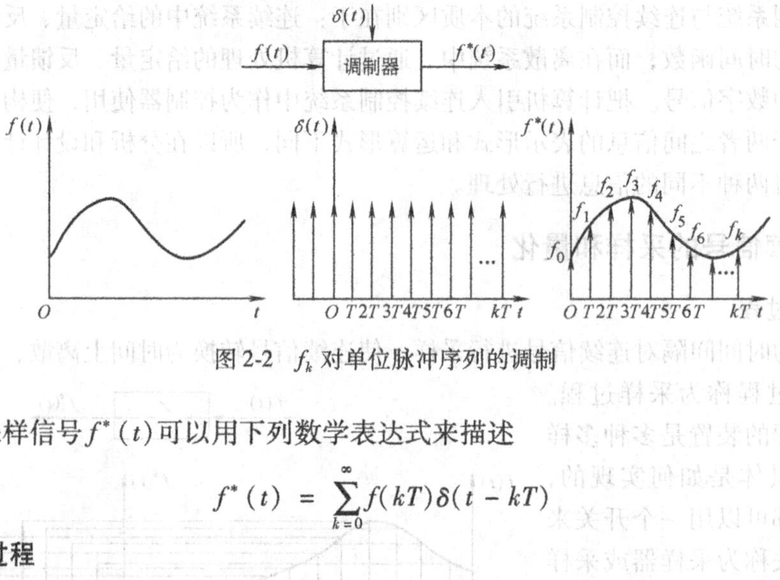

图 2-2 f_k 对单位脉冲序列的调制

这样，采样信号 $f^*(t)$ 可以用下列数学表达式来描述

$$f^*(t)=\sum_{k=0}^{\infty}f(kT)\delta(t-kT) \tag{2-1-5}$$

2. 量化过程

采样函数 $f^*(t)$ 是在时间上离散，在幅值上连续变化的函数，称为离散模拟信号。所谓量化，就是采用一组数码（如二进制码）来逼近离散模拟信号的幅值，将其转换成数字信号。这个经量化使采样信号成为数字信号的过程称为量化过程，如图 2-3 所示。

假设 f_{max} 和 f_{min} 分别为信号的最大值和最小值，则量化单位为

$$q=\frac{f_{max}-f_{min}}{2^n} \tag{2-1-6}$$

式中 n——二进制数字长。

对采样信号进行编码，用数字量表示时，只能用量化单位 q 的整数倍来表示，因此存在“舍”和“入”的问题。在计算机控制系统中，这个量化的过程是由 A-D 转换器来完成的。

A-D 转换器有两种量化方法，一种是“只舍不入”，另一种是“有舍有入”。由于“只舍不入”方法误差大，因此大部分 A-D 转换器均采用“有舍有入”的方法。“有舍有入”的量化过程类似于“四舍五入”法。小于 $q/2$ 的舍去，大于 $q/2$ 的进入，由此会产生误差。这种量化器输入与输出信号之差称为量化误差，即

$$e(t) = f(t) - f^*(t) \tag{2-1-7}$$

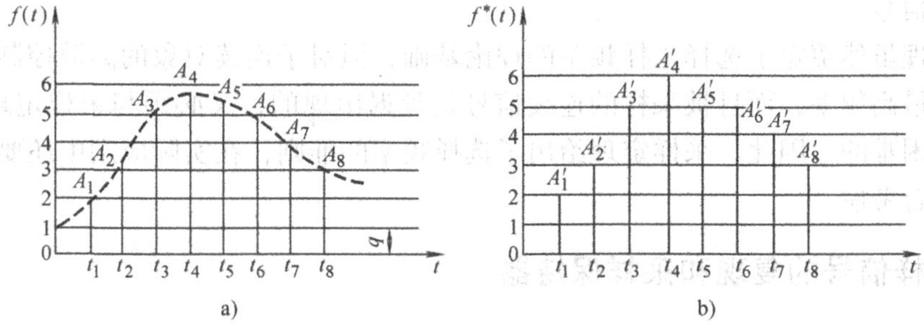

图 2-3　量化过程

a）离散模拟信号　b）量化

在采样过程中，如果采样频率足够高，并选足够大的字长，就可以使量化误差足够小，同时，使量化噪声的振幅小、频率高、易被被测对象抑制（因被测对象具有低通滤波特性）。

2.1.2　采样定理

由采样过程不难发现，采样周期 T 越短，采样信号 $f^*(t)$ 就越接近被采样信号 $f(t)$。反之，T 越大，$f^*(t)$ 与 $f(t)$ 的差别就越大。

由频谱分析可知，连续信号经采样后，其频谱将沿频率轴以 ω_s 为周期无限重复，如图 2-4 所示。因此采样系统引入了高频成分。

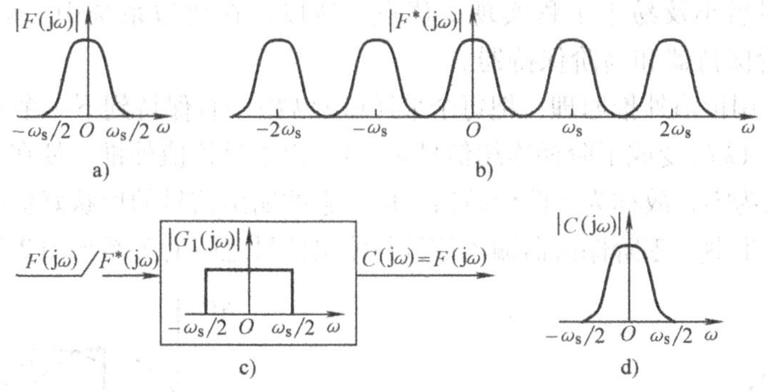

图 2-4　$f(t)$、$f^*(t)$ 的频谱 $F(j\omega)$ 及从 $F^*(j\omega)$ 恢复 $F(j\omega)$

a) $f(t)$ 的频谱 $F(j\omega)$　b) $f^*(t)$ 的频谱 $F^*(j\omega)$　c）理想的滤波器　d）滤波器输出信号频谱 $C(j\omega)$

通常连续信号（模拟信号）的频谱宽度是有限的，一般为一孤立频谱。为保证采样信号 $f^*(t)$ 的频谱是被采样信号 $f(t)$ 的频谱无重叠的重复（沿频率轴方向），以便采样信号 $f^*(t)$ 能反映被采样信号 $f(t)$ 的变化规律，采样频率 ω_s（$\omega = 2\pi/T = 2\pi f$）至少应是 $f(t)$ 的频谱 $F(j\omega)$ 的最高频率 ω_{max} 的两倍，即

$$\omega_s \geqslant 2\omega_{max} \tag{2-1-8}$$

这就是采样定理，即香农（Shannon）定理。从物理意义上看，如果选择的频率对连续信号所含的最高频率来说，能做到在其一个周期内采样两次以上，则在经采样获得的脉冲序列中将包含连续信号的全部信息。反之，如果采样次数太少，则做不到无失真地再现原连续信号。

当采样周期满足采样定理时，利用一个理想的滤波器可以滤除高频部分，从采样信号中恢复原来的信号。

采样定理虽然奠定了选择采样频率的理论基础，但对于连续对象的离散控制，不易确定连续信号的最高频率，而且被采样的连续信号是延迟出现的，又必须与采样定理一起考虑，这是有实际困难的。因此，采样定理给出了选择频率的准则，在实际应用中还要根据系统的实际情况综合考虑。

2.1.3 采样信号的复现和采样保持器

离散控制系统中，把采样信号不失真地恢复为原连续信号的过程，称为采样信号的复现或保持。复现信号的装置通常称为保持器。

1. 保持器

采样定理告诉我们，当采样频率大于原连续信号频谱中所含最高频率的两倍时，可以恢复到原连续信号，只是需要理想的低通滤波器，但这种理想的低通滤波器实际上是不存在的。工程上通常用接近理想的低通滤波器特性的保持器来代替。保持器是一种基于时域外推原理、把采样信号$f^*(t)$转换成连续信号$f(t)$，实现采样点之间的插值的元件。即保持器在现在时刻的输出信号取决于过去时刻离散信号的外推，如“零阶保持器”“一阶保持器”“高阶保持器”等。

2. 零阶保持器

在采样系统中，最简单而又应用最广泛的保持器是零阶保持器。它与一阶、高阶保持器相比，具有相位滞后小及易于工程实现等优点。所以，在离散系统中一般都采用零阶保持器，很少采用一阶保持器和高阶保持器。

零阶保持器采用恒值外推原理，把每个采样值$e(kT)$一直保持到下一个采样时刻$(k+1)T$，从而把采样信号$e^*(kT)$变成了阶梯连续信号$e_h(t)$。由于是恒值外推，处在采样区间内的值始终为常数，其导数为零，故称为零阶保持器。由于它的输出信号的形状好似阶梯，零阶保持器有时又称为阶梯发生器。零阶保持器输入信号与输出信号之间的关系如图2-5所示。

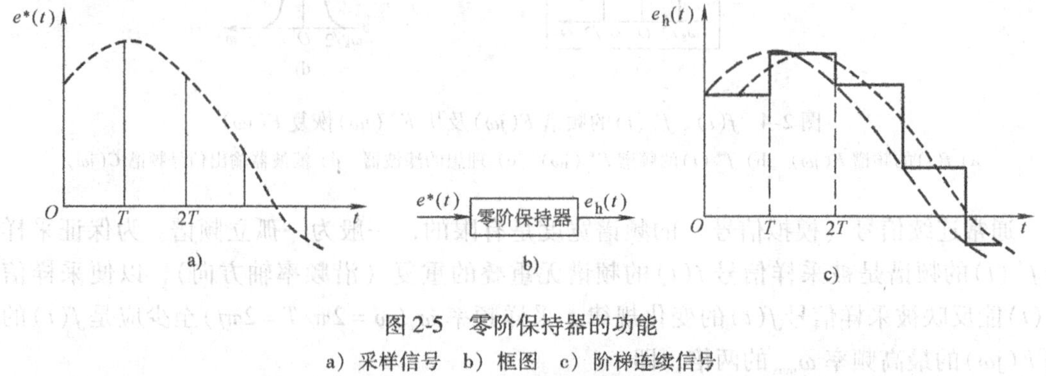

图2-5 零阶保持器的功能

a）采样信号 b）框图 c）阶梯连续信号

如果把阶梯信号 $e_h(t)$ 在各区间的中点连接起来，可得到一条与 $e(t)$ 曲线形状一致而在时间上滞后了 $T/2$ 的曲线 $e(t-T/2)$，如图 2-5c 所示。由此可见，经零阶保持器得到的连续信号具有阶梯形状，与 $e(t)$ 形状近似相同，只是滞后了半个采样周期。

零阶保持器是采样系统的基本元件，为了满足系统分析、设计的需要，必须了解零阶保持器的传递函数和频率特性。当零阶保持器输入单位脉冲时，其输出为一个高度为 1，宽度为 T 的矩形波，这就是零阶保持器的单位脉冲响应 $g_h(t)$。$g_h(t)$ 可分解为两个单位阶跃函数的叠加，如图 2-6 所示。

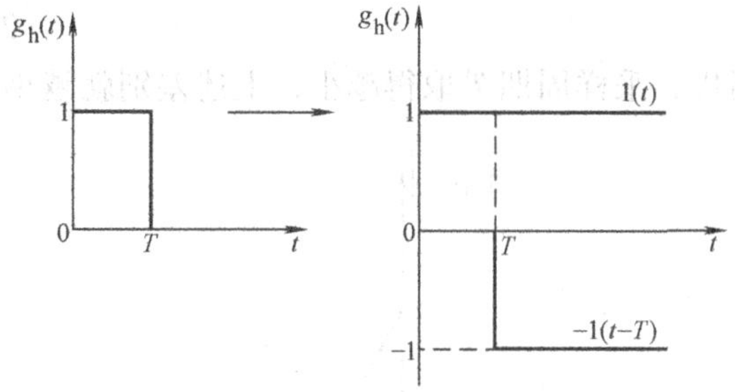

图 2-6　零阶保持器的脉冲响应函数

由于线性函数的叠加性，零阶保持器的脉冲响应函数为

$$g_h(t) = 1(t) - 1(t-T) \tag{2-1-9}$$

式中　T——采样周期。

取拉普拉斯变换得零阶保持器的传递函数为

$$G_h(s) = L[g_h(t)] = L[1(t) - 1(t-T)] = \frac{1}{s} - \frac{1}{s}e^{-Ts} = \frac{1-e^{-Ts}}{s} \tag{2-1-10}$$

将 $s=j\omega$ 代入式（2-1-10），可以得到零阶保持器的频率特性为

$$G_h = \frac{1-e^{-j\omega T}}{j\omega} = \frac{e^{-j\omega\frac{T}{2}}\left(e^{j\omega\frac{T}{2}} - e^{-j\omega\frac{T}{2}}\right)}{j\omega} = \frac{2e^{-j\omega\frac{T}{2}}\sin\left(\omega\frac{T}{2}\right)}{\omega} = \frac{Te^{-j\omega\frac{T}{2}}\sin\left(\omega\frac{T}{2}\right)}{\omega\frac{T}{2}}$$

$$= \left(\frac{2\pi}{\omega_s}\right)\frac{\sin\left(\frac{\pi\omega}{\omega_s}\right)}{\left(\frac{\pi\omega}{\omega_s}\right)}e^{-j\frac{\pi\omega}{\omega_s}} = |G_h(j\omega)| \angle -\left[\left(\frac{\pi\omega}{\omega_s}\right) + m\pi\right] \tag{2-1-11}$$

式中　$m=0,1,2,\cdots$；

$T=\frac{2\pi}{\omega_s}, \frac{\omega T}{2}=\frac{\pi\omega}{\omega_s}$。

零阶保持器的幅、相频特性分别为

$$|G_h(j\omega)| = \left(\frac{2\pi}{\omega_s}\frac{\sin\left(\frac{\pi\omega}{\omega_s}\right)}{\frac{\pi\omega}{\omega_s}}\right) \tag{2-1-12}$$

$$\varphi(\omega) = -\left[\left(\frac{\pi\omega}{\omega_s}\right) + m\pi\right] \quad m = 0,1,2,\cdots$$

零阶保持器的幅频特性、相频特性分别如图 2-7 所示。从图中的幅频特性曲线可见，零阶保持器的幅值随频率的增大而衰减，具有低通滤波特性，但其幅频特性不像滤波器那样只有一个截止频率，它除了允许采样信号的主频分量通过以外，还允许部分高频分量通过。而且，零阶保持器具有半个采样周期的纯滞后。因此，由零阶保持器复现的连续信号 $e_h(t)$ 与原信号 $e(t)$ 有一些区别，主要体现在 $e_h(t)$ 中含有高频分量。零阶保持器的相位滞后对于采

样控制系统的稳定性会有一定的影响。但由于

$$\lim_{T \to 0} \frac{\sin \dfrac{\omega T}{2}}{\dfrac{\omega T}{2}} = 1 \tag{2-1-13}$$

所以，采样周期 T 取得越小，上述差别就越小。

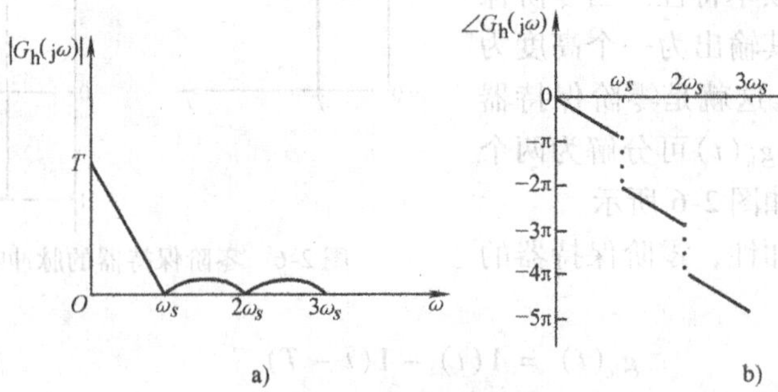

图 2-7 零阶保持器的频率特性

a）幅值 b）相角

零阶保持器本身比较简单，容易实现。在计算机控制系统中，计算机的寄存器和数模转换器也具有零阶保持器的作用。寄存器把 kT 时刻的数字一直保持到下一个采样时刻，而数模转换器把数字（数码）转换成模拟量，从而恢复了原信号。

2.2 线性离散系统的数学描述方法

2.2.1 差分方程的定义

在线性连续系统中，其输入和输出之间用线性常微分方程描述，即

$$a_0 \frac{d^n y(t)}{dt^n} + a_1 \frac{d^{n-1} y(t)}{dt^{n-1}} + \cdots + a_{n-1} \frac{dy(t)}{dt} + a_n y(t)$$

$$= b_0 \frac{d^m r(t)}{dt^m} + b_1 \frac{d^{m-1} r(t)}{dt^{m-1}} + \cdots + b_{m-1} \frac{dr(t)}{dt} + b_m r(t) \tag{2-2-1}$$

在离散系统中，所遇到的是以序列形式表示的离散信号，与线性连续系统类似，线性离散系统的输入和输出之间用线性常系数差分方程描述，即

$$y(kT) + a_1 y(kT-T) + a_2 y(kT-2T) + \cdots + a_n y(kT-nT)$$

$$= b_0 r(kT) + b_1 r(kT-T) + b_2 r(kT-2T) + \cdots + b_m r(kT-mT) \tag{2-2-2}$$

它在数学上代表一个离散系统，反映离散系统的动态特性。

线性连续系统与线性离散系统如图 2-8 所示。

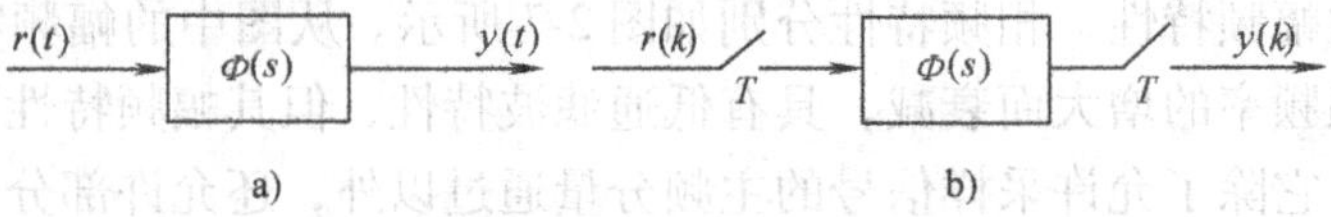

图 2-8 线性连续系统和线性离散系统

a）线性连续系统 b）线性离散系统

与连续系统一样，离散系统也可以分为时变系统和时不变系统。本书主要讨论线性时不变系统，即系统的输入输出之间的关系是不随时间变化的。

2.2.2　差分方程的求解

如果已知系统的差分方程和输入数值序列，那么，如果给定了输出数值序列的初值，就可以算出任何采样时刻的输出值。下面用一例来说明差分方程的求解方法。

例 2-1　已知一个数字系统的差分方程为

$$y(kT)+y(kT-T)=r(kT)+2r(kT-2T)$$

输入信号是

$$r(kT)=\begin{cases}k, & k\geqslant 0\\ 0, & k<0\end{cases}$$

初始条件为 $y(0)=2$，试求解差分方程。

解　令 $k=1, 2, 3, \cdots$，代入差分方程，得

$$y(0)=2, y(T)=-1, y(2T)=3, y(3T)=2, y(4T)=6, \cdots$$

这是一种利用迭代关系逐步计算所需要的 kT 为任何值时的输出序列 $y(kT)$，对于计算机来说很容易实现，但不能求出 $y(kT)$ 的解析表达式。然而，引入 Z 变换后可以十分简便求解差分方程。

2.3　线性离散系统的 Z 变换分析法

如同拉普拉斯变换（拉氏变换）是分析连续系统的重要数学工具一样，Z 变换是分析离散系统的一个重要数学工具，此外，它还起着联系离散信号和连续信号的作用。

2.3.1　Z 变换的定义

如前面图 2-2 所示，对连续信号 $f(t)$ 进行周期为 T 的采样，可以得到采样信号 $f^*(t)$，它是在采样时刻 $t=0, T, 2T, \cdots$ 定义的，$f^*(t)$ 也可看作连续信号 $f(t)$ 对单位脉冲函数的调制，即

$$\begin{aligned}f^*(t)&=f(0)\delta(t)+f(T)\delta(t-T)+f(2T)\delta(T-2T)+\cdots\\&=\sum_{k=0}^{\infty}f(kT)\delta(t-kT)\end{aligned}$$

对上式进行拉普拉斯变换，可得到采样信号 $f^*(t)$ 的拉氏变换 $F^*(s)$

$$F^*(s)=L[f^*(t)]=\sum_{k=0}^{\infty}f(kT)\mathrm{e}^{-kTs} \tag{2-3-1}$$

因复变量 s 含在 e^{-kTs} 中，e^{-kTs} 是超越函数，不便于计算，故引进一个新变量，令

$$z=\mathrm{e}^{Ts} \tag{2-3-2}$$

将 $F^*(s)$ 写作 $F(z)$，把式（2-3-2）代入式（2-3-1）中，便得到了以 z 为变量的函数，即

$$F(z)=Z[f^*(t)]=\sum_{k=0}^{\infty}f(kT)z^{-k} \tag{2-3-3}$$

$F(z)$ 称为采样信号 $f^*(t)$ 的 Z 变换。在 Z 变换过程中，由于仅仅考虑连续函数 $f(t)$ 在采样瞬间的值，所以式（2-3-3）只能表征连续函数 $f(t)$ 在采样时刻上的特性，而不能反映两

个采样时刻之间的特性。从这个意义上来说，连续函数$f(t)$与相应的离散时间函数$f^*(t)$具有相同的Z变换，即

$$Z[f(t)] = Z[f^*(t)] = F(z) = \sum_{k=0}^{\infty} f(kT)z^{-k} \tag{2-3-4}$$

应用Z变换时，需强调以下几点：

1）只有采样函数$f^*(t)$才能定义Z变换，如果说“对连续函数$f(t)$做Z变换”，这应该是指对$f(t)$的采样函数$f^*(t)$做Z变换。

2）比较下面两式

$$f^*(t) = \sum_{k=0}^{\infty} f(kT)\delta(t-kT) = f(0)\delta(t) + f(1)\delta(t-T) + f(2)\delta(t-2T) + \cdots$$

$$F(z) = \sum_{k=0}^{\infty} f(kT)z^{-k} = f(0) + f(1)z^{-1} + f(2)z^{-2} + \cdots$$

可见式（2-3-4）的任意项$f(kT)z^{-k}$中，$f(kT)$决定幅值，z^{-k}决定时间。Z变换和离散序列之间有着非常明确的“幅值”和“定时”对应关系。

3）Z变换是由采样函数决定的，它反映不了非采样时刻的信息。图2-9中所示$f(t)$和$g(t)$是两个不同的连续函数，但由于$f^*(t)$和$g^*(t)$相等，所以$F(z)$等于$G(z)$。可见Z变换对应惟一的采样函数，但是并不对应惟一的连续函数。

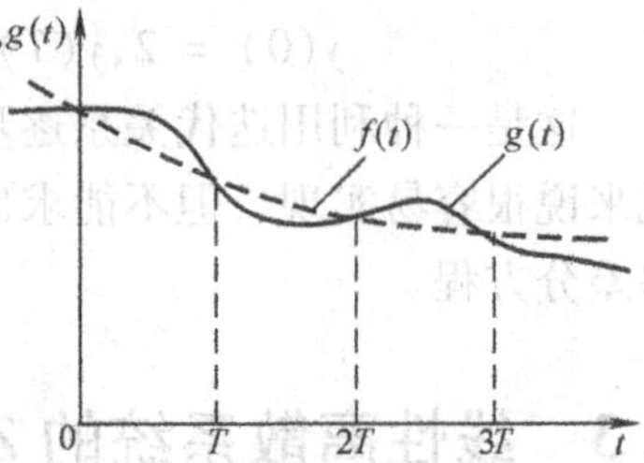

图2-9 采样值相同的两个不同的连续函数

2.3.2 Z变换法

由Z变换导出的过程看到，Z变换实质上是拉普拉斯变换的一种推广，所以它也称为采样拉普拉斯变换，或离散拉普拉斯变换。求一个函数的Z变换，常用的有直接法、部分分式法和留数法。

1. 直接法

直接法就是直接根据Z变换的定义式（2-3-4）来求一个函数的Z变换。下面用一例来说明。

例2-2 求单位阶跃函数的Z变换。

解 $f(t)=1(t)$，由Z变换定义有

$$F(z) = \sum_{k=0}^{\infty} f(kT)z^{-k} = 1 + z^{-1} + z^{-2} + \cdots + z^{-k} + \cdots \tag{2-3-5}$$

将上式两端同时乘以z^{-1}，有

$$z^{-1}F(z) = z^{-1} + z^{-2} + z^{-3} + \cdots \tag{2-3-6}$$

式（2-3-5）减去式（2-3-6）得

$$(1-z^{-1})F(z) = 1$$

所以

$$Z[1(t)] = F(z) = \frac{1}{1-z^{-1}}$$

例2-3 求指数函数e^{-at}（$a \geqslant 0$）的Z变换。

解　$f(t)=e^{-at}$，由 Z 变换的定义有

$$F(z)=\sum_{k=0}^{\infty}f(kT)z^{-k}=\sum_{k=0}^{\infty}e^{-akT}z^{-k}=1+e^{-aT}z^{-1}+e^{-2aT}z^{-2}+\cdots$$

采用上例的方法，将上式写成闭合形式的 Z 变换，有

$$Z[e^{-at}]=F(z)=\frac{1}{1-e^{-aT}z^{-1}}$$

2. 部分分式法

设连续函数 $f(t)$ 的拉普拉斯变换 $F(s)$ 为 s 的有理函数，将 $F(s)$ 展开成部分分式形式

$$F(s)=\sum_{i=1}^{n}\frac{A_i}{s+s_i}$$

式中　s_i——$F(s)$ 的非重极点；

　A_i——常系数。

由拉普拉斯反变换可知，与 $\frac{A_i}{s+s_i}$ 项对应的时间函数为 $A_ie^{s_it}$，而衰减指数函数的 Z 变换已由例 2-3 给出，即

$$Z[A_ie^{s_it}]=\frac{A_i}{1-e^{-s_iT}z^{-1}}$$

因此，$f(t)$ 的 Z 变换可以由 $F(s)$ 求得，即

$$F(z)=Z[f(t)]=Z[F(s)]=\sum_{i=1}^{n}\frac{A_i}{1-e^{-s_iT}z^{-1}} \tag{2-3-7}$$

例 2-4　已知 $F(s)=\frac{a}{s(s+a)}$，求 $F(z)$。

解　$F(s)=\frac{a}{s(s+a)}=\frac{1}{s}-\frac{1}{s+a}$

由式（2-3-7）可得

$$F(z)=Z\left[\frac{1}{s}\right]-Z\left[\frac{1}{s+a}\right]=\frac{1}{1-z^{-1}}-\frac{1}{1-e^{-at}z^{-1}}=\frac{(1-e^{-aT})z^{-1}}{(1-z^{-1})(1-e^{-aT}z^{-1})}$$

可见，如果能将 $F(s)$ 化成部分分式之和，然后根据式（2-3-7）便可方便地求取其 Z 变换。

在一般控制系统中，经常遇到的传递函数中，大部分可以用部分分式法展开成 $\frac{A_i}{s+s_i}$ 的形式，因此在工程计算中，常用部分分式法进行 Z 变换。

3. 留数法

若 $F(s)$ 已知，具有 N 个不同的极点，有 l 个重极点（$l=1$，为单极点），则

$$F(z)=\sum_{i=1}^{N}\left[\frac{1}{(l-1)!}\right]\frac{d^{l-1}}{ds^{l-1}}\left[\frac{(s+s_i)^lF(s)z}{z-e^{sT}}\right]\Bigg|_{s=-s_i} \tag{2-3-8}$$

例 2-5　已知 $F(s)=\frac{1}{s^2}$，求 $F(z)$。

解　$N=1$，$l=2$，$s_1=0$，则有

$$F(z)=\frac{1}{(2-1)!}\frac{\mathrm{d}}{\mathrm{d}s}\left[\frac{s^2\left(\frac{1}{s^2}\right)z}{z-\mathrm{e}^{sT}}\right]\Bigg|_{S=0}=\frac{\mathrm{d}}{\mathrm{d}s}\left[\frac{z}{z-\mathrm{e}^{sT}}\right]\Bigg|_{S=0}$$

$$=-\frac{z(-\mathrm{e}^{sT})T}{(z-\mathrm{e}^{sT})^2}\Bigg|_{S=0}=\frac{Tz}{(z-1)^2}$$

附录A中列出了常用函数的 Z 变换，与拉普拉斯变换类似，在工程计算中也常采用查表的方法求 Z 变换。

2.3.3 Z 变换的基本定理

和线性连续系统的拉普拉斯变换一样，Z 变换也有不少重要的定理，这里介绍其中最常用的几条。

1. 线性定理

对于任何常数 a_1 和 a_2，若 $Z[f_1(kT)]=F_1(z), Z[f_2(kT)]=F_2(z)$，则

$$Z[a_1f_1(kT))+a_2f_2(kT)]=a_1F_1(z)+a_2F_2(z)\tag{2-3-9}$$

这个定理说明 Z 变换是一种线性变换，或者说是一种线性算子。

2. 平移定理

若 $kT<0$ 时，$f(kT)=0$，$Z[f(kT)]=F(z)$。

（1）滞后定理

$$Z[f(kT-nT)]=z^{-n}F(z)\tag{2-3-10}$$

z^{-n}代表滞后环节，表示把信号滞后 n 个采样周期。当 $n=1$ 时

$$Z[f(kT-T)]=z^{-1}F(z)$$

所以，z^{-1}可看作是滞后一个采样周期的算子。

（2）超前定理

$$Z[f(kT+nT)]=z^nF(z)-\sum_{j=0}^{n-1}z^{n-j}f(jT)\tag{2-3-11}$$

z^n 代表超前环节，表示输出信号超前输入信号 n 个采样周期。这种超前环节实际上是不存在的。当 $n=1$ 时

$$Z[f(kT+T)]=zF(z)-zF(0)$$

由此可以进一步明确算子 z 的物理意义：在满足初始条件为零的前提下，z^1 代表超前一个采样周期。

3. 复位移定理

若 $Z[f(kT)]=F(z)$，则

$$Z[\mathrm{e}^{\pm at}f(kT)]=F(\mathrm{e}^{\mp aT}z)\tag{2-3-12}$$

式中 a——常数。

利用复位移定理，可以求出一些复杂函数的 Z 变换。

4. 复微分定理

若 $Z[f(kT)]=F(z)$，则

$$Z[(kT)f(kT)]=-Tz\frac{\mathrm{d}}{\mathrm{d}t}F(z)\tag{2-3-13}$$

换句话说，在时域中乘以 kT，意味着在离散频域中对 z 的微分。

5. 初值定理

若 $Z[f(kT)]=F(z)$，当 z 趋于无穷大时，$F(z)$ 的极限存在，则

$$f(0)=\lim_{k\to 0}f(kT)=\lim_{z\to\infty}F(z) \tag{2-3-14}$$

利用初值定理，很容易根据一个函数的 Z 变换，直接求取其离散序列的初值。

6. 终值定理

若 $Z[f(kT)]=F(z)$，则

$$f(\infty)=\lim_{k\to\infty}f(kT)=\lim_{z\to 1}(z-1)F(z) \tag{2-3-15}$$

终值定理也可以表示成

$$f(\infty)=\lim_{k\to\infty}f(kT)=\lim_{z\to 1}(1-z^{-1})F(z) \tag{2-3-16}$$

终值定理是研究离散系统稳态误差的重要数学工具。使用终值定理的条件为：除了 $z=1$ 以外，$F(z)$的所有极点必须在单位圆内。应用终值定理时，要特别注意其条件，否则将得出错误的结论。

例 2-6 已知 $F(z)=\dfrac{1}{1-1.2z^{-1}+0.2z^{-2}}$，求终值 $f(\infty)$。

解 $f(\infty)=\lim\limits_{z\to 1}(1-z^{-1})\dfrac{1}{1-1.2z^{-1}+0.2z^{-2}}$

$$=\lim_{z\to 1}(1-z^{-1})\frac{1}{(1-z^{-1})(1-0.2z^{-1})}=1.25$$

7. 卷积定理

设 $Z[f_1(kT)]=F_1(z)$，$Z[f_2(kT)]=F_2(z)$，则有

$$F_1(z)F_2(z)=Z\left\{\sum_{i=0}^{k}f_1(iT)\cdot f_2[(k-i)T]\right\} \tag{2-3-17}$$

时间域两个离散时间序列 $f_1(kT)$、$f_2(kT)$ 的离散卷积和等于 Z 域的乘积。

2.3.4 Z 反变换

由 $f(t)$ 的 Z 变换 $F(z)$ 求其相对应的脉冲序列 $f^*(t)$ 或数值序列 $f(kT)$，称为 Z 反变换，表示为

$$Z^{-1}[F(z)]=f(kT) \qquad \text{需数值序列时}$$
$$Z^{-1}[F(z)]=f^*(t) \qquad \text{需脉冲序列时}$$

Z 变换对应的脉冲序列和数值序列都是惟一的，但对应的时间函数则不惟一，因为具有相同采样值的时间函数可能是多个。因此，即使已知一个连续环节输出量的 Z 变换，也不能直接用求该 Z 变换的反变换的方法来求出该输出量在两次采样间的过渡过程。

Z 反变换常用方法有三种：长除法、部分分式法和留数计算法。

1. 长除法

将 $F(z)$ 用长除法展开成 z 的降幂级数，再根据 Z 变换的定义，可以得到 $f(kT)$ 的前若干项，即

$$F(z)=f(0)+f(T)z^{-1}+f(2T)z^{-2}+\cdots$$

式中的 $f(0)$，$f(T)$，$f(2T)$，… 即为所求的数值序列。

例 2-7 用长除法求下列函数的 Z 反变换：

$$F(z)=\frac{0.6z}{z^2-1.4z+0.4}$$

解 用长除法

$$
\begin{array}{r}
0.6z^{-1}+0.84z^{-2}+0.936z^{-3}+\cdots \\
z^2-1.4z+0.4\,\big)\overline{\,0.6z\qquad\qquad\qquad\qquad\qquad\qquad} \\
\underline{0.6z-0.84+0.24z^{-1}\qquad\qquad\qquad} \\
0.84-0.24z^{-1}\qquad\qquad\qquad \\
\underline{0.84-1.176z^{-1}+0.336z^{-2}\qquad\qquad} \\
0.936z^{-1}-0.336z^{-2}\qquad\qquad \\
\underline{0.936z^{-1}-1.310z^{-2}-0.3744z^{-3}} \\
0.974z^{-2}+0.3744z^{-3} \\
\vdots
\end{array}
$$

得 $$F(z)=0.6z^{-1}+0.84z^{-2}+0.936z^{-3}+\cdots$$

即 $$f^*(t)=0.6\delta(t-T)+0.84\delta(t-2T)+0.936\delta(t-3T)+\cdots$$

长除法只能求得时间序列或数值序列的前若干项，得不到序列 $F(kT)$ 或 $f^*(t)$ 的数学解析式。当 $F(z)$ 的分子分母项数较多时，用长除法求 Z 反变换就比较麻烦。

2. 部分分式法

部分分式法求取 Z 反变换的过程与用部分分式法求取拉普拉斯反变换的过程十分相似。

设有 $$F(z)=\frac{b_0z^m+b_1z^{m-1}+\cdots+b_m}{a_0\prod_{i=1}^{n}(z-p_i)}$$

展开成 $$\frac{F(z)}{z}=\sum_{i=1}^{n}\frac{A_i}{z-p_i}$$

式中 $$A_i=\left[(z-p_i)\frac{F(z)}{z}\right]_{z=p_i}$$

则 Z 反变换 $$F(kT)=Z^{-1}\left[\sum_{i=1}^{n}\frac{zA_i}{z-p_i}\right] \tag{2-3-18}$$

例 2-8 求 $F(z)=\dfrac{0.6z^{-1}}{1-1.4z^{-1}+0.4z^{-2}}$ 的 Z 反变换。

解 $$F(z)=\frac{0.6z^{-1}}{1-1.4z^{-1}+0.4z^{-2}}=\frac{0.6z}{z^2-1.4z+0.4}$$

$$\frac{F(z)}{z}=\frac{A_1}{z-1}+\frac{A_2}{z-0.4}$$

$$A_1=(z-1)\frac{0.6}{z^2-1.4z+0.4}\bigg|_{z=1}=1$$

$$A_2=(z-0.4)\frac{0.6}{z^2-1.4z+0.4}\bigg|_{z=0.4}=-1$$

$$F(z)=\frac{z}{z-1}-\frac{z}{z-0.4}$$

$$f(kT) = Z^{-1}[F(z)] = 1 - (0.4)^k$$

用部分分式法求 Z 反变换可以得到时间序列或数值序列的数学解析式，部分分式法常用的 Z 变换对见表 2-1(常用函数的 Z 变换见附录 A)。

表 2-1　部分分式法常用的 Z 变换对

$F(z)$	$f(kT)$	$F(z)$	$f(kT)$
$\dfrac{z}{z-1}$	1	$\dfrac{z}{(z-a)^2}$	ka^{k-1}
$\dfrac{1}{z-a}$	$a^{k-1}\quad k\geqslant 0$ $0\quad k<0$	$\dfrac{z(z+a)}{(z-a)^3}$	k^2a^{k-1}
$\dfrac{z}{z-a}$	a^k	$\dfrac{z(z^2+4az+a^2)}{(z-a)^4}$	k^3a^{k-1}

3. 留数计算法

函数 $F(z)$ 可以看作是复数 z 平面上的劳伦级数，级数的各项系数可以利用积分关系求出，即

$$Z^{-1}[F(z)] = f(kT) = \frac{1}{2\pi \mathrm{j}}\oint_c f(z)z^{k-1}\mathrm{d}z \tag{2-3-19}$$

积分路径 c 应包括被积式中的所有极点。根据留数定理

$$f(kT) = \sum_{i=1}^{n}\mathrm{Res}[F(z)z^{k-1}]_{z=p_i} \tag{2-3-20}$$

式中　n——极点数；

　　p_i——第 i 个极点。

因为

$$\mathrm{Res}F(z)z^{k-1}\big|_{z\to p_i} = \lim_{z\to p_i}(z-p_i)F(z)z^{k-1}$$

所以

$$f(kT) = \sum_{i=1}^{n}\lim_{z\to p_i}[(z-p_i)F(z)z^{k-1}] \tag{2-3-21}$$

例 2-9　用留数计算法求 $F(z) = \dfrac{0.6z}{z^2-1.4z+0.4}$ 的 Z 反变换。

解　这里有 $n=2$，$p_1=1$，$p_2=0.4$，则

$$f(kT) = \lim_{z\to 1}(z-1)\frac{0.6z^k}{z^2-1.4z+0.4} + \lim_{z\to 0.4}(z-0.4)\frac{0.6z^k}{z^2-1.4z+0.4} = 1-(0.4)^k$$

2.3.5　用 Z 变换解差分方程

如同用拉普拉斯变换求解连续系统的微分方程一样，在离散系统中可以用 Z 变换来求解差分方程。用 Z 变换法使求解运算变换为以 Z 为变量的代数方程，不仅计算简便，且能求得差分方程解的数学解析式。用 Z 变换求解差分方程主要用到 Z 变换的平移定理。

例 2-10　用 Z 变换解下列差分方程：

$$y(k+2)+3y(k+1)+2y(k) = 0$$

初始条件为：$y(0)=0, y(1)=1$。

解 对上式进行 Z 变换得

$$Z[y(k+2)+3y(k+1)+2y(k)]=0$$

由线性定理可得

$$Z[y(k+2)]+Z[3y(k+1)]+Z[2y(k)]=0$$

由超前定理可得

$$[z^2Y(z)-z^2y(0)-zy(1)]+3[zY(z)-zy(0)]+2Y(z)=0$$

将初始条件代入上式，解得

$$Y(z)=\frac{z}{z^2+3z+2}=\frac{z}{(z+1)(z+2)}=\frac{z}{z+1}-\frac{z}{z+2}$$

查表得

$$y(kT)=(-1)^k-(-2)^k \quad k=0,1,2,\cdots$$

这里为了书写方便，通常将 kT 写成 k。

可见，用 Z 变换法解线性常系数差分方程的步骤如下：

（1）对差分方程进行 Z 变换。

（2）用 Z 变换的平移定理将时域差分方程转换为 Z 域代数方程，代入初始条件并求解。

（3）将 Z 变换式写成有理多项式的形式，再进行 Z 反变换，得到差分方程的解。

2.4 脉冲传递函数

脉冲传递函数也称为 Z 传递函数，它是分析线性离散系统的重要的工具。

2.4.1 脉冲传递函数的概念

1. 脉冲传递函数的定义

与连续系统的传递函数类似，离散系统的脉冲传递函数 $G(z)$ 被定义为：在零初始条件下，一个环节（或系统）的输出脉冲序列的 Z 变换 $Y(z)$ 与输入脉冲序列的 Z 变换 $R(z)$ 之比，即

$$G(z)=\frac{Y(z)}{R(z)} \tag{2-4-1}$$

根据式（2-4-1）可以给出单输入单输出离散系统的框图如图2-10所示。

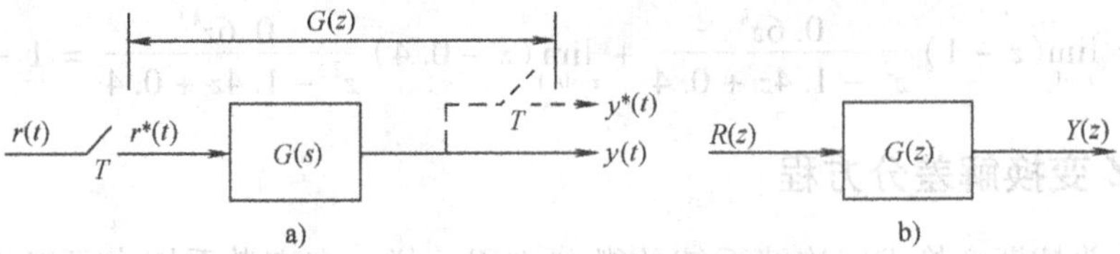

图2-10 单输入单输出离散系统的框图

a）实际采样系统 b）等价的离散系统

在实际系统中，许多采样系统的输出信号是连续信号 $y(t)$，而不是离散信号 $y^*(t)$，如图2-10a 所示。在此情况下，为了应用脉冲传递函数的概念，可在输出端虚设一采样开关，对输出的连续时间信号 $y(t)$ 做假想采样，来获得输出信号的采样信号 $y^*(t)$，如

图 2-10a 中的虚线所示。这一虚设采样开关的采样周期与输入端采样开关的采样周期 T 相同。其等价的离散模型如图 2-10b 所示。

2. 脉冲传递函数与差分方程的相互转换

若已知 n 阶离散系统的差分方程是

$$y(k)+a_1y(k-1)+\cdots+a_ny(k-n)=b_0r(k)+b_1r(k-1)+\cdots+b_mr(k-m) \qquad m\leqslant n \tag{2-4-2}$$

在零初始条件下，将式（2-4-2）进行 Z 变换，得

$$(1+a_1z^{-1}+\cdots+a_nz^{-n})Y(z)=(b_0+b_1z^{-1}+\cdots+b_mz^{-m})R(z) \qquad m\leqslant n \tag{2-4-3}$$

由式（2-4-3）得该系统的脉冲传递函数为

$$G(z)=\frac{Y(z)}{R(z)}=\frac{b_0+b_1z^{-1}+b_2z^{-2}+\cdots+b_mz^{-m}}{1+a_1z^{-1}+a_2z^{-2}+\cdots+a_nz^{-n}} \qquad m\leqslant n \tag{2-4-4}$$

若已知脉冲传递函数式（2-4-4）求差分方程时，只要将式（2-4-4）交叉相乘，得到式（2-4-3）的形式，然后再对式（2-4-3）进行 Z 反变换，得到离散形式 $y(kT)$ 和 $r(kT)$，即可得到相应的差分方程。

2.4.2 离散系统框图的变换

和连续控制系统一样，离散控制系统也可以用框图表示，求取脉冲传递函数时，也可以利用框图变换来求取。但是与连续控制系统比较，在离散控制系统的框图中，除了方框、相加（减）点、分支点外，又增加了采样器（或称采样开关）。由于离散控制系统中，既有连续元件，又有离散元件，既有连续信号，又有离散信号，因此连续系统框图分析法，不能一一照搬到离散控制系统，必须考虑离散系统的特殊性。

1. 开环脉冲传递函数

为了说明采样器（即采样开关）位置的重要性，首先分析图 2-11 所示串联环节框图的两种形式。

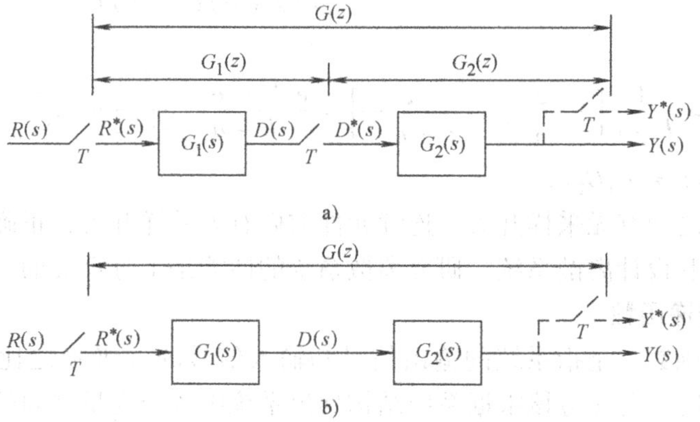

图 2-11 串联环节框图的两种形式

a）两环节间有采样开关 b）两环节间无采样开关

在图 2-11a 中，串联环节之间有采样器隔开，有

$$D(z)=R(z)G_1(z)$$

$$Y(z) = D(z)G_2(z) = R(z)G_1(z)G_2(z)$$

所以

$$G(z) = \frac{Y(z)}{R(z)} = G_1(z)G_2(z) \tag{2-4-5}$$

一般，几个串联环节之间都有采样器隔开时，等效的脉冲传递函数等于几个环节的脉冲传递函数之积。

在图2-11b中，两个串联环节之间无采样器隔开，第二级的输入信号不是离散的，因此对第二级不能用Z变换，第二级只有和第一级连在一起，其输入输出才皆为采样序列，才可以进行Z变换。因此有

$$Y(z) = R(z)Z[G_1(s)G_2(s)]$$

所以，等效的脉冲函数为

$$G(z) = G_1G_2(z) \tag{2-4-6}$$

注意Z变换的乘积和传递函数乘积的Z变换是不同的，通常有

$$G_1(z)G_2(z) \neq G_1G_2(z)$$

设

$$G_1(s) = \frac{1}{s+a}, G_2(s) = \frac{1}{s+b}$$

则图2-11a中

$$G(z) = G_1(z)G_2(z) = Z\left[\frac{1}{s+a}\right]Z\left[\frac{1}{s+b}\right]$$

查附录A可得

$$G(z) = \frac{z^2}{(z-e^{-aT})(z-e^{-bT})}$$

对于图2-11b，有

$$G(z) = G_1G_2(z) = Z\left[\frac{1}{(s+a)(s+b)}\right]$$

查附录A可得

$$G(z) = \frac{1}{b-a}\left[\frac{z}{z-e^{-aT}} - \frac{z}{z-e^{-bT}}\right] = \frac{e^{-aT}-e^{-bT}}{b-a}\frac{z}{(z-e^{-aT})(z-e^{-bT})}$$

很明显，$G_1(z)G_2(z) \neq G_1G_2(z)$

根据串联环节之间有无采样开关，连续元件前后有无采样开关，正确写出它们的脉冲传递函数，对于分析和设计离散系统、研究离散系统的性能是十分重要的。

2. 闭环脉冲传递函数

闭环脉冲传递函数，是指系统的输出信号和输入信号的Z变换之比。在求离散系统的闭环脉冲传递函数时，首先应该根据系统结构列出系统中各个变量之间的关系，然后消去中间变量，得到输出量Z变换和输入量Z变换之间的关系。下面举例说明闭环脉冲传递函数的求取方法。

例2-11 求图2-12所示典型计算机控制系统的闭环脉冲传递函数。图中$D(z)$和$G(z)$分别表示控制器和系统连续部分的脉冲传递函数

解 由于输入、输出信号都是连续信号，不能直接做Z变换。为了清楚地表示闭环传

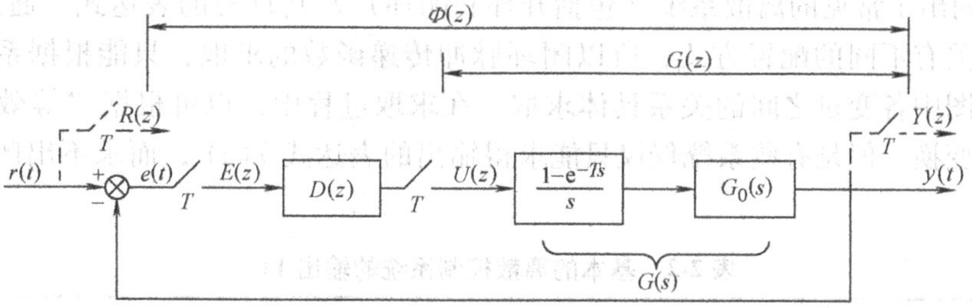

图 2-12　典型计算机控制系统

递函数是 $Y(z)$ 和 $R(z)$ 之比，在图中用虚线画出虚设的采样开关，两个采样开关是同步的，采样周期均为 T。由图 2-12 可得

$$Y(z) = U(z)G(z)$$
$$U(z) = E(z)D(z)$$

又因为

$$e(t) = r(t) - y(t)$$
$$e^*(t) = r^*(t) - y^*(t)$$

所以

$$E(z) = R(z) - Y(z)$$

消去中间变量可得

$$Y(z) = \frac{D(z)G(z)}{1 + D(z)G(z)}R(z)$$

所以

$$\Phi(z) = \frac{Y(z)}{R(z)} = \frac{D(z)G(z)}{1 + D(z)G(z)}$$

例 2-12　求图 2-13 所示的离散控制系统的闭环脉冲传递函数。

解　为了便于分析系统中各变量之间的关系，根据框图变换原则，将图 2-13a 变成图 2-13b 的形式，于是可得下列关系式

$$U(z) = RG_1(z) - U(z)G_2HG_1(z)$$
$$Y(z) = U(z)G_2(z) = [RG_1(z) - U(z)G_2HG_1(z)]G_2(z) = RG_1(z)G_2(z) - Y(z)G_2HG_1(z)$$

所以

$$Y(z) = \frac{RG_1(z)G_2(z)}{1 + G_2HG_1(z)}$$

这里虽然得到了 $Y(z)$ 的表达式，但是式中没有单独的 $R(z)$，因此得不出闭环脉冲传递函数。

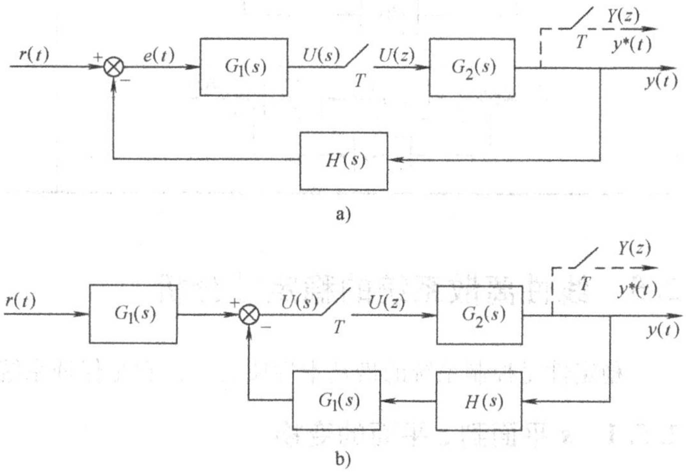

图 2-13　例 2-12 图

a）离散控制系统框图　b）变换后的框图

表2-2列出了常见的离散系统（包括开环和闭环）及其$Y(z)$的表达式。通过分析可知，由于采样开关有不同的配置方式，所以闭环脉冲传递函数的求取，只能根据系统的实际结构，按照框图中各变量之间的关系具体求取。在求取过程中，也可根据“等效”交换的原则进行框图变换，但是有些系统仅仅只能求得输出的表达式$Y(z)$，而求不出闭环的脉冲传递函数。

表2-2 基本的离散控制系统的输出$Y(z)$

系统	输出$Y(z)$
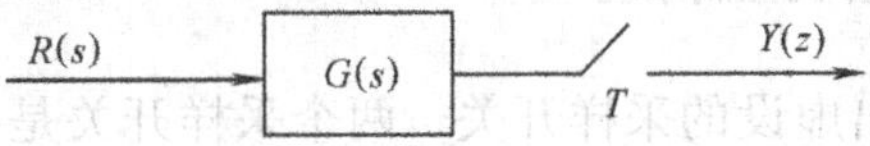	$Y(z)=RG(z)$
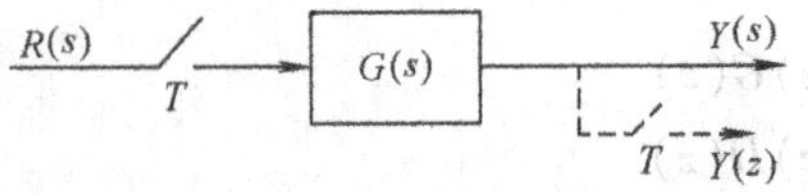	$Y(z)=R(z)G(z)$
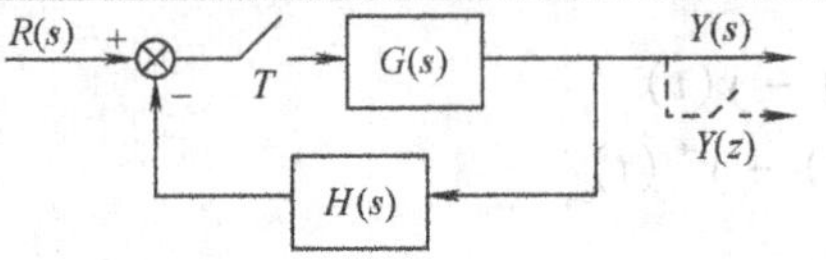	$Y(z)=\frac{R(z)G(z)}{1+GH(z)}$
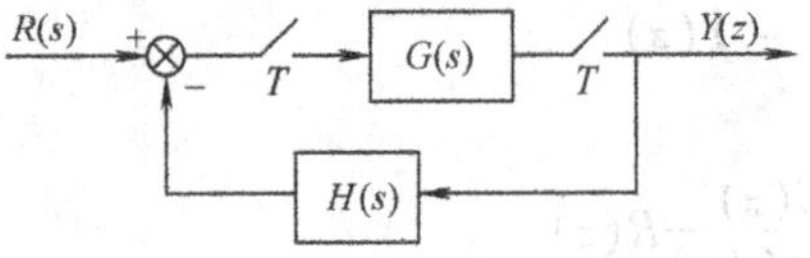	$Y(z)=\frac{R(z)G(z)}{1+G(z)H(z)}$
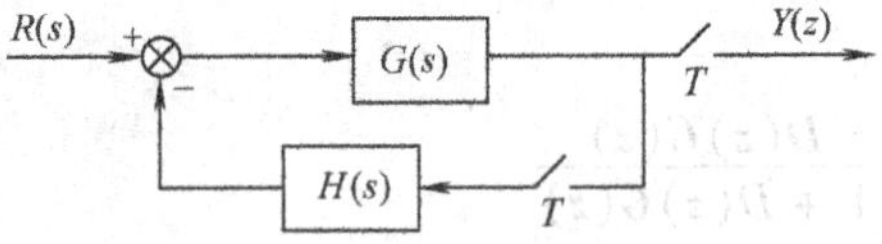	$Y(z)=\frac{RG(z)}{1+GH(z)}$
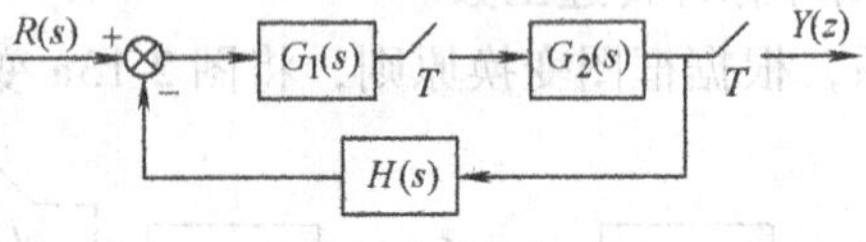	$Y(z)=\frac{RG_1(z)G_2(z)}{1+G_1G_2H(z)}$
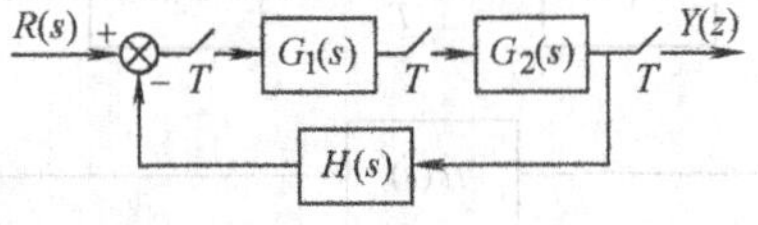	$Y(z)=\frac{R(z)G_1(z)G_2(z)}{1+G_1(z)G_2H(z)}$

2.5 线性离散系统的稳定性分析

稳定性是控制系统的最基本性质之一，它是保证系统能正常工作的首要条件。

2.5.1 s平面到z平面的变换

在连续控制系统中，根据传递函数零、极点在s平面的位置可以设计系统输出响应特性。同样，根据脉冲传递函数零、极点在z平面的分布也可以确定离散控制系统的输出响应特性。下面讨论 s 平面和 z 平面之间的变换关系。

设 s 平面上有一极点 $s=\sigma+\mathrm{j}\omega$，经 Z 变换后，该极点在 s 平面的位置是

$$z=\mathrm{e}^{sT}=\mathrm{e}^{(\sigma+\mathrm{j}\omega)T}=\mathrm{e}^{\sigma T}\mathrm{e}^{\mathrm{j}\omega T}=\mathrm{e}^{\sigma T}\angle\omega T \tag{2-5-1}$$

令

$$|z|=\mathrm{e}^{\sigma T},\quad \angle z=\theta=\omega T \tag{2-5-2}$$

当 $\sigma=0$，$|z|=1$；$\sigma<0$，$|z|<1$；$\sigma>0$，$|z|>1$，这表明 s 平面的左半部对应 z 平面的单位圆内；s 平面的右半部对应 z 平面的单位圆外；s 平面的虚轴对应 z 平面的单位圆上。在 s 平面虚轴上，ω 由 $-\infty$ 移动到 $+\infty$，z 平面在单位圆上的轨迹绕原点旋转无穷多圈。s 平面的主频区$\left(-\dfrac{\omega_s}{2}\leqslant\omega\leqslant\dfrac{\omega_s}{2}\right)$，同 z 平面之间的变换关系如图 2-14 所示。

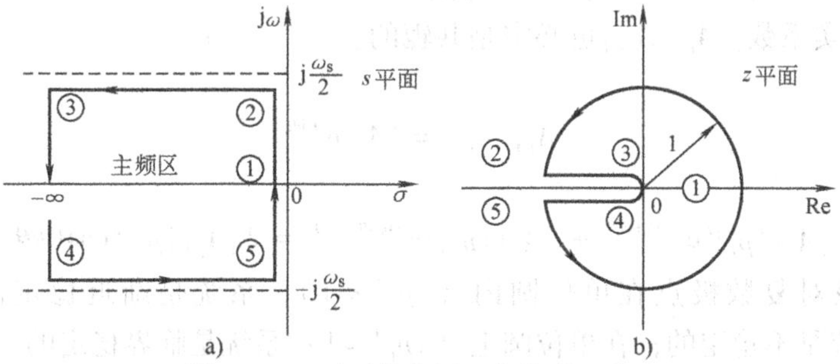

图 2-14 s 平面的主频区变换到 z 平面

a) s 平面主频区 b) z 平面

2.5.2 z 平面的稳定性条件

线性连续定常系统的渐近稳定性的充分必要条件是闭环系统的极点均在 s 平面的左半部。同样，可以根据闭环系统的脉冲传递函数的极点在 z 平面的分布判断其稳定性。

设线性定常离散系统的输出 Z 变换为

$$Y(z)=\frac{M(z)}{N(z)}R(z)=\Phi(z)R(z) \tag{2-5-3}$$

式中 $\Phi(z)$——系统的脉冲传递函数；

$R(z)$——输入 Z 变换。

现在讨论系统在单位脉冲（$R(z)=1$）作用下的输出响应序列。

(1) 设 $\Phi(z)$ 的极点是 n 个互异的单根 p_i，$i=1,2,\cdots,n$，则

$$Y(z)=\sum_{i=1}^{n}A_i\frac{z}{z-p_i}$$

可以展成相应的时间响应序列为

$$Y(k)=\sum_{k=1}^{n}A_i(p_i)^k\quad k\geqslant 0 \tag{2-5-4}$$

如果所有的极点在单位圆内，即 $|p_i|<1$，$i=1,2,\cdots,n$，则

$$\lim_{k\to\infty}y(k)=0$$

系统是渐近稳定的。如果其中有一个极点在单位圆上，设 $|p_i|=1$，而其余极点均在单位圆内，则

$$\lim_{k\to\infty}y(k)=A_i$$

系统是在李雅普诺夫（Lyapunov）意义下稳定的，又称临界稳定。只要有一个或一个以上的极点在单位圆外，则

$$\lim_{k\to\infty} y(k) = \infty$$

系统是不稳定的。

（2）如果 $\Phi(z)$ 的极点含有一对共轭复数极点，设这对共轭复数极点为

$$p_i,\ p_{i+1} = |p_i| \mathrm{e}^{\pm \mathrm{j}\theta_i} \tag{2-5-5}$$

对应这一对复数极点的脉冲响应序列是

$$y_{i,i+1}(k) = Z^{-1}\left[\frac{A_i z}{z-p_i} + \frac{A_{i+i} z}{z-p_{i+1}}\right] = A_i(p_i)^k + A_{i+1}(p_{i+1})^k \quad k \geqslant 0 \tag{2-5-6}$$

由于特征方程是实系数，A_i、A_{i+1} 也必定是共轭的。

设

$$A_i,\ A_{i+1} = |A_i| \mathrm{e}^{\pm \mathrm{j}\phi_i}$$

代入上式，有

$$y_{i,i+1}(k) = |A_i||p_i|^k \mathrm{e}^{\mathrm{j}(k\theta_i+\phi_i)} + |A_i||p_i|^k \mathrm{e}^{-\mathrm{j}(k\theta_i+\phi_i)} = 2|A_i||p_i|^k \cos(k\theta_i + \phi_i) \tag{2-5-7}$$

由此可见，当该对复数极点在单位圆内（$|p_i| < 1$），系统是渐近稳定的；在单位圆外（$|p_i| > 1$），系统是不稳定的；在单位圆上（$|p_i| = 1$）系统是临界稳定的。

（3）$\Phi(z)$ 含有重极点，不失一般性，设含有两重实极点 p_1，则 $Y(z)$ 可展开成

$$Y(z) = \frac{A_2 p_1 z}{(z-p_1)^2} + \frac{A_1 z}{z-p_1}$$

对应的脉冲响应序列为

$$y(k) = A_2 k (p_1)^k + A_1 (p_1)^k \tag{2-5-8}$$

显然，重极点在单位圆内（$|p_1| < 1$），系统是渐近稳定的；重极点在单位圆外（$|p_1| > 1$），系统是不稳定的；重极点在单位圆上，即（$|p_1| = 1$），由式（2-5-8）可得

$$\lim_{k\to\infty} y(k) = \lim_{k\to\infty}(A_2 k + A_1) = \infty$$

系统是不稳定的。通过上面的讨论，得到如下结论：

线性定常离散系统是渐近稳定的充分必要条件是：闭环脉冲传递函数的所有极点位于 z 平面的单位圆内。

在单位圆上有重极点或者在单位圆外有一个以上的极点，系统是不稳定的；在单位圆上有一对复数极点或一个实极点，系统是临界稳定的。

可见，通过求出系统的特征方程的根，便可以判别系统的稳定性，但在实际使用时也经常采用间接的方法，即不用直接求解特征方程的根，而是根据特征方程的根与系数的对应关系去判别系统的稳定性。

2.5.3 朱利稳定性判据

与连续系统的劳斯判据类似，可以通过朱利（Jury）判据来判定离散系统的稳定性。根据系统的特征方程的系数，而不必求特征方程的根，可以判定离散系统的稳定性。设离散系统的特征方程式为

$$D(z) = a_0 z^n + a_1 z^{n-1} + a_2 z^{n-2} + \cdots + a_{n-1} z + a_n \tag{2-5-9}$$

其中，a_0，a_1，a_2，…，a_n 为实数，一般取 $a_0=1$。

按照以下方法构造朱利表：

① 第一行系数用特征方程的高次幂系数到低次幂系数顺序排列。

② 第二行系数是第一行系数倒序排列而成。

③ 第三行系数采用以下公式求得

$$\text{第三行系数}=\text{第一行系数}-\text{第二行系数}\times\frac{\text{第一行末系数}}{\text{第一行首系数}}$$

④ 第四行系数是第三行系数的倒序排列。

⋮

⑤ 以此类推。

据此方法构造的朱利表见表 2-3。

表 2-3 朱利表

行	z^0	z^1	z^2	…	z^{n-3}	z^{n-2}	z^{n-1}	z^n
1	a_0	a_1	a_2	…	a_{n-3}	a_{n-2}	a_{n-1}	a_n
2	a_n	a_{n-1}	a_{n-2}	…	a_3	a_2	a_1	a_0
3	b_0	b_1	b_2	…	b_{n-3}	b_{n-2}	b_{n-1}	
4	b_{n-1}	b_{n-2}	b_{n-3}	…	b_2	b_1	b_0	
5	c_0	c_1	c_2	…	c_{n-3}	c_{n-2}		
6	c_{n-2}	c_{n-1}	c_{n-3}	…	c_1	c_0		
⋮				⋮				
	l_0	l_1						
	l_1	l_0						
	m_0							

即：$b_0=a_0-a_n\times\dfrac{a_n}{a_0}$

$$b_1=a_1-a_{n-1}\times\frac{a_n}{a_0}$$

⋮

$$b_{n-1}=a_{n-1}-a_1\times\frac{a_n}{a_0}$$

$$b_n=a_n-a_0\times\frac{a_n}{a_0}$$

⋮

可以知道，每经过一组（每两行为一组）运算，朱利表中系数就减少一列。

朱利稳定判据：离散系统特征方程式（2-5-9）的所有根都在 z 平面单位圆内的充分必要条件是朱利表中所有奇数行第一列系数均大于零。即

$$\begin{cases} a_0 > 0 \\ b_0 > 0 \\ \vdots \\ l_0 > 0 \\ m_0 > 0 \end{cases}$$

如果有奇数行第一列小于零的系数存在，则表明离散系统不稳定。其小于零系数的个数表明特征方程的根在 z 平面单位圆外根的个数。

例 2-13 已知离散系统的特征方程为

$$D(z)=z^3-3z^2+2.25z+0.5$$

试判别离散系统的稳定性。

解：构造朱利表

	1	−3	2.25	−0.5	
−)	−0.5	2.25	−3	1	$\times\frac{-0.5}{1}$
	0.75	−1.875	0.75		
−)	0.75	−1.875	0.75		$\times\frac{0.75}{0.75}$
	0				

由朱利表计算可得：所有特征方程的根在单位圆内的充要条件已经不满足，因而可判定该系统是不稳定的。

进一步，可以证明

$$D(1)>0$$

$$(-1)^n D(-1)>0$$

是系统稳定的必要条件。在构成朱利表前可以先判断其必要条件，如若特征方程不满足必要条件，则系统一定不稳定，故不必构造朱利表。如若满足必要条件，则最后一项 m_0 必定大于零，故构造朱利表时可不必进行计算。

对于例 2-13，可以首先检验其系统稳定的必要条件

$$D(1)=1-3+2.25-0.5=-0.25<0$$

即可判定系统不稳定，不必再构造朱利表。

下面以二阶系统为例，给出二阶离散系统的稳定性判据。

已知二阶离散系统的特征方程为

$$D(z)=z^2+a_1z+a_2$$

系统稳定性可以通过朱利判据推导得到。

系统稳定的必要条件为

$$D(1)>0,\text{即 } a_2>-1-a_1$$

$$(-1)^2D(-1)>0,\text{即 } a_2>-1+a_1$$

构造朱利表

$$\begin{array}{cccc} 1 & a_1 & a_2 & \\ -)\ a_2 & a_1 & 1 & \times\dfrac{a_2}{1} \\ \hline 1-a_2^2 & & & \end{array}$$

为使系统稳定，在满足必要条件后，只要满足第三行的系数

$$1-a_2^2>0 \tag{2-5-10}$$

即可，无须再往下计算。

由式（2-5-10）可推得 $a_2^2<1$，即 $|a_2|<1$，而 $|a_2|<1$ 等价于 $|D(0)|<1$。由此可得二阶离散系统稳定的充分必要条件为

$$\begin{cases} |D(0)|<1 \\ D(1)>0 \\ D(-1)>0 \end{cases} \tag{2-5-11}$$

依据上述条件，可得二阶系统参数的稳定域，如图 2-15 中三角形内部的点。

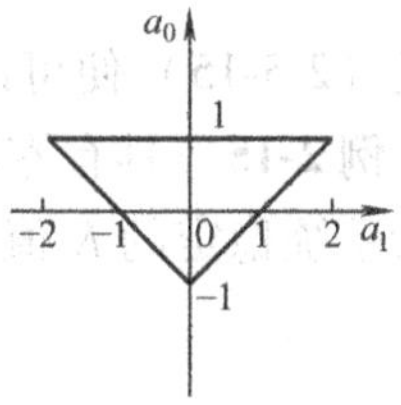

图 2-15　二阶系统 a_1，a_2 的稳定区域

可见，利用朱利判据判别离散系统稳定性十分方便、简单。

例 2-14　已知二阶离散系统特征多项式为

$$D(z)=z^2+(0.368K-1.368)z+0.368+0.264K$$

试确定使系统渐近稳定的 K 值范围。

解　系统渐近稳定的条件是

$$D(1)>0,(-1)^2D(-1)>0,|D(0)|<1$$

于是

$$D(1)=1+(0.368K-1.368)+0.368+0.264K>0 \quad K>0$$

$$(-1)^2D(-1)=1-(0.368K-1.368)+0.368+0.264K>0 \quad K<26.3$$

$$|D(0)|=|0.368+0.264K|<1$$

$$-5.18<K<2.39$$

系统渐近稳定的 K 值是

$$0<K<2.39$$

2.5.4　W 变换的稳定性判据

在连续系统中，稳定性判据是判断以复变量 s 为变量的代数方程的根是否全部在复平面的左半平面，但是在线性离散系统中以复变量 z 为变量的代数方程，它的稳定边界是单位圆，因此不能直接应用连续系统的稳定判据。采用 W 变换可以解决这一矛盾。

令

$$z=\frac{1+w}{1-w} \tag{2-5-12}$$

则

$$w=\frac{z-1}{z+1} \tag{2-5-13}$$

式（2-5-13）称为 W 变换，经过 W 变换，z 平面上的单位圆周映射为 w 平面上的虚轴；

z 平面上的单位圆外部和内部分别对应 w 平面的右半平面和左半平面。W 变换的映射关系如图 2-16 所示。

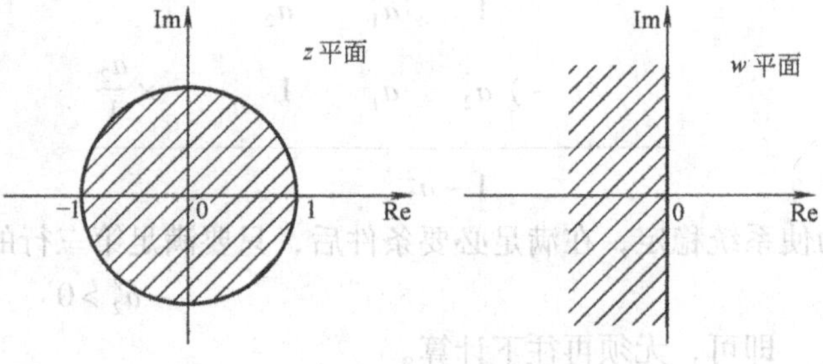

图 2-16 z 平面与 w 平面的映射关系

W 变换是线性变换，所以映射是一一对应的关系。系统的特征方程

$$D(z)=A_n z^n+A_{n-1}z^{n-1}+\cdots+A_1 z+A_0=0 \tag{2-5-14}$$

经过 W 变换，可得到代数方程

$$a_n w^n+a_{n-1}w^{n-1}+\cdots+a_1 w+a_0=0 \tag{2-5-15}$$

对式（2-5-15）便可以使用连续系统的劳斯判据判断系统的稳定性。

例 2-15 具有零阶保持器的线性离散系统如图 2-17 所示，采样周期 $T=0.1\text{s}$，$a=1$，试判断系统稳定的 K 值范围。

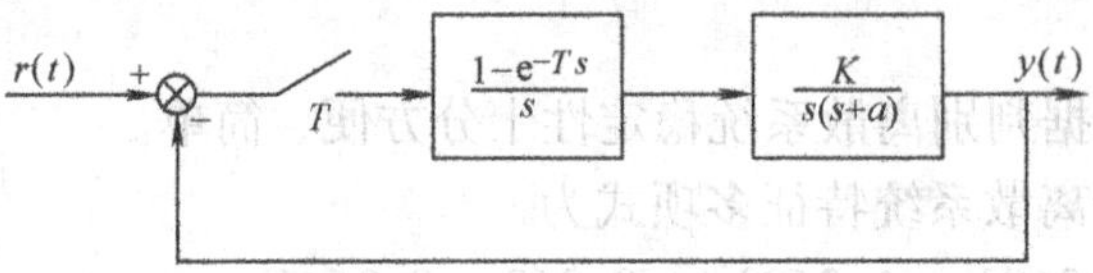

图 2-17 例 2-15 图

解 包括零阶保持器的广义对象开环脉冲传递函数为

$$G(z)=[1-z^{-1}]Z\left[\frac{K}{s^2(s+1)}\right]$$

$$=\frac{z-1}{z}\left[\frac{(e^{-T}+T-1)z^2+(1-e^{-T}-Te^{-T})z}{(z-1)^2(z-e^{-T})}\right]K$$

$$=\frac{K(0.00484z+0.00468)}{(z-1)(z-0.905)}$$

$$G(w)=G(z)\Big|_{z=\left(1+\frac{T}{2}w\right)\Big/\left(1-\frac{T}{2}w\right)}$$

$$=\frac{K(-0.00016w^2-0.1872w+3.81)}{3.81w^2+3.80w}$$

闭环系统特征方程

$$1+G(w)=(3.81-0.00016K)w^2+(3.81-0.1872K)w+3.81K=0$$

列出劳斯阵表：

w^2	$3.81-0.00016K$	$3.81K$
w^1	$3.80-0.1872K$	
w	$3.81K$	

保证阵表第一列不变号，K 值的范围是

$$0<K<20.3$$

本例中，若采样间隔 $T=1\mathrm{s}$，则使系统稳定的 K 值范围是

$$0<K<2.39$$

可以证明，二阶连续系统中，K 值在（$0\sim\infty$）的范围内都是稳定的。可见，采样和零阶保持器对系统稳定性是有影响的。

2.6 线性离散系统的稳态误差分析

稳态误差是系统稳态性能的重要指标，用它衡量一个控制系统的控制精度。通常采用误差信号 $e^*(t)$ 表示离散系统的稳态误差。离散系统的采样时刻的稳态误差定义为

$$e_{ss}^* = \lim_{t\to\infty} e^*(t) = \lim_{k\to\infty} e(kT) \tag{2-6-1}$$

式（2-6-1）的意义是指系统过渡过程结束后，输入值和输出值在采样时刻的误差值。如图 2-18 所示的单位反馈离散系统中

$$E(z) = R(z) - Y(z) = \Phi_e(z)R(z) = \frac{1}{1+D(z)G(z)}R(z) \tag{2-6-2}$$

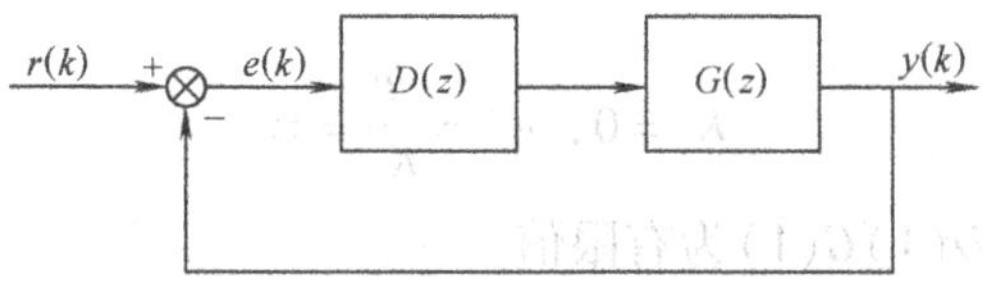

图 2-18 具有单位负反馈的离散控制系统

式中

$$\Phi_e(z) = \frac{E(z)}{R(z)} = \frac{1}{1+D(z)G(z)} \tag{2-6-3}$$

假设 $\Phi_e(z)$ 所有的极点都在 z 平面单位圆内，根据终值定理，系统的稳态误差为

$$e_{ss}^* = \lim_{z\to1}(z-1)E(z) = \lim_{z\to t}(z-1)\frac{1}{1+D(z)G(z)}R(z) \tag{2-6-4}$$

式（2-6-4）说明，和连续系统一样，离散系统的稳态误差，不仅与系统结构、参数有关，而且与输入信号的形式有关。由于 z 平面上 $z=1$ 的点，对应于 s 平面上 $s=0$ 的点，所以类似于连续控制系统，离散控制系统可以按其开环脉冲传递函数 $D(z)G(z)$ 含有积分环节的个数（即 $z=1$ 的极点的个数）分为 0 型、Ⅰ型、Ⅱ型等系统。

下面分别讨论三种典型输入信号下的稳态误差。

1. 单位阶跃（位置）输入

$$r(t) = 1(t),\ R(z) = \frac{z}{z-1}$$

则

$$e_{ss}^* = \lim_{z\to1}\left[(z-1)\frac{1}{1+D(z)G(z)}\frac{z}{z-1}\right] = \lim_{z\to1}\frac{1}{1+D(z)G(z)} = \frac{1}{1+K_p} \tag{2-6-5}$$

式中

$$K_p = \lim_{z\to1} D(z)G(z) \tag{2-6-6}$$

称为静态位置误差系数。

对于0型系统，$K_p=\lim\limits_{z\to1}D(1)G(1)$ 为有限值

$$e_{ss}^*=\frac{1}{1+K_p}=\frac{1}{1+D(1)G(1)} \tag{2-6-7}$$

对于Ⅰ型或高于Ⅰ型系统 $G(z)$，有一个或一个以上 $z=1$ 的极点，则

$$K_p=\infty,e_{ss}^*=0 \tag{2-6-8}$$

2. 单位斜坡（速度）输入

$$r(t)=t,R(z)=\frac{Tz}{(z-1)^2}$$

则 $$e_{ss}^*=\lim_{z\to1}\left[(z-1)\frac{1}{1+D(z)G(z)}\frac{Tz}{(z-1)^2}\right]=T\lim_{z\to1}\frac{1}{(z-1)D(z)G(z)}=\frac{T}{K_v} \tag{2-6-9}$$

式中

$$K_v=\lim_{z\to1}(z-1)D(z)G(z) \tag{2-6-10}$$

称为静态速度误差系数。

对于0型系统

$$K_v=0,\ e_{ss}^*=\frac{T}{K_v}=\infty \tag{2-6-11}$$

对于Ⅰ型系统，$K_v=D(1)G(1)$ 为有限值

$$e_{ss}^*=\frac{T}{D(1)G(1)} \tag{2-6-12}$$

对于Ⅱ型或高于Ⅱ型系统

$$K_v=\infty,\ e_{ss}^*=0 \tag{2-6-13}$$

3. 单位抛物线（加速度）输入

$$r(t)=\frac{1}{2}t^2,R(z)=\frac{T^2z(z+1)}{2(z-1)^3}$$

$$e_{ss}^*=\lim_{z\to1}\left[(z-1)\frac{1}{1+D(z)G(z)}\frac{T^2z(z+1)}{2(z-1)^3}\right]=T^2\lim_{z\to1}\frac{1}{(z-1)^2D(z)G(z)}=\frac{T^2}{K_a} \tag{2-6-14}$$

式中

$$K_a=\lim_{z\to1}[(z-1)^2D(z)G(z)] \tag{2-6-15}$$

称为加速度误差系数。

对于0型、Ⅰ型系统

$$K_a=0,\ e_{ss}^*=\frac{T^2}{K_a}=\infty \tag{2-6-16}$$

对于Ⅱ型系统，$K_a=D(1)G(1)$ 为有限值

$$e_{ss}^*=\frac{T^2}{D(1)G(1)} \tag{2-6-17}$$

对于高于Ⅱ型系统

$$K_a=\infty,\ e_{ss}^*=\frac{T^2}{K_a}=0 \tag{2-6-18}$$

例 2-16 系统如图 2-17 所示，且 $a=1$，$K=1$，$T=1s$，试求系统在单位阶跃、单位速度和单位加速度输入时的稳态误差。

解 由例 2-15 可知，被控对象脉冲传递函数

$$G(z)=\frac{z-1}{z}\left[\frac{(e^{-T}+T-1)z^2+(1-e^{-T}-Te^{-T})z}{(z-1)^2(z-e^{-T})}\right]K$$

代入已知参数，可得系统闭环脉冲传递函数

$$\Phi(z)=\frac{G(z)}{1+G(z)}=\frac{0.3684z+0.264}{z^2-z+0.632}$$

系统的误差脉冲传递函数

$$\Phi_e(z)=1-\Phi(z)=\frac{z^2-1.368z+0.368}{z^2-z+0.632}$$

误差的 Z 变换

$$E(z)=G_e(z)R(z)=\frac{z^2-1.368z+0.368}{z^2-z+0.632}R(z)$$

稳态误差 $e_{ss}^*=\lim\limits_{k\to\infty}e(kT)=\lim\limits_{z\to1}(z-1)E(z)$

(1) 单位阶跃输入时，$R(z)=\dfrac{z}{z-1}$

稳态误差 $e_{ss}^*=\lim\limits_{z\to1}(z-1)\dfrac{z^2-1.368z+0.368}{z^2-z+0.632}\dfrac{z}{z-1}=0$

(2)单位速度输入时，$R(z)=\dfrac{Tz}{(z-1)^2}=\dfrac{z}{(z-1)^2}$ $(T=1s)$

稳态误差 $e_{ss}^*=\lim\limits_{z\to1}(z-1)\dfrac{z^2-1.368z+0.368}{z^2-z+0.632}\dfrac{z}{(z-1)^2}$

$$=\lim_{z\to1}\left\{\frac{\frac{d}{dz}[(z^2-1.368z+0.368)z]}{\frac{d}{dz}[(z^2-z+0.632)(z-1)]}\right\}$$

$$=\lim_{z\to1}\frac{3z^2-2.736z+0.368}{3z^2-4z+1.632}=1$$

(3)单位加速度输入时，$R(z)=\dfrac{z(1+z)}{2(z-1)^3}$ $(T=1s)$

稳态误差 $e_{ss}^*=\lim\limits_{z\to1}(z-1)\dfrac{z^2-1.368z+0.368}{2(z^2-z+0.632)}\dfrac{z(1+z)}{(z-1)^3}$

$$=\lim_{z\to1}\left\{\frac{\frac{d}{dz}[(z^2-1.368z+0.368)z(1+z)]}{2\frac{d}{dz}[(z^2-z+0.632)(z-1)^2]}\right\}=\infty$$

由上分析可以看出，对于同一线性离散系统，当输入形式改变时，系统的稳态误差 e_{ss} 也随之改变。

2.7 线性离散系统的动态响应分析

与连续系统用传递函数分析动态响应特性类似，在离散控制系统中也可以用脉冲传递函

数来分析离散系统的动态响应特性。

1. 已知离散系统的结构和参数，分析系统的动态响应特性

设系统的闭环脉冲传递函数为 $\Phi(z)$，则

$$\Phi(z)=\frac{Y(z)}{R(z)} \tag{2-7-1}$$

$$Y(z)=\Phi(z)R(z) \tag{2-7-2}$$

当离散系统的结构和参数已知时，便可求出相应的闭环脉冲传递函数。在输入信号给定的情况下，由式(2-7-2)可以得到输出量的 Z 变换 $Y(z)$，经过 Z 反变换，就能得到系统输出的时间序列 $y(kT)$。根据过渡过程曲线 $y(kT)$，可以分析系统的动态特性如 σ_p、t_s 等，也可以分析系统的稳态特性如稳态误差 e_{ss}。

例 2-17 系统如图 2-17 所示，同例 2-16 中参数 $a=1$，$K=1$，$T=1s$ 的线性离散系统，输入为单位阶跃序列。试分析系统的过渡过程。

解 由例 2-15 可知，被控对象脉冲传递函数

$$G(z)=\frac{z-1}{z}\left[\frac{(e^{-T}+T-1)z^2+(1-e^{-T}-Te^{-T})z}{(z-1)^2(z-e^{-T})}\right]K$$

代入已知参数，可得系统闭环脉冲传递函数

$$\Phi(z)=\frac{G(z)}{1+G(z)}=\frac{0.3684z+0.264}{z^2-z+0.632}$$

输入信号为单位阶跃序列时，$R(z)=\dfrac{z}{z-1}$，可得

$$\begin{aligned}Y(z)&=\Phi(z)R(z)=\frac{0.368z^2+0.264z}{z^3-2z^2+1.632z-0.632}\\&=0.368z^{-1}+z^{-2}+1.4z^{-3}+1.4z^{-4}+1.147z^{-5}+0.895z^{-6}+0.802z^{-7}+0.868z^{-8}+\\&\quad 0.993z^{-9}+1.077z^{-10}+1.081z^{-11}+1.032z^{-12}+0.981z^{-13}+0.961z^{-14}+\\&\quad 0.973z^{-15}+0.998z^{-16}+\cdots\end{aligned}$$

根据 z 变换定义，可以得到 $y(kT)$ 输出时间序列为

$y(0)=0$，$y(T)=0.3684$，$y(2T)=1.0008$，$y(3T)=1.4004$，$y(4T)=1.4003$，$y(5T)=1.1476$，$y(6T)=0.8951$，$y(7T)=0.8022$，$y(8T)=0.8689$，$y(9T)=0.9943$，$y(10T)=1.0776$，$y(11T)=1.0816$，$y(12T)=1.0329$，$y(13T)=0.9818$，$y(14T)=0.9614$，$y(15T)=0.9733$，$y(16T)=0.9981$

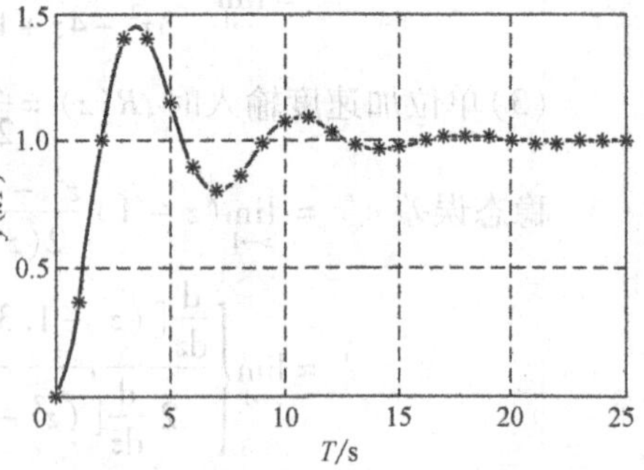

图 2-19 离散系统输出时间序列

在 MATLAB 环境下，绘制输出时间序列，从图 2-19 可以清楚地看出，线性离散系统在单位阶跃输入作用下，调整时间 t_s 约 12s（12 个采样周期），超调量 σ_p 约为 40%，峰值时间 $t_p=3s$，稳态误差 $e_{ss}=0$。

2. 已知离散系统的脉冲传递函数零、极点在 z 平面中的分布情况，分析系统的动态响应特性

设系统的闭环脉冲传递函数 $\Phi(z)$，当输入为单位阶跃序列时，则系统输出量的 Z 变换

$$Y(z)=\Phi(z)R(z)=\frac{B(z)}{A(z)}\frac{z}{z-1}=K\frac{(z-z_1)(z-z_2)\cdots(z-z_m)}{(z-p_1)(z-p_2)\cdots(z-p_n)}\frac{z}{z-1} \tag{2-7-3}$$

式中　$B(z)$, $A(z)$ ——闭环系统的零、极点多项式，通常 $n \geqslant m$。

假设系统无重极点，则有

$$\frac{Y(z)}{z}=\frac{B(z)}{(z-1)A(z)}=\frac{A_0}{z-1}+\sum_{i=1}^{n}\frac{A_i}{z-p_i} \tag{2-7-4}$$

式中

$$A_0=\frac{B(1)}{A(1)} \tag{2-7-5}$$

$$A_i=\left.\frac{(z-p_i)B(z)}{(z-1)A(z)}\right|_{z=p_i} \tag{2-7-6}$$

则

$$y(kT)=Z^{-1}\left[\frac{A_0 z}{z-1}+\sum_{i=1}^{n}\frac{A_i z}{z-p_i}\right]=A_0\cdot 1(kT)+\sum_{i=1}^{n}A_i(p_i)^k \tag{2-7-7}$$

其中，A_0 为常数项，是系统输出的稳态分量，由它可计算出系统的稳态误差 e_{ss}。在单位阶跃输入时，若 $A_0=1$，则系统的稳态误差 $e_{ss}=0$。

$\sum_{i=1}^{n}A_i(p_i)^k$ 为系统瞬态响应。研究不同极点分布时的瞬态响应，就足以说明系统的动态性能。显然，对应于极点

$$p_i=r_i e^{j\theta_i}=r_i(\cos\theta_i+j\sin\theta_i)$$

的瞬态响应为

$$A_i(p_i)^k=A_i r_i^k(\cos k\theta_i+j\sin k\theta_i)$$

那么

（1）当 p_i 为正实数极点时，$\theta_i=0°$，瞬态响应为 $A_i r_i^k$，是单调的。$r_i<1$ 时，为衰减序列；$r_i=1$ 时，为等幅序列；$r_i>1$ 时，为发散序列。这三种情况如图 2-20a 中极点 p_3、p_2、p_1 所示。

（2）当 p_i 为负实数极点时，$\theta_i=180°$，瞬态响应为 $A_i r_i^k\cos k\pi$，是振荡的，振荡频率最高，可以证明为 $\omega=\pi/T$。同样，$r_i<1$ 时，为衰减振荡；$r_i=1$ 时，为等幅振荡；$r_i>1$ 时，为发散振荡。这三种情况如图 2-20a 中极点 p_4、p_5、p_6 所示。

（3）当 p_i 为复数极点时，必为一对共扼复数极点，$p_i=r_i e^{j\theta_i}$，$\bar{p}_i=r_i e^{-j\theta_i}$（$0°<\theta_i<180°$），瞬态响应为

$$A_i r_i^k e^{jk\theta_i}+\bar{A}_i r_i^k e^{-jk\theta_i}$$

其中 A_i 和 $\bar{A}_i$ 也是共扼的，因此瞬态响应

$$|A_i|e^{j\varphi_i}r_i^k e^{jk\theta_i}+|\bar{A}_i|e^{-j\varphi}r_i^k e^{-jk\theta_i}=2|A_i|r_i^k\cos(k\theta_i+\varphi_i)$$

是振荡的。当 $r_i<1$ 时，振荡的衰减速率取决于 r_i 的大小，r_i 越小，衰减越快；振荡频率与 θ_i 有关，θ_i 越大，振荡频率越高，可以证明

$$\omega=\frac{\theta_i}{T}$$

响应过程如图 2-20b 所示。

综上所述，可以看出线性离散系统的闭环极点的分布将影响系统的过渡过程特性。

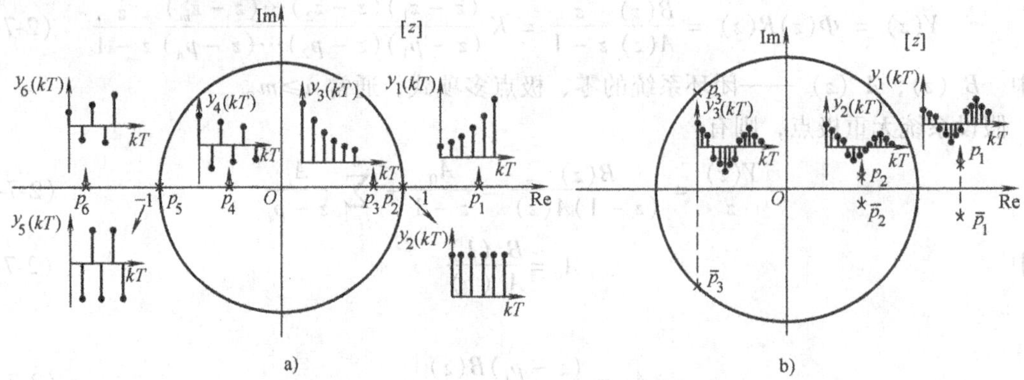

图 2-20　闭环极点分布与过渡分量的关系

a）闭环实数极点分布与过渡分量的关系　b）闭环复数极点分布与过渡分量的关系

当极点分布在 z 平面的单位圆上或单位圆外时，对应的输出分量是等幅的或发散的序列，系统不稳定。

当极点分布在 z 平面的单位圆内时，对应的输出分量是衰减序列，而且极点越接近 z 平面的原点，输出衰减越快，系统的动态响应越快。反之，极点越接近于单位圆周，输出衰减越慢，系统过渡过程时间越长。另外，当极点分布在单位圆内左半平面时，虽然输出分量是衰减的，但是由于交替变号，过渡特性不好。因此设计线性离散系统时，应该尽量选择极点在 z 平面上单位圆的右半圆内，而且尽量靠近原点，与实轴的夹角要适中。

应该注意的是，在离散控制系统中，动态性能的分析只是在采样瞬时有效。有些系统尽管在采样时刻上的阻尼性能很好，但在非采样时刻的纹波可能会很大，特别是当采样周期选得比较大的时候。

本章小结

本章介绍了线性离散系统的数学描述和分析方法。主要包括：信号变换原理、线性离散控制系统的数学描述和 Z 变换分析法、离散系统开环和闭环脉冲传递函数的求取。在此基础上介绍了线性离散系统的稳定性、稳态性能和动态性能等离散系统性能分析方法。

信号变换原理介绍了连续信号 $f(t)$、时间上离散，幅值上连续的脉冲序列 $f^*(t)$ 和数字信号 $f(kT)$ 之间的转换原理，并介绍了如何通过采样开关与零阶保持器实现信号的转换。

线性离散控制系统的数学描述介绍了差分方程的描述方法，为了求解差分方程，引入了分析离散系统的重要数学工具——Z 变换分析法，并且介绍了 Z 变换的基本定理，Z 变换和 Z 反变换的计算方法，在离散控制系统中用 Z 变换求解差分方程的实现。

脉冲传递函数同连续系统的传递函数类似，它是分析线性离散系统的重要工具。由于线性离散系统的数学描述是差分方程，所以这里将脉冲传递函数与差分方程联系到一起，讨论了它们之间的转换关系，介绍了离散系统框图的变换规则。

在熟悉了线性离散系统的数学描述方法之后，进一步讨论了线性离散系统的稳定性、稳态性能和动态性能等离散系统性能分析方法。稳定性是保证系统能正常工作的首要条件。在线性离散系统的稳定性分析中，首先从 s 平面到 z 平面变换其对应关系入手，讨论了 z 平面的稳定条件，介绍了朱利（Jury）稳定性判据和 W 变换的稳定性判据；线性离散系统的稳态性能是在假设 $\Phi_e(z)$ 所有的极点都在 z 平面单位圆内的前提下，根据终值定理，对于典型输入信号作用，用系统运行到稳定状态时所具有的静态误差的大小来描述的；在线性离散系统的动态响应分析中，讨论了已知离散系统的结构和参数的情况下，和已知离散系统的脉冲传递函数零、极点在 z 平面中的分布情况下，系统的动态响应特性的分析方法，为线性离散系统的稳定性、稳态性能和动态响应分析提供了依据。

习题和思考题

2-1 简述离散控制系统中信号变换的原理。

2-2 已知函数 $f(t)$，求取 Z 变换 $F(z)$：

(1) $f(t)=a^{mt}$　　(2) $f(t)=1-e^{-at}$

(3) $f(t)=t^2$　　(4) $f(t)=te^{-at}$

2-3 已知函数 $F(s)$，求下列函数的 Z 变换 $F(z)$：

(1) $F(s)=\dfrac{1}{(s+a)(s+b)}$　　(2) $F(s)=\dfrac{1-e^{-Ts}}{s^2(s+1)}$

(3) $F(s)=\dfrac{10e^{-Ts}}{(s+5)(s+10)}$　　(4) $F(s)=\dfrac{k}{s(s+a)}$

2-4 求下列函数的 Z 反变换：

(1) $F(z)=\dfrac{1}{z-0.5}$　　(2) $F(z)=\dfrac{z}{(z-1)^2(z-2)}$

(3) $F(z)=\dfrac{z}{(z+1)(z+2)}$　　(4) $X(z)=\dfrac{z}{(z-e^{-aT})(z-e^{-bT})}$

2-5 用 Z 变换求解下列差分方程：

(1) $y(k+2)-3y(k-1)+2y(k)=r(k)$

已知 $r(t)=8$，$y(0)=0$，$y(1)=0$

(2) $y(k+2)-6y(k+1)+8y(k)=r(k)$

已知 $r(t)=1$，$y(0)=0$，$y(1)=0$

2-6 在图 2-21 所示系统中，a 为何值时，闭环系统稳定？

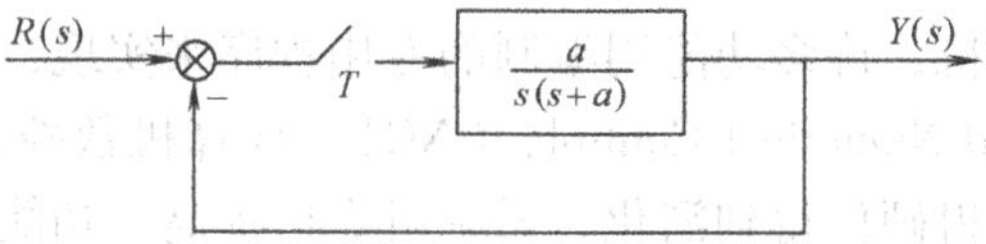

图 2-21 习题 2-6 图

2-7 已知系统结构如图 2-22 所示，其中 $T=1\text{s}$，$G(s)=\dfrac{K}{s(s+2)}$。

(1) $K=8$ 时，试分析系统的稳定性。

(2) 求 K 的临界稳定值。

2-8 已知系统结构同上题，如图 2-22 所示。其中 $T=1\text{s}$，$K=1$，$G(s)=\dfrac{1}{s(s+0.3)}$，试分析系统在单位阶跃输入、单位速度输入和单位加速度输入作用下的输出响应和稳态误差。

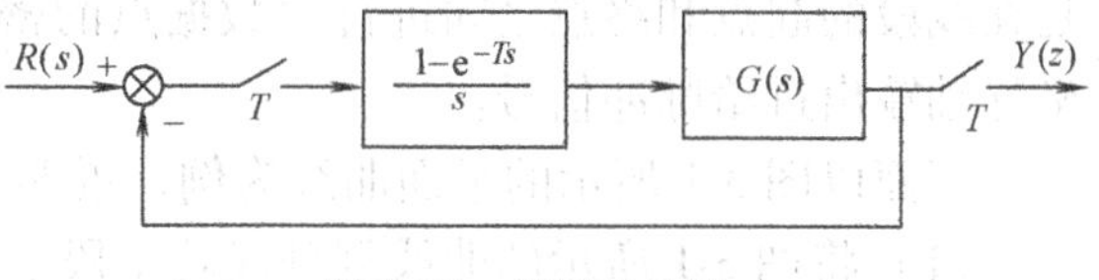

图 2-22 习题 2-7 图

第3章

开环数字程序控制

能根据输入的指令和数据，控制生产机械按规定的工作顺序、运动轨迹、运动距离和运动速度等规律自动完成工作的自动控制，称为数字程序控制。数字程序控制主要应用于机床的自动控制，如用于铣床、车床、加工中心、线切割机以及焊接机、气割机等的自动控制系统中。数控机床具有能加工形状复杂的零件、加工精度高、生产效率高、便于改变加工零件品种等许多特点，它是实现机床自动化的一个重要发展方向。数控机床是数控设备的典型代表，其他采用数控技术的设备还包括数控绘图机、数控测量机等。

本章主要介绍数字程序控制中最常用的逐点比较法插补计算原理，以及作为数字程序控制系统输出装置的步进电动机控制程序的设计。

3.1 数字程序控制基础

数控机床的研制始于20世纪40年代末美国PARSONS公司和麻省理工学院（MIT），1952年研制出了第一台三坐标直线插补连续控制数控铣床。从第一台数控机床问世至今，随着微电子技术的不断发展，数控系统也在不断更新换代，先后经历了电子管（1952年）、晶体管（1959年）、小规模集成电路（1965年）、大规模集成电路及小型计算机（1970年）和微处理机（1974年）五代数控系统。前三代数控系统属于采用专用控制计算机的硬接线数控系统，一般称为普通数控（Numerical Control，NC）；后两代数控系统采用小型和微型计算机代替专用控制计算机，许多功能用编制的专用程序来实现，称为软接线数控系统，即计算机数控（Computerized Numerical Control，CNC）。计算机数控系统的控制功能大部分由软件技术来实现，因而使得硬件得到简化，系统可靠性提高，功能更加灵活和完善。

3.1.1 运动轨迹插补的基本原理

数控机床加工的零件轮廓一般由直线、圆弧组成，一些非圆曲线可以用直线段或圆弧段去逼近，刀具在加工过程中必须按照零件轮廓轨迹移动。但是，通常输入到计算机中的零件数据只是各线段轨迹的起点坐标值、终点坐标值及圆弧半径等有限数据。所谓轨迹插补，就是在线段的起点和终点之间进行“数据点的密化”，求出一系列中间点的坐标值，并向相应坐标轴输出进给脉冲信号。

下面以图3-1所示的平面曲线为例，说明数控系统中运动轨迹插补的基本原理。

（1）将图3-1所示的曲线划分成若干段，分段线段可以是直线，也可以是曲线，曲线分段的原则是：由分段线段连成的曲线或折线与原图形的误差在允许范围内。该图中将曲线分成$\overline{AB}$、$\overline{BC}$和$\overparen{CD}$三段。

(2) 确定各线段的起点坐标值、终点坐标值等数据，并送入计算机存储器中。

(3) 根据各线段的性质，确定各线段采用的插补方式及插补算法，以确定中间点的坐标值。插补运算的起点和终点就是各线段的起点和终点，插补的方式一般采用直线插补和圆弧插补。

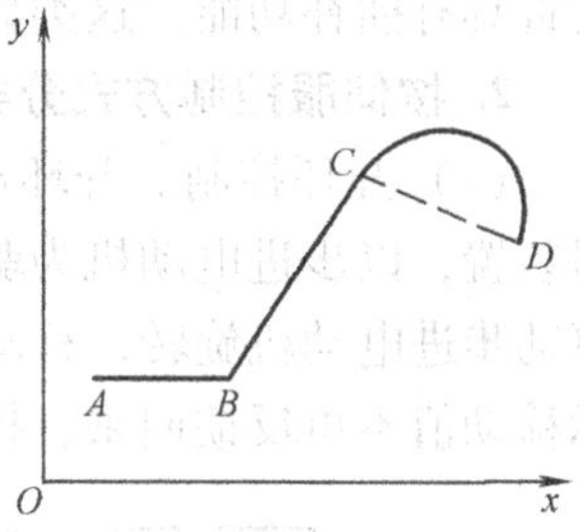

图 3-1 曲线分段

(4) 将插补运算过程中定出的各中间点，以脉冲信号的形式去控制 x 或 y 方向上的步进电动机，带动刀具加工出所要求的零件轮廓。每个脉冲驱动步进电动机走一步，即旋转一个角度，经传动机构带动刀具在 x 或 y 方向移动一个位置。每个脉冲对应的相对位置称为脉冲当量（mm/脉冲），或步长，用 Δx 和 Δy 来表示，通常取 $\Delta x = \Delta y$。

图 3-2 是用一段折线逼近直线的直线插补线段，其中（x_0，y_0）代表该线段的起点坐标值，（x_e，y_e）代表终点坐标值，则 x 和 y 方向应移动的总步数 N_x、N_y 分别为

$$\begin{cases} N_x = \dfrac{x_e - x_0}{\Delta x} \\ N_y = \dfrac{y_e - y_0}{\Delta y} \end{cases} \tag{3-1-1}$$

如果定义 x_0、y_0、x_e、y_e 均是以脉冲当量为单位的坐标值，则

$$\begin{cases} N_x = x_e - x_0 \\ N_y = y_e - y_0 \end{cases} \tag{3-1-2}$$

所以，插补运算就是如何分配 x 和 y 方向上的脉冲数，使按折线描绘的轨迹尽可能地逼近理想轨迹。显然，Δx 和 Δy 的值越小，就越逼近理想的直线段。图 3-2 中以“→”代表 Δx 和 Δy 的长度。

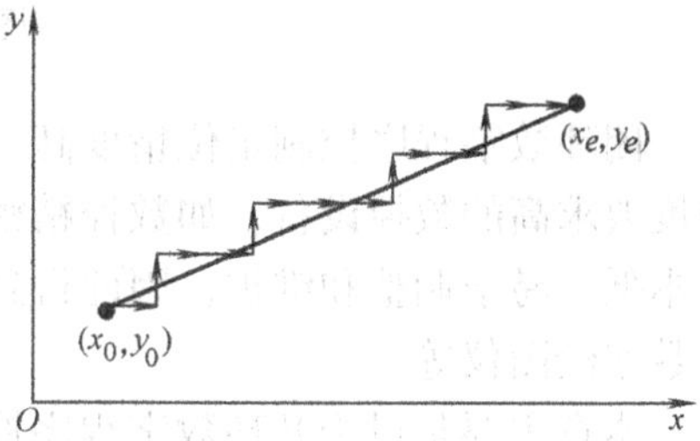

图 3-2 用折线逼近直线段

实现直线插补和二次曲线插补的方法有多种，常见的有逐点比较法、数字积分法和时间分割法等，其中以逐点比较插补法应用最多。

3.1.2 数字程序控制系统分类

1. 按控制运动的轨迹分类

(1) 点位控制。这类数控系统控制机床运动部件从一个点准确地移动到另一个点，而对两点间的速度和运动轨迹没有严格要求，移动过程中不进行加工。这类数控机床主要有数控钻床、镗床、冲床等。

(2) 直线控制。这种数控系统不仅要控制机床运动部件从一点准确地移动到另一点，还要控制两相关点之间的移动速度和轨迹，其轨迹一般为与某一坐标轴平行的直线，或与坐标轴成 45°夹角的斜线，但不能为任意斜率的直线，运动过程中要进行切削加工。这类数控机床主要有数控车床、铣床、磨床等。

(3) 轮廓控制。这类数控系统能够同时对两个或两个以上运动坐标的位移及速度进行连续相关控制，使合成的平面或空间运动轨迹符合零件轮廓的要求，这种控制方式要求数控

装置具有插补功能。这类数控机床主要有数控铣床、车床、磨床和加工中心等。

2. 按伺服控制方式分类

（1）开环控制。开环数字程序控制的结构如图3-3所示，这类控制方式没有位置检测反馈装置，以步进电动机为驱动元件。数控系统发出进给指令脉冲，经步进电动机驱动电路，驱动步进电动机旋转，移动工作台到与指令脉冲相应的位置，指令脉冲发出后，工作台的实际移动值不再反馈回来，控制的精度主要由步进电动机和传动装置保证。

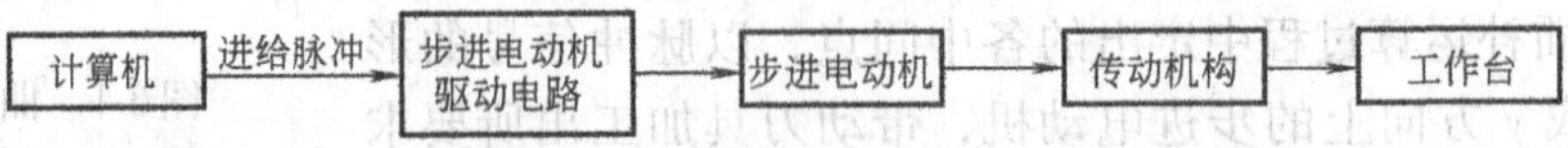

图3-3 开环数字程序控制

（2）闭环控制。闭环数字程序控制的结构图如图3-4所示。这种控制方式带有位置检测反馈装置，以直流或交流电动机为驱动元件，反馈测量元件可采用光电编码器、光栅或感应同步器等。

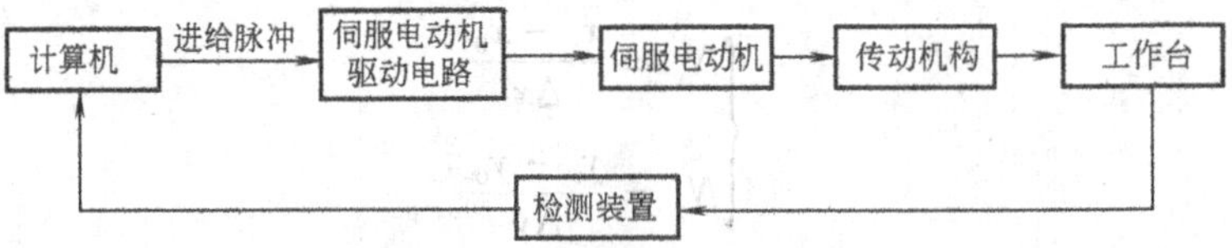

图3-4 闭环数字程序控制

闭环数字程序控制定位精度高，但系统复杂、成本高，调试和维修都较困难，一般用于精度要求高的数控设备，如数控精密镗、铣床。而开环数字程序控制结构简单、可靠性高、成本低、易于调整和维护，因此得到了广泛应用，如应用于各类中、小型数控机床，低速小型数字绘图仪等。

本章主要是讨论开环数字程序控制技术。

3.2 逐点比较法插补原理

所谓逐点比较插补，就是刀具或绘图笔每走一步都要和给定轨迹上的坐标值进行比较，看这一点是在给定轨迹的上方或下方，或是在给定轨迹的里面或外面，从而决定下一步的进给方向。如果原来在给定轨迹的下方，下一步就向给定轨迹的上方走，如果原来在给定轨迹的里面，下一步就向给定轨迹的外面走，……。如此，走一步，看一看，比较一次，决定下一步走向，以便逼近给定轨迹，即形成“逐点比较”插补。

逐点比较法是以阶梯折线来逼近直线或圆弧等曲线的，它与规定的加工直线或圆弧之间的最大误差为一个脉冲当量，因此只要把脉冲当量取得足够小，就可以达到加工精度的要求。下面分别介绍逐点比较法直线插补和圆弧插补原理。

3.2.1 逐点比较法直线插补

1. 第一象限直线插补计算原理

（1）偏差计算公式。根据逐点比较法插补原理，必须把每一插值点（动点）的实际位置与给定轨迹的理想位置间的误差（即偏差）计算出来，根据偏差的正、负决定下一步的走向，来逼近给定轨迹。因此，偏差计算是逐点比较法关键的一步。

假定加工如图3-5所示的直线OA，取直线的起点为原点，直线终点坐标（x_e，y_e）是已知的。$m(x_m, y_m)$为加工点（动点），若点m在OA直线上，根据相似三角形的关系可得

$$\frac{y_m}{x_m} = \frac{y_e}{x_e}$$

即

$$y_m x_e - x_m y_e = 0$$

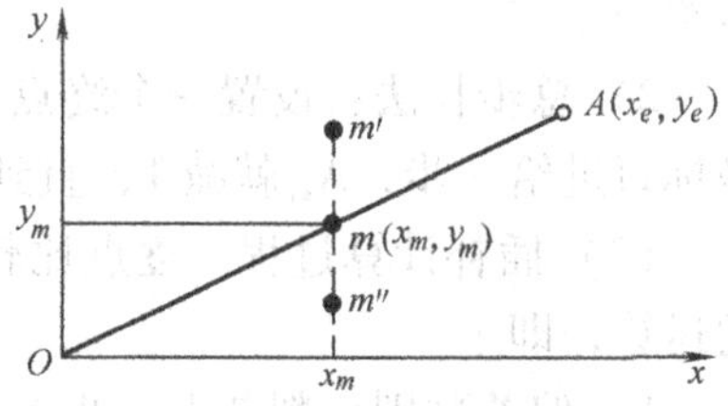

图3-5 第一象限直线

定义直线插补的偏差判别式如下：

$$F_m = y_m x_e - x_m y_e \tag{3-2-1}$$

则若$F_m = 0$，表明点m在OA直线上；

$F_m > 0$，表明点m在OA直线上方；

$F_m < 0$，表明点m在OA直线下方。

由此可得第一象限直线逐点比较法插补原理为：从直线的起点（即坐标原点）出发，当$F_m \geqslant 0$时，沿$+x$轴方向走一步；当$F_m < 0$时，沿$+y$方向走一步；当两方向所走的步数与终点坐标（x_e，y_e）相等时，发出终点到信号，停止插补。

按式（3-2-1）计算偏差时，要做两次乘法，一次减法，比较麻烦，因此需要进一步简化。

对于第一象限而言，设加工点正处于m点，则

1）当$F_m \geqslant 0$时，表明m点在OA上或OA的上方，此时应沿$+x$方向进给一步，走一步后新的坐标值为

$$\begin{cases} x_{m+1} = x_m + 1 \\ y_{m+1} = y_m \end{cases}$$

这时该点的偏差为

$$\begin{aligned} F_{m+1} &= y_{m+1}x_e - x_{m+1}y_e \\ &= y_m x_e - (x_m + 1)y_e \\ &= y_m x_e - x_m y_e - y_e \\ &= F_m - y_e \end{aligned} \tag{3-2-2}$$

2）当$F_m < 0$时，表明m点在OA的下方，此时应向$+y$方向进给一步，走一步后新的坐标值为

$$\begin{cases} x_{m+1} = x_m \\ y_{m+1} = y_m + 1 \end{cases}$$

这时该点的偏差为

$$\begin{aligned} F_{m+1} &= y_{m+1}x_e - x_{m+1}y_e \\ &= (y_m + 1)x_e - x_m y_e \\ &= y_m x_e - x_m y_e + x_e \\ &= F_m + x_e \end{aligned} \tag{3-2-3}$$

式（3-2-2）、式（3-2-3）就是简化后的偏差计算公式，可以看出在公式中只有加、减

运算，新的加工点的偏差 F_{m+1} 可由前一点的偏差 F_m 与已知的终点坐标值相加、减得到，加工的起点是坐标原点，起点的偏差是已知的，即 $F_0=0$。

（2）终点判别方法。逐点比较法的终点判别有多种方法，下面介绍两种方法：

1）终点坐标法：设置 N_x、N_y 两个减法计数器，在加工开始前，在 N_x、N_y 计数器中分别存入终点坐标值 x_e、y_e。加工时，x 坐标每进给一步，就在 N_x 计数器中减去 1，y 坐标每进给一步，就在 N_y 计数器中减去 1，直到这两个计数器中的数都减到零，就到达终点。

2）总步长法：设置一个终点计数器 N_{xy}，寄存 x、y 两个坐标方向进给的总步数，x 和 y 坐标每进给一步，N_{xy} 就减 1，直到 N_{xy} 减到零，就达到终点。

（3）插补计算过程。逐点比较法直线插补计算时，每走一步，都要进行以下 4 个步骤的运算，即

1）偏差判别：判断上一步进给后的偏差是 $F\geqslant0$ 还是 $F<0$。

2）坐标进给：根据所在象限和偏差判别的结果，决定进给坐标轴及其方向。

3）偏差计算：计算进给一步后新的偏差，作为下一步进给的偏差判别依据。

4）终点判断：进给一步后，终点计数器减 1，判断是否到达终点，到达终点则停止运算；若没有到达终点，返回 1）。如此不断循环直到到达终点。

2. 4 个象限直线插补计算

（1）分别处理法

上面讨论了第一象限直线插补的计算方法，用同样的原理可推导出其它 3 个象限的直线插补算法，这种方法称为分别处理法。不同象限直线插补的偏差符号和进给方向如图 3-6 所示，表 3-1 列出了 4 个象限直线插补的偏差计算公式和坐标进给方向，计算时，公式中的终点坐标值 x_e 和 y_e 均采用绝对值。（注：第三象限偏差定义 $F_m = x_m y_e - y_m x_e$）

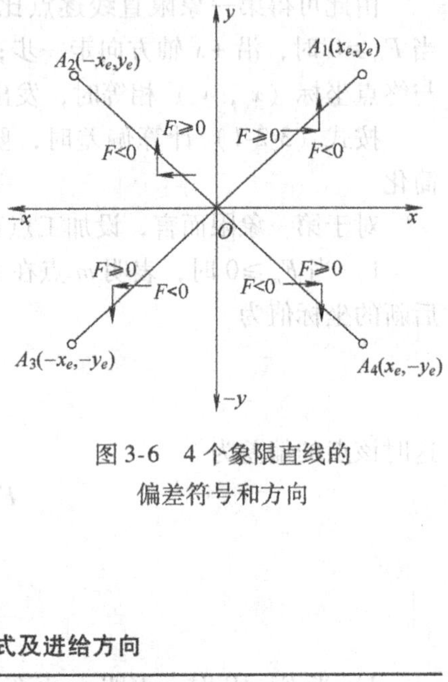

图 3-6 4 个象限直线的偏差符号和方向

表 3-1 4 个象限直线插补偏差计算公式及进给方向

$F_m\geqslant0$			$F_m<0$		
所在象限	进给方向	偏差计算	所在象限	进给方向	偏差计算
一，四	$+x$	$F_{m+1}=F_m-y_e$	一，二	$+y$	$F_{m+1}=F_m+x_e$
二，三	$-x$		三，四	$-y$	

（2）坐标变换法

坐标变换法与分别处理法有所不同。坐标变换方法实现 4 个象限的直线插补时，均按第一象限的直线插补进行计算。即对一般的二维坐标下不同象限的直线插补，在偏差计算时，均按第一象限的直线插补计算公式进行。只是运算时坐标值均取绝对值，即起点坐标 (x_0,y_0)、终点坐标 (x_e,y_e) 及动点坐标 $m(x_m,y_m)$ 的值均取绝对值，也就是说动点坐标 m

(x_m, y_m) 在第一至第四象限时的坐标分别为 (x_m, y_m)、$(-x_m, y_m)$、$(-x_m, -y_m)$ 与 $(x_m, -y_m)$，这样偏差计算公式不变，均按第一象限公式处理。但在进给方向上，也就是脉冲分配时，按不同的象限进行转换，根据实际象限来决定。不同象限直线插补的偏差符号和进给方向如图 3-7 所示（注意第三象限与第四象限偏差的标注变化）。

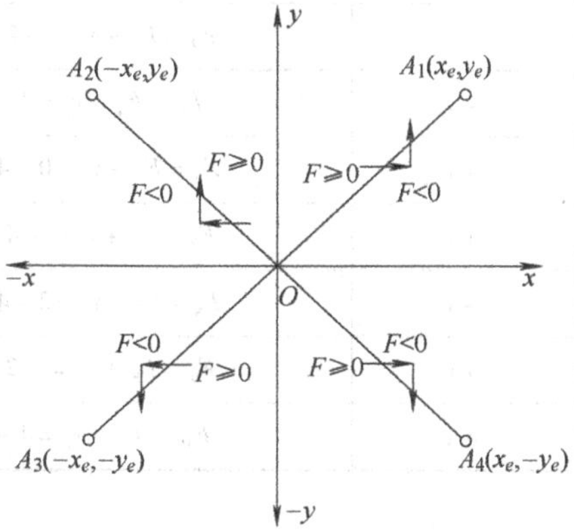

图 3-7 坐标变换法下 4 个象限直线的偏差符号和进给方向

该处理方法得到四象限偏差计算公式：$F_m = y_m x_e - x_m y_e$ 与式（3-2-1）一致，但可以应用到 4 个象限，从而得 4 个象限直线插补的偏差计算公式和坐标进给方向，见表 3-1。

3. 直线插补计算的程序实现

（1）数据的输入及存放。在计算机内存中设置 6 个存储单元 *XE*、*YE*、*NXY*、*FM*、*XOY* 和 *ZF*，分别存放直线的终点横坐标值 x_e、终点纵坐标值 y_e、进给总步数 N_{xy}、加工点偏差 F_m、直线所在象限标志及进给方向标志。设加工起点为坐标原点，则 *NXY* 的初值为 $|x_e| + |y_e|$；*FM* 的初值为 $F_0 = 0$；*XOY* = 1、2、3、4 分别代表第一、第二、第三和第四象限，*XOY* 的值可由终点坐标（x_e，y_e）确定；*ZF* = 1、2、3、4 分别代表 $+x$、$-x$、$+y$ 和 $-y$ 进给方向。

（2）插补计算流程。直线插补计算的程序流程如图 3-8 所示，从图中可明显看出插补计算的 4 个步骤，即偏差判别、坐标进给、偏差计算、终点判断。其中，偏差判别、偏差计算、终点判断是逻辑运算和算术运算，坐标进给通常是给步进电动机发走步脉冲，通过步进电动机带动机床工作台或刀具移动。

例 3-1 设加工第一象限直线 *OA*，起点坐标为 $O(0,0)$，终点坐标为 $A(6,4)$，试进行插补计算并作出走步轨迹图。

解 $x_e = 6$，$y_e = 4$，进给总步数 $N_{xy} = |6-0| + |4-0| = 10$，$F_0 = 0$，插补计算过程见表 3-2，走步轨迹如图 3-9 所示。

表 3-2 直线插补过程

步 数	偏差判别	坐标进给	偏差计算	终点判断
起点			$F_0 = 0$	$N_{xy} = 10$
1	$F_0 = 0$	$+x$	$F_1 = F_0 - y_e = 0 - 4 = -4$	$N_{xy} = 9$

（续）

步　数	偏差判别	坐标进给	偏差计算	终点判断
2	$F_1<0$	$+y$	$F_2=F_1+x_e=-4+6=2$	$N_{xy}=8$
3	$F_2>0$	$+x$	$F_3=F_2-y_e=2-4=-2$	$N_{xy}=7$
4	$F_3<0$	$+y$	$F_4=F_3+x_e=-2+6=4$	$N_{xy}=6$
5	$F_4>0$	$+x$	$F_5=F_4-y_e=4-4=0$	$N_{xy}=5$
6	$F_5=0$	$+x$	$F_6=F_5-y_e=0-4=-4$	$N_{xy}=4$
7	$F_6<0$	$+y$	$F_7=F_6+x_e=-4+6=2$	$N_{xy}=3$
8	$F_7>0$	$+x$	$F_8=F_7-y_e=2-4=-2$	$N_{xy}=2$
9	$F_8<0$	$+y$	$F_9=F_8+x_e=-2+6=4$	$N_{xy}=1$
10	$F_9>0$	$+x$	$F_{10}=F_9-y_e=4-4=0$	$N_{xy}=0$

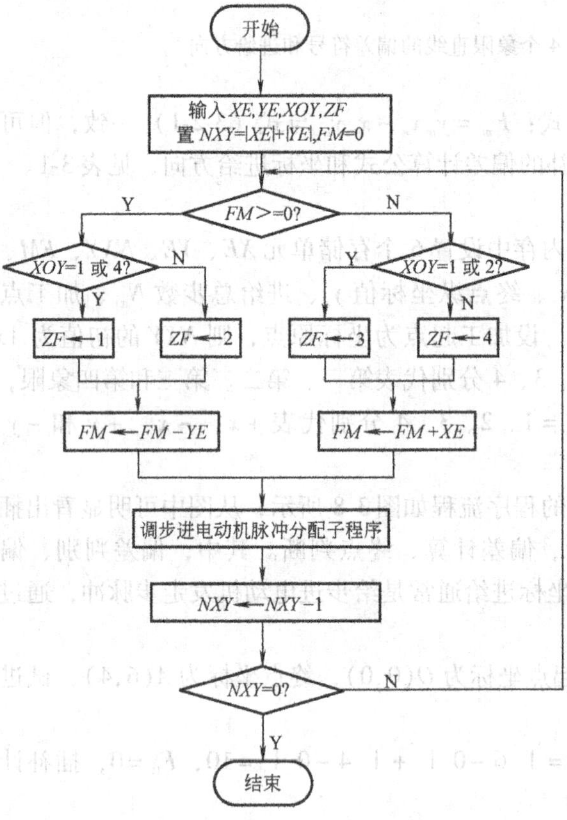

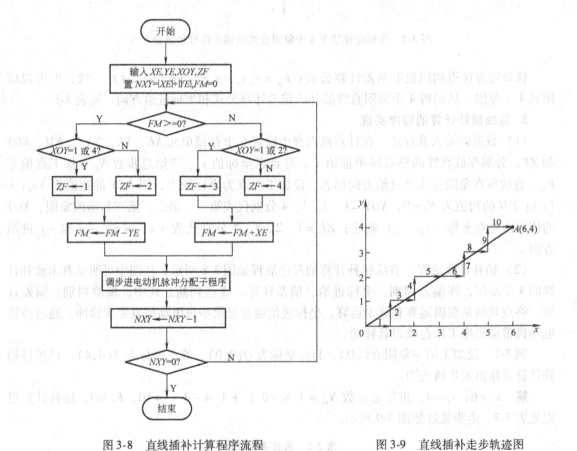

图3-8　直线插补计算程序流程

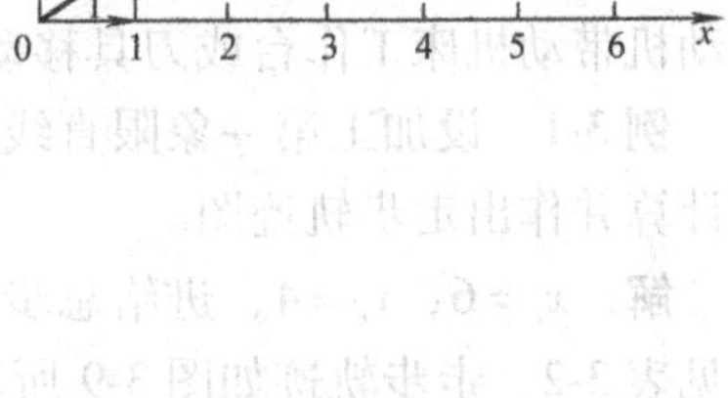

图3-9　直线插补走步轨迹图

3.2.2　逐点比较法圆弧插补

与直线插补原理类似，也可以利用圆弧插补原理进行圆弧工件的机械加工。圆弧也可以放在4个不同的象限中，可以按顺时针方向绘制，也可以按逆时针方向绘制。

1. 第一象限逆圆弧插补计算原理

（1）偏差计算公式。设要加工第一象限逆圆弧$\overset{\frown}{AB}$，如图3-10所示，圆弧的圆心在坐标原点，并已知圆弧的起点为$A(x_0,y_0)$，终点为$B(x_e,y_e)$，圆弧的半径为R。令瞬时加工点为$m(x_m,\ y_m)$，它与圆心的距离为R_m。显然，比较R_m和R可反映加工偏差。比较R_m和R实际上就是比较它们的二次方值。

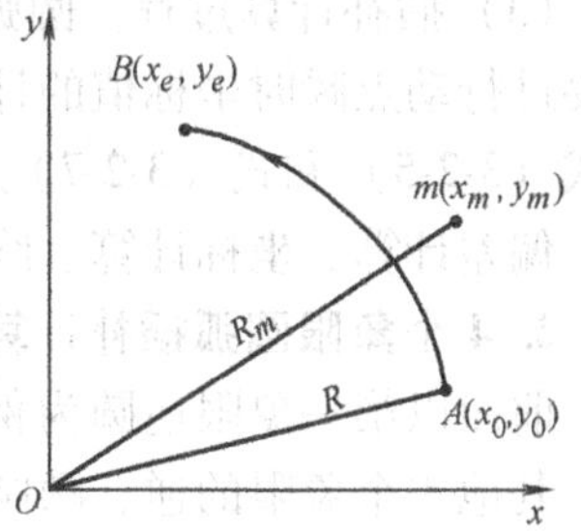

图3-10 第一象限逆圆弧

由图3-10可知

$$\begin{cases} R^2 = x_0^2 + y_0^2 \\ R_m^2 = x_m^2 + y_m^2 \end{cases}$$

因此，可得圆弧偏差判别式

$$F_m = R_m^2 - R^2 = x_m^2 + y_m^2 - R^2 \tag{3-2-4}$$

显然，若$F_m=0$，表明加工点m在圆弧上；$F_m>0$，表明加工点m在圆弧外；$F_m<0$，表明加工点m在圆弧内。

当$F_m \geqslant 0$时，为了逼近圆弧，下一步向$-x$轴方向进给一步，并计算新的偏差；当$F_m<0$时，为了逼近圆弧，下一步向$+y$轴方向进给一步，并计算新的偏差。如此，一步步计算，一步步进给，并在到达终点时停止计算，就可插补出图3-10所示的第一象限逆圆弧$\overset{\frown}{AB}$。

为了避免复杂的二次方值计算，下面推导偏差计算的递推公式从而简化计算。

设加工点正处于$m(x_m,y_m)$点：

1）当$F_m \geqslant 0$时，应沿$-x$轴方向进给一步，到$m+1$点，其坐标值为

$$\begin{cases} x_{m+1} = x_m - 1 \\ y_{m+1} = y_m \end{cases} \tag{3-2-5}$$

新加工点的偏差为

$$\begin{aligned} F_{m+1} &= x_{m+1}^2 + y_{m+1}^2 - R^2 = (x_m - 1)^2 + y_m^2 - R^2 \\ &= F_m - 2x_m + 1 \end{aligned} \tag{3-2-6}$$

2）当$F_m<0$时，应沿$+y$轴方向进给一步，到$m+1$点，其坐标值为

$$\begin{cases} x_{m+1} = x_m \\ y_{m+1} = y_m + 1 \end{cases} \tag{3-2-7}$$

新加工点的偏差为

$$\begin{aligned} F_{m+1} &= x_{m+1}^2 + y_{m+1}^2 - R^2 = x_m^2 + (y_m + 1)^2 - R^2 \\ &= F_m + 2y_m + 1 \end{aligned} \tag{3-2-8}$$

由式（3-2-6）和式（3-2-8）可知，只要知道前一点的偏差和坐标值，就可求出新的一点的偏差。递推公式避免了二次方计算，因而使计算大大简化。因为加工点是从圆弧的起点开始，故起点的偏差$F_0=0$。

（2）终点判断。圆弧插补的终点判断方法和直线插补相同。可将x轴方向的走步步数

$N_x = |x_e - x_0|$ 与 y 轴方向的走步步数 $N_y = |y_e - y_0|$ 之和 $N_{xy} = N_x + N_y$ 作为一个计数器的初始值，每走一步，从 N_{xy} 中减 1，N_{xy} 减到零时，就到达终点。

（3）插补计算过程。圆弧插补过程除包括直线插补的 4 个步骤外，在偏差计算的同时，还要进行动点瞬时坐标值的计算，以便为下一点的偏差计算做好准备，动点瞬时坐标值公式为式（3-2-5）和式（3-2-7）。因此，圆弧插补计算过程分为 5 个步骤：偏差判别、坐标进给、偏差计算、坐标计算、终点判断。

2. 4 个象限圆弧插补计算

前面以第一象限逆圆为例推导出偏差计算公式，并指出了根据偏差符号来确定进给方向。其他 3 个象限的逆、顺圆弧的偏差计算公式可通过第一象限的逆圆、顺圆相比较得到。下面先推导第一象限顺圆的偏差计算公式。

（1）第一象限顺圆弧插补计算。设第一象限顺圆弧 $\overparen{CD}$ 如图 3-11 所示，圆弧的圆心在坐标原点，并已知圆弧的起点为 $C(x_0, y_0)$，圆弧的终点为 $D(x_e, y_e)$。设加工点现处于 $m(x_m, y_m)$ 点：

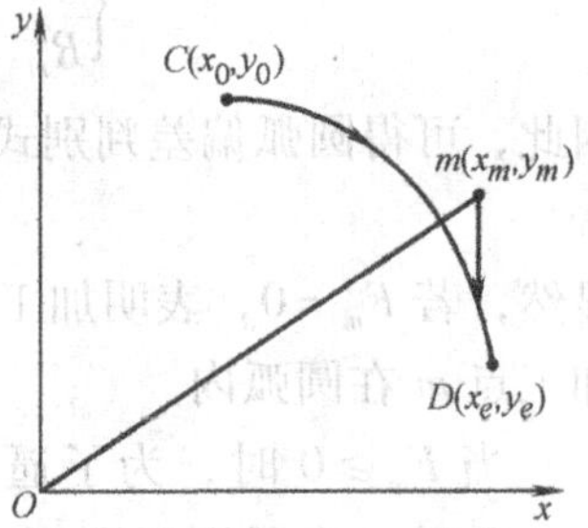

图 3-11 第一象限顺圆弧

1）若偏差 $F_m \geqslant 0$，则沿 $-y$ 轴方向进给一步，到 $m+1$ 点，新加工点坐标为（x_m，$y_m - 1$），新加工点的偏差为

$$F_{m+1} = F_m - 2y_m + 1 \tag{3-2-9}$$

2）若 $F_m < 0$，下一步向 $+x$ 轴方向进给一步，到 $m+1$ 点，新加工点的坐标为（$x_m + 1$，y_m），新加工点的偏差为

$$F_{m+1} = F_m + 2x_m + 1 \tag{3-2-10}$$

（2）4 个象限的圆弧插补。其他各象限中的顺、逆圆弧的插补计算公式和进给方向，都可以与第一象限的顺、逆圆弧相比较而得出，因为其他象限的所有圆弧总是与第一象限中的逆圆弧或顺圆弧互为对称，如图 3-12 所示。图 3-12 中，以 SR 表示顺圆弧，NR 表示逆圆弧，则 SR_1、SR_2、SR_3、SR_4 分别表示第一至第四象限的顺圆弧，NR_1、NR_2、NR_3、NR_4 分别表示第一至第四象限的逆圆弧。从图 3-12 可以看出，SR_1 与 NR_4 对称于 $+x$ 轴，SR_3 与 NR_2 对称于 $-x$ 轴，SR_1 与 NR_2 对称于 $+y$ 轴，SR_3 与 NR_4 对称于 $-y$ 轴，SR_4 与 NR_1 对称于 $+x$ 轴，SR_2 与 NR_3 对称于 $-x$ 轴，SR_2 与 NR_1 对称于 $+y$ 轴，SR_4 与 NR_3 对称于 $-y$ 轴。

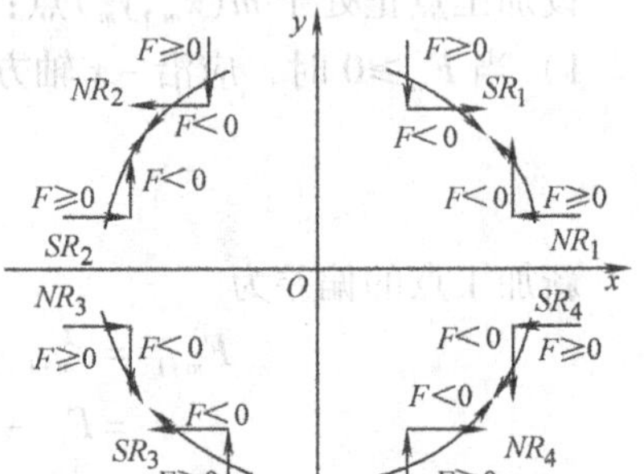

图 3-12 4 个象限圆弧插补的对称关系

显然，对称于 x 轴的一对圆弧沿 x 轴的进给的方向相同，而沿 y 轴的进给的方向相反；对称于 y 轴的一对圆弧沿 y 轴的进给的方向相同，而沿 x 轴的进给的方向相反。所以，圆弧插补中，沿对称轴的进给的方向相同，沿非对称轴的进给的方向相反。其次，所有对称圆弧的偏差计算公式，只要取起点坐标的绝对值，均与第一象限中的逆圆弧或顺圆弧的偏差计算公式相同。因此，4 个象限所有 8 种圆弧插补时的偏差计算公式和坐标进给方向见表 3-3。

表 3-3 圆弧插补计算公式和进给方向

偏差判别	圆弧种类	进给方向	偏差计算	坐标计算
$F_m \geqslant 0$	SR_3、NR_4	$+y$	$F_{m+1}=F_m \pm 2y_m+1$	$x_{m+1}=x_m$ $y_{m+1}=y_m \pm 1$
	SR_1、NR_2	$-y$		
	NR_3、SR_2	$+x$	$F_{m+1}=F_m \pm 2x_m+1$	$x_{m+1}=x_m \pm 1$ $y_{m+1}=y_m$
	NR_1、SR_4	$-x$		
$F_m<0$	SR_1、NR_4	$+x$	$F_{m+1}=F_m \pm 2x_m+1$	$x_{m+1}=x_m \pm 1$ $y_{m+1}=y_m$
	SR_3、NR_2	$-x$		
	NR_1、SR_2	$+y$	$F_{m+1}=F_m \pm 2y_m+1$	$x_{m+1}=x_m$ $y_{m+1}=y_m \pm 1$
	NR_3、SR_4	$-y$		

3. 圆弧插补计算的程序实现

(1) 数据的输入及存放。在计算机内存中设置8个寄存器 *XO*、*YO*、*NXY*、*FM*、*XM*、*YM*、*RNS* 和 *ZF*，分别存放圆弧起点的横坐标 x_0、圆弧起点的纵坐标 y_0、总步数 N_{xy}、加工点偏差 F_m、动点横坐标 x_m、动点纵坐标 y_m、圆弧种类 *RNS*、走步方向标志 *ZF*。这里，*NXY* 的初值为 $|x_e-x_0|+|y_e-y_0|$，*FM* 的初值为 $F_0=0$，*XM*、*YM* 的初值分别为 x_0 和 y_0，$RNS=1$、2、3、4、5、6、7、8 分别代表 SR_1、SR_2、SR_3、SR_4 和 NR_1、NR_2、NR_3、NR_4，*RNS* 的值可由起点和终点坐标值的正、负符号确定，$ZF=1$、2、3、4 分别表示 $+x$、$-x$、$+y$、$-y$ 进给方向。

(2) 圆弧插补计算的程序流程。图 3-13 为圆弧插补的程序流程，该图按照插补计算的5个步骤：偏差判别、坐标进给、偏差计算、坐标计算、终点判断来实现插补计算程序。

例 3-2 设加工第一象限逆圆弧 $\overset{\frown}{AB}$，已知圆弧的起点坐标为 $A(4,0)$，终点坐标为 $B(0,4)$，试进行插补计算并做出走步轨迹图。

解 $N_{xy}=|4-0|+|0-4|=8$，$F_0=0$，插补计算过程见表 3-4，根据表 3-4 可做出走步轨迹，如图 3-14 所示。

表 3-4 圆弧插补计算过程

步数	偏差判别	坐标进给	偏差计算	坐标计算	终点判别
起点			$F_0=0$	$x_0=4$，$y_0=0$	$N_{xy}=8$
1	$F_0=0$	$-x$	$F_1=F_0-2x_0+1=-7$	$x_1=x_0-1=3$，$y_1=0$	$N_{xy}=7$
2	$F_1<0$	$+y$	$F_2=F_1+2y_1+1=-6$	$x_2=3$，$y_2=y_1+1=1$	$N_{xy}=6$
3	$F_2<0$	$+y$	$F_3=F_2+2y_2+1=-3$	$x_3=3$，$y_3=y_2+1=2$	$N_{xy}=5$
4	$F_3<0$	$+y$	$F_4=F_3+2y_3+1=2$	$x_4=3$，$y_4=y_3+1=3$	$N_{xy}=4$
5	$F_4>0$	$-x$	$F_5=F_4-2x_4+1=-3$	$x_5=x_4-1=2$，$y_5=3$	$N_{xy}=3$
6	$F_5<0$	$+y$	$F_6=F_5+2y_5+1=4$	$x_6=2$，$y_6=y_5+1=4$	$N_{xy}=2$
7	$F_6>0$	$-x$	$F_7=F_6-2x_6+1=1$	$x_7=x_6-1=1$，$y_7=4$	$N_{xy}=1$
8	$F_7>0$	$-x$	$F_8=F_7-2x_7+1=0$	$x_8=x_7-1=0$，$y_8=4$	$N_{xy}=0$

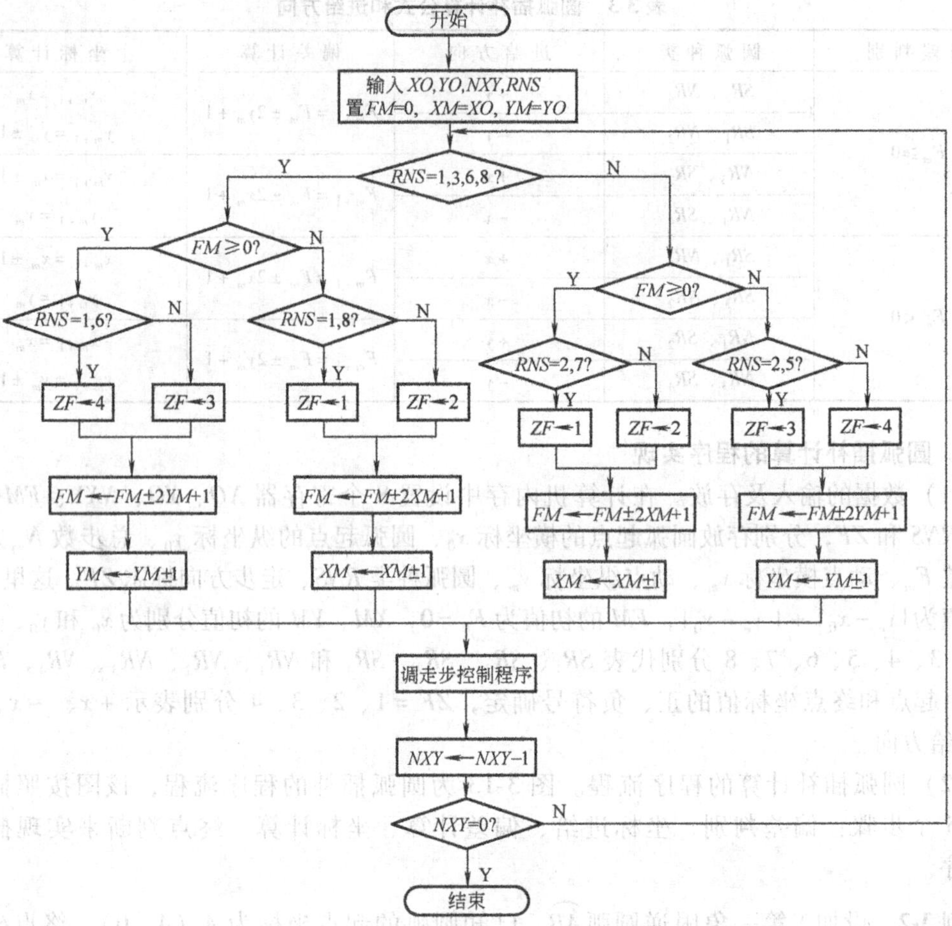

图 3-13　四象限圆弧插补程序流程图

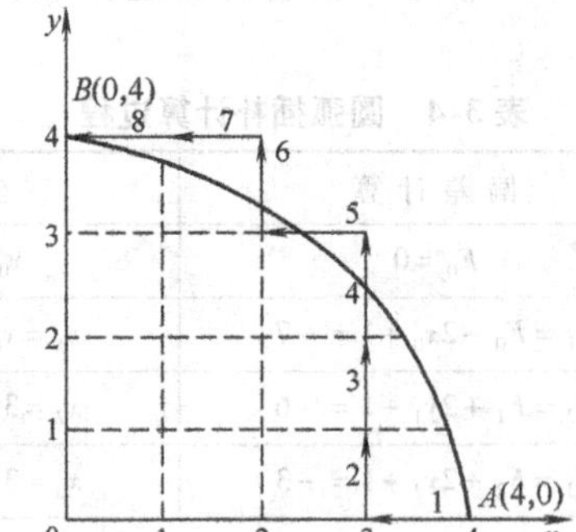

图 3-14　圆弧插补走步轨迹图

3.3　步进电动机控制技术

步进电动机是一种将电脉冲信号转换为角位移的电磁装置，其转子的转角与输入的电脉冲数成正比，转速与脉冲频率成正比，运动的方向由步进电动机各相的通电顺序决定，保持步进电动机各相的通电状态，就能使电动机自锁。步进电动机具有控制简单、运行可靠、惯性小等优点，主要用于开环数字程序控制系统中。

3.3.1 步进电动机工作原理

1. 步进电动机的工作原理

为叙述简单，以图3-15为例说明步进电动机的工作原理。图3-15是三相反应式步进电动机结构简图，定子上有A、B、C三对磁极，在相对应的磁极上分别绕有A、B、C三相控制绕组，假设转子上只有4个齿，相邻两齿对应的角度为齿距角，齿距角 θ_z 为

$$\theta_z = \frac{2\pi}{z} = \frac{360°}{z} \tag{3-3-1}$$

式中 z——转子齿数。$z=4$ 时，$\theta_z=90°$。

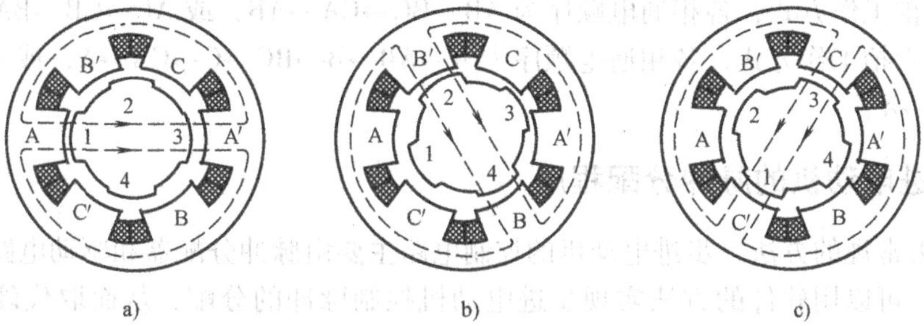

图3-15 步进电动机结构及工作原理图

步进电动机最简单的运行方式为三相单三拍。“三相”指定子三相绕组A、B、C；“单”指每次只有一相绕组通电；“拍”指从一种通电状态变换到另一种通电状态；“三拍”指经过三次切换控制绕组的通电状态为一个循环，即一个周期。三相步进电动机单三拍工作过程如下：

1）A相通电，以A—A′为轴线的磁场对转子1、3齿产生磁拉力，使转子1、3齿与定子A—A′轴线对齐，转子2、4齿与B、C相磁极形成错齿，如图3-15a所示。

2）A相断电，B相通电，以B—B′为轴线的磁场转子2、4齿产生磁拉力，使转子2、4齿与定子B—B′轴线对齐，转子1、3齿与A、C相磁极形成错齿，转子逆时针转过30°，如图3-15b所示。

3）B相断电，C相通电，以C—C′为轴线的磁场转子1、3齿产生磁拉力，使转子1、3齿与定子C—C′轴线对齐，转子2、4齿与A、B相磁极形成错齿，转子逆时针转过30°，如图3-15c所示。

如此，按A→B→C→A的顺序通电，转子就会不断按逆时针方向转动。绕组通电的顺序决定了旋转的方向，如果按A→C→B→A的顺序通电，则转子按顺时针方向转动。

输入一个电脉冲信号，转子转过的角度称为步距角 θ_s。从上面的分析可以看出，对于步进电动机的三相单三拍工作方式，每切换一次通电状态，转子转过的角度为1/3齿距角，经过一个周期，转子走了三步，转过一个齿距角。由此可得出步进电动机的步距角公式为

$$\theta_s = \frac{\theta_z}{N} = \frac{360°}{Nz} = \frac{360°}{mKz} \tag{3-3-2}$$

式中 z——转子齿数；

N——步进电动机工作拍数，$N=mK$；

m——定子绕组相数；

K——与通电方式有关的系数，单相通电方式 $K=1$，单、双相通电方式 $K=2$。

2. 步进电动机的工作方式

步进电动机有三相、四相、五相、六相等多种，每一种均可工作于单相通电方式、双相通电方式，或单、双相交叉通电方式。选用不同的工作方式，可使步进电动机具有不同的工作性能，如减小步距、提高定位精度和工作稳定性等。以三相步进电动机为例，有以下三种工作方式：

1）单三拍工作方式，各相通电顺序为 A→B→C→A，或 A→C→B→A。

2）双三拍工作方式，各相通电顺序为 AB→BC→CA→AB，或 AC→CB→BA→AC。

3）三相六拍工作方式，各相通电顺序为 A→AB→B→BC→C→CA→A，或 A→AC→C→CB→B→BA→A。

3.3.2 步进电动机的脉冲分配程序

按照过去常规的方法，步进电动机的控制电路主要由脉冲分配器和驱动电路组成。采用计算机控制，可以用软件的方法实现步进电动机控制脉冲的分配，从而取代硬件脉冲分配器。软件脉冲分配简化了控制电路，使系统可靠性提高，同时可实现对步进电动机转向、转速及走步步数的控制。

1. 步进电动机控制接口

用一个并行输出接口芯片就可以实现计算机与步进电动机的通用接口电路。图 3-16 是一种用可编程并行接口芯片 8255 组成的控制两台三相步进电动机的接口电路，图中，选定 PA 口的 PA_0、PA_1、PA_2 通过驱动电路控制 x 轴步进电动机的三相绕组，PB 口的 PB_0、PB_1、PB_2 通过驱动电路控制 y 轴步进电动机的三相绕组。

2. 步进电动机控制的输出字

以图 3-16 所示的 x 轴步进电动机控制为例，假定 PA 口的 PA_0、PA_1、PA_2 输出数据为“1”时，相应的绕组通电，输出数据为“0”时，相应的绕组断电，当步进电动机的相数和控制方式确定之后，PA_0、PA_1、PA_2 输出的数据及其变化规律就确定了，如对三相六拍控制方式，PA 口按表 3-5 所示的规律送出控制信号，就可以控制步进电动机的各相绕组依此通电，从而控制步进电动机按三相六拍方式正转或反转。

这种输出数据变化规律称为“输出字”。为便于数据查找，通常将如表 3-6 所示的“输出字”按表的形式存放在计算机中一块连续的存储区内。显然，如果要控制步进电动机正转，则按 ADX_1→ADX_2→ADX_3→ADX_4→ADX_5→ADX_6 的顺序向 PA 口送输出字；如果要控制步进电动机反转，则按相反的顺序送输出字。

3. 步进电动机的脉冲分配控制程序

设要控制 x、y 两个方向的步进电动机，用 ADX、ADY 分别表示 x 方向和 y 方向步进电动机输出字表的取数地址指针，且仍以 $ZF=1$、2、3、4 分别表示 $+x$、$-x$、$+y$、$-y$ 进给方向，则 x、y 两个方向步进电动机的脉冲分配控制程序流程图如图3-17所示。

表3-5 三相六拍控制方式状态字表

存储单元	PA口输出字
ADX_1	00000001
ADX_2	00000011
ADX_3	00000010
ADX_4	00000110
ADX_5	00000100
ADX_6	00000101

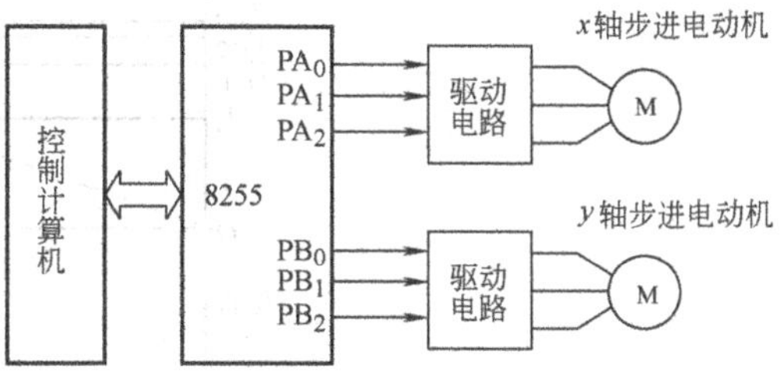

图3-16 步进电动机控制接口框图

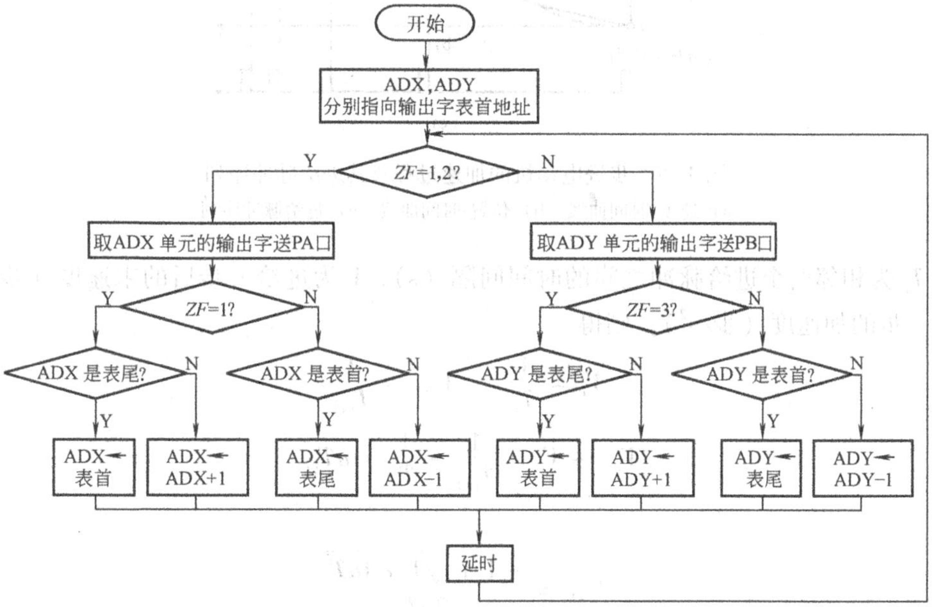

图3-17 步进电动机的脉冲分配程序流程图

将步进电动机的脉冲分配控制程序和插补计算程序结合起来，并修改程序的初始化和循环控制判断等内容，可实现二维或三维曲面零件加工的数字程序控制。

3.3.3 步进电动机的速度控制程序

步进电动机的工作过程是“走一步停一下”的循环过程，也就是说步进电动机的步进时间是离散的。所谓步进电动机的速度控制，就是控制步进电动机产生步进动作的时间，即控制步进电动机各相绕组通电状态的切换时间，使步进电动机按照给定的速度规律进行工作。

图3-18描述了一个步进电动机的加速过程。图3-18b中的实线代表理想的位置-时间曲线，曲线上的圆点代表步进位置，该图中的虚线表示步进电动机对变速命令作出的振荡性响应。图3-18a示出了步进电动机的速度-时间曲线，其中实线代表进给一步后的末速度，虚

线代表每段时间间隔内的实际速度。因此，如果要产生一个接近线性上升的加速过程，就可控制进给脉冲序列的时间间隔，由疏到密地命令步进电动机产生步进动作。

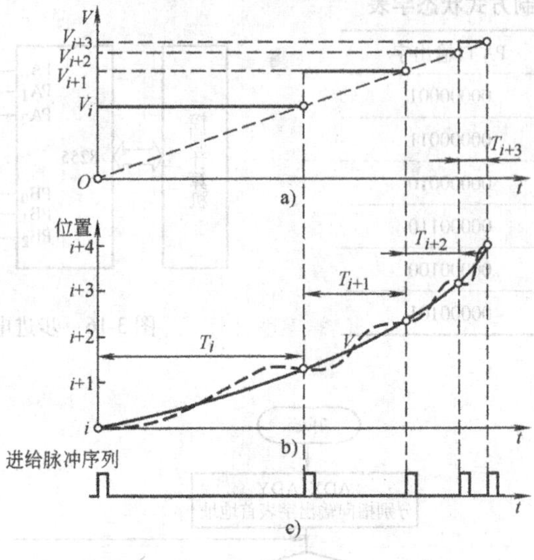

图 3-18 步进电动机的加速过程及其进给脉冲序列

a）速度-时间曲线 b）位置-时间曲线 c）进给脉冲序列

设 T_i 为相邻两个进给脉冲之间的时间间隔（s），V_i为进给一步后的末速度（步/s），a 为进给一步的加速度（步/s^2），则得

$$V_i = \frac{1}{T_i} \qquad V_{i+1} = \frac{1}{T_{i+1}}$$

$$V_{i+1} - V_i = \frac{1}{T_{i+1}} - \frac{1}{T_i} = aT_{i+1}$$

从而有

$$T_{i+1} = \frac{-1 + \sqrt{1 + 4aT_i^2}}{2aT_i} \tag{3-3-3}$$

根据式（3-3-3）就可计算出相邻两步之间的时间间隔。由于此式的计算比较繁琐，故一般不采用在线计算来控制速度，而是采用离线计算求得各个 T_i，通过一张延时时间表把 T_i编入程序中，然后按照表地址依次取出下一步进给的 T_i 值，通过延时程序或者定时器产生给定的时间间隔，发出相应的步进命令。若采用延时程序来获得进给时间，那么 CPU 在控制步进电动机期间不能做其他工作。CPU 读取 T_i值后，就进入延时循环程序，延时时间到，便调用脉冲分配子程序，等返回后重复此过程，直到全部进给完毕为止。若采用定时器，速度控制程序应在进给一步后，把下一步的 T_i值送入定时器的时间常数寄存器，然后 CPU 就进入等待中断状态或者处理其他事务，当定时计数器的延迟时间一到，就向 CPU 发出中断请求，CPU 接受中断后立即响应，转入脉冲分配的中断服务程序。

步进电动机的减速过程和加速过程相似，程序处理过程也基本一致，只是读取 T_i值的次序按由小到大的次序进行。步进电动机的匀速进给的控制就是以加速过程的最后一个 T_i值作为定时周期的进给过程。

图 3-19 是按匀加速原理作出的步进电动机的速度控制曲线，对于某些场合也可采用变加速原理来实现步进电动机的速度控制。

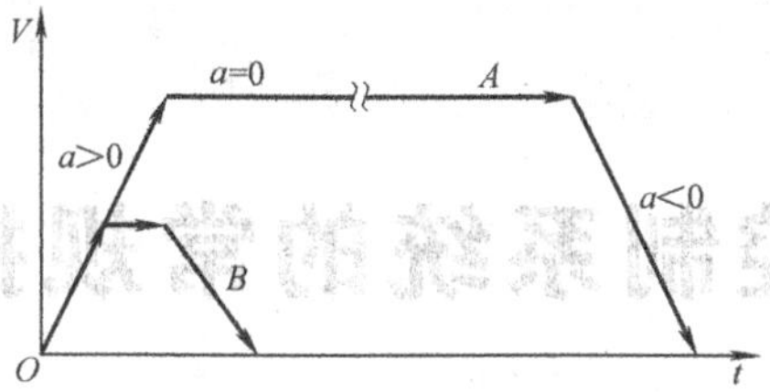

图 3-19　步进电动机的速度控制曲线

A—代表总步数大于达到最高速度的加速和减速步数

B—代表进给步数较少，不能达到最高运行速度

本章小结

具有能够使生产机械按照规定的工作顺序、运动轨迹、运动距离和运动速度等规律自动完成工作的控制称为数字程序控制。这是一种开环控制，它主要应用于机床的自动控制控制。

数控机床加工的零件轮廓一般由直线、圆弧组成，一些非圆曲线可以用直线段或圆弧段去逼近，刀具在加工过程中必须按照零件轮廓轨迹移动。因此，计算机的任务是，通过逐点比较插补运算，使刀具或绘图笔每走一步都要和给定轨迹上的坐标值进行比较，从而决定下一步的进给方向，进一步控制步进电动机按照预计的规律自动完成工作。

习题和思考题

3-1　什么是数字程序控制？数字程序控制有哪几种方式？

3-2　什么是逐点比较插补法？直线插补计算过程和圆弧插补计算过程各有哪几个步骤？

3-3　试用汇编语言编写下列各插补计算程序：

（1）第一象限直线插补程序。

（2）第一象限逆圆弧插补程序。

3-4　若加工第一象限直线 OA，起点 $O(0,0)$，终点 $A(11,7)$。要求如下：

（1）按逐点比较法插补进行列表计算。

（2）做出走步轨迹图，并标明进给方向和步数。

3-5　设加工第一象限逆圆弧$\widehat{AB}$，起点 $A(6,0)$，终点 $B(0,6)$。要求如下：

（1）按逐点比较法插补进行列表计算。

（2）做出走步轨迹图，并标明进给方向和步数。

3-6　在圆弧插补中会碰到从一个象限过渡到另一个象限的问题（称为“过象限”）。试分析过象限时会遇到哪些问题，应如何解决。

3-7　采用 8255A 作为 x 轴步进电动机和 y 轴步进电动机的控制接口，要求如下：

（1）画出接口电路原理图。

（2）分别列出 x 轴和 y 轴步进电动机在三相单三拍、三相双三拍和三相六拍工作方式下的输出字表。

3-8　画出步进电动机速度控制（包括加速、匀速、减速）程序的流程图。

第 4 章

计算机控制系统的常规控制技术

计算机控制系统的核心是控制器，计算机控制系统设计的重要任务是控制器的设计。在给定系统性能指标的条件下，设计出控制器的控制规律，或者说是设计出一种控制算法。对于大多数系统，采用常规控制技术均可达到满意的控制效果。但对于复杂及有特殊要求的系统，采用常规控制技术难于达到目的，则需要采用更复杂的控制技术。本章主要介绍计算机控制系统的常规控制技术，其中包括：数字 PID 控制、最少拍控制、纯滞后控制等。现代控制技术在第 5 章中介绍，一些先进控制技术在第 6 章中介绍，对于智能控制技术，限于篇幅，本书未能涉及，请读者参阅有关资料。

4.1 数字 PID 控制

PID 控制是按偏差的比例、积分和微分进行控制的一种控制规律。它具有原理简单、易于实现、参数整定方便、结构改变灵活、适用性强等优点，在连续系统中获得了广泛的应用。在计算机进入到控制领域后，用计算机实现的数字 PID 算法代替了模拟 PID 调节器，这种控制规律的应用不但没有受到影响，而且有了新的发展，它仍然是当今工业过程计算机控制系统中应用最广泛的一种。

4.1.1 模拟 PID 调节器

PID 调节器是一种线性调节器，这种调节器是将设定值 $r(t)$ 与实际输出值 $y(t)$ 进行比较构成控制偏差

$$e(t) = r(t) - y(t) \tag{4-1-1}$$

并将其比例、积分、微分通过线性组合构成控制量，如图 4-1 所示，简称为 P（比例）I（积分）D（微分）调节器。在实际应用中，根据对象的特性和控制要求，也可灵活地改变其结构，取其中一部分环节构成控制规律。例如，比例（P）调节器、比例积分（PI）调节器、比例微分（PD）调节器等。

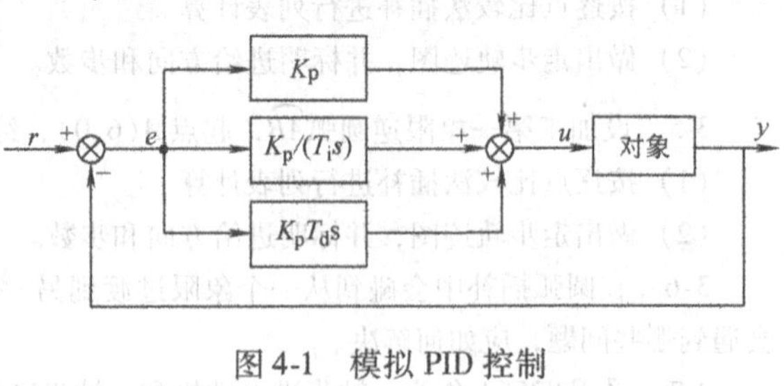

图 4-1　模拟 PID 控制

1. 比例调节器

比例调节器是最简单的一种调节器，其控制规律为

$$u(t) = K_p e(t) + u_0 \tag{4-1-2}$$

式中　K_p——比例系数；

u_0——控制量的基准，也就是 $e(t)=0$ 时的控制作用（阀门起始开度、基准电信号等）。

图 4-2 显示了比例调节器对于偏差阶跃变化的时间响应。

可以看到，比例调节器对于偏差 $e(t)$ 是即时反应的，偏差一旦产生，调节器立即产生控制作用使被控量朝着减小偏差的方向变化，控制作用的强弱取决于比例系数 K_p。

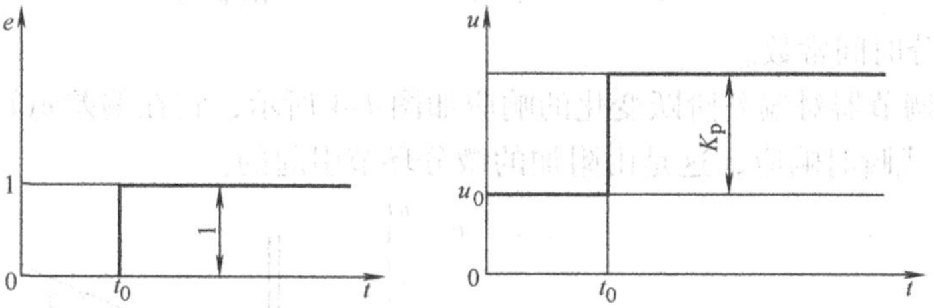

图 4-2　P 调节器的阶跃响应

比例调节器虽然简单快速，但对于具有自平衡性（即系统阶跃响应终值为一有限值）的控制对象存在静差。加大比例系数 K_p 可以减小静差，但当 K_p 过大时，会使动态质量变坏，引起被控量振荡甚至导致闭环不稳定。

2. 比例积分调节器

为了消除在比例调节中残存的静差，可在比例调节的基础上加上积分调节，形成比例积分调节器，其控制规律为

$$u(t) = K_p\left[e(t) + \frac{1}{T_i}\int_0^t e(t)\mathrm{d}t\right] + u_0 \tag{4-1-3}$$

式中　T_i——积分时间常数。

从图 4-3 可看出 PI 调节器对于偏差的阶跃响应除按比例变化的成分外，还带有累积的成分。只要偏差 $e(t)$ 不为零，它将通过累积作用影响控制量 $u(t)$，并减小偏差，直至偏差为零，控制作用不再变化，系统才能达到稳态。因此，积分环节的加入将有助于消除系统静差。

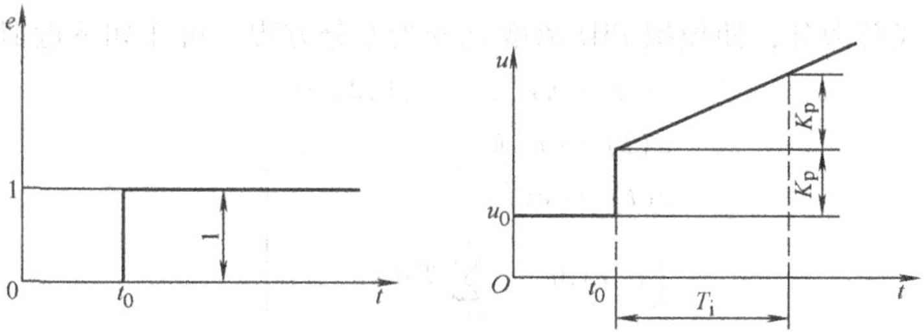

图 4-3　PI 调节器的阶跃响应

显然，如果积分时间 T_i 大，则积分作用弱，反之则积分作用强。增大 T_i 将减慢消除静差的过程，但可减小超调，提高稳定性。T_i 必须根据对象特性来选定，对于管道压力、流量等滞后不大的对象，T_i 可选得小一些，对温度等滞后较大的对象，T_i 可选得大一些。

3. 比例积分微分调节器

积分调节作用的加入，虽然可以消除静差，但付出的代价是降低了响应速度。为了加快控制过程，在偏差出现或变化的瞬间，不但对偏差量作出即时反应（即比例调节作用），而且对偏差量的变化作出反应，使偏差消灭于萌芽状态之中。可以在上述 PI 调节器的基础上再加入微分调节，从而，得到 PID 调节器的控制规律：

$$u(t) = K_p\left[e(t) + \frac{1}{T_i}\int_0^t e(t)\,dt + T_d\,\frac{de(t)}{d(t)}\right] + u_0 \tag{4-1-4}$$

式中 T_d——微分时间常数。

理想的 PID 调节器对偏差阶跃变化的响应如图 4-4 所示，它在偏差 $e(t)$ 阶跃变化的瞬间 $t = t_0$ 处有一冲击式瞬时响应，这是由附加的微分环节引起的。

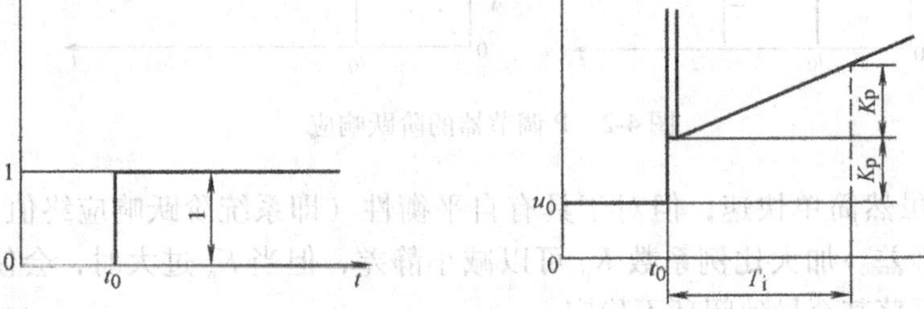

图 4-4 理想 PID 调节器的阶跃响应

可见，微分环节的加入对偏差的任何变化都产生一个控制作用，以调整系统输出，阻止偏差的变化。偏差变化越快，$u_d(t)$越大，反馈校正量则越大。故微分作用的加入将有助于减小超调，克服振荡，使系统趋于稳定。它加快了系统的动作速度，减小调整时间，从而改善了系统的动态性能。

在工业过程控制中，模拟 PID 调节器有电动、气动、液压等多种类型，这类模拟调节仪表是用硬件来实现 PID 调节规律的。

4.1.2 理想微分数字 PID 控制器

当采样周期足够小时，在模拟调节器的基础上，通过数值逼近的方法，用求和代替积分、用后向差分代替微分，使模拟 PID 离散化变为差分方程。可作如下近似

$$k \approx kT, k = 0,1,2,\cdots$$

$$\left.\begin{aligned} u(t) &\approx u(k) \\ e(t) &\approx e(k) \\ \int_0^t e(t)\,dt &\approx \sum_{j=0}^{k} Te(j) \\ \frac{de(t)}{dt} &\approx \frac{e(k) - e(k-1)}{T} \end{aligned}\right\} \tag{4-1-5}$$

式中 T——采样周期；

k——采样序号。

说明：为方便书写，本书采样时的序列 kT 用 k 代替。

用这种近似方法，可得到以下两种标准的数字 PID 控制算法。

1. 数字 PID 位置型控制算法

由式（4-1-4）、式（4-1-5）可得数字 PID 位置型控制算法为

$$u(k)=K_{\mathrm{p}}\left[e(k)+\frac{T}{T_{\mathrm{i}}}\sum_{j=0}^{k}e(j)+T_{\mathrm{d}}\frac{e(k)-e(k-1)}{T}\right]+u_0 \tag{4-1-6}$$

式（4-1-6）表示的控制算法提供了执行机构的位置 $u(k)$，所以被称为数字 PID 位置型控制算法。

2. 数字 PID 增量型控制算法

由式（4-1-6）可看出，位置型控制算法不够方便，这是因为要累加偏差 $e(j)$，它不仅要占用较多的存储单元，而且不便于编写程序，为此可对式（4-1-6）进行如下改进。

根据式（4-1-6）不难写出 $u(k-1)$ 的表达式，即

$$u(k-1)=K_{\mathrm{p}}\left[e(k-1)+\frac{T}{T_{\mathrm{i}}}\sum_{j=0}^{k-1}e(j)+T_{\mathrm{d}}\frac{e(k-1)-e(k-2)}{T}\right]+u_0 \tag{4-1-7}$$

将式（4-1-6）和式（4-1-7）相减，即得数字 PID 增量型控制算法为

$$\begin{aligned}\Delta u(k)&=u(k)-u(k-1)\\&=K_{\mathrm{p}}[e(k)-e(k-1)]+K_{\mathrm{i}}e(k)+K_{\mathrm{d}}[e(k)-2e(k-1)+e(k-2)]\end{aligned} \tag{4-1-8}$$

式中　K_{p}——比例增益；

$K_{\mathrm{i}}=K_{\mathrm{p}}\dfrac{T}{T_{\mathrm{i}}}$——积分系数；

$K_{\mathrm{d}}=K_{\mathrm{p}}\dfrac{T_{\mathrm{d}}}{T}$——微分系数。

可见，增量型算法提供了控制量的增量形式，所以被称为数字 PID 增量型控制算法。增量型算法只需要保持现时以前三个时刻的偏差值。由于计算机控制系统采用恒定的采样周期 T，这样，在确定了 K_{p}、K_{i}、K_{d} 之后，根据最近三次的偏差值即可求出控制增量 $\Delta u(k)$。

3. 两种标准 PID 控制算法比较

两种控制算法实现的闭环系统，就其控制功能而言并无本质区别，如图 4-5 所示。

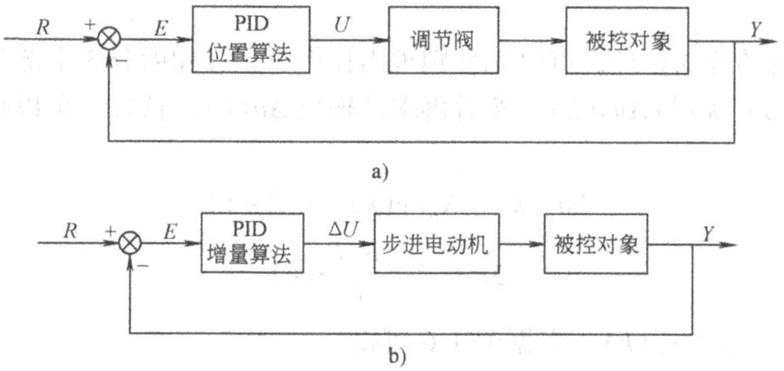

图 4-5　两种 PID 控制算法实现的闭环系统

a）位置型　b）增量型

增量型算法较位置型算法，虽然只是在算法上作了一点改动，但它却有不少优点：

（1）增量型算法不需要做累加，控制量增量的确定仅与最近几次误差采样值有关，计

算误差或计算精度问题，对控制量的计算影响较小。而位置型算法要用到过去误差的所有累加值，容易产生大的累加误差。

（2）增量型算法得出的是控制量的增量，例如阀门控制中，只输出阀门开度的变化部分，误动作影响小，必要时通过逻辑判断限制或禁止本次输出，不会严重影响系统的工作。而位置型算法的输出是控制量的全量输出，误动作影响大。

（3）采用增量型算法，由于算式中不出现 u_0 项，则易于实现手动到自动的无冲击切换。

综上所述，在实际控制中，增量型算法要比位置型算法应用更为广泛。

4.1.3 实际微分数字 PID 控制器

在模拟仪表调节器中，PID 控制算式是靠硬件实现的，由于电路本身特性的限制，无法实现理想的微分，其特性是实际微分 PID 控制。因此，在实际计算机控制系统中，可以采用以下几种实际微分 PID 控制。

（1）实际微分 PID 控制算式一

设该实际微分 PID 控制算式的传递函数为

$$\frac{U(s)}{E(s)}=K_{\mathrm{P}}\left(1+\frac{1}{T_{\mathrm{i}}s}+\frac{T_{\mathrm{d}}s}{1+\gamma s}\right) \tag{4-1-9}$$

其中，$\gamma=T_{\mathrm{d}}/K_{\mathrm{d}}$，$K_{\mathrm{p}}$为比例增益，$T_{\mathrm{i}}$为积分时间，$T_{\mathrm{d}}$为微分时间，$K_{\mathrm{d}}$为微分增益。

该实际微分 PID 控制算式中的微分部分为理想微分 $T_{\mathrm{d}}s$ 与一阶惯性环节 $1/(1+T_{\mathrm{d}}s/K_{\mathrm{d}})$ 串联，其原理如图 4-6 所示。

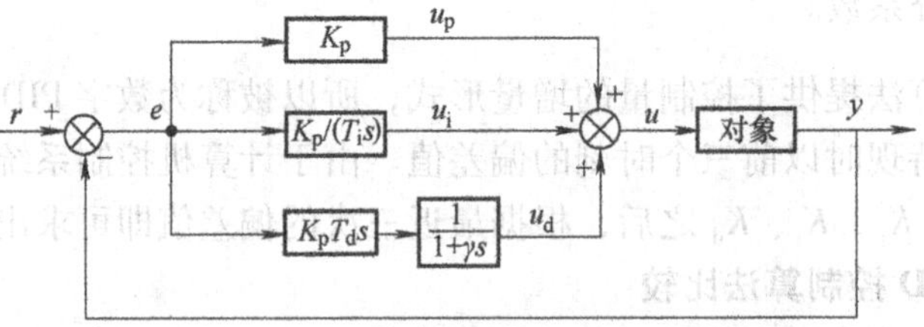

图 4-6 实际微分 PID 控制原理图一

根据线性系统的叠加原理，可以先分别求出比例、积分和微分 3 个部分的输出增量差分方程式 $\Delta u_{\mathrm{p}}(k)$、$\Delta u_{\mathrm{i}}(k)$和 $\Delta u_{\mathrm{d}}(k)$，然后再求总输出 $\Delta u(k)$。这样，可以得到增量型差分方程式。

$$\Delta u_{\mathrm{p}}(k)=K_{\mathrm{p}}[e(k)-e(k-1)]$$

$$\Delta u_{\mathrm{i}}(k)=\frac{K_{\mathrm{p}}T}{T_{\mathrm{i}}}e(k)$$

要求 $\Delta u_{\mathrm{d}}(k)$，先求 $u_{\mathrm{d}}(k)$。根据图 4-6 可得

$$U_{\mathrm{d}}(s)=K_{\mathrm{p}}T_{\mathrm{d}}s\frac{1}{1+\gamma s}E(s)=\frac{K_{\mathrm{p}}T_{\mathrm{d}}s}{1+\gamma s}E(s)$$

再根据数字 PID 控制求解方法，经数学整理可得

$$u_{\mathrm{d}}(k)=\frac{\gamma}{T+\gamma}u_{\mathrm{d}}(k-1)+\frac{K_{\mathrm{p}}T_{\mathrm{d}}}{T+\gamma}[e(k)-e(k-1)]$$

$$u_d(k-1)=\frac{\gamma}{T+\gamma}u_d(k-2)+\frac{K_pT_d}{T+\gamma}[e(k-1)-e(k-2)]$$

进而可得

$$\Delta u_d(k)=u_d(k)-u_d(k-1)$$

所以

$$\Delta u(k)=\Delta u_p(k)+\Delta u_i(k)+\Delta u_d(k)$$
$$u(k)=u(k-1)+\Delta u(k)$$

其中，$u_d(k)$和$u_d(k-1)$分别为实际微分环节第k和（$k-1$）时刻的输出。

实际微分PID控制算式的优点是微分作用能维持多个控制周期，这样就能比较好地适应一般的工业用执行机构（如启动调节阀或调节阀）动作速度的要求，因而控制效果比较好。

（2）实际微分PID控制算式二

设该实际微分PID控制算式的传递函数为

$$\frac{U(s)}{E(s)}=\frac{1}{1+\gamma s}K_p\left(1+\frac{1}{T_is}+T_ds\right) \tag{4-1-10}$$

可见，该实际微分PID控制算式是理想微分PID控制算式与一阶惯性环节$1/(1+\gamma s)$串联，其原理如图4-7所示。γ与式（4-1-9）中相同。

根据图4-7，通过简单推导可得

$$U(s)=\frac{1}{1+\gamma s}U'(s)$$

经离散处理，可得

$$u(k)=\frac{T}{T+\gamma}u'(k)+\frac{\gamma}{T+\gamma}u(k-1)$$

$$u(k-1)=\frac{T}{T+\gamma}u'(k-1)+\frac{\gamma}{T+\gamma}u(k-2)$$

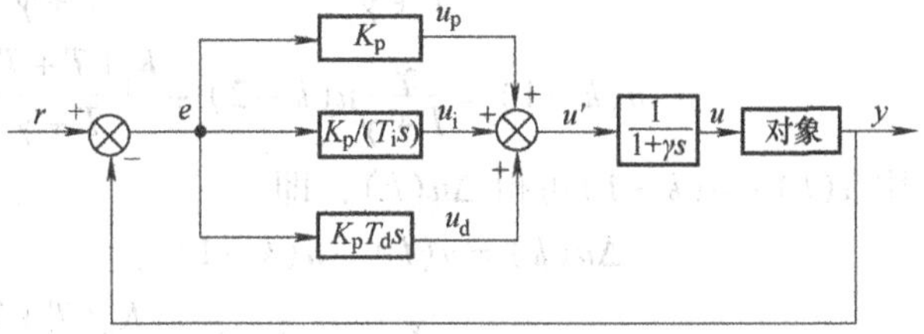

图4-7 实际微分PID控制原理图二

进而可得

$$\Delta u(k)=u(k)-u(k-1)$$
$$=\frac{T}{T+\gamma}\Delta u'(k)+\frac{\gamma}{T+\gamma}\Delta u(k-1)$$

其中

$$\Delta u'(k)=K_p[e(k)-e(k-1)]+\frac{K_pT}{T_i}e(k)+\frac{K_pT_d}{T}[e(k)-2e(k-1)+e(k-2)]$$

为理想微分增量式PID控制算法。

以上两种实际微分PID控制也称不完全微分PID控制，引入了一阶惯性环节。众所周知，一阶惯性环节具有数字滤波的能力。

（3）实际微分PID控制算式三

另外，实际微分PID控制还可以在PI控制的基础上，串联一个一阶微分与一个惯性$(1+T_ds)/(1+\gamma s)$环节，得到其控制算式的传递函数

$$\frac{U(s)}{E(s)}=K_p\frac{1+T_ds}{1+\gamma s}K_p\left(1+\frac{1}{T_is}\right) \tag{4-1-11}$$

其原理如图4-8所示。γ 与式（4-1-9）中相同。

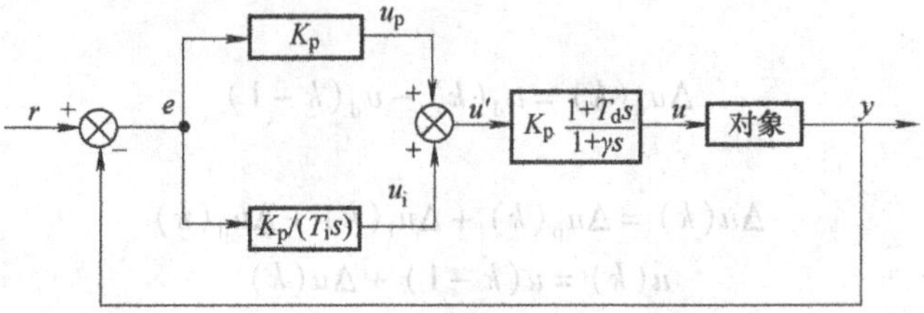

图4-8　实际微分PID控制原理图三

根据图4-8可得

$$U'(s)K_p\frac{1+T_ds}{1+\gamma s}=U(s)$$

整理上式有

$$U(s)+\gamma sU(s)=K_p[U'(s)+T_dsU'(s)]$$

进而可得

$$u(k)=\frac{\gamma}{T+\gamma}u(k-1)+\frac{K_p(T+T_d)}{T+\gamma}u'(k)+\frac{K_pT_d}{T+\gamma}u'(k-1)$$

$$u(k-1)=\frac{\gamma}{T+\gamma}u(k-2)+\frac{K_p(T+T_d)}{T+\gamma}u'(k-1)+\frac{K_pT_d}{T+\gamma}u'(k-2)$$

用 $u(k)-u(k-1)$ 可得 $\Delta u(k)$，即

$$\begin{aligned}\Delta u(k)&=u(k)-u(k-1)\\&=\frac{\gamma}{T+\gamma}\Delta u(k-1)+\frac{K_p(T+T_d)}{T+\gamma}\Delta u'(k)+\frac{K_pT_d}{T+\gamma}\Delta u'(k-1)\end{aligned}$$

其中

$$\Delta u'(k)=\Delta u_p(k)+\Delta u_i(k)=K_p[e(k)-e(k-1)]+\frac{K_pT}{T_i}e(k)$$

$$\Delta u'(k-1)=K_p[e(k-1)-e(k-2)]+\frac{K_pT}{T_i}e(k-1)$$

上式中 $\Delta u(k)$ 为该实际微分的增量式算法。

理想微分PID数字控制器和实际微分PID数字控制器（算式二）的阶跃响应如图4-9所示。

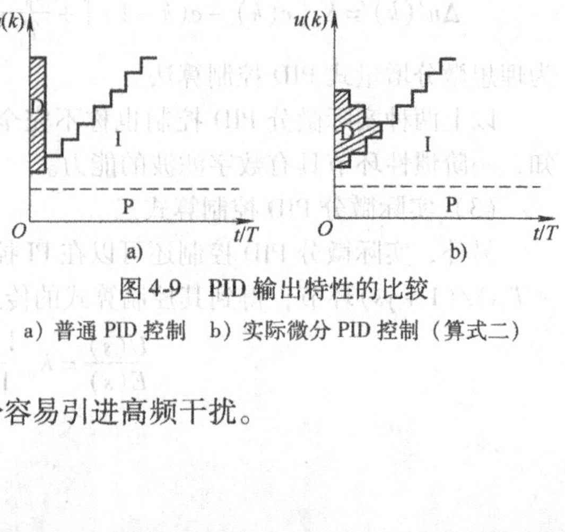

图4-9　PID输出特性的比较

a）普通PID控制　b）实际微分PID控制（算式二）

比较这两种PID数字控制器的阶跃响应，可以得知：

1）理想微分PID数字控制器的控制品质有时不够理想。究其原因是微分作用局限于第一个控制周期，有一个大幅度的输出，一般的工业用执行机构无法在较短的控制周期内跟踪较大的微分作用输出。而且，理想的微分容易引进高频干扰。

2）实际微分 PID 数字控制器的控制品质较好。究其原因是微分作用能持续多个控制周期，使得一般的工业用执行机构能比较好地跟踪微分作用输出。由于实际微分 PID 算式含有一阶惯性环节，具有数字滤波能力，所以抗干扰能力也较强。

4.1.4 数字 PID 控制算法的改进

在模拟 PID 调节器的长期应用中，人们总结出了许多 PID 控制器的应用经验，针对不同的对象和要求，逐步对它进行了改进和完善，加之计算机的应用，使许多原来在模拟 PID 调节器中无法实现的问题都得到了解决，产生了一系列改进型 PID 算法。

1. 积分分离式 PID 控制算法

PID 控制器中引入积分的目的，主要是为了消除静差、提高精度，但在过程的起动、结束、大幅度增减设定值或出现较大的扰动时，短时间内系统的输出会出现很大的偏差，致使积分部分幅值快速上升。由于系统存在惯性和滞后，这就势必引起系统输出出现较大的超调和长时间的波动，特别对于温度、成分等变化缓慢的过程，这一现象更为严重，有可能引起系统振荡。为了防止这种现象发生，可采用积分分离式 PID 控制算法解决。

积分分离式 PID 控制算法的基本思想是大偏差时，去掉积分作用，以免积分作用使系统稳定性变差；小偏差时，投入积分作用，以便消除静差、提高控制精度。这样既可保证系统无静差，又可改善系统动态性能。其控制算法为

$$\left.\begin{aligned}&\Delta u(k)=K_p[e(k)-e(k-1)]+\alpha K_i e(k)+K_d[e(k)-2e(k-1)+e(k-2)]\\&\alpha=\begin{cases}1 & |e(k)|\leqslant\beta\\0 & |e(k)|>\beta\end{cases}\end{aligned}\right\}\tag{4-1-12}$$

式中 α——逻辑变量；

β——积分分离限值。

β 值根据具体对象要求确定。β 过大，达不到积分分离的目的；β 过小，一旦被控量 $y(t)$ 无法跳出积分分离区，只进行 PD 控制，将会出现静差。

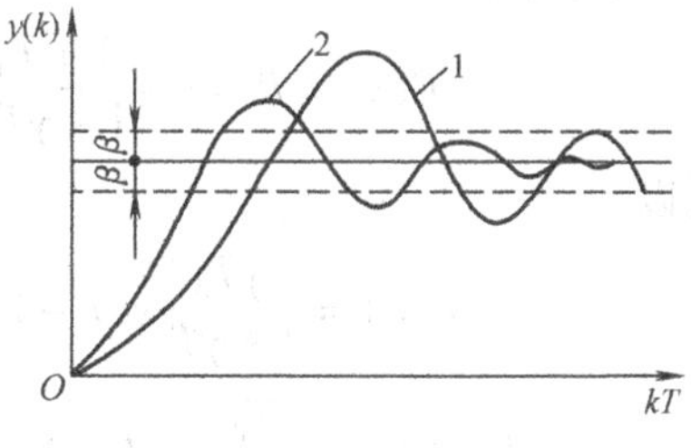

图 4-10 积分分离式 PID 控制效果

1—普通 PID 2—积分分离 PID

对于同一控制对象，分别采用普通 PID 控制和积分分离式 PID 控制，其响应曲线如图 4-10 所示。图中曲线 1 为普通 PID 控制响应曲线，它的超调量较大，振荡次数也多；曲线 2 为积分分离式 PID 控制响应曲线。显然，与曲线 1 比较，曲线 2 的超调量、调整时间明显减小，控制性能有了较大的改善。

2. 微分先行 PID 控制算法

（1）理想微分先行 PID 控制算法

在给定值频繁升降的场合，为了避免微分运算引起系统振荡，如超调量过大，调节阀动作剧烈，人们将对偏差的微分改为对输出的微分，称之为微分先行，其结构框图如图 4-11 所示。

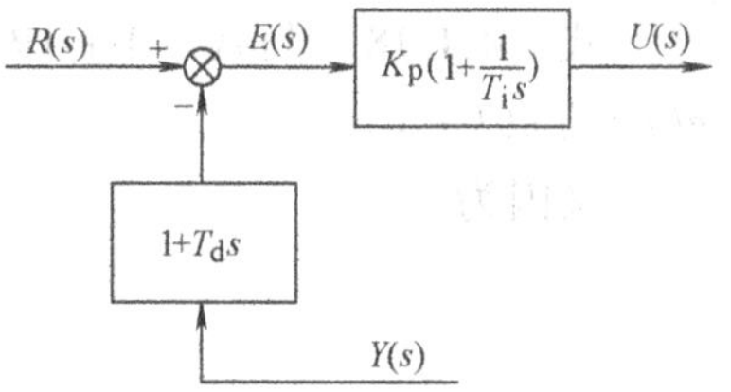

图 4-11 微分先行 PID 控制

因
$$U(s)=K_p\left(1+\frac{1}{T_i s}\right)E(s) \tag{4-1-13}$$

所以
$$u(k)=K_p e(k)+\frac{K_p T}{T_i}\sum_{j=0}^{k}e(j)$$

$$\Delta u(k)=K_p[e(k)-e(k-1)]+\frac{K_p T}{T_i}e(k) \tag{4-1-14}$$

又
$$E(s)=R(s)-(1+T_d s)Y(s)$$

所以
$$e(k)=r(k)-y(k)-T_d\frac{y(k)-y(k-1)}{T} \tag{4-1-15}$$

$$e(k-1)=r(k-1)-y(k-1)-T_d\frac{y(k-1)-y(k-2)}{T} \tag{4-1-16}$$

将式（4-1-15）、式（4-1-16）代入式（4-1-14）得

$$\Delta u(k)=-K_p[y(k)-y(k-1)]+\frac{K_p T}{T_i}[r(k)-y(k)]-\frac{K_p T_d}{T}[y(k)-2y(k-1)+y(k-2)]-\frac{K_p T_d}{T_i}[y(k)-y(k-1)] \tag{4-1-17}$$

上式即为微分先行 PID 增量型控制算法。

微分先行 PID 控制与普通 PID 控制的不同之处，只对被控量 $y(t)$ 微分，不对偏差 $e(t)$ 微分，也就是说对给定 $r(t)$ 无微分作用。该算法经常用于给定值频繁升降的系统。

（2）实际微分先行 PID 控制算法

为了避免微分的冲击响应，对微分先行 PID 控制进行改进，即采用实际微分先行的 PID 控制，原理图如图 4-12 所示，图中 γ 同前文。

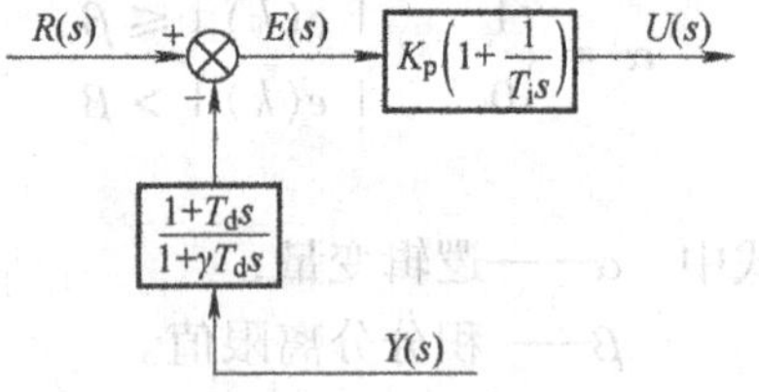

图 4-12 微分先行的实际微分 PID 控制

根据图 4-12 易知

$$E(s)=R(s)-\frac{1+T_d s}{1+\gamma T_d s}Y(s)$$

所以

$$e(k)=\frac{\gamma T_d}{T+\gamma T_d}e(k-1)+\frac{T}{T+\gamma T_d}\left[r(k)-y(k)-T_d\frac{y(k)-y(k-1)}{T}\right] \tag{4-1-18}$$

$$e(k-1)=\frac{\gamma T_d}{T+\gamma T_d}e(k-2)+\frac{T}{T+\gamma T_d}\left[r(k)-y(k-1)-T_d\frac{y(k-1)-y(k-2)}{T}\right] \tag{4-1-19}$$

注意：推导过程中 $r(k)=r(k-1)$。

式（4-1-18）与式（4-1-19）只需知道给定值 $r(k)$ 与实测值 $y(k)$ 序列就可以计算出 $e(k)$ 与 $e(k-1)$。

又因为

$$U(s)=K_p\left(1+\frac{1}{T_i s}\right)E(s) \tag{4-1-20}$$

所以

$$u(k)=K_pe(k)+\frac{K_pT}{T_i}\sum_{j=0}^{k}e(j) \tag{4-1-21}$$

求 $u(k-1)$ 得

$$u(k-1)=K_pe(k-1)+\frac{K_pT}{T_i}\sum_{j=0}^{k-1}e(j)$$

再求增量式 PID 控制，可得

$$\Delta u(k)=K_p[e(k)-e(k-1)]+\frac{K_pT}{T_i}e(k) \tag{4-1-22}$$

将式（4-1-18）与式（4-1-19）计算出的 $e(k)$ 与 $e(k-1)$ 代入式（4-1-22）可求得 $\Delta u(k)$。

式（4-1-22）即为实际微分先行的 PID 增量式控制算法 $\Delta u(k)$。

3. 时间最优的 PID 控制算法

最大值原理是庞特里亚金（Pontryagin）于1956年提出的一种最优控制理论，最大值原理也叫快速时间最优控制原理，它是研究满足约束条件下获得允许控制的方法。用最大值原理可以设计出控制变量只在 $|u(t)|\leqslant 1$ 范围内取值的时间最优控制系统。而在工程上，设 $|u(t)|\leqslant 1$ 都只取 ± 1 两个值，而且依照一定法则加以切换。使系统从一个初始状态转到另一个状态所经历的过渡时间最短，这种类型的最优切换系统，称为开关控制（Bang-Bang 控制）系统。

在工业自动化应用中，最有发展前途的是 Bang-Bang 与反馈控制相结合的控制系统，即

$$|r(k)-y(k)|=|e(k)|\begin{cases}>\alpha & \text{Bang-Bang 控制}\\ \leqslant\alpha & \text{PID}\end{cases} \tag{4-1-23}$$

相应的计算机控制简单流程图如图4-13所示。

时间最优位置随动系统，从理论上讲，应采用开关（Bang-Bang）控制。但开关控制系统很难保证足够高的定位精度，因此对于高精度的快速伺服系统，宜采用开关控制和线性控制相结合的方式。在定位线性控制段采用数字式 PID 控制就是可选的方案之一。

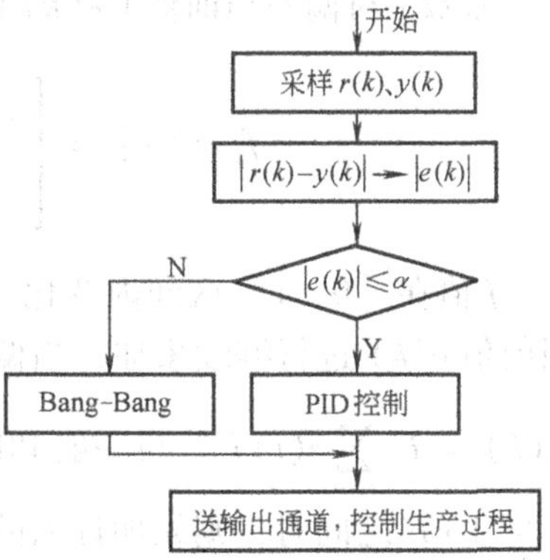

图4-13 复合 Bang-Bang 控制流程

4. 带死区的 PID 控制算法

某些生产过程对控制精度要求不是很高，但希望系统工作平稳，执行机构不要频繁动作。针对这一类系统，人们提出了一种带死区的 PID 控制方式。所谓带死区的 PID，是在计算机中人为地设置了一个不灵敏区。当偏差的绝对值 $|e(k)|<\varepsilon$ 时，不产生新的控制增量，控制量维持不变；当偏差的绝对值 $|e(k)|\geqslant\varepsilon$ 时，则进行正常的 PID 运算后输出。带死区的 PID 控制算法为

$$\Delta u(k)=\begin{cases}0 & |e(k)|<\varepsilon\\ K_p[e(k)-e(k-1)]+K_ie(k)+K_d[e(k)-2e(k-1)+e(k-2)] & |e(k)|\geqslant\varepsilon\end{cases} \tag{4-1-24}$$

其控制系统框图如图 4-14 所示。$-\varepsilon \sim \varepsilon$ 是一个人为设置的死区，ε 是一个可调参数，其值根据具体对象由实验确定，或根据经验确定。这种控制方式适用于控制精度要求不太高，控制动作尽可能少的场合。

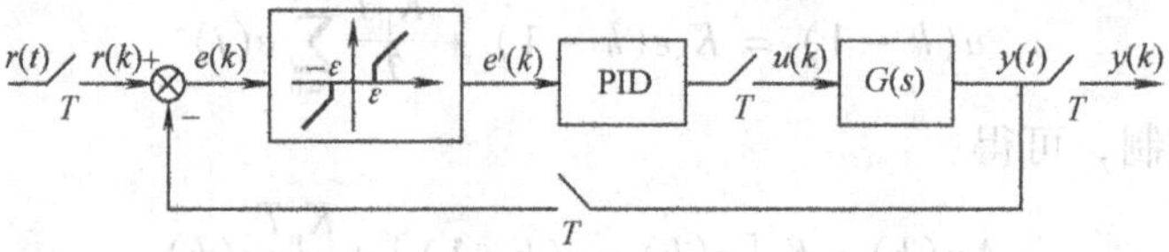

图 4-14 带死区的 PID 控制系统框图

5. 变速积分 PID 控制算法

在普通 PID 控制算法中，由于积分系数 K_i 是常数，所以在整个控制过程中，积分增量不变。而系统对积分项的要求是系统偏差大时积分作用应减弱甚至全无，而在偏差小时则应加强。积分系数取大了会产生超调，甚至积分饱和，取小了又迟迟不能消除静差。因此，如何根据系统偏差大小改变积分的速度，对于提高系统品质是很重要的。变速积分 PID 可较好地解决这一问题。

变速积分 PID 的基本思想是设法改变积分项的累加速度，使其与偏差大小相对应：偏差越大，积分越慢，反之则越快。

为此，设置系数 $f[e(k)]$，它是 $e(k)$ 的函数。当 $|e(k)|$ 增大时，f 减小，反之增加。变速积分的 PID 积分项表达式为

$$u_i(k) = K_i\left\{\sum_{i=0}^{k-1} e(i) + f[e(k)]e(k)\right\}T \tag{4-1-25}$$

系数 f 与偏差当前值 $|e(k)|$ 的关系可以是线性的或非线性的，可设为

$$f[e(k)] = \begin{cases} 1 & |e(k)| \leqslant B \\ \dfrac{A - |e(k)| + B}{A} & B < |e(k)| \leqslant A + B \\ 0 & |e(k)| > A + B \end{cases} \tag{4-1-26}$$

f 值在 $[0, 1]$ 区间内变化，当偏差 $|e(k)|$ 大于所给分离区间 $A+B$ 后，$f=0$，不再对当前值 $e(k)$ 进行继续累加；当偏差 $|e(k)|$ 小于 B 时，加入当前值 $e(k)$，即积分项变为 $u_i(k) = K_i\sum_{i=0}^{k} e(i)T$，与一般 PID 积分项相同，积分动作达到最高速；而当偏差 $|e(k)|$ 在 B 与 $A+B$ 之间时，则累加计入的是部分当前值，其值在 $0 \sim |e(k)|$ 随 $|e(k)|$ 的大小而变化，因此，其积分速度在 $K_i\sum_{i=0}^{k-1} e(i)T$ 和 $K_i\sum_{i=0}^{k} e(i)T$ 之间。变速积分 PID 算法为

$$u(k) = K_p e(k) + K_i\left\{\sum_{i=0}^{k-1} e(i) + f[e(k)]e(k)\right\}T + K_d[e(k) - e(k-1)] \tag{4-1-27}$$

这种算法对 A、B 两参数的要求不精确，参数整定较容易。

4.1.5 数字 PID 控制器参数的整定

数字 PID 控制器参数整定的任务主要是确定 K_p、T_i、T_d 和采样周期 T。在控制器的结构形式确定之后，系统性能的好坏主要决定于选择的参数是否合理。因此，PID 控制器参数的

整定是非常重要的。

1. 采样周期的选择

从香农采样定理可知，只有当采样频率达到系统信号最高频率的两倍或两倍以上时，才能使采样信号不失真地复现原来的信号。由于被控对象的物理过程及参数变化比较复杂，系统有用信号的最高频率是很难确定的。采样定理仅从理论上给出了采样周期的上限，实际采样周期要受到多方面因素的制约（详细介绍见第9章）。

由于数字PID采用的是连续域设计——离散化方法，是一种准连续PID控制，可仍然沿用连续PID控制的参数整定方法。对于采样周期的选取通常考虑比被控对象的时间常数小得多，当采样周期“足够小”，其设计的系统控制效果才可以逼近连续系统。

2. PID参数的工程整定法

在连续控制系统中，模拟调节器的参数整定方法较多，但简单易行的方法还是简易工程法。这种方法最大的优点在于整定参数时不必依赖被控对象的数学模型，适于现场应用。

（1）扩充临界比例度法。扩充临界比例度法是对模拟调节器中使用的临界比例度法的扩充。其整定步骤如下：

1）选择一合适的采样周期。所谓合适是指采样周期应足够小。若系统存在纯滞后，采样周期应小于纯滞后的1/10。

2）投入纯比例控制，逐渐增大比例系数 K_p，使控制系统出现临界振荡，如图4-15所示。记下此时的临界比例系数 K_τ 和临界振荡周期 T_τ。

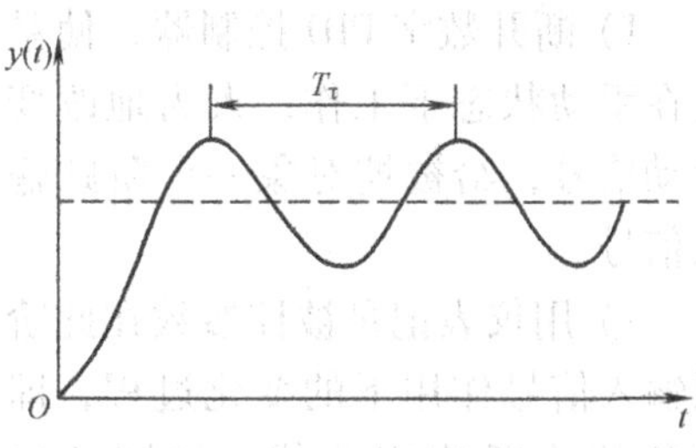

图4-15　系统的临界振荡状态

3）选择控制度，控制度定义为：数字控制系统与对应的模拟控制系统误差二次方的积分之比，即

$$\text{控制度}=\frac{\left[\min\int_0^\infty e^2(t)\,\mathrm{d}t\right]_{\mathrm{D}}}{\left[\min\int_0^\infty e^2(t)\,\mathrm{d}t\right]_{\mathrm{A}}} \tag{4-1-28}$$

控制度表明了数字控制相对模拟控制效果，它是采用误差二次方的积分作为性能指标函数。当控制度为1.05时，数字控制与模拟控制效果相同；当控制度为2时，数字控制比模拟控制的质量差一倍。控制器参数随控制度的不同而略有区别。

4）按表4-1求取采样周期 T、比例系数 K_p、积分时间常数 T_i 和微分时间常数 T_d。

5）按求得的参数运行，在运行中观察控制效果，用试凑法适当调整有关控制参数，以便获得满意的控制效果。

表4-1　扩充临界比例度法参数整定计算公式

控制度	控制规律	T	K_p	T_i	T_d
1.05	PI	$0.03T_\tau$	$0.53K_\tau$	$0.88T_\tau$	
	PID	$0.014T_\tau$	$0.63K_\tau$	$0.49T_\tau$	$0.14T_\tau$
1.20	PI	$0.05T_\tau$	$0.49K_\tau$	$0.91T_\tau$	
	PID	$0.043T_\tau$	$0.47K_\tau$	$0.47T_\tau$	$0.16T_\tau$

（续）

控制度	控制规律	T	K_p	T_i	T_d
1.50	PI	$0.14T_\tau$	$0.42K_\tau$	$0.99T_\tau$	
	PID	$0.09T_\tau$	$0.34K_\tau$	$0.43T_\tau$	$0.20T_\tau$
2.00	PI	$0.22T_\tau$	$0.36K_\tau$	$1.05T_\tau$	
	PID	$0.16T_\tau$	$0.27K_\tau$	$0.40T_\tau$	$0.22T_\tau$

（2）扩充响应曲线法。有些系统，采用纯比例控制时系统是本质稳定的，还有一些系统，如锅炉水位控制系统，不允许进行临界振荡实验。对于这类系统，不能用上述扩充临界比例度法来整定PID控制器参数。这时，可采用另一种整定方法——扩充响应曲线法来整定。

扩充响应曲线法是在模拟PID控制器响应曲线法基础上发展而来的，用于整定数字PID控制器的参数。这种方法基于开环系统阶跃响应实验，具体步骤如下：

1）断开数字PID控制器，使系统在手动状态下工作，人为地改变手动信号，给被控对象一个阶跃输入信号。

2）用仪表记录被控参数在此阶跃输入信号作用下的变化过程，即对象的阶跃响应曲线，如图4-16所示。

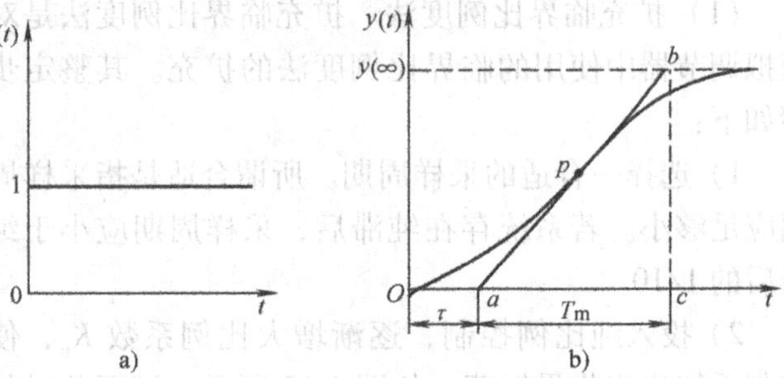

图4-16 对象阶跃响应曲线

a）单位阶跃输入 b）单位阶跃响应

3）在响应曲线上的拐点处作切线，该切线与横轴以及系统响应稳态值的延长线相交于a、b两点，过b点作横轴的垂线相交于c点，则Oa为对象等效的纯滞后时间τ，ac为对象等效的时间常数T_m。

4）选择控制度。

5）选择表4-2中相应的整定公式，根据测得的τ和T_m，求取控制参数T、K_p、T_i和T_d。

表4-2 扩充响应曲线法参数整定计算公式

控制度	控制规律	T	K_p	T_i	T_d
1.05	PI	0.1τ	$0.84T_m/\tau$	3.4τ	
	PID	0.05τ	$1.15T_m/\tau$	2.0τ	0.45τ
1.20	PI	0.2τ	$0.78T_m/\tau$	3.6τ	
	PID	0.16τ	$1.0T_m/\tau$	1.9τ	0.55τ
1.50	PI	0.5τ	$0.68T_m/\tau$	3.9τ	
	PID	0.34τ	$0.85T_m/\tau$	1.62τ	0.85τ
2.00	PI	0.8τ	$0.57T_m/\tau$	4.2τ	
	PID	0.6τ	$0.6T_m/\tau$	1.5τ	0.82τ

6）按求得的参数运行，观察控制效果，适当修正参数，直到满意为止。

注意，表4-2中K是按对象开环放大系数为1的情况给出的，当对象开环放大系数不为

1 时，应将按表 4-2 算出的 K_p 除以对象开环放大系数作为 K_p 的整定值。

以上两种实验确定法，适用于能用“一阶惯性加纯滞后”近似的对象，即对象传递函数可近似为：$G(s)=\dfrac{e^{-\tau s}}{1+T_m s}$，许多热工、化工等生产过程属于这一类系统。对于不能用“一阶惯性加纯滞后”来近似的对象，最好采用其他的方法整定。

(3) 归一参数整定法。调节器参数的整定是一项繁琐费时的工作。Roberts PD 在 1974 年提出一种简化扩充临界比例度整定法。由于该方法只需整定一个参数即可，故称其为归一参数整定法。

设增量型 PID 控制的公式为

$$\Delta u(k)=K_p\left\{e(k)-e(k-1)+\frac{T}{T_i}e(k)+\frac{T_d}{T}[e(k)-2e(k-1)+e(k-2)]\right\}$$

如令 $T=0.1T_\tau$；$T_i=0.5T_\tau$；$T_d=0.125T_\tau$。式中 T_τ 为纯比例作用下的临界振荡周期。则

$$\Delta u(k)=K_p[2.45e(k)-3.5e(k-1)+1.25e(k-2)]$$

这样，整个问题便简化为只要整定一个参数 K_p。改变 K_p，观察控制效果，直到满意为止。该方法为实现简易的自整定控制带来方便。

(4) 凑试法确定 PID 参数。在 PID 参数整定方法中，最基本和最简单的方法为凑试法。对参数实行先比例，后积分，再微分的整定步骤。

1）首先只整定比例部分。将比例系数由小变大，并观察相应的系统响应，直到得到反应快，超调小的响应曲线。如果系统已满足系统性能指标要求，那么只需用比例调节器即可，最优比例系数可由此确定。

2）如果在比例调节的基础上系统的静差不能满足设计要求，则需加入积分环节。整定时先置积分时间常数 T_i 为一较大值，并将经第一步整定得到的比例系数略为缩小（如缩小为原值的 0.8 倍），然后减小积分时间常数，使在保持系统良好动态性能的情况下，静差得到消除。经过反复改变比例系数与积分时间常数，以期得到满意的控制过程与整定参数。

3）若此时系统动态过程仍不能满意，则可加入微分环节，构成比例积分微分调节器。在整定时，可先置微分时间 T_d 为零。在第二步整定的基础上，增大 T_d，同时相应地改变比例系数和积分时间常数，逐步凑试，以获得满意的调节效果和控制参数。

(5) 变参数的 PID 控制。工业生产过程中不可预测的干扰很多。若只有一组固定的参数，要满足各种负荷或干扰时的控制性能的要求是困难的，因此必须设置多组 PID 参数。当工况发生变化时，能及时改变 PID 参数，以与其相适应，使过程控制性能最佳。目前使用的有如下几种形式：

1）对某些控制回路，根据负荷不同，采用几组不同的 K_p、T_i 和 T_d 参数，以提高控制质量。

2）时序控制：按照一定的时间顺序采用不同的给定值和 K_p、T_i 和 T_d 参数。

3）人工模型：模拟现场操作人员的操作方法，把操作经验编制成程序，然后由计算机自动改变给定值或 K_p、T_i 和 T_d 参数。

4）自寻最优：编制自动寻优程序，一旦工况变化，控制性能变坏，计算机执行自动寻优程序，自动寻找合适的 PID 参数，保持系统的性能处于良好的状态。

4.2 最少拍控制

最少拍控制是一种直接数字设计方法。所谓最少拍控制，就是要求闭环系统对于某种特定的输入在最少个采样周期内达到无静差的稳态，使系统输出值尽快地跟踪期望值的变化。它的闭环脉冲传递函数具有形式

$$\Phi(z) = \Phi_1 z^{-1} + \Phi_2 z^{-2} + \cdots + \Phi_N z^{-N} \tag{4-2-1}$$

在这里，N 是可能情况下的最小正整数。这一形式表明闭环系统的脉冲响应在 N 个采样周期后变为零，从而意味着系统在 N 拍之内到达稳态。

4.2.1 最少拍控制的基本原理

典型的采样控制系统如图 4-17 所示。

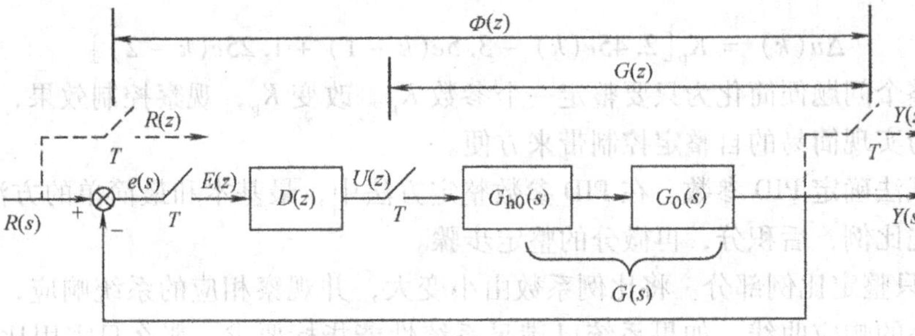

图 4-17 典型计算机控制系统结构框图

图 4-17 中零阶保持器 $G_{h0}(s)$ 和连续被控对象 $G_0(s)$ 组成广义对象 $G(s)$ 为系统的连续部分，经过采样开关可以求取广义对象脉冲传递函数 $G(z)$，在本节讨论中认为 $G(s)$ 是已知的。由自动控制原理可知广义对象脉冲传递函数为

$$G(z) = Z\left[\frac{1 - e^{-Ts}}{s} G_0(s)\right] \tag{4-2-2}$$

系统的闭环脉冲传递函数为

$$\Phi(z) = \frac{D(z)G(z)}{1 + D(z)G(z)} \tag{4-2-3}$$

误差脉冲传递函数为

$$\Phi_e(z) = \frac{E(z)}{R(z)} = \frac{R(z) - Y(z)}{R(z)} = 1 - \Phi(z) = \frac{1}{1 + D(z)G(z)} \tag{4-2-4}$$

由式（4-2-1）、式（4-2-2）和式（4-2-3）可得数字控制器的脉冲传递函数为

$$D(z) = \frac{\Phi(z)}{1 - \Phi(z)} \frac{1}{G(z)} = \frac{\Phi(z)}{G(z)\Phi_e(z)} \tag{4-2-5}$$

由此可知，$D(z)$ 的结构取决于广义对象的脉冲传递函数 $G(z)$ 的结构和系统闭环脉冲传递函数 $\Phi(z)$（或误差脉冲传递函数 $\Phi_e(z)$）的结构。其中 $G(z)$ 结构中的零、极点分布是由被控对象的具体物理结构确定，是不可人为变更的。而闭环系统的零极点分布可以根据给定性能指标，并通过选择不同的 $D(z)$ 由设计者来配置。因此，如何根据对象特性和给定的

性能指标来确定一个具有期望极点配置的闭环脉冲传递函数 $\Phi(z)$，是设计 $D(z)$ 的关键所在。

4.2.2 闭环脉冲传递函数 $\Phi(z)$ 的结构设计

1. 确定最少拍系统的闭环脉冲传递函数 $\Phi(z)$ 结构的准则

（1）系统的稳定性。为使系统稳定，则要求闭环极点均在单位圆内。闭环稳定性与广义控制对象的具体结构直接相关，现将 $G(z)$ 分如下两种情况讨论：

第一种情况：$G(z)=\dfrac{N(z)}{M(z)}$ 本身稳定，且不含圆外零点。根据 $D(z)=\dfrac{M(z)}{N(z)}\cdot\dfrac{\Phi(z)}{\Phi_e(z)}$ 可知，只要 $\Phi(z)$、$\Phi_e(z)$ 中不包含圆外零点和极点，$D(z)$ 也不会出现圆外极点，则闭环稳定，$D(z)$ 也稳定。

第二种情况：$G(z)=\dfrac{N(z)}{M(z)}\cdot\dfrac{N'(z)}{M'(z)}$ 本身不稳定，即包含有圆外零点 $N'(z)$ 和圆外极点 $M'(z)$。由 $D(z)=\dfrac{M(z)M'(z)}{N(z)N'(z)}\cdot\dfrac{\Phi(z)}{\Phi_e(z)}$ 可知，既要保证闭环稳定，又要保证控制器本身稳定，$\Phi(z)$ 和 $D(z)$ 中均不能包含圆外极点，那么选择系统闭环结构时必须满足以下约束条件：

1）$\Phi(z)$ 必须包含 $G(z)$ 的全部圆外的零点 $N'(z)$ 作为自己的零点，以对消 $G(z)$ 中的圆外零点。

2）$\Phi_e(z)$ 必须包含 $G(z)$ 的全部圆外的极点 $M'(z)$ 作为自己的零点，以对消 $G(z)$ 中的圆外极点。

这就是针对不稳定被控制对象构造闭环结构时应遵循的第一个准则。

必须强调，由式（4-2-3）可以看出 $D(z)$ 和 $G(z)$ 总是成对出现的，但却不允许它们的零极点互相抵消。这是因为简单地利用 $D(z)$ 的零点去对消 $G(z)$ 中的不稳定极点，虽然从理论上可以得到一个稳定的闭环系统，但是这种稳定是建立在零极点完全对消的基础上的。当系统的参数产生漂移，或辨识的参数有误差时，这种零极点对消不可能准确实现，从而将引起闭环系统不稳定。

（2）系统的准确性。这是对一个随动系统的跟踪精度的要求。当要求系统为无静差时，则稳态误差为

$$e(\infty)=\lim_{z\to1}(z-1)\Phi_e(z)R(z)=0$$

可见，$e(\infty)$ 取决于输入信号 $R(z)$ 和误差脉冲传递函数 $\Phi_e(z)$ 的结构，现分述如下：

1）输入信号 $R(z)$ 的结构。一般情况下，所取典型输入形式有以下三种形式：

① 单位阶跃输入

$$R(t)=1(t),R(z)=\frac{1}{1-z^{-1}} \tag{4-2-6}$$

② 单位速度输入

$$R(t)=t,R(z)=\frac{Tz^{-1}}{(1-z^{-1})^2}\qquad (T\text{ 为采样周期}) \tag{4-2-7}$$

③ 单位加速度输入

$$R(t)=\frac{1}{2}t^2,R(z)=\frac{T^2z^{-1}(1+z^{-1})}{2(1-z^{-1})^3} \tag{4-2-8}$$

因此，典型输入函数的一般表达式为

$$R(z)=\frac{A(z)}{(1-z^{-1})^p} \tag{4-2-9}$$

式中 p——正整数，是典型输入信号的阶次；

$A(z)$——不包括 $(1-z^{-1})$ 因式的关于 z^{-1} 的多项式。

2）误差传函 $\Phi_e(z)$ 的结构。由零静差的要求出发，$\Phi_e(z)$ 的结构必须取为

$$\Phi_e(z)=(1-z^{-1})^MF(z) \tag{4-2-10}$$

并取阶次 $M\geqslant p$，则一定能保证

$$e(\infty)=\lim_{z\to1}(z-1)\Phi_e(z)R(z)=\lim_{z\to1}\left\{(z-1)(1-z^{-1})^M\frac{F(z)A(z)}{(1-z^{-1})^p}\right\}=0 \tag{4-2-11}$$

其中 $F(z)$ 是关于 z^{-1} 的待定系数多项式，即

$$F(z)=a_0+a_1z^{-1}+a_2z^{-2}+\cdots+a_qz^{-q} \tag{4-2-12}$$

这是针对典型输入函数构造闭环结构时应遵循的第二准则。

（3）系统的快速性。这是构造一个时间最优系统的重要指标。为保证系统在最短时间内结束过渡过程，并使系统输出在采样点上实现无差跟踪，则要求系统的误差函数应在最短时间内趋近于零，即要求

$$E(z)=\Phi_e(z)R(z)=(1-z^{-1})^MF(z)\frac{A(z)}{(1-z^{-1})^p}=F(z)A(z) \tag{4-2-13}$$

应具有最低阶结构。即对某一典型输入 $R(z)$，闭环结构 $\Phi(z)$ 和 $\Phi_e(z)$ 应具有最低阶有限多项式。这是构造最少拍系统应遵循的第三个准则。

为此，除满足 $M=p$ 外，应使 $F(z)$ 为最低阶多项式。特别是当取 $F(z)=a_0=1$ 时，则有

$$E(z)=A(z) \tag{4-2-14}$$

$E(z)$ 的阶次仅仅取决于 $R(z)$ 的分子多项式 $A(z)$。这样，对某一典型输入，$E(z)$ 的项数最少，过渡过程最快，且能保证在有限拍之后使 $E(z)=0$，达到系统无静差。

（4）$D(z)$ 的物理可实现性。当控制器 $D(z)$ 中不包含 z 的正幂次项时，$D(z)$ 是物理可实现的，否则 $D(z)$ 是物理不可实现的。因为包含 z 的正幂次因子要求超前输出，不符合因果规律。

当广义被控对象 $G(z)$ 包含有纯延时 z^{-r} 时，即：$G(z)=\dfrac{N(z)}{M(z)}z^{-r}$ 则

$$D(z)=\frac{\Phi(z)}{\Phi_e(z)}\frac{M(z)}{z^{-r}N(z)}=\frac{z^{+r}\Phi(z)M(z)}{\Phi_e(z)N(z)} \tag{4-2-15}$$

为避免 $D(z)$ 中出现正幂次因子 z^{+r}，则应使 $D(z)$ 的分母多项式阶次大于至少等于分子阶次，因此在构造闭环 $\Phi(z)$ 时必须让其包含 z^{-r} 因子，用以抵消 $G(z)$ 中的 z^{-r} 因子。这是针对有纯延时特性的被控对象设计闭环结构时必须遵循的第四个准则。

2. 闭环脉冲传递函数 $\Phi(z)$ 结构的设计

根据上述四个准则和广义控制对象 $G(z)$ 的具体特性，分别讨论在不同典型函数输入作用时的最少拍系统的闭环结构设计。

（1）$G(z)$ 为稳定对象且不包含圆外圆上零点。为保证无静差，取 $M=p$，为保证最快响应，

取 $F(z)=1$，则闭环脉冲传递函数结构为

$$\begin{cases}\Phi(z)=1-\Phi_e(z)=b_1z^{-1}+b_2z^{-2}+\cdots+b_pz^{-p}\\ \Phi_e(z)=(1-z^{-1})^p\end{cases} \tag{4-2-16}$$

1）在单位阶跃函数 $R(z)=\dfrac{1}{1-z^{-1}}$ 作用下，$p=1$，则有

$$E(z)=1=1z^0+0z^{-1}+0z^{-2}+\cdots$$

$$\Phi_e(z)=1-z^{-1}$$

$$\Phi(z)=1-\Phi_e(z)=z^{-1}\quad（极点在圆心，是稳定结构）$$

$$Y(z)=\Phi(z)R(z)=z^{-1}\frac{1}{1-z^{-1}}=0z^0+z^{-1}+z^{-2}+\cdots$$

输出响应表明：经过一个采样周期 T，输出与输入完全跟踪，即调整时间为一拍。

2）在单位速度 $R(z)=\dfrac{Tz^{-1}}{(1-z^{-1})^2}$ 作用下，$p=2$，则有

$$E(z)=Tz^{-1}=0z^0+Tz^{-1}+0z^{-2}+0z^{-3}+\cdots$$

$$\Phi_e(z)=(1-z^{-1})^2$$

$$\Phi(z)=1-\Phi_e(z)=2z^{-1}-z^{-2}\quad（二重极点在圆心，是稳定结构）$$

$$Y(z)=\Phi(z)R(z)=(2z^{-1}-z^{-2})\frac{Tz^{-1}}{(1-z^{-1})^2}$$

$$=0z^0+0Tz^{-1}+2Tz^{-2}+3Tz^{-3}+\cdots$$

此响应表明：经过两个采样周期 T，输出跟踪上输入，即调整时间为二拍。

3）在单位加速度 $R(z)=\dfrac{T^2z^{-1}(1+z^{-1})}{2(1-z^{-1})^3}$ 作用下，$p=3$，则有

$$E(z)=\frac{T^2}{2}(z^{-1}+z^{-2})=0z^0+\frac{T^2}{2}z^{-1}+\frac{T^2}{2}z^{-2}+0z^{-3}+0z^{-4}+\cdots$$

$$\Phi_e(z)=(1-z^{-1})^3$$

$$\Phi(z)=1-\Phi_e(z)=3z^{-1}-3z^{-2}+z^{-3}\quad（三重极点在圆心，是稳定结构）$$

$$Y(z)=\Phi(z)R(z)=\frac{T^2z^{-1}(1+z^{-1})(3z^{-1}-3z^{-2}+z^{-3})}{2(1-z^{-1})^3}$$

$$=\frac{T^2}{2}(0z^0+0z^{-1}+3z^{-2}+9z^{-3}+16z^{-4}+\cdots)$$

可以得出：经过三个采样周期 T，输出与输入完全跟踪，即调整时间为三拍。

综上，当 $G(z)$ 是稳定且不包含圆外圆上零点时，在三种典型输入函数作用时的闭环结构见表4-3。

表4-3 典型信号作用下的最少拍系统的闭环结构

输入函数 $R(z)$	误差脉冲传函 $\Phi_e(z)$	闭环脉冲传函 $\Phi(z)$	最少拍控制器 $D(z)$	调节时间
$\dfrac{1}{1-z^{-1}}$	$1-z^{-1}$	z^{-1}	$\dfrac{z^{-1}}{(1-z^{-1})G(z)}$	T

（续）

输入函数 $R(z)$	误差脉冲传函 $\Phi_e(z)$	闭环脉冲传函 $\Phi(z)$	最少拍控制器 $D(z)$	调节时间
$\frac{Tz^{-1}}{(1-z^{-1})^2}$	$(1-z^{-1})^2$	$2z^{-1}-z^{-2}$	$\frac{2z^{-1}-z^{-2}}{(1-z^{-1})^2G(z)}$	$2T$
$\frac{T^2z^{-1}(1+z^{-1})}{(1-z^{-1})^3}$	$(1-z^{-1})^3$	$3z^{-1}-3z^{-2}+z^{-3}$	$\frac{3z^{-1}-3z^{-2}+z^{-3}}{(1-z^{-1})^3G(z)}$	$3T$

由上可知，输入函数 $R(z)$ 的阶数越高，调节时间越长。但都是以最短时间结束过渡过程的。因此，根据这一原理设计的系统称为最少拍系统。

式（4-2-16）是在理想情况下所得到的最少拍系统的闭环结构。今后在构造其他对象的最少拍系统闭环结构 $\Phi(z)$ 和 $\Phi_e(z)$ 时，都是以式（4-2-16）这一基本结构为基础进行设计的。

（2）$G(z)$ 为不稳定系统且包含圆外零点。根据第一个准则，$\Phi(z)$ 必须包含 $G(z)$ 中全部圆外零点，而 $\Phi_e(z)$ 必须包含 $G(z)$ 中全部圆外极点。为了保证最快响应和系统无静差，$\Phi_e(z)$ 应与输入函数 $R(z)$ 配合，至少应包含 q 个（$1-z^{-1}$）因子。由于 $G(z)$ 中圆外零点与圆外极点的数目不一定相同，在构造 $\Phi(z)$ 和 $\Phi_e(z)$ 时，又要保持两者同阶。因此，必须在 $\Phi(z)$ 和 $\Phi_e(z)$ 中分别增加调整项 $F_1(z)$ 和 $F_2(z)$。$\Phi(z)$ 和 $\Phi_e(z)$ 结构应在(4-2-16)的基本结构基础上确定如下：

$$\begin{cases}\Phi(z) = (b_1z^{-1} + b_2z^{-2} + \cdots + b_pz^{-p})N'(z)F_1(z) \\ \Phi_e(z) = (1 - z^{-1})^pM'(z)F_2(z)\end{cases} \tag{4-2-17}$$

根据调节时间最短准则，$F_1(z)$ 和 $F_2(z)$ 均应取为最低阶结构，即

$$\begin{cases}F_1(z) = (1 + c_1z^{-1})(1 + c_2z^{-1})\cdots(1 + c_nz^{-1}) \\ F_2(z) = (1 + d_1z^{-1})(1 + d_2z^{-1})\cdots(1 + d_mz^{-1})\end{cases} \tag{4-2-18}$$

（3）$G(z)$ 包含有纯滞后环节 z^{-r}。根据前述第四个准则，闭环结构 $\Phi(z)$ 中必须包含 $G(z)$ 中的 z^{-r} 因子。由于最少拍系统的闭环脉冲传递函数 $\Phi(z)$ 为 z^{-1} 多项式，且已含了一个 z^{-1} 因子。所以 $\Phi(z)$ 中只需再包含（$r-1$）个 z^{-1} 因子即可，即

1）对稳定的广义被控对象 $G(z)$

$$\begin{cases}\Phi(z) = z^{-(r-1)}(b_1z^{-1} + b_2z^{-2} + \cdots + b_pz^{-p})F_1(z) \\ \Phi_e(z) = (1 - z^{-1})^pF_2(z)\end{cases} \tag{4-2-19}$$

2）对不稳定的广义被控对象 $G(z)$

$$\begin{cases}\Phi(z) = z^{-(r-1)}(b_1z^{-1} + b_2z^{-2} + \cdots + b_pz^{-p})N'(z)F_1(z) \\ \Phi_e(z) = (1 - z^{-1})^pM'(z)F_2(z)\end{cases} \tag{4-2-20}$$

4.2.3 最少拍有纹波控制器的设计

根据以上讨论，最少拍系统的设计可按以下 7 步进行：

（1）求含零阶保持器的广义被控对象 $G(z)$。

（2）根据 $G(z)$ 的特性及输入函数 $R(z)$ 确定 $\Phi(z)$ 和 $\Phi_e(z)$。

（3）根据 $1-\Phi_e(z)=\Phi(z)$（两者为同阶）建立 $\Phi(z)$、$\Phi_e(z)$、$F_1(z)$ 和 $F_2(z)$ 各待定系数 b、c、d 的联立方程，解出以上各系数，代入 $\Phi(z)$ 和 $\Phi_e(z)$ 中，即可得到具体结构。

（4）确定控制器 $D(z)=\dfrac{\Phi(z)}{\Phi_e(z)G(z)}$。

（5）检验控制器 $D(z)$ 的稳定性、可实现性并检查控制量的收敛性

$$U(z)=D(z)E(z)=\frac{\Phi(z)}{G(z)}R(z)$$

（6）检验系统输出响应序列 $Y(z)=\Phi(z)R(z)$ 是否以最快响应跟踪输入且无静差。

（7）将 $D(z)$ 化为差分方程，拟定控制算法进行编程予以实现。

例 4-1　在图 4-17 所示的计算机控制系统中，被控对象的传递函数为

$$G_0(s)=\frac{2.1}{s^2(s+1.252)}$$

经采样（$T=1\text{s}$）和零阶保持，试求其对于单位阶跃输入的最少拍控制器。

解　（1）广义被控对象 $G(z)$

$$G(z)=Z\left[\frac{1-e^{-Ts}}{s}\frac{2.1}{s^2(s+1.252)}\right]$$
$$=\frac{0.265z^{-1}(1+2.78z^{-1})(1+0.2z^{-1})}{(1-z^{-1})^2(1-0.286z^{-1})}$$

广义被控对象零极点的分布：

圆外极点　无，　$M'(z)=1$

圆外零点　$p_1=-2.78$，　$N'(z)=(1+2.78z^{-1})$

延时因子　z^{-1}，　$r=1$

输入函数 $R(z)$ 的阶次　$p=1$

（2）确定期望的闭环结构

$\Phi_e(z)=(1-z^{-1})^pF_2(z)$

$\Phi(z)=z^{-(r-1)}(b_1z^{-1})(1+2.78z^{-1})F_1(z)$

取 $F_1(z)$、$F_2(z)$ 为最低阶，即 $F_1(z)=1$，$F_2(z)=(1+c_1z^{-1})$，则

$$\begin{cases}\Phi_e(z)=(1-z^{-1})(1+c_1z^{-1})\\ \Phi(z)=b_1z^{-1}(1+2.78z^{-1})\end{cases}$$

（3）根据 $\Phi(z)=1-\Phi_e(z)$ 联立方程，解得

$$\begin{cases}b_1=0.265\\ c_1=0.735\end{cases}$$

所以

$$\begin{cases}\Phi_e(z)=(1-z^{-1})(1+0.735z^{-1})\\ \Phi(z)=0.265z^{-1}(1+2.78z^{-1})\end{cases}$$

（4）确定控制器结构

$$D(z)=\frac{\Phi(z)}{\Phi_e(z)G(z)}$$
$$=\frac{(1-z^{-1})(1-0.286z^{-1})}{(1+0.2z^{-1})(1+0.735z^{-1})}$$

（5）检验控制序列的收敛性

$$U(z) = D(z)E(z) = \frac{\Phi(z)}{G(z)}R(z) = \frac{(1-z^{-1})(1-0.286z^{-1})}{1+0.2z^{-1}}$$

$$= 1 - 1.486z^{-1} + 0.583z^{-2} - 0.116z^{-3}\cdots$$

即控制量从零时刻起的值为1，-1.486，0.583，-0.116，…，故是收敛的，如图4-18b所示。

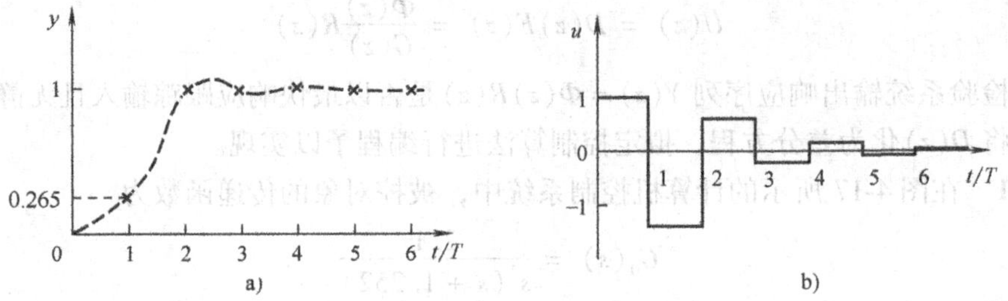

图4-18 最少拍有纹波控制
a）系统输出 b）控制器输出

（6）检验输出响应的跟踪性能

$$Y(z) = \Phi(z)R(z) = \frac{0.265z^{-1}(1+2.78z^{-1})}{1-z^{-1}}$$

$$= 0.265z^{-1} + z^{-2} + z^{-3} + \cdots$$

输出量序列为0，0.265，1，1，…，故可得稳定的系统输出，如图4-18a所示。

（7）求$D(z)$的控制算法

$$U(z) = E(z)D(z) = \frac{(1-z^{-1})(1-0.286z^{-1})}{(1+0.2z^{-1})(1+0.735z^{-1})}E(z)$$

$$U(z) = E(z) - 1.286z^{-1}E(z) + 0.286z^{-2}E(z) - 0.935z^{-1}U(z) - 0.147z^{-2}U(z)$$

化为差分方程

$$u(k) = e(k) - 1.286e(k-1) + 0.286e(k-2) - 0.935u(k-1) - 0.147u(k-2)$$

这是以误差信号$e(k)$为输入的控制算式，它是$D(z)$控制器工程实现的根据。

仅根据上述约束条件设计的最少拍控制系统，只保证了在最少的几个采样周期后系统的响应在采样点时是稳态误差为零，而不能保证任意两个采样点之间的稳态误差为零。这种控制系统输出信号$y(t)$有纹波存在，故称为最少拍有纹波控制系统，据此设计的控制器为最少拍有纹波控制器。$Y(z)$的纹波在采样点上观测不到，要用修正Z变换方能计算得出两个采样点之间的输出值，这种纹波称为隐蔽振荡（Hidden Oscillations）。

4.2.4 最少拍无纹波控制器的设计

按最少拍有纹波系统设计的控制器，其系统的输出值跟踪输入值后，在非采样点却有纹波存在。其根源在于数字控制器的输出序列$u(k)$经过若干拍后，不为常值或零，而是振荡收敛的。根据采样系统理论可知，如果一个闭环系统的极点均在单位圆内，那么这个系统是稳定的，但极点的位置将影响系统的离散脉冲响应。特别当极点在负实轴上或在第二、三象限时，系统的离散脉冲响应将有剧烈的振荡。一旦控制量出现这样的波动，系统在采样点之间的输出就会引起纹波。非采样时刻的纹波现象不仅造成系统输出有偏差，而且浪费执行机构的功率，增加机械磨损。因此，设计最少拍无纹波控制器时应附加约束条件。

1. 被控对象 $G_0(s)$ 必须包含有足够的积分环节

若要求系统输出信号在采样点之间无波纹出现，必须保证对阶跃输入，当 $t \geqslant NT$ 时，有 $y(t)$ = 常数；对速度输入，当 $t \geqslant NT$ 时，有 $\dot{y}(t)$ = 常数；对加速度输入，当 $t \geqslant NT$ 时，有 $\ddot{y}(t)$ = 常数。

这样，被控对象 $G_0(s)$ 有能力给出与系统输入 $r(t)$ 相同的且平滑的输出 $y(t)$。若针对速度输入函数进行设计，稳态过程中 $G_0(s)$ 的输出也必须是速度函数，则 $G_0(s)$ 中必须至少有一个积分环节，使得控制信号 $u(k)$ 为常值或零时，$G_0(s)$ 的稳态输出是所要求的速度函数。同理，若针对加速度输入函数设计的无纹波控制器，则 $G_0(s)$ 中必须至少有两个积分环节，以保证 $u(t)$ 为常数时，$G_0(s)$ 的稳态输出完全跟踪输入，且无纹波。

2. $\Phi(z)$ 必须包含 $G(z)$ 中的圆内圆外全部零点 $N(z) \cdot N'(z)$

要消除输出信号的纹波，必须让 $u(k)$ 的过渡过程在有限拍内结束。由图 4-17 可知

$$\frac{U(z)}{R(z)} = \frac{D(z)E(z)}{R(z)} = D(z)\Phi_e(z) = \frac{D(z)}{1 + D(z)G(z)}$$

$$= \frac{D(z)G(z)}{1 + D(z)G(z)}\frac{1}{G(z)} = \frac{\Phi(z)}{G(z)} \tag{4-2-21}$$

设

$$G(z) = \frac{B(z)}{A(z)}$$

代入式（4-2-21）得

$$\frac{U(z)}{R(z)} = \frac{A(z)\Phi(z)}{B(z)} = \Phi_u(z) \tag{4-2-22}$$

要使控制信号 $u(k)$ 在稳态过程中为常数或零，那么 $\Phi_u(z)$ 只能是关于 z^{-1} 的有限多项式。这就要求式（4-2-22）中的 $\Phi(z)$ 必须包含 $G(z)$ 的分子多项式 $B(z)$，即 $\Phi(z)$ 必须包含 $G(z)$ 中的圆内圆外全部零点 $N(z)N'(z)$。

3. 最少拍无纹波控制器确定 $\Phi(z)$ 的方法

无纹波最少拍系统的设计准则是：在满足 $G_0(s)$ 包含必要的积分因子条件下，闭环脉冲传递函数 $\Phi(z)$ 必须包含 $G(z)$ 的全部零点（圆内和圆外），因此得出最少拍无纹波系统闭环脉冲传递函数 $\Phi(z)$ 和误差脉冲传递函数 $\Phi_e(z)$ 的结构为

$$\begin{cases} \Phi(z) = z^{-(r-1)}(b_1 z^{-1} + b_2 z^{-2} + \cdots + b_p z^{-p})N(z)N'(z)F_1(z) \\ \Phi_e(z) = (1 - z^{-1})^p M'(z)F_2(z) \end{cases} \tag{4-2-23}$$

式中 $N(z)N'(z)$ 为 $G(z)$ 圆内外全部零点，而最少拍有纹波系统设计时，$\Phi(z)$ 只包含 $G(z)$ 的圆外零点，这是两者的惟一差别，其他准则均与最少拍有纹波系统相同。

不同典型输入时的最少拍无纹波系统的闭环结构，依照最少拍有纹波系统均可分别求出，这里从略。

例 4-2　在例 4-1 中，试求其对于单位阶跃输入的最少拍无纹波控制器。

解　由例 4-1 得

$$G(z) = \frac{0.265z^{-1}(1 + 2.78z^{-1})(1 + 0.2z^{-1})}{(1 - z^{-1})^2(1 - 0.286z^{-1})}$$

广义被控对象中：

圆外极点 无， $M'(z)=0$

圆内外零点有两个 $p_1=-2.78$, $p_2=-0.2$, $N(z)N'(z)=(1+2.78z^{-1})(1+0.2z^{-1})$

延时因子 z^{-1}， $r=1$

输入函数 $R(z)$ 的阶次 $p=1$

则
$$\begin{cases}\Phi(z)=b_1z^{-1}(1+2.78z^{-1})(1+0.2z^{-1})\\ \Phi_e(z)=(1-z^{-1})(1+d_1z^{-1})(1+d_2z^{-1})\end{cases}$$

求得 $b_1=0.2205$ $d_1=0.561$ $d_2=0.2185$

则
$$D(z)=\frac{\Phi(z)}{\Phi_e(z)G(z)}=\frac{0.83(1-z^{-1})(1-0.286z^{-1})}{(1+0.56z^{-1})(1+0.218z^{-1})}$$
$$U(z)=0.83-1.7131z^{-1}+0.1779z^{-2}$$

$U(z)$ 为有限序列，从第四拍起 $U(z)=0$ 且保持不变。

$$Y(z)=0.2205z^{-1}+0.8754z^{-2}+z^{-3}+z^{-4}+\cdots$$

输出量序列为 0，0.2205，0.8754，1，1，…，故可得稳定的系统输出，如图 4-19 所示。

化为差分方程

$$u(k)=0.83e(k)-1.067e(k-1)+0.237e(k-2)-0.778u(k-1)-0.122u(k-2)$$

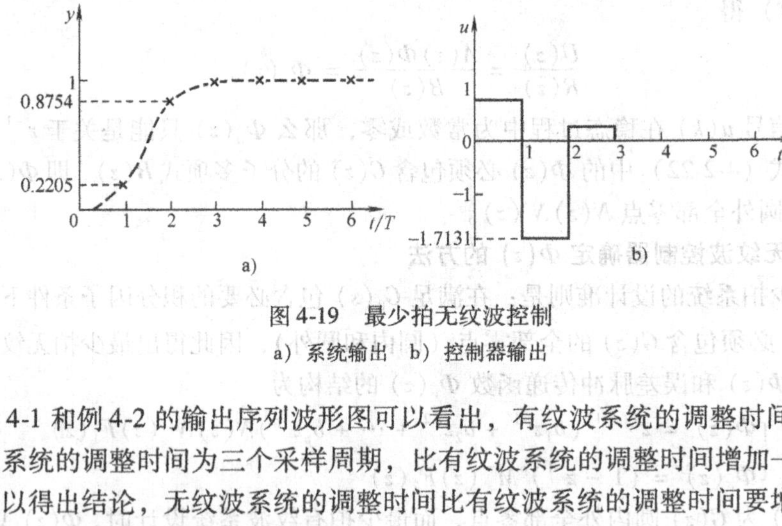

图 4-19 最少拍无纹波控制

a) 系统输出 b) 控制器输出

比较例 4-1 和例 4-2 的输出序列波形图可以看出，有纹波系统的调整时间为二个采样周期，无纹波系统的调整时间为三个采样周期，比有纹波系统的调整时间增加一拍。

由此可以得出结论，无纹波系统的调整时间比有纹波系统的调整时间要增加若干拍，增加的拍数等于 $G(z)$ 在单位圆内的零点数。

以上的计算结果，在 MATLAB 的 Simulink 环境下可以方便地通过仿真得到。图 4-20 给出了最少拍无纹波系统仿真结构模型（有纹波最少拍系统仿真结构模型仅是控制器形式有所不同）。图 4-21 给出了有纹波和无纹波最少拍控制的输出波形（采样周期 $T=1$s）。

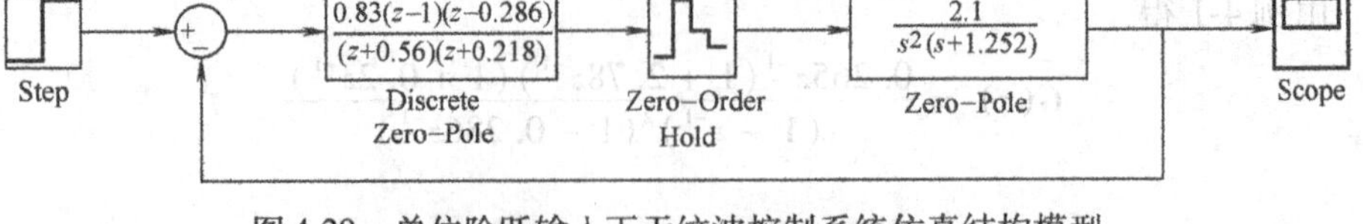

图 4-20 单位阶跃输入下无纹波控制系统仿真结构模型

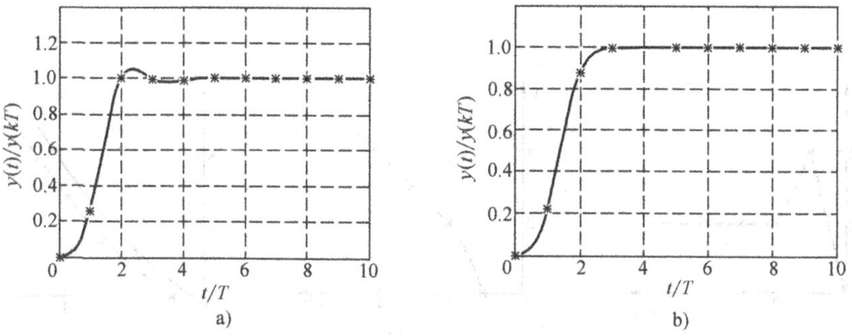

图 4-21 最少拍系统 MATLAB 仿真结果

a）单位阶跃下有纹波系统响应 b）单位阶跃下无纹波系统响应

可见，仿真结果与前面所述计算结果完全相同，但却大大减少了计算量。

4.2.5 最少拍系统的改进措施

1. 提高最少拍系统对输入信号的适应能力

最少拍控制器 $D(z)$ 的设计使系统对于某一类输入的响应为最少拍，但对于其他类型的输入则不一定为最少拍，甚至会引起大的超调和静差。

例 4-3 对于一阶对象（$T=1\text{s}$）

$$G(z) = \frac{0.5z^{-1}}{1-0.5z^{-1}}$$

讨论按速度输入设计的最少拍系统对不同输入的响应。

解 若选择单位速度输入的最少拍控制器，应得数字控制器为

$$D(z) = \frac{4(1-0.5z^{-1})^2}{(1-z^{-1})^2}$$

系统输出的 Z 变换为

$$Y(z) = \frac{z^{-1}(2z^{-1}-z^{-2})}{(1-z^{-1})^2} = 2z^{-2}+3z^{-3}+4z^{-4}\cdots$$

在各采样时刻的输出值为 0，0，2，3，4，…，即在两拍后就能准确地跟踪速度输入。因此它对单位速度输入具有最少拍响应。

如果保持控制器不变，输入为单位阶跃信号，则有

$$Y(z) = \frac{2z^{-1}-z^{-2}}{1-z^{-1}} = 2z^{-1}+z^{-2}+z^{-3}+\cdots$$

在各采样时刻的输出值为 0，2，1，1，…，要两步后才能达到期望值，显然这已不是最少拍，且其在第一拍的输出幅值达到 2，超调量为 100%。

用同样的控制器，系统对单位加速度输入的响应为

$$Y(z) = (2z^{-1}-z^{-2})\frac{z^{-1}(1+z^{-1})}{2(1-z^{-1})^3}$$
$$= z^{-2}+3.5z^{-3}+7z^{-4}+11.5z^{-5}+\cdots$$

在各采样时刻的输出值为 0，0，1，3.5，7，11.5，…，与期望值 0，0.5，2，4.5，8，12.5，…相比，到达稳态后存在稳态误差 $e_i=1$，如图 4-22 所示。

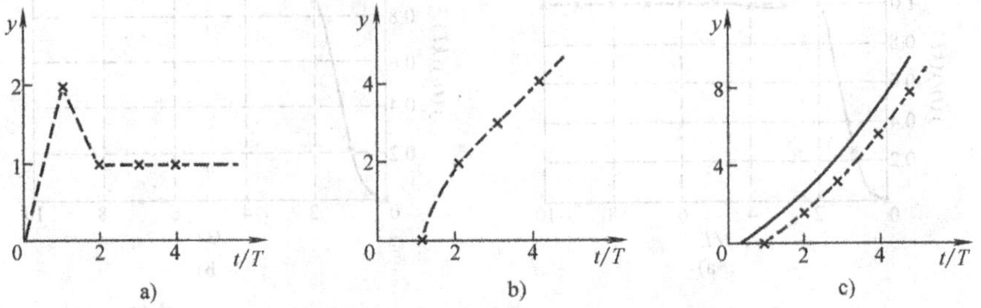

图 4-22 按速度输入设计的最少拍系统对不同输入的响应

a）阶跃输入 b）速度输入 c）加速度输入

这一例子说明最少拍控制只能是针对专门输入而设计的，不能一经设计就可适用于任何输入类型。为解决实际工程应用，提高最少拍系统对输入信号的适应能力，常采取以下一些措施。

（1）用换接程序来改善过渡过程。系统可按不同的典型输入信号设计对应的数字控制器，如图 4-23 所示。

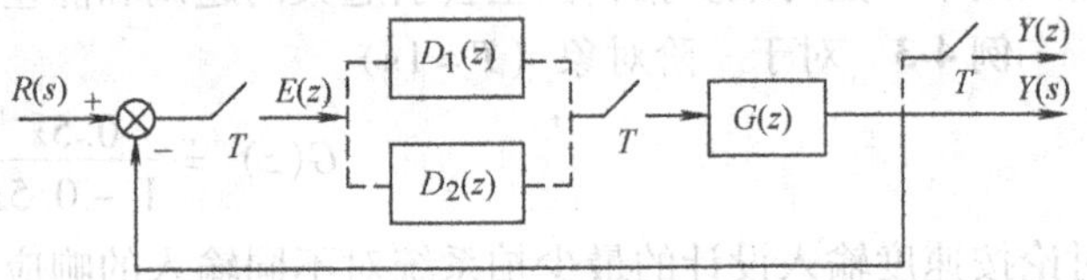

图 4-23 换接程序最少拍系统

其中 $D_1(z)$ 是按照单位阶跃输入设计的控制器；$D_2(z)$ 是按照单位速度输入的控制器。

系统刚投入时，相当于阶跃输入，$D_1(z)$ 接入系统，作为过渡程序。当系统的误差 $e(k)$ 减少到一定程度，例如 $|e(k)| \leqslant |E_m|$ 时，再接入正常的跟踪程序 $D_2(z)$，即

$$D(z) = \begin{cases} D_1(z) & |e(k)| > |E_m| \\ D_2(z) & |e(k)| \leqslant |E_m| \end{cases} \tag{4-2-24}$$

这种换接程序的办法，既可以缩短调整时间 t_s，又可以减少超调量 σ_p。

（2）最小均方误差系统设计。按照均方误差最小这一最优性能指标，综合考虑不同典型输入信号作用，使系统达到“综合最佳”。最小均方误差设计使用的性能指标是误差的平方和最小，即

$$J = \sum_{k=0}^{\infty}[e(k)]^2 \rightarrow \text{最小} \tag{4-2-25}$$

根据误差函数 $E(z) = \sum_{k=0}^{\infty} e(k)z^{-k}$ 和 $e(k) = \frac{1}{2\pi j}\oint_c E(z)z^{k-1}dz$，则均方误差的计算公式为

$$J = \sum_{k=0}^{\infty}[e(k)]^2 = \sum_{k=0}^{\infty}[e(k)]\left[\frac{1}{2\pi j}\oint_c E(z)z^{k-1}dz\right]$$

$$= \frac{1}{2\pi j}\oint_c E(z)z^{-1}\left[\sum_{k=0}^{\infty}[e(k)]z^{k}\right]dz \tag{4-2-26}$$

若用 z^{-1} 代替 z，则可得

$$E(z^{-1}) = \sum_{k=0}^{\infty} e(k) z^{k} \tag{4-2-27}$$

将式（4-2-27）代入式（4-2-26）便可得性能指标的表达式

$$J = \sum_{k=0}^{\infty} [e(k)]^2 = \frac{1}{2\pi \mathrm{j}} \oint_c E(z) E(z^{-1}) z^{-1} \mathrm{d}z \tag{4-2-28}$$

有了式（4-2-28），当知道 $\Phi_e(z)$ 及输入形式时，就可以得到误差信号，因而，也能够求出性能指标 J。

最小均方误差设计是一种工程设计的方法，在最少拍设计的基础上，引入一个或几个极点，以改善过渡过程，通常引入极点为 $z=\lambda_i$，并且 $|\lambda_i|<1$，以保证系统稳定。

当引入一个极点 λ_1 时，闭环脉冲传函为

$$\begin{cases} \Phi_e'(z) = \dfrac{1}{1-\lambda_1 z^{-1}} \Phi_e(z) \\ \Phi'(z) = 1 - \Phi_e(z) = \dfrac{1}{1-\lambda_1 z^{-1}} \Phi(z) \end{cases} \tag{4-2-29}$$

式中 $\Phi_e'(z)$ 和 $\Phi'(z)$ 可以按照有纹波或无纹波原则设计最小均方误差系统。

在 $\Phi_e'(z)$ 和 $\Phi'(z)$ 中引入一个极点以后，当 λ_1 改变时，系统的输出波形、调节时间、超调量、稳态误差都会发生变化，因此系统的性能 J 是 λ_1 的函数，即 $J=f(\lambda_1)$。对于不同的输入形式有不同的 $J \leftrightarrow \lambda_1$ 关系。例如，对于阶跃输入 $J_s = f_s(\lambda_1)$，对于速度输入 $J_r = f_r(\lambda_1)$，希望跟踪系统对两种不同输入的性能指标 J_s 和 J_r 都比较小，则 $J_s = f_s(\lambda_1)$ 和 $J_r = f_r(\lambda_1)$ 曲线的交点的 λ_1 值，就是所要求的最小均方误差设计的 λ_1 值。

例 4-4 设最小均方误差系统如图 4-17 所示，$G(s) = \dfrac{10}{s(0.1s+1)(0.05s+1)}$，采用零阶保持器，采样周期 $T=0.2\mathrm{s}$，要求系统在输入单位阶跃信号和输入单位速度信号作用下，设计最小均方误差调节器。

解 广义对象的 Z 传递函数为

$$G(z) = \frac{0.761 z^{-1}(1+0.046 z^{-1})(1+1.13 z^{-1})}{(1-z^{-1})(1-0.135 z^{-1})(1-0.0183 z^{-1})}$$

按单位速度信号输入设计时，有

$$\Phi_e(z) = \frac{(1-z^{-1})^2(1+d_1 z^{-1})}{1-\lambda z^{-1}}$$

$$\Phi(z) = \frac{z^{-1}(1+1.13 z^{-1})(b_1 + b_2 z^{-1})}{1-\lambda z^{-1}}$$

由 $\Phi(z) = 1 - \Phi_e(z)$，因此可解得

$$\begin{cases} d_1 = 0.816 - 0.284\lambda \\ b_1 = 1.184 - 0.716\lambda \\ b_2 = -0.716 + 0.249\lambda \end{cases}$$

上式有 3 个方程 4 个未知数，为了得到确切的解，引入最小均方差条件，即式（4-2-28）。

由于 $\quad E(z) = \Phi_e(z) R(z) = \dfrac{(1-z^{-1})^2(1+d_1 z^{-1})}{1-\lambda z^{-1}} \dfrac{T z^{-1}}{(1-z^{-1})^2} = \dfrac{T z^{-1}(1+d_1 z^{-1})}{1-\lambda z^{-1}}$

所以 $$J_r=\frac{1}{2\pi j}\oint_c E(z)E(z^{-1})z^{-1}dz=\frac{1}{2\pi j}\oint_c \frac{(1+d_1z^{-1})(1+d_1z)}{z(1-\lambda z^{-1})(1-\lambda z^{-1})}dz$$

应用留数定理可得

$$J_r=T^2\frac{1+2\lambda d_1+d_1^2}{1-\lambda^2}\approx T^2\frac{1.666(1-0.298\lambda)}{1-\lambda^2}$$

当系统的输入为阶跃信号时

$$E(z)=\Phi_e(z)R(z)=\frac{(1-z^{-1})^2(1+d_1z^{-1})}{1-\lambda z^{-1}}\frac{1}{1-z^{-1}}=\frac{(1-z^{-1})(1+d_1z^{-1})}{1-\lambda z^{-1}}$$

同样可得

$$J_s=\frac{2[(1-d_1)^2+d_1(1+\lambda)]}{1+\lambda}\approx\frac{1.7+1.27\lambda-0.41\lambda^2}{1+\lambda}$$

绘出 $J_s=f_s(\lambda_1)$ 和 $J_r=f_r(\lambda_1)$ 曲线，如图4-24所示。欲使两种不同型号输入系统的均方差最小，从图4-24中可以看出，可选取 $\lambda=0.35$。若性能不理想，则可以改变 λ 的值，直到满意为止。

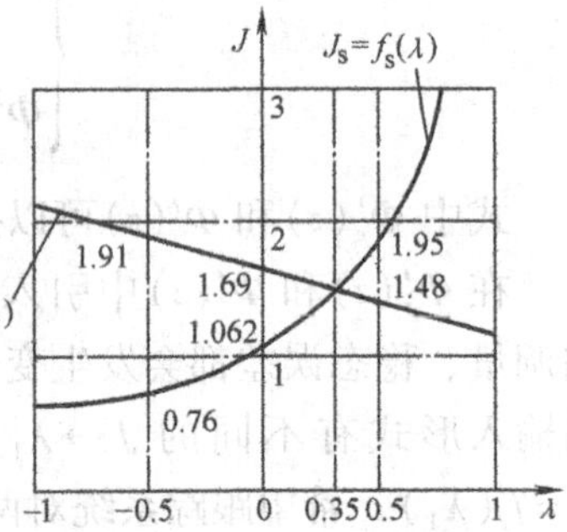

图4-24 均方差与 λ 的关系曲线

当 $\lambda=0.35$ 时，可解得

$$d_1=0.713,\ b_1=0.937,\ b_2=-0.631$$

所以 $$\Phi_e(z)=\frac{(1-z^{-1})^2(1+0.713z^{-1})}{1-0.35z^{-1}}$$

$$\Phi(z)=\frac{z^{-1}(1+1.13z^{-1})(0.937-0.631z^{-1})}{1-0.35z^{-1}}$$

则最小均方差系统的数字控制器为

$$D(z)=\frac{1.23(1-0.135z^{-1})(1-0.018z^{-1})(1-0.67z^{-1})}{(1-z^{-1})(1+0.046z^{-1})(1+0.713z^{-1})}$$

当 λ 为不同值时，其输出响应如图4-25所示，其中图4-25a是单位速度输入，图4-25b是单位阶跃输入。从图中可以看出，增加 λ 对单位阶跃输入系统来说超调量减小，过渡过程时间加长，均方差增大。对单位速度输入，则是过渡过程时间增加，均方差减小。

对于按最小均方差设计的系统，由于调节时间增长，一般能减弱输出的纹波度，但不能完全消除纹波，这是因为没有对 $U(z)$ 提出约束条件。

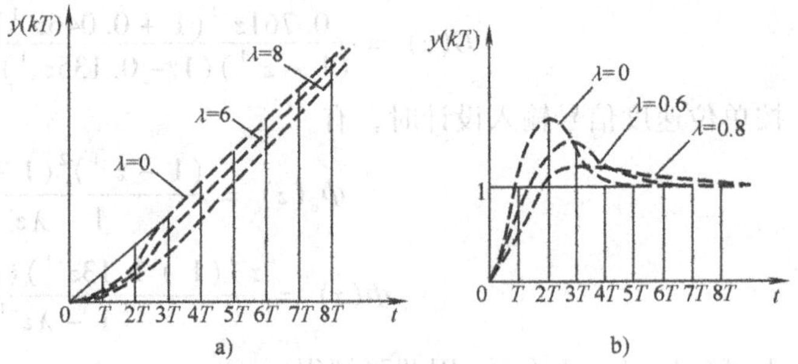

图4-25 λ 不同值时的输出响应

a）单位速度输入 b）单位阶跃输入

2. 提高最少拍系统对参数变化的适应性（鲁棒性）

按最少拍控制设计的闭环系统只有多重极点 $z=0$。从理论上可以证明，这一多重极点对系统参数变化的灵敏度可达无穷。因此，如果系统参数发生变化，将使实际控制严重偏离期望状态。

例 4-5　在例 4-3 中，我们已选择了对单位速度输入设计的最少拍控制器

$$D(z)=\frac{4(1-0.5z^{-1})^2}{(1-z^{-1})^2}$$

它使系统经过两拍就可以跟上给定的速度变化。如果被控对象（一阶惯性过程）的时间常数发生变化，使对象脉冲传递函数变为

$$G^*(z)=\frac{0.6z^{-1}}{1-0.4z^{-1}}$$

那么闭环脉冲传递函数将变为

$$\Phi^*(z)=\frac{2.4z^{-1}(1-0.5z^{-1})^2}{1-0.6z^{-2}+0.2z^{-3}}$$

在输入单位速度时，输出量的 Z 变换为

$$Y^*(z)=\frac{2.4z^{-2}(1-0.5z^{-1})^2}{(1-z^{-1})^2(1-0.6z^{-2}+0.2z^{-3})}$$
$$=2.4z^{-2}+2.4z^{-3}+4.44z^{-4}+4.56z^{-5}+6.384z^{-6}+6.648z^{-7}+\cdots$$

输出值系列为 0，0，2.4，2.4，4.44，4.56，6.384，6.648，…，显然与期望输出值 0，1，2，3，…相差甚远，如图 4-26 所示。

在这里，由于对象参数的变化，实际闭环系统的极点已变为 $z_1=-0.906$，$z_{2,3}=0.453\pm j0.12$，远偏离原点。系统响应要经历长久的振荡才能逐渐接近期望值，它已不再具有最少拍的性质。

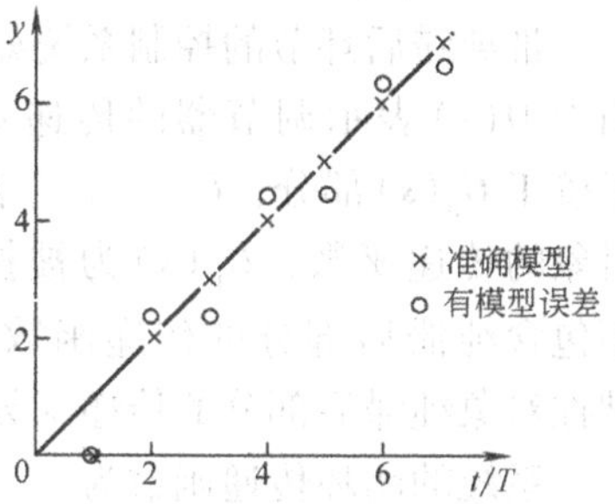

图 4-26　参数变化时的系统响应

此例说明，最少拍控制系统对系统参数变化很敏感。改进的办法是：

1）提高 $D(z)$ 对参数变化的适应能力，使其能根据对象参数变化调整自身的参数（增益和零极点位置），以便能与变化了的对象尽可能匹配，如采用自适应（自校正）控制。

2）简单的处理方案可以在设计时适当增加调整项 $F_1(z)$、$F_2(z)$ 的阶次，使待定系数 c_i、d_i 的选择增加自由度（根据有利于补偿 $G(z)$ 参数变化的原则），因而 $\Phi(z)$ 和 $\Phi_e(z)$ 的参数选择也增加了自由度。如果确定的合适，就能降低系统对参数变化的灵敏度。例如在上例中，当 $\Phi_e(z)$ 中增加调整项 $F_2(z)=(1+0.5z^{-1})$ 后，系统的响应基本上能跟踪输入函数，只是增加了一拍。这说明，适当增加 $\Phi(z)$ 和 $\Phi_e(z)$ 的阶数，并合理地确定待定系数，就可以提高系统的鲁棒性。

3. 适当选择采样周期

最少拍系统的特点是能在最少拍（或有限拍）内达到无静差跟踪。是不是采样周期取得越短，调节过程就越快呢？从理论上讲，对于最少拍系统，如果将采样周期取得足够小，可使系统调整时间任意短。但是这一结论是不实际的。由于电源能量总是有限的，不可能输出无限大的控制能量，而执行机构存在的饱和非线性特性，也限制了控制量的最大值。因此，如果采样周期取得过小，控制量过大，使系统进入非线性工作区，反而使系统的性能指标和快速性下降。因此，采样周期的选择虽然给出了很大的自由度，但仍要根据系统的动态

过程及执行机构所允许的线性工作区来合理地选择。

4.3 纯滞后控制

在一些工业过程（如热工、化工）控制中，由于物料或能量的传输延迟，许多被控制对象具有纯滞后性质。例如，一个用蒸汽控制水温的系统，蒸汽量的变化要经过长度为 L 的路程才能反映出来。这样，就造成水温的变化要滞后一段时间 τ（$\tau = L/v$，v 是蒸汽的速度）。附加了纯滞后，会使对象的可控程度明显下降。通常，当过程的纯滞后时间与主导时间常数之比超过0.5时，被称为大纯滞后过程。采用常规控制（即PI或PID控制）时，为了维持系统的稳定性，必须将控制作用整定得很弱，因而在很多场合将得不到满意的控制效果。

本节主要讨论两种对纯滞后系统比较有效的控制算法：施密斯预估控制和达林算法。

4.3.1 施密斯预估控制

针对许多被控制对象具有的纯滞后性质，施密斯（Smith）提出了一种纯滞后补偿控制算法，在计算机控制系统中能够方便地实现。

1. 施密斯预估控制原理

带纯滞后环节的控制系统如图4-27所示。图中 $D(s)$ 表示调节器的传递函数，用于校正 $G_p(s)$ 部分；$G_p(s)e^{-\tau s}$ 表示被控对象的传递函数，$G_p(s)$ 为被控对象中不包含纯滞后部分的传递函数，$e^{-\tau s}$ 为被控对象纯滞后部分的传递函数。

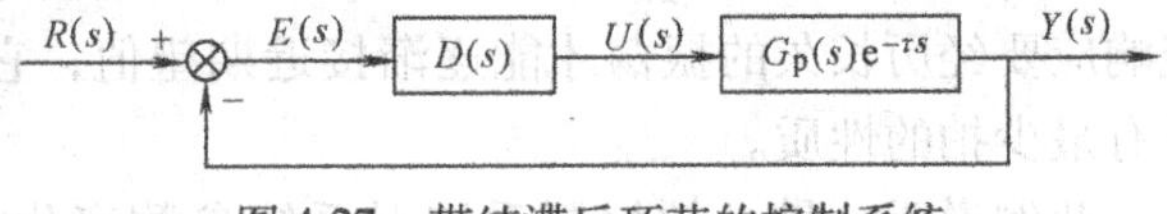

图4-27 带纯滞后环节的控制系统

系统的闭环传递函数为

$$\Phi(s) = \frac{Y(s)}{R(s)} = \frac{D(s)G_p(s)e^{-\tau s}}{1 + D(s)G_p(s)e^{-\tau s}} \tag{4-3-1}$$

系统的特征方程为

$$1 + D(s)G_p(s)e^{-\tau s} = 0 \tag{4-3-2}$$

式（4-3-2）中包含有纯滞后环节 $e^{-\tau s}$，使系统的稳定性下降，尤其当 τ 较大时，系统就会不稳定。为了改善控制系统的性能，引入一个补偿环节与 $D(s)$ 并接，用来补偿被控制对象中的纯滞后部分，使得补偿后的等效对象的传递函数不包含纯滞后特性。补偿后的系统框图示于图4-28中。

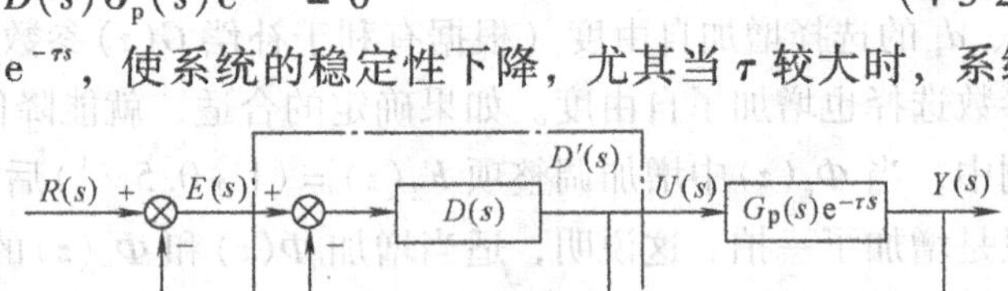

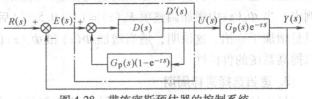

图4-28 带施密斯预估器的控制系统

由施密斯预估器和调节器 $D(s)$ 组成的补偿回路称为纯滞后补偿器，其传递函数为 $D'(s)$，即

$$D'(s) = \frac{D(s)}{1 + D(s)G_p(s)(1 - e^{-\tau s})} \tag{4-3-3}$$

经补偿后的系统闭环传递函数为

$$\Phi(s) = \frac{D'(s)G_p(s)e^{-\tau s}}{1 + D'(s)G_p(s)e^{-\tau s}} = \frac{D(s)G_p(s)}{1 + D(s)G_p(s)}e^{-\tau s} \quad (4\text{-}3\text{-}4)$$

式（4-3-4）说明，经补偿后，$e^{-\tau s}$在闭环控制回路之外，不影响系统的稳定性，拉普拉斯变换的位移定理说明，$e^{-\tau s}$仅将控制作用在时间坐标上推移了一个时间 τ，控制系统的过渡过程及其他性能指标都与对象特性为 $G_p(s)$时完全相同。输出特性如图4-29所示。

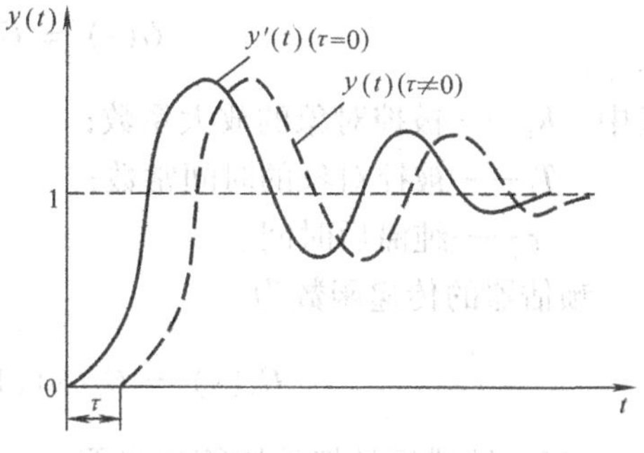

图4-29 纯滞后补偿系统输出特性

2. 具有纯滞后补偿的数字控制器

计算机纯滞后补偿控制系统如图4-30所示。

图4-30中 $D(s)$为负反馈调节器，通常使用PID调节规律；$D_\tau(s) = G_p(s)(1 - e^{-\tau s})$，是纯滞后补偿器，与对象特性有关；$G_{h0}(s) = \frac{1 - e^{-Ts}}{s}$，是零阶保持器的传递函数，其中 T 为采样周期；$G(s) = G_p(s)e^{-\tau s}$是对象特性，$G_p(s)$中不包含纯滞后特性。

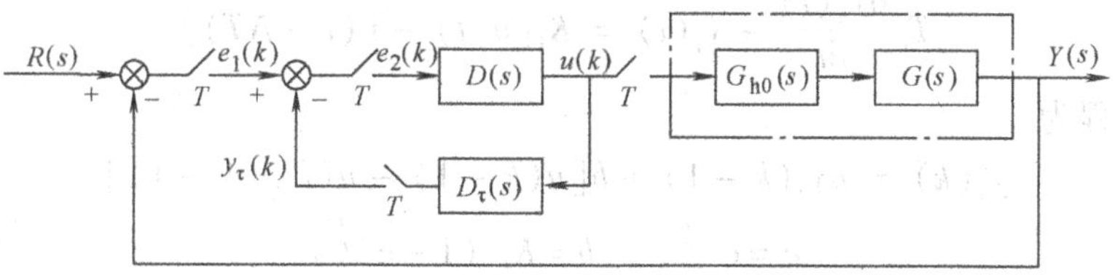

图4-30 计算机纯滞后补偿控制系统

纯滞后补偿的数字控制器由两部分组成：一部分是数字PID控制器（由 $D(s)$离散化得到）；一部分是施密斯预估器。

（1）施密斯预估器。滞后环节使信号延迟，为此，在内存中专门设定 N 个单元作为存放信号 $m(k)$的历史数据，存储单元的个数 N 由下式决定。

$$N = \tau/T$$

式中 τ——纯滞后时间；

T——采样周期。

每采样一次，把 $m(k)$记入0单元，同时把0单元原来存放数据移到1单元，1单元原来存放数据移到2单元，……，依此类推。从单元 N 输出的信号，就是滞后 N 个采样周期的 $m(k-N)$信号。

施密斯预估器的输出可按图4-31的顺序计算。图4-31中，$u(k)$是PID数字控制器的输出，$y_\tau(k)$是施密斯预估器的输出。从图4-31中可知，必须先计算传递函数 $G_p(s)$的输出 $m(k)$后，才能计算预估器的输出

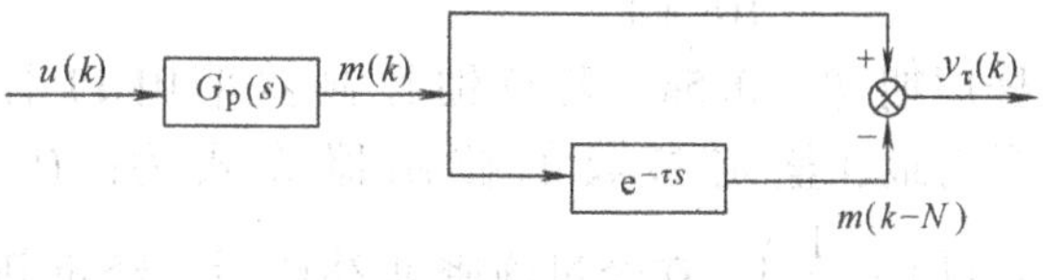

图4-31 施密斯预估器框图

$$y_\tau(k) = m(k) - m(k-N)$$

许多工业对象可近似用一阶惯性环节和纯滞后环节的串联来表示，即

$$G(s)=G_p(s)e^{-\tau s}=\frac{K_f}{1+T_f s}e^{-\tau s}$$

式中 K_f——被控对象的放大系数；

T_f——被控对象的时间常数；

τ——纯滞后时间。

预估器的传递函数为

$$G_c(s)=G_p(s)(1-e^{-\tau s})=\frac{K_f}{1+T_f s}(1-e^{-\tau s})$$

（2）纯滞后补偿控制算法步骤

1）计算反馈回路的偏差 $e_1(k)$

$$e_1(k)=r(k)-y(k)$$

2）计算纯滞后补偿器的输出 $y_\tau(k)$

$$\frac{Y_\tau(s)}{U(s)}=G_p(s)(1-e^{-\tau s})=\frac{K_f}{1+T_f s}(1-e^{-NTs})$$

化成微分方程式，则可写成

$$T_f\frac{dy_\tau(t)}{dt}+y_\tau(t)=K_f[u(t)-u(t-NT)]$$

相应的差分方程为

$$y_\tau(k)=ay_\tau(k-1)+b[u(k-1)-u(k-N-1)] \tag{4-3-5}$$

式中 $a=e^{-\frac{T}{T_f}}$， $b=K_f\ (1-e^{-\frac{T}{T_f}})$

式（4-3-5）称为施密斯预估控制算式。

3）计算偏差 $e_2(k)$

$$e_2(k)=e_1(k)-y_\tau(k)$$

4）计算控制器的输出 $u(k)$。当控制器采用PID控制算法时，则

$$\begin{aligned}u(k)&=u(k-1)+\Delta u(k)\\&=u(k-1)+K_p[e_2(k)-e_2(k-1)]+K_ie_2(k)+\\&\quad K_d[e_2(k)-2e_2(k-1)+e_2(k-2)]\end{aligned}$$

式中 K_p——PID控制的比例系数；

$K_i=K_pT/T_i$——积分系数；

$K_d=K_pT_d/T$——微分系数。

例4-6 已知一个一阶加纯滞后过程的传递函数为$G(s)=\frac{1}{10s+1}e^{-10s}$，取输入为单位阶跃信号，采样周期 $T=0.5s$，若反馈控制器采用PI控制，则具有最佳整定参数的控制器算式为：$D_{PI}(s)=1.1\left(1+\frac{1}{10s}\right)$。在经过施密斯补偿后，经重新调整参数的控制器算式为：$D_{Smith}(s)=10\left(1+\frac{1}{2s}\right)$。在MATLAB环境下进行计算机仿真实验。仿真结果如图4-32

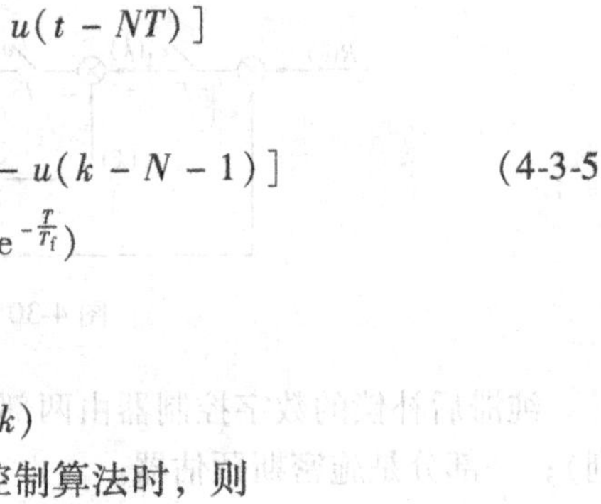

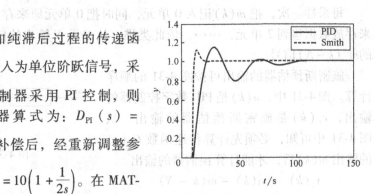

图4-32 Smith与PID仿真实验结果比较

所示。可见比例增益约扩大9倍，积分时间缩小为原来的$\frac{1}{5}$，仿真结果表明控制作用有了明显加强。

需要指出的是：施密斯预估控制的关键是对象要有精确的数学模型。因此，对于一些复杂而难以用数学模型描述的系统，此方法则无能为力。

4.3.2 达林算法

IBM公司的达林（Dahlin）在1968年提出了一种针对工业生产过程中含有纯滞后的被控对象的控制算法，它具有良好的效果，得到了广泛的应用。

1. 达林算法的$D(z)$基本形式

达林算法的设计目标是构造闭环系统所期望的传递函数$\Phi(s)$，使其具有一个延时环节和一个惯性环节相串联，以此代替最少拍多项式。假设被控对象有N个采样周期的滞后，期望的一阶惯性环节的时间常数为τ，即

$$\Phi(s) = \frac{e^{-\theta s}}{\tau s + 1} \qquad \theta = NT$$

用零阶保持器法离散化可得到系统的闭环脉冲传递函数

$$\begin{aligned}\Phi(z) &= \frac{Y(z)}{R(z)} = Z\left[\frac{1 - e^{-Ts}}{s}\frac{e^{-NTs}}{\tau s + 1}\right] \\ &= z^{-N}\frac{(1 - e^{-T/\tau})z^{-1}}{1 - e^{-T/\tau}z^{-1}} = z^{-N}\frac{(1 - \sigma)z^{-1}}{1 - \sigma z^{-1}}\end{aligned} \tag{4-3-6}$$

式中　$\sigma = e^{-T/\tau}$，T为采样周期。

将式（4-3-6）代入式（4-2-5），可得

$$D(z) = \frac{\Phi(z)}{G(z)[1 - \Phi(z)]} = \frac{1}{G(z)}\frac{z^{-N-1}(1 - \sigma)}{[1 - \sigma z^{-1} - (1 - \sigma)z^{-N-1}]} \tag{4-3-7}$$

$D(z)$就是按达林算法设计的控制器，它可由计算机程序来实现，与被控对象有关，并且是以$\sigma(\tau)$作为整定参数，改变τ将得到不同的控制效果。

2. 振铃现象及其消除

按达林算法设计的控制器可能会出现一种振铃（Ringing）现象，即数字控制器的输出以1/2的采样频率大幅度衰减振荡。由于振铃现象的存在，会造成执行机构的磨损。在有交互作用的多参数控制系统中，振铃现象还有可能影响到系统的稳定性。

（1）振铃现象的分析。由图4-17所示，系统的输出$Y(z)$和数字控制器的输出$U(z)$间有下列关系：

$$Y(z) = U(z)G(z)$$

系统的输出$Y(z)$和输入函数$R(z)$之间有下列关系：

$$Y(z) = \Phi(z)R(z)$$

由上面两式得到数字控制器的输出$U(z)$与输入函数$R(z)$之间的关系：

$$\frac{U(z)}{R(z)} = \frac{\Phi(z)}{G(z)} \tag{4-3-8}$$

令

$$\Phi_u(z) = \frac{\Phi(z)}{G(z)} \tag{4-3-9}$$

将式（4-3-9）带入式（4-3-8），得到

$$U(z) = \Phi_u(z)R(z)$$

$\Phi_u(z)$ 表达了数字控制器的输出与输入函数在闭环时的关系，是分析振铃现象的基础。

对于单位阶跃输入函数 $R(z) = 1/(1 - z^{-1})$，含有极点 $z=1$，如果 $\Phi_u(z)$ 的极点在 z 平面的负实轴上，且与 $z=-1$ 点相近，那么数字控制器的输出序列 $u(kT)$ 中将含有这两种幅值相近的瞬态项，而且瞬态项的符号在不同时刻是不相同的。当两瞬态项符号相同时，数字控制器的输出控制作用加强；符号相反时，控制作用减弱，从而造成数字控制器的输出序列大幅度波动。

（2）振铃幅度 RA。衡量振铃现象程度的量是振铃幅度 RA（Ringing Amplitude）。它定义为控制器在单位阶跃输入作用下，第零次输出幅度与第一次输出幅度之差。

由式（4-3-9），$\Phi_u = \dfrac{\Phi(z)}{G(z)}$ 是 z 的有理分式，写成一般形式为

$$\Phi_u(z) = \frac{1 + a_1 z^{-1} + a_2 z^{-2} + \cdots}{1 + b_1 z^{-1} + b_2 z^{-2} + \cdots} \tag{4-3-10}$$

在单位阶跃输入函数的作用下，数字控制器的输出为

$$\begin{aligned} U(z) = \Phi_u(z)R(z) &= \frac{1 + a_1 z^{-1} + a_2 z^{-2} + \cdots}{1 + b_1 z^{-1} + b_2 z^{-2} + \cdots}\frac{1}{1 - z^{-1}} \\ &= \frac{1 + a_1 z^{-1} + a_2 z^{-2} + \cdots}{1 + (b_1 - 1)z^{-1} + (b_2 - b_1)z^{-2} + \cdots} \\ &= 1 + (a_1 - b_1 + 1)z^{-1} + (a_2 - b_2 + b_1)z^{-2} + \cdots \end{aligned}$$

所以

$$RA = 1 - (a_1 - b_1 + 1) = b_1 - a_1 \tag{4-3-11}$$

下面给出几种典型的 Z 传递函数在阶跃作用下的振铃现象，见表4-4。

表4-4 几种典型的 Z 传递函数的振铃现象

$\Phi_u(z)$	$u(kT)$	RA	输出序列图
$\dfrac{1}{1+z^{-1}}$	1 0 1 0 1 0	1	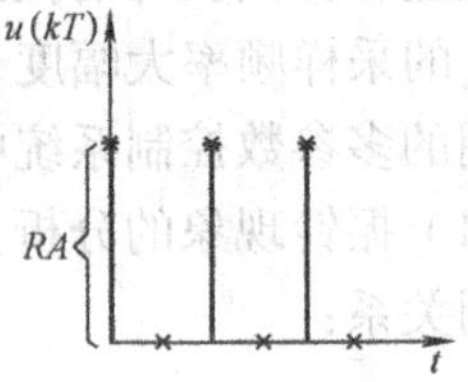
$\dfrac{1}{1+0.5z^{-1}}$	1.0 0.5 0.75 0.625	0.5	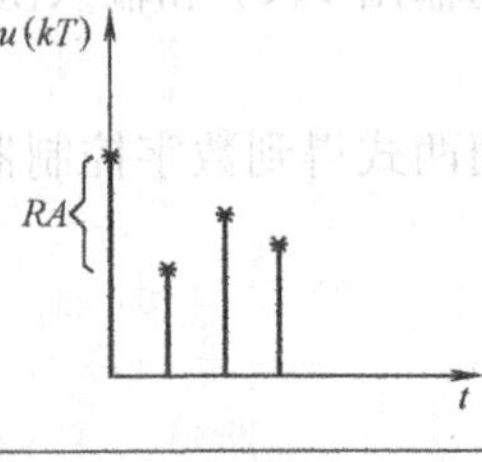

（续）

$\Phi_u(z)$	$u(kT)$	RA	输出序列图
$\frac{1}{(1+0.5z^{-1})(1-0.2z^{-1})}$	1.0 0.7 0.89 0.803 0.848	0.3	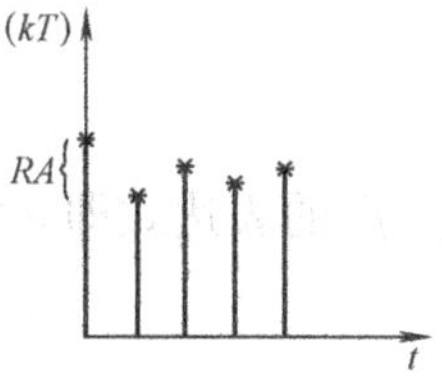
$\frac{1-0.5z^{-1}}{(1+0.5z^{-1})(1-0.2z^{-1})}$	1.0 0.2 0.5 0.37 0.46	0.8	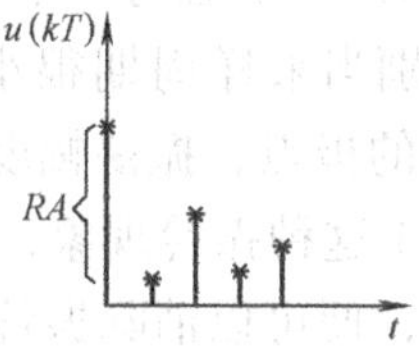

观察表4-4可以发现，$\Phi_u(z)$ 的极点在 $z=-1$ 时，控制器输出振铃现象最严重，离 $z=-1$ 越远，振铃现象就越弱。在 z 平面右半平面有极点时，则会减轻振铃现象，而在单位圆内右半平面有零点时，会加剧振铃现象。

由式（4-3-8），得

$$U(z)=\frac{\Phi(z)}{G(z)}R(z) \tag{4-3-12}$$

可以看出，$U(z)$ 把 $G(z)$ 的全部零点作为其极点，所以，若 $G(z)$ 有单位圆内接近于 $z=-1$ 的零点，就会引起振铃。

（1）被控对象为带纯滞后一阶惯性环节。

$$G_0(s)=Ke^{-\theta s}\frac{a}{s+a}$$

如果选择采样周期 T 使纯滞后恰好为 T 的整数倍，即 $\theta=NT$，则广义对象的脉冲传递函数为

$$G(z)=(1-z^{-1})z^{-1}Z\left[\frac{Ka}{s(s+a)}\right]=\frac{K(1-\sigma_a)z^{-N-1}}{1-\sigma_a z^{-1}}$$

式中　$\sigma_a=e^{(-aT)}$。它没有在负实轴或二、三象限的零点，故采用达林算法不会引起振铃现象，式中 K、a 均为常数。

如果纯滞后时间 θ 不是 T 的整数倍，那么在对象经修正 Z 变换得到的传递函数 $G(z)$ 中就有可能产生引起振铃的零点，在这时就会发生振铃现象。

（2）被控对象为带纯滞后二阶惯性（双极点）环节。

$$G_0(s)=Ke^{-\theta s}\frac{a}{s+a}\frac{b}{s+b}\quad(a\neq b)$$

即使选择采样周期 T 使 $\theta=NT$，也会产生在负实轴的零点。这时，广义对象的脉冲传递函数为

$$G(z)=(1-z^{-1})z^{-1}Z\left[\frac{Ka}{s(s+a)}\frac{b}{s+b}\right]=Kf_1z^{-N-1}\frac{1+\frac{f_2}{f_1}z^{-1}}{(1-\sigma_a z^{-1})(1-\sigma_b z^{-1})}$$

式中 $\sigma_a=e^{(-aT)}$，$\sigma_b=e^{(-bT)}$

$$f_1=1-\frac{a\sigma_b-b\sigma_a}{a-b},\ f_2=\sigma_a\sigma_b-\frac{a\sigma_a-b\sigma_b}{a-b}$$

根据 f_1、f_2 的表达式即 $a>0$，$b>0$（b 为常数），不难证明

$$f_1>0,\ f_2>0,\ 1>\frac{f_2}{f_1}>0$$

说明 $G(z)$ 总有一个在单位圆内负实轴上的零点，因此用达林算法必然会引起振铃现象。特别当采样周期很小，即 $T\to0$ 时，有 $f_2/f_1\to1$，相应的控制器输出有一个十分接近 $z=-1$ 的极点，振荡幅度很大。

对于这种振铃现象，达林提出一种简单的修正方法，即只要在控制器对应的极点因子中令 $z=1$，便可以消除振铃现象。而且根据终值定理，这种处理办法不会影响数字调节器的稳态输出。

例 4-7 已知某控制系统被控对象的传递函数为 $G_0(s)=\frac{e^{-1.46s}}{3.34s+1}$，试用达林算法设计数字控制器 $D(z)$。设采样周期 $T=1s$。

解 因为 $N=\frac{\theta}{T}=1.46$ 为非整倍数，则用修正 Z 变换进行设计。取 $\theta=L+m=1.46$，若 $L=-2$ 则引入的超前因子为 $m=0.54$，所以被控对象为

$$G_0(s)=\frac{e^{(-2+0.54)s}}{3.34s+1}=\frac{e^{-2s}}{3.34s+1}e^{0.54s}$$

按超前 Z 变换，可得广义对象的脉冲传递函数

$$G(z)=\frac{0.1493z^{-2}(1+0.733z^{-1})}{1-0.7413z^{-1}}$$

如果期望的闭环脉冲传递函数为时间常数 $\tau=2s$ 的一阶惯性环节，并带有 $N=1$ 个采样周期的纯滞后，则

$$\Phi(z)=z^{-1}\frac{(1-\sigma)z^{-1}}{1-\sigma z^{-1}}=\frac{0.3935z^{-2}}{1-0.6065z^{-1}}$$

控制器的脉冲传递函数为

$$D(z)=\frac{\Phi(z)}{1-\Phi(z)}\frac{1}{G(z)}=\frac{2.6356(1-0.7413z^{-1})}{(1+0.733z^{-1})(1-z^{-1})(1+0.3935z^{-1})}$$

闭环系统的输出为

$$Y(z)=\Phi(z)R(z)=\frac{0.3935z^{-2}}{(1-0.6065z^{-1})(1-z^{-1})}$$

$$=0.3935z^{-2}+0.6322z^{-3}+0.7769z^{-4}+0.8647z^{-5}+\cdots$$

控制器的输出为

$$U(z)=\frac{Y(z)}{G(z)}=\frac{2.6356(1-0.7413z^{-1})}{(1-0.6065z^{-1})(1-z^{-1})(1+0.733z^{-1})}$$

$$= 2.6356 + 0.3484z^{-1} + 1.8096z^{-2} + 0.6078z^{-3} + 1.4093z^{-4} + \cdots$$

从图 4-33 看出，系统输出在采样点上的值可按期望指数形式变化，但控制量输出有大幅度的摆动，即出现较大振铃。可将控制器极点多项式中 $(1+0.733z^{-1})$ 项改为 1.733，由此可得数字控制器

$$D(z) = \frac{1.5208(1-0.7413z^{-1})}{(1-z^{-1})(1+0.3935z^{-1})}$$

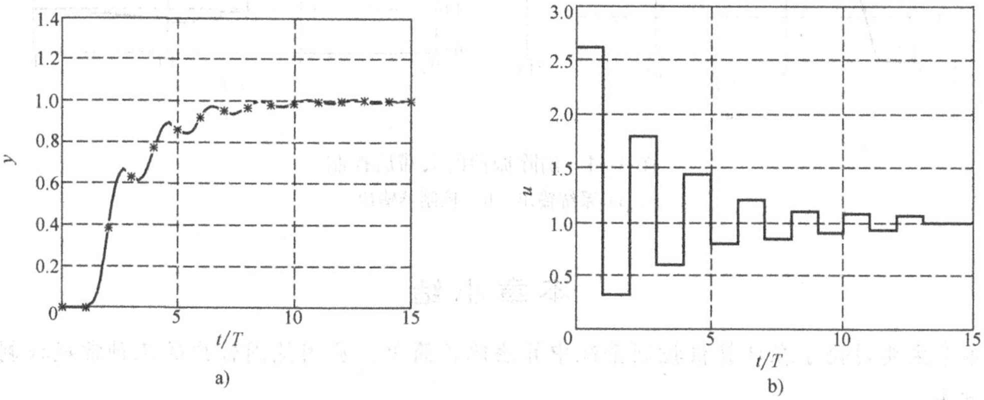

图 4-33 带有振铃的大滞后控制

a) 系统输出 b) 控制器输出

这样，闭环脉冲传递函数变为

$$\Phi(z) = \frac{0.2271z^{-2}(1+0.733z^{-1})}{1-0.6065z^{-1}-0.1665z^{-2}+0.1664z^{-3}}$$

在单位阶跃输入时，输出值的脉冲传递函数为

$$Y(z) = \Phi(z)R(z) = \frac{0.2271z^{-2}(1+0.733z^{-1})}{(1-0.6065z^{-1}-0.1665z^{-2}+0.1664z^{-3})(1-z^{-1})}$$

$$= 0.2271z^{-2} + 0.5313z^{-3} + 0.7534z^{-4} + 0.9009z^{-5} + \cdots$$

控制器的输出为

$$U(z) = \frac{Y(z)}{G(z)} = \frac{1.521(1-0.7413z^{-1})}{(1-z^{-1})(1-0.6065z^{-1}-0.1665z^{-2}+0.1664z^{-3})}$$

$$= 1.521 + 1.3161z^{-1} + 1.445z^{-2} + 1.2351z^{-3} + 1.1634z^{-4} + 1.963z^{-5} + \cdots$$

从图 4-34 可见，振铃现象及输出值的纹波已经基本消除。

应该注意，由于修改了控制器的结构，闭环传递函数 $\Phi(z)$ 也发生了变化，一般应检验其在改变后是否稳定。

达林算法只能用于稳定的被控对象。若被控对象在采样保持后的 Z 传递函数 $G(z)$ 中出现了单位圆外的零点，那么根据 $U(z) = \frac{D(z)}{1+D(z)G(z)}R(z)$，它将引起不稳定的控制。在这种情况下，相应于控制器中的这一不稳定极点，可采用上面消除振铃极点相同的办法来处理。

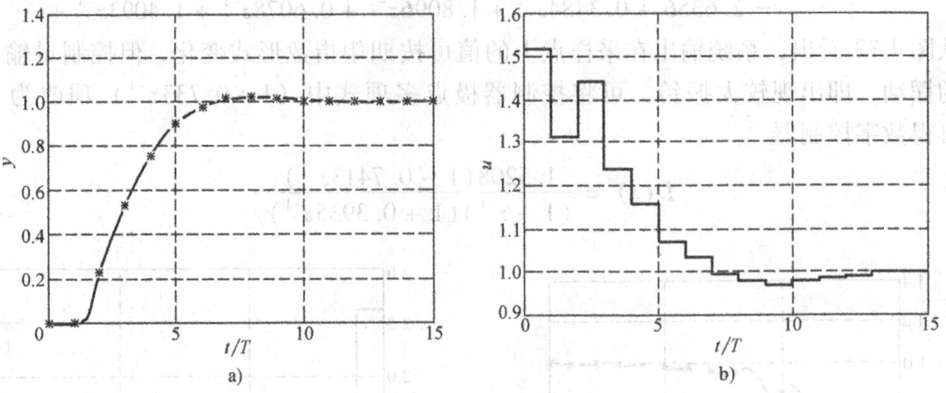

图4-34 消除振铃的大滞后控制

a）系统输出 b）控制器输出

本章小结

本章主要讨论了在计算机控制系统中算法比较简单，应用范围较广的几种常规控制器的设计方法。

数字PID控制算法是一种基于连续系统的设计方法。这种算法对采样周期的选择要求较高。只要采样周期足够小，其控制效果可以非常接近于连续系统设计的性能指标。根据执行元件及控制对象的特性不同，它有位置式及增量式两种基本算法形式。由于计算机的应用，数字PID不仅仅是实现了模拟PID的数字化，而且通过软件实现了PID的各种改进算法。这里只重点介绍了PID控制中的积分项和微分项抑制饱和的改进算法的实现。对于数字PID控制器参数的整定，用理论的补偿分析法，需要了解被控对象的精确数学模型，这在一般的工业过程是较难实现的。因此，本章重点介绍了几种简单易行的工程整定方法。同时在参数整定过程中还应注意到，同一调节质量是可以由不同的参数组合实现的。由于参数数目少，整定过程是很简单的。

最少拍控制算法是一种基于离散系统的设计方法，主要适用于随动系统。其设计特点是直接在Z域内进行，采样周期的选择主要取决于系统本身的性质。这种算法使用的前提是要已知被控对象准确的数学模型。数字控制器按照某些预先指定的传递性能，如闭环Z传递函数、误差Z传递函数等来设计，其结构依赖于被控对象。最少拍控制能使得闭环系统在有限个采样周期内结束过渡过程，实现时间最优。本节较详细地介绍了最少拍系统的设计方法。针对最少拍控制的局限性，还介绍了最少拍无纹波系统设计的改进方法，并指出它是以高控制能量和高灵敏度为代价获得最短调整过程的。

在纯滞后控制部分，针对一大类工业过程（如化工、冶金等）具有的纯滞后性质，介绍了两种控制算法。其中，施密斯预估控制是一种以模型为基础的设计方法，通过模型来改善系统的控制品质。这是一种较为有效的补偿方法。达林算法是基于离散系统的设计方法，按照期望的传递性能设计控制器，达到改善控制性能的目的。这两种算法的实现都很简单，但是前提仍然是要已知被控对象准确的数学模型。本节较详细地介绍了两种算法的设计步骤，对于达林算法振铃现象的消除也作了进一步的讨论。

习题和思考题

4-1　在 PID 调节器中，参数 K_p、K_i、K_d 各有什么作用？它们对调节品质有什么影响？

4-2　什么是数字 PID 位置型控制算法和增量型控制算法？试比较它们的优缺点。

4-3　已知模拟调节器的传递函数为

$$D(s)=\frac{U(s)}{E(s)}=\frac{1+0.17s}{0.085s}$$

试写出相应数字控制器的位置型和增量型控制算式（设采样周期 $T=0.2\text{s}$）。

4-4　什么是积分饱和作用？它是怎样引起的？可以采用什么办法消除？试在 MATLAB 环境下进行仿真实验讨论。

4-5　在数字 PID 中，采样周期 T 的选择需要考虑哪些因素？

4-6　试叙述试凑法、扩充临界比例度法、扩充响应曲线法整定 PID 参数的步骤。试用 MATLAB 进行仿真实验以确定参数。

4-7　什么是最少拍系统？设计最少拍系统必须满足哪些要求（或约束条件）？

4-8　最少拍系统有哪些局限性？对输入函数的适应性如何？

4-9　已知被控对象的传递函数为

$$G_0(s)=\frac{10}{s(0.1s+1)}$$

采样周期 $T=1\text{s}$，采用零阶保持器，单位负反馈系统。要求：

（1）针对单位阶跃输入信号设计最少拍无纹波系统的 $D(z)$，并计算输出响应 $y(kT)$、控制信号 $u(kT)$ 和误差 $e(kT)$ 序列，画出它们随时间变化的波形。

（2）针对单位速度输入信号设计最少拍无纹波系统的 $D(z)$，并计算输出响应 $y(kT)$、控制信号 $u(kT)$ 和误差 $e(kT)$ 序列，画出它们随时间变化的波形。

4-10　被控对象的传递函数为

$$G_0(s)=\frac{1}{s^2}$$

采样周期 $T=1\text{s}$，采用零阶保持器，针对单位速度输入函数，按以下要求设计：

（1）用最少拍无纹波系统的设计方法，设计 $\Phi(z)$ 和 $D(z)$。

（2）求出数字控制器输出序列 $u(k)$ 的递推形式。

（3）画出采样瞬间数字控制器的输出 $u(k)$ 和系统的输出曲线 $y(k)$。

4-11　被控对象的传递函数为

$$G_0(s)=\frac{e^{-s}}{(2s+1)(s+1)}$$

采样周期 $T=1\text{s}$，若选取闭环系统的时间常数 $\tau=0.1\text{s}$，滞后时间 $\theta=1s$，试用达林算法设计数字控制器 $D(z)$。

4-12　在题 4-11 中，控制器的输出是否会出现振铃现象？如果存在，如何消除？

4-13　被控对象的传递函数为

$$G_0(s)=\frac{e^{-s}}{s+1}$$

采样周期 $T=1s$，要求：

（1）采用施密斯预估控制，并按图 4-30 所示的结构，其中 $D(s)$ 为 PID 控制，求取控制器的输出 $u(k)$。

（2）设系统的期望闭环传递函数 $\Phi(s)=\dfrac{e^{-s}}{s+1}$，试用达林算法设计数字控制器 $D(z)$，并求取 $u(k)$ 的递推形式。

第 5 章

计算机控制系统的离散状态空间设计

状态空间设计法是建立在矩阵理论基础上、采用状态空间模型对多输入多输出系统进行描述、分析和设计的方法。不同于经典控制理论中用传递函数模型分析和设计单变量系统，用状态空间模型能够分析和设计多输入多输出系统、非线性、时变和随机系统等复杂系统，可以了解到系统内部的变化情况。并且这种分析方法便于计算机求解。

本章主要介绍计算机控制系统状态空间设计方法的按极点配置设计和 LQG 设计问题。

5.1 状态空间描述的基本概念

现代控制理论引入了状态和状态空间的概念，采用状态空间模型描述系统的特点是给出了系统内部的动态结构，揭示了系统的内部特征。能控性和能观性可以说是系统内部结构特征的两个最基本的概念，能控性反映了控制输入对系统状态的制约能力，能观性反映了输出对系统状态的判断能力，这两个概念是控制系统分析和设计重要的理论基础。

5.1.1 离散时间系统的状态空间描述

1. 连续时间系统状态空间模型的离散化

典型的计算机控制系统如图 5-1 所示，系统中的连续部分，除连续被控对象外，还包括零阶保持器。如果将连续的被控对象连同它前面的零阶保持器一起进行离散化，上述计算机控制系统即可简化为纯粹的离散系统，从而按离散时间系统来进行分析和设计。

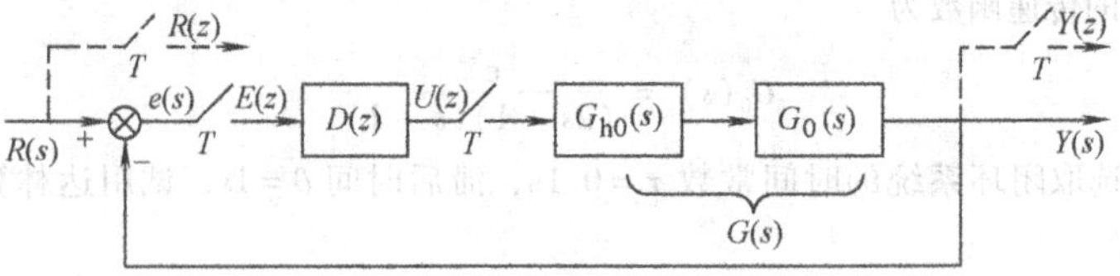

图 5-1 计算机控制系统结构图

设连续的被控对象的状态空间表达式为

$$\begin{cases}\dot{\boldsymbol{x}}(t) = \boldsymbol{A}\boldsymbol{x}(t) + \boldsymbol{B}\boldsymbol{u}(t) \qquad \boldsymbol{x}(t)\big|_{t=t_0} = \boldsymbol{x}(t_0) \\ \boldsymbol{y}(t) = \boldsymbol{C}\boldsymbol{x}(t)\end{cases} \tag{5-1-1}$$

在 $\boldsymbol{u}(t)$ 作用下，系统的状态响应应为

$$\boldsymbol{x}(t) = \mathrm{e}^{\boldsymbol{A}(t-t_0)}\boldsymbol{x}(t_0) + \int_0^t \mathrm{e}^{\boldsymbol{A}(t-\tau)}\boldsymbol{B}\boldsymbol{u}(\tau)\,\mathrm{d}\tau \tag{5-1-2}$$

其中 $e^{A(t-t_0)}$ 为系统的状态转移矩阵。取 $t_0=kT$，$t=(k+1)T$，考虑到零阶保持器的作用，有

$$x(t)=x(kT)\qquad kT\leqslant t\leqslant(k+1)T \tag{5-1-3}$$

则式（5-1-2）可表示为

$$x(kT+T)=e^{AT}x(kT)+\int_{kT}^{(k+1)T}e^{A(kT+T-\tau)}B\mathrm{d}\tau\cdot u(kT) \tag{5-1-4}$$

作变量置换，令 $t=kT+T-\tau$，上式可进一步化为

$$x(kT+T)=e^{AT}x(kT)+\int_0^T e^{At}B\mathrm{d}t\cdot u(kT) \tag{5-1-5}$$

由此可得系统连续部分的离散化状态空间表达式为

$$\begin{cases}x(k+1)=Fx(k)+Gu(k)\\ y(k)=Cx(k)\end{cases} \tag{5-1-6}$$

其中

$$F=e^{AT},\ G=\int_0^T e^{At}B\mathrm{d}t \tag{5-1-7}$$

式中 $x(k)$——n 维状态向量；

$u(k)$——m 维控制向量；

$y(k)$——r 维输出向量；

F——$n\times n$ 维状态转移矩阵；

G——$n\times m$ 维输入矩阵；

C——$r\times n$ 维输出矩阵。

状态转移矩阵是列写系统离散状态方程的关键。定常系统的离散状态转移矩阵 $F=e^{AT}$ 可以用级数展开法、拉普拉斯变换法、凯莱-哈密顿定理等方法求得。

2. 离散时间系统状态方程的解

离散时间系统状态方程的解可由迭代法求得。将 $k=0,1,\cdots$ 代入式（5-1-6），可得离散时间系统状态方程的解为

$$x(1)=Fx(0)+Gu(0)$$
$$x(2)=Fx(1)+Gu(1)=F^2x(0)+FGu(0)+Gu(1)$$
$$x(3)=Fx(2)+Gu(2)=F^3x(0)+F^2Gu(0)+FGu(1)+Gu(2)$$

……

$$x(k)=Fx(k-1)+Gu(k-1)=F^kx(0)+F^{k-1}Gu(1)+\cdots+FGu(k-2)+Gu(k-1)$$

即

$$x(k)=F^kx(0)+\sum_{j=0}^{k-1}F^{k-j-1}Gu(j) \tag{5-1-8}$$

5.1.2 离散时间系统的能控性

系统控制的主要目的是驱动系统从某一状态到达指定的状态，但这并不是任何系统都能完成的。如果系统不能控，就不可能通过选择控制作用，使系统状态从初始状态到达指定状态。对于不能控系统，最优控制就不存在解。

能控性定义：对于式（5-1-6）描述的系统，如果存在有限个控制信号 $u(0)$、$u(1)$、…、

$\boldsymbol{u}(N-1)$，能使系统从任意初始状态 $\boldsymbol{x}(0)$ 转移到终态 $\boldsymbol{x}(N)$，则系统是状态完全能控的。

根据式（5-1-8）状态方程的解，有

$$\boldsymbol{x}(N)-\boldsymbol{F}^{N}\boldsymbol{x}(0)=\boldsymbol{F}^{N-1}\boldsymbol{G}\boldsymbol{u}(0)+\boldsymbol{F}^{N-2}\boldsymbol{G}\boldsymbol{u}(1)+\cdots+\boldsymbol{F}\boldsymbol{G}\boldsymbol{u}(N-2)+\boldsymbol{G}\boldsymbol{u}(N-1)$$

写成矩阵形式

$$\boldsymbol{x}(N)-\boldsymbol{F}^{N}\boldsymbol{x}(0)=(\boldsymbol{F}^{N-1}\boldsymbol{G}\quad \boldsymbol{F}^{N-2}\boldsymbol{G}\quad \cdots\quad \boldsymbol{G})\begin{pmatrix}\boldsymbol{u}(0)\\ \boldsymbol{u}(1)\\ \vdots\\ \boldsymbol{u}(N-1)\end{pmatrix}\tag{5-1-9}$$

则 $\boldsymbol{u}(0)$、$\boldsymbol{u}(1)$、…、$\boldsymbol{u}(N-1)$ 有解的充分必要条件，也即系统的能控性判据为

$$\operatorname{rank}(\boldsymbol{G}\quad \boldsymbol{F}\boldsymbol{G}\quad \cdots\quad \boldsymbol{F}^{N-1}\boldsymbol{G})=n\tag{5-1-10}$$

式中 n——系统状态向量的维数。

能控性反映了系统的状态向量 $\boldsymbol{x}(k)$ 从初始状态转移到希望状态的可能性。同样，能否由输出向量 $\boldsymbol{y}(k)$ 转移到所希望的数值也是一个很重要的问题，根据输出向量和状态向量之间的关系 $\boldsymbol{y}(k)=\boldsymbol{C}\boldsymbol{x}(k)$ 可以证明，输出的能控性条件为

$$\operatorname{rank}(\boldsymbol{C}\boldsymbol{G}\quad \boldsymbol{C}\boldsymbol{F}\boldsymbol{G}\quad \cdots\quad \boldsymbol{C}\boldsymbol{F}^{N-1}\boldsymbol{G})=r\tag{5-1-11}$$

式中 r——输出向量的维数。

5.1.3 离散时间系统的能观性

状态空间设计法主要是用状态反馈构成控制规律，但并不是任何系统都能从它的测量输出中获得系统状态的信息。如果输出 $\boldsymbol{y}(k)$ 不反映状态信息，这样的系统被称为是不能观的。对于不能观系统，不能构成系统的全状态反馈。

能观性定义：对式（5-1-6）描述的系统，如果能根据有限个采样信号 $\boldsymbol{y}(0)$、$\boldsymbol{y}(1)$、…、$\boldsymbol{y}(N)$，确定出系统的初始状态 $\boldsymbol{x}(0)$，则系统是状态完全能观的。

根据式（5-1-8）状态方程的解，从0到 $(N-1)T$ 时刻，各采样瞬时的观测值为

$$\begin{aligned}\boldsymbol{y}(0)&=\boldsymbol{C}\boldsymbol{x}(0)\\ \boldsymbol{y}(1)&=\boldsymbol{C}\boldsymbol{x}(1)=\boldsymbol{C}\boldsymbol{F}\boldsymbol{x}(0)\\ &\cdots\cdots\\ \boldsymbol{y}(N-1)&=\boldsymbol{C}\boldsymbol{x}(N-1)=\boldsymbol{C}\boldsymbol{F}^{N-1}\boldsymbol{x}(0)\end{aligned}$$

写成矩阵形式

$$\begin{pmatrix}\boldsymbol{y}(0)\\ \boldsymbol{y}(1)\\ \vdots\\ \boldsymbol{y}(N-1)\end{pmatrix}=\begin{pmatrix}\boldsymbol{C}\\ \boldsymbol{C}\boldsymbol{F}\\ \vdots\\ \boldsymbol{C}\boldsymbol{F}^{N-1}\end{pmatrix}\boldsymbol{x}(0)\tag{5-1-12}$$

则 $\boldsymbol{x}(0)$ 有解的充分必要条件，也即系统的能观性判据为

$$\operatorname{rank}\begin{pmatrix}\boldsymbol{C}\\ \boldsymbol{C}\boldsymbol{F}\\ \vdots\\ \boldsymbol{C}\boldsymbol{F}^{N-1}\end{pmatrix}=n\tag{5-1-13}$$

式中 n——系统状态向量的维数。

5.2 采用状态空间模型的极点配置设计

控制系统的最基本形式是由被控对象和反馈控制规律构成的反馈系统，在现代控制理论中，反馈可采用输出反馈，也可采用状态反馈。输出反馈的一个突出优点是获得信息不存在困难，因而工程上易于实现，但是它不能满足任意给定的动态性能指标。与输出反馈相比，状态反馈可以更多地获得和利用系统的信息，可以达到更好的性能指标，因此，现代控制理论中较多地使用了状态反馈控制。

一个系统的各种性能指标，很大程度上是由系统的极点决定的，通过状态反馈改变系统极点的位置，就可以改变系统的性能指标。基于状态空间模型按极点配置设计的控制器由两部分组成：一部分是状态观测器，它根据所量测到的输出 $\boldsymbol{y}(k)$ 重构出状态 $\hat{\boldsymbol{x}}(k)$；另一部分是控制规律，它直接反馈重构的状态 $\hat{\boldsymbol{x}}(k)$，构成状态反馈控制。按极点配置设计的控制器结构如图5-2所示。

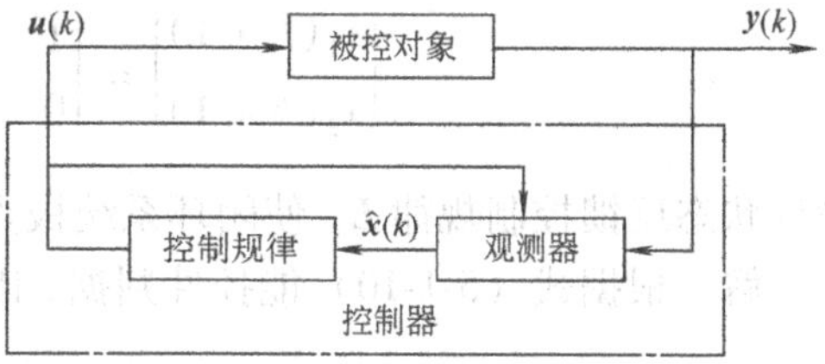

图5-2 按极点配置设计的控制器

根据分离性原理，控制器的设计可以分为两个独立的部分：一是假设全部状态可用于反馈，按极点配置设计控制规律；二是按极点配置设计观测器。最后把两部分结合起来，构成状态反馈控制器。

5.2.1 按极点配置设计控制规律

设被控对象的离散状态空间表达式为

$$\begin{cases}\boldsymbol{x}(k+1)=\boldsymbol{F}\boldsymbol{x}(k)+\boldsymbol{G}\boldsymbol{u}(k)\\ \boldsymbol{y}(k)=\boldsymbol{C}\boldsymbol{x}(k)\end{cases} \tag{5-2-1}$$

控制规律为线性状态反馈，即

$$\boldsymbol{u}(k)=-\boldsymbol{L}\boldsymbol{x}(k) \tag{5-2-2}$$

先假设反馈的是被控对象实际的全部状态 $\boldsymbol{x}(k)$，而不是重构状态，如图5-3所示。

将式（5-2-2）代入式（5-2-1），得闭环系统的状态方程为

$$\boldsymbol{x}(k+1)=(\boldsymbol{F}-\boldsymbol{G}\boldsymbol{L})\boldsymbol{x}(k) \tag{5-2-3}$$

上式两边作 Z 变换

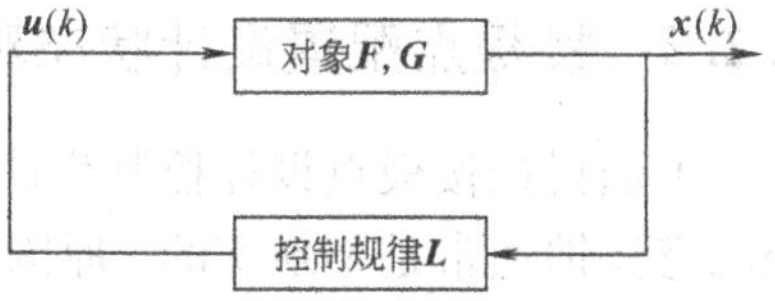

图5-3 状态反馈系统结构图

$$z\boldsymbol{X}(z)=(\boldsymbol{F}-\boldsymbol{G}\boldsymbol{L})\boldsymbol{x}(z)$$

显然，闭环系统的特征方程为

$$|z\boldsymbol{I}-\boldsymbol{F}+\boldsymbol{G}\boldsymbol{L}|=0 \tag{5-2-4}$$

问题是设计反馈控制规律 $\boldsymbol{L}$，以使闭环系统具有所期望的极点配置。

按极点配置设计控制规律时，首先根据对系统的性能要求，找出所期望的闭环系统控制极点 z_i（$i=1,2,\cdots,n$），再根据极点的期望值 z_i，求得闭环系统的特征方程为

$$\beta_c(z)=(z-z_1)(z-z_2)\cdots(z-z_n)=z^n+\beta_1 z^{n-1}+\cdots+\beta_n=0 \tag{5-2-5}$$

由式（5-2-4）、式（5-2-5）可知，反馈控制规律 $\boldsymbol{L}$ 应满足如下的方程

$$|z\boldsymbol{I}-\boldsymbol{F}+\boldsymbol{G}\boldsymbol{L}|=\beta_c(z) \tag{5-2-6}$$

如果被控对象的状态为 n 维，控制作用为 m 维，则反馈控制规律 $\boldsymbol{L}$ 为 $m\times n$ 维，即 $\boldsymbol{L}$ 中包含 $m\times n$ 个元素。将式（5-2-6）左边的行列式展开，并比较两边 z 的同次幂的系数，则一共可以得到 n 个代数方程。对于多输入系统（$m>1$），仅根据式（5-2-6）并不能完全确定反馈控制规律 $\boldsymbol{L}$ 的 $m\times n$ 个元素，这时需附加其他的条件（如输出解耦、干扰解耦等）才能完全确定 $\boldsymbol{L}$，其设计计算比较复杂。而对于单输入系统（$m=1$），$\boldsymbol{L}$ 中未知元素的个数与方程的个数相同，因此一般情况下可以通过 n 个期望极点获得 $\boldsymbol{L}$ 的惟一解。下面仅讨论单输入的情况。

例 5-1 给定二阶系统的状态方程

$$\begin{bmatrix}x_1(k+1)\\x_2(k+1)\end{bmatrix}=\begin{bmatrix}1&0.1\\0&1\end{bmatrix}\begin{bmatrix}x_1(k)\\x_2(k)\end{bmatrix}+\begin{bmatrix}0.005\\0.1\end{bmatrix}u(k)$$

设计状态反馈控制规律 $\boldsymbol{L}$，使闭环系统极点为 $z_{1,2}=0.8\pm \mathrm{j}0.25$。

解 根据式（5-1-10）能控性判据，因

$$\mathrm{rank}(\boldsymbol{G}\quad \boldsymbol{F}\boldsymbol{G})=\mathrm{rank}\begin{bmatrix}0.005&0.015\\0.1&0.1\end{bmatrix}=2$$

所以系统是能控的。根据要求的闭环极点，期望的闭环特征方程为

$$\beta_c(z)=(z-z_1)(z-z_2)=z^2-1.6z+0.7=0$$

设状态反馈控制规律 $\boldsymbol{L}=(l_1\quad l_2)$，根据式（5-1-6），闭环系统的特征方程为

$$\beta(z)=|z\boldsymbol{I}-\boldsymbol{F}+\boldsymbol{G}\boldsymbol{L}|=\left|z\begin{bmatrix}1&0\\0&1\end{bmatrix}-\begin{bmatrix}1&0.1\\0&1\end{bmatrix}+\begin{bmatrix}0.005\\1\end{bmatrix}(l_1\quad l_2)\right|$$

$$=z^2-(2-0.005l_1-0.1l_2)z+1+0.005l_1-0.1l_2=0$$

取 $\beta(z)=\beta_c(z)$，比较两边同次幂的系数，有

$$\begin{cases}2-0.005l_1-0.1l_2=1.6\\1+0.005l_1-0.1l_2=0.7\end{cases}$$

解此联立方程，可得 $l_1=10$，$l_2=3.5$，即状态反馈控制规律为 $\boldsymbol{L}=[10\quad 3.5]$。

5.2.2 按极点配置设计状态观测器

上面讨论按极点设计控制规律时，假设全部状态均可用于反馈。但在实际工程中，采用全状态反馈通常是不现实的，原因在于测量全部的状态，一方面可能比较困难，另一方面也不经济。常用的方法是设计状态观测器，由测量的输出值 $\boldsymbol{y}(k)$ 重构全部状态，实际反馈的只是重构状态 $\hat{\boldsymbol{x}}(k)$，而不是真实状态 $\boldsymbol{x}(k)$，即 $\boldsymbol{u}(k)=-\boldsymbol{L}\hat{\boldsymbol{x}}(k)$。

常用的状态观测器有三种：预报观测器，现时观测器和降阶观测器。

1. 预报观测器

常用的观测器方程为

$$\hat{\boldsymbol{x}}(k+1)=\boldsymbol{F}\hat{\boldsymbol{x}}(k)+\boldsymbol{G}\boldsymbol{u}(k)+\boldsymbol{K}[\boldsymbol{y}(k)-\boldsymbol{G}\hat{\boldsymbol{x}}(k)] \tag{5-2-7}$$

其中 $\hat{\boldsymbol{x}}(k)$ 是状态 $\boldsymbol{x}(k)$ 的重构，$\hat{\boldsymbol{y}}(k)$ 是状态观测器的输出，$\boldsymbol{K}$ 为观测器增益矩阵。由于 $(k+1)T$ 时刻的状态重构只用到了 kT 时刻的量测值 $\boldsymbol{y}(k)$，因此称式（5-2-7）为预报观测器，其

结构如图5-4所示。

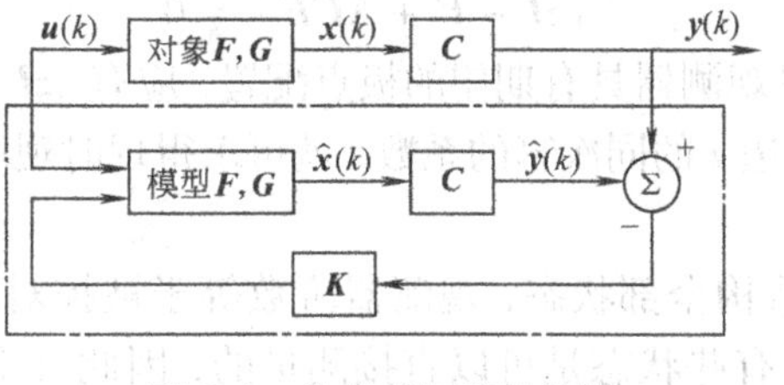

图5-4 状态观测器结构图

定义状态重构误差为

$$\tilde{\boldsymbol{x}}(k+1)=\boldsymbol{x}(k+1)-\hat{\boldsymbol{x}}(k+1) \tag{5-2-8}$$

由式（5-2-1）、式（5-2-7）可得状态重构误差方程为

$$\begin{aligned}\tilde{\boldsymbol{x}}(k+1)&=\boldsymbol{F}\boldsymbol{x}(k)+\boldsymbol{G}\boldsymbol{u}(k)-\boldsymbol{F}\hat{\boldsymbol{x}}(k)-\boldsymbol{G}\boldsymbol{u}(k)-\boldsymbol{K}[\boldsymbol{C}x(k)-\boldsymbol{C}\hat{\boldsymbol{x}}(k)]\\&=[(\boldsymbol{F}-\boldsymbol{KC})]\tilde{\boldsymbol{x}}(k)\end{aligned} \tag{5-2-9}$$

由此可得预报观测器的特征方程

$$|z\boldsymbol{I}-\boldsymbol{F}+\boldsymbol{KC}|=0 \tag{5-2-10}$$

显然，状态重构误差$\tilde{\boldsymbol{x}}(k)$的动态性能取决于特征方程式（5-2-10）根的分布，即矩阵［$\boldsymbol{F}-\boldsymbol{KC}$］。如果［$\boldsymbol{F}-\boldsymbol{KC}$］的特性是快速收敛的，那么对于任何初始误差$\tilde{\boldsymbol{x}}(0)$，$\tilde{\boldsymbol{x}}(k)$都将快速收敛到零。因此，只要适当地选择增益矩阵$\boldsymbol{K}$，便可获得要求的状态重构性能。

如果给出观测器的极点$z_i(i=1, 2, \cdots, n)$，可求得观测器的特征方程为

$$\beta_{\mathrm{b}}(z)=(z-z_1)(z-z_2)\cdots(z-z_n)=z^n+\beta_1z^{n-1}+\cdots+\beta_n=0 \tag{5-2-11}$$

为获得所需要的状态重构性能，应有

$$|z\boldsymbol{I}-\boldsymbol{F}+\boldsymbol{KC}|=\beta_{\mathrm{b}}(z) \tag{5-2-12}$$

对于单输入单输出系统，通过比较式（5-2-12）两边z的同次幂的系数，就可求得$\boldsymbol{K}$中的n个未知数。可以证明，对于任意的极点配置，$\boldsymbol{K}$具有惟一解的充分必要条件是对象是完全能观的，即被控对象满足式（5-1-9）。

2. 现时观测器

前面介绍的预报观测器，现时的状态重构$\hat{\boldsymbol{x}}(k)$只用到了前一时刻的输出$\boldsymbol{y}(k-1)$，使得现时的控制信号$\boldsymbol{u}(k)$中也只包含了前一时刻的观测值。当采样周期较长时，这种控制方式将影响系统的性能。为此，可采用如下的观测器方程

$$\begin{cases}\bar{\boldsymbol{x}}(k+1)=\boldsymbol{F}\hat{\boldsymbol{x}}(k)+\boldsymbol{G}\boldsymbol{u}(k)\\\hat{\boldsymbol{x}}(k+1)=\bar{\boldsymbol{x}}(k+1)+\boldsymbol{K}[\boldsymbol{y}(k+1)-\boldsymbol{C}\bar{\boldsymbol{x}}(k+1)]\end{cases} \tag{5-2-13}$$

由于$(k+1)T$时刻的状态重构$\hat{\boldsymbol{x}}(k+1)$用到了现时刻的输出$\boldsymbol{y}(k+1)$，因此称式（5-2-13）为现时观测器。

由式（5-1-6）和式（5-2-13）可得状态重构误差方程为

$$\begin{aligned}\tilde{\boldsymbol{x}}(k+1)&=\boldsymbol{x}(k+1)-\hat{\boldsymbol{x}}(k+1)\\&=[\boldsymbol{F}\boldsymbol{x}(k)+\boldsymbol{G}\boldsymbol{u}(k)]-\{\bar{\boldsymbol{x}}(k+1)+\boldsymbol{K}[\boldsymbol{y}(k+1)-\boldsymbol{C}\bar{\boldsymbol{x}}(k+1)]\}\\&=[\boldsymbol{F}-\boldsymbol{KFC}][\boldsymbol{x}(k)-\hat{\boldsymbol{x}}(k)]\\&=[\boldsymbol{F}-\boldsymbol{KCF}]\tilde{\boldsymbol{x}}(k)\end{aligned} \tag{5-2-14}$$

由此可得现时观测器的特征方程

$$|z\boldsymbol{I}-\boldsymbol{F}+\boldsymbol{KCF}|=0 \tag{5-2-15}$$

考虑式（5-2-11），为使现时观测器具有期望的极点配置，应有 $|z\boldsymbol{I}-\boldsymbol{F}+\boldsymbol{KCF}|=\beta_b(z)$，对于单输入系统，通过比较方程两边 z 的同次幂的系数，就可求得现时观测器中 $\boldsymbol{K}$ 的 n 个未知数。

3. 降阶观测器

以上两种观测器都是重构全部状态，观测器阶数等于被控对象状态的个数，因此也称为全阶观测器。实际系统中，有些状态是可以直接测量的，因此可不必重构，以减少计算量，只需根据可测的部分状态重构其余不能量测的状态。这样便可得到较低阶的状态观测器，称为降阶观测器。

将原状态向量分成两部分，一部分是可以直接测量的 $\boldsymbol{x}_a(k)$，一部分是需要重构的 $\boldsymbol{x}_b(k)$，则被控对象的离散状态方程式（5-2-1）可以分块表示为

$$\boldsymbol{x}(k+1)=\begin{bmatrix}\boldsymbol{x}_a(k+1)\\ \boldsymbol{x}_b(k+1)\end{bmatrix}=\begin{bmatrix}\boldsymbol{F}_{aa} & \boldsymbol{F}_{ab}\\ \boldsymbol{F}_{ba} & \boldsymbol{F}_{bb}\end{bmatrix}\begin{bmatrix}\boldsymbol{x}_a(k)\\ \boldsymbol{x}_b(k)\end{bmatrix}+\begin{bmatrix}\boldsymbol{G}_a\\ \boldsymbol{G}_b\end{bmatrix}\boldsymbol{u}(k) \tag{5-2-16}$$

将上式展开，可写成

$$\begin{cases}\boldsymbol{x}_b(k+1)=\boldsymbol{F}_{bb}\boldsymbol{x}_b(k)+[\boldsymbol{F}_{ba}\boldsymbol{x}_a(k)+\boldsymbol{G}_b\boldsymbol{u}(k)]\\ \boldsymbol{x}_a(k+1)-\boldsymbol{F}_{aa}\boldsymbol{x}_a(k)-\boldsymbol{G}_a\boldsymbol{u}(k)=\boldsymbol{F}_{ab}\boldsymbol{x}_b(k)\end{cases} \tag{5-2-17}$$

比较式（5-2-17）与式（5-2-1），可建立如下的对应关系：

$$\begin{aligned}
\boldsymbol{x}(k) &\leftrightarrow \boldsymbol{x}_b(k)\\
\boldsymbol{F} &\leftrightarrow \boldsymbol{F}_{bb}\\
\boldsymbol{Gu}(k) &\leftrightarrow \boldsymbol{F}_{ba}\boldsymbol{x}_a(k)+\boldsymbol{G}_b\boldsymbol{u}(k)\\
\boldsymbol{y}(k) &\leftrightarrow \boldsymbol{x}_a(k+1)-\boldsymbol{F}_{aa}\boldsymbol{x}_a(k)-\boldsymbol{G}_a\boldsymbol{u}(k)\\
\boldsymbol{C} &\leftrightarrow \boldsymbol{F}_{ab}
\end{aligned}$$

对照预报观测器方程式（5-2-7），可以写出相应于式（5-2-17）的观测器方程为

$$\begin{aligned}\hat{\boldsymbol{x}}_b(k+1)=&\boldsymbol{F}_{bb}\hat{\boldsymbol{x}}_b(k)+[\boldsymbol{F}_{ba}\boldsymbol{x}_a(k)+\boldsymbol{G}_b\boldsymbol{u}(k)]\\ &+\boldsymbol{K}[\boldsymbol{x}_a(k+1)-\boldsymbol{F}_{aa}\boldsymbol{x}_a(k)-\boldsymbol{G}_a\boldsymbol{u}(k)-\boldsymbol{F}_{ab}\hat{\boldsymbol{x}}_b(k)]\end{aligned} \tag{5-2-18}$$

上式便是根据已量测到的状态 $x_a(k)$ 重构出其余状态 $x_b(k)$ 的观测器方程。由于 $x_b(k)$ 的维数小于 $x(k)$ 的维数，所以称为降阶观测器。

由式（5-2-1）、式（5-2-18）可得状态重构误差方程为

$$\begin{aligned}\hat{\boldsymbol{x}}_b(k+1)&=\boldsymbol{x}_b(k+1)-\hat{\boldsymbol{x}}_b(k+1)\\ &=(\boldsymbol{F}_{bb}-\boldsymbol{KF}_{ab})[\boldsymbol{x}_b(k)-\hat{\boldsymbol{x}}_b(k)]\end{aligned} \tag{5-2-19}$$

从而求得降阶观测器的特征方程为

$$|z\boldsymbol{I}-\boldsymbol{F}_{bb}+\boldsymbol{KF}_{ab}|=0 \tag{5-2-20}$$

考虑式（5-2-11），使 $|z\boldsymbol{I}-\boldsymbol{F}_{bb}+\boldsymbol{KF}_{ab}|=\beta_b(z)$，对于单输入系统，通过比较方程两边 z 的同次幂的系数，可求得增益矩阵 $\boldsymbol{K}$。

例 5-2 给定二阶系统的状态空间表达式为

$$\begin{bmatrix}\boldsymbol{x}_1(k+1)\\ \boldsymbol{x}_2(k+1)\end{bmatrix}=\begin{bmatrix}1 & 0.1\\ 0 & 1\end{bmatrix}\begin{bmatrix}\boldsymbol{x}_1(k)\\ \boldsymbol{x}_2(k)\end{bmatrix}+\begin{bmatrix}0.005\\ 0.1\end{bmatrix}\boldsymbol{u}(k)$$

$$y(k)=(1\quad 0)\begin{bmatrix}x_1(k)\\x_2(k)\end{bmatrix}$$

（1）设计预报观测器，将观测器的极点配置在 $z_{1,2}=0.5$ 处。

（2）设计现时观测器，将观测器的极点配置在 $z_{1,2}=0.5$ 处。

（3）假设 $\boldsymbol{x}_1$ 是可以实测的状态，设计降阶观测器，将观测器的极点配置在 $z=0.5$ 处。

解　根据式（5-1-13）能观性判据，因

$$\operatorname{rank}\begin{bmatrix}\boldsymbol{C}\\\boldsymbol{CF}\end{bmatrix}=\operatorname{rank}\begin{bmatrix}1 & 0\\0 & 0.1\end{bmatrix}=2$$

因此被控对象是能观的。

（1）预报观测器。根据要求的观测器极点，期望的观测器特征方程为

$$\beta_{b1}(z)=(z-z_1)(z-z_2)=z^2-z+0.25=0$$

设观测器增益矩阵 $\boldsymbol{K}=(k_1\quad k_2)^{\mathrm{T}}$，根据式（5-2-9），预报观测器的特征方程为

$$\beta(z)=|z\boldsymbol{I}-\boldsymbol{F}+\boldsymbol{KC}|=\left|\begin{bmatrix}z & 0\\0 & z\end{bmatrix}-\begin{bmatrix}1 & 0.1\\0 & 1\end{bmatrix}+\begin{bmatrix}k_1\\k_2\end{bmatrix}(1\quad 0)\right|$$

$$=z^2-(2-k_1)z+1-k_1+0.1k_2=0$$

取 $\beta(z)=\beta_{b1}(z)$，比较两边同次幂的系数，有

$$\begin{cases}2-k_1=1\\1-k_1+0.1k_2=0.25\end{cases}$$

解联立方程，可得 $k_1=1$，$k_2=2.5$，即 $\boldsymbol{K}=(1\quad 2.5)^{\mathrm{T}}$。

（2）现时观测器。设观测器增益矩阵 $\boldsymbol{K}=(k_1\quad k_2)^{\mathrm{T}}$，根据式（5-2-15），现时观测器的特征方程为

$$\beta(z)=|z\boldsymbol{I}-\boldsymbol{F}+\boldsymbol{KCF}|=\left|\begin{bmatrix}z & 0\\0 & z\end{bmatrix}-\begin{bmatrix}1 & 0.1\\0 & 1\end{bmatrix}+\begin{bmatrix}k_1\\k_2\end{bmatrix}(1\quad 0)\begin{bmatrix}1 & 0.1\\0 & 1\end{bmatrix}\right|$$

$$=z^2-(2-k_1-0.1k_2)z+1-k_1=0$$

取 $\beta(z)=\beta_{b1}(z)$，比较两边同次幂的系数，有

$$\begin{cases}2-k_1-0.1k_2=1\\1-k_1=0.25\end{cases}$$

解联立方程，可得 $k_1=0.75$，$k_2=2.5$，即 $\boldsymbol{K}=(0.75\quad 2.5)^{\mathrm{T}}$。

（3）降阶观测器。根据要求的观测器极点，期望的观测器特征方程为

$$\beta_{b2}(z)=z-0.5=0$$

设观测器增益为 K，根据式（5-2-20），降阶观测器的特征方程为

$$\beta(z)=|z\boldsymbol{I}-\boldsymbol{F}_{bb}+\boldsymbol{KF}_{ab}|=z-1+0.1K=0$$

取 $\beta(z)=\beta_{b2}(z)$，比较两边同次幂的系数，可得 $K=5$。

5.2.3　按极点配置设计控制器

1. 控制器组成

全状态反馈控制律与状态观测器组合起来构成一个完整的控制系统，如图 5-2 所示。设

被控对象的离散状态空间描述为

$$\begin{cases}x(k+1) = Fx(k) + Gu(k)\\y(k) = Cx(k)\end{cases} \tag{5-2-21}$$

控制器由预报观测器和状态反馈控制律组成，即

$$\begin{cases}\hat{x}(k+1) = F\hat{x}(k) + Gu(k) + K[y(k) - C\hat{x}(k)]\\u(k) = -L\hat{x}(k)\end{cases} \tag{5-2-22}$$

2. 分离性原理

由预报观测器和状态反馈控制律组成闭环系统的状态方程为

$$\begin{cases}x(k+1) = Fx(k) - GL\hat{x}(k)\\\hat{x}(k+1) = KCx(k) + (F - GL - KC)\hat{x}(k)\end{cases} \tag{5-2-23}$$

写成矩阵形式

$$\begin{bmatrix}x(k+1)\\\hat{x}(k+1)\end{bmatrix} = \begin{bmatrix}F & -GL\\KC & F-GL-KC\end{bmatrix}\begin{bmatrix}x(k)\\\hat{x}(k)\end{bmatrix} \tag{5-2-24}$$

由此可求得闭环系统的特征方程为

$$\begin{aligned}\beta(z) &= \left|zI - \begin{bmatrix}F & -GL\\KC & F-GL-KC\end{bmatrix}\right|\\&= \begin{vmatrix}zI-F & GL\\-KC & zI-F+GL+KC\end{vmatrix}\text{（第二列加到第一列）}\\&= \begin{vmatrix}zI-F+GL & GL\\zI-F+GL & zI-F+GL+KC\end{vmatrix}\text{（第二行减去第一行）}\\&= \begin{vmatrix}zI-F+GL & -GL\\0 & zI-F+KC\end{vmatrix}\\&= |zI-F+GL| \cdot |zI-F+KC|\\&= \beta_c(z) \cdot \beta_b(z) = 0\end{aligned} \tag{5-2-25}$$

由此可见，闭环系统的 $2n$ 个极点由两部分组成，一部分是按极点配置设计的控制规律给定的 n 个极点，称为控制极点，另一部分是按极点配置设计的状态观测器给定的 n 个极点，称为观测器极点。这两部分极点相互独立，这就是分离性原理。根据这一原理，按极点配置设计控制器，可分别设计观测器和状态反馈控制规律。

3. 观测器极点和类型的选择

在设计控制器时，控制极点是按闭环系统的性能要求确定的，是整个闭环系统的主导极点。但是，由于控制规律反馈的是重构的状态，因此状态观测器会影响闭环系统的动态性能。为减小观测器对系统动态性能的影响，可考虑按状态重构的跟随速度比控制极点对应的系统响应速度快 4 ~5 倍的要求给定观测器极点。

通常采用全阶观测器构成状态反馈，如果测量比较准确，且测量值就是被控对象的一个状态，则可考虑选用降阶观测器。如果控制器的计算延时与采样周期处于同一数量级，可采用预报观测器，否则考虑采用现时观测器。

4. 数字控制器实现

由状态观测器和反馈控制律组成的控制器，它的输入是被控对象的输出 $y(k)$，输出是系

统的控制量，即被控对象的输入 $\boldsymbol{u}(k)$，采用预报观测器的数字控制器可由式（5-2-22）实现，还可由差分方程来实现。

设状态反馈控制规律为

$$\boldsymbol{u}(k) = -\boldsymbol{L}\hat{\boldsymbol{x}}(k) \tag{5-2-26}$$

代入预报观测器方程

$$\hat{\boldsymbol{x}}(k+1) = \boldsymbol{F}\hat{\boldsymbol{x}}(k) + \boldsymbol{G}\boldsymbol{u}(k) + \boldsymbol{K}[\boldsymbol{y}(k) - \boldsymbol{C}\hat{\boldsymbol{x}}(k)]$$

得观测器与控制规律的关系为

$$\hat{\boldsymbol{x}}(k+1) = (\boldsymbol{F} - \boldsymbol{GL} - \boldsymbol{KC})\hat{\boldsymbol{x}}(k) + \boldsymbol{K}\boldsymbol{y}(k) \tag{5-2-27}$$

对于单输入单输出系统，对式（5-2-26）、式（5-2-27）做 Z 变换，并消去$\hat{X}(z)$，得

$$\boldsymbol{D}(z) = \frac{\boldsymbol{U}(z)}{\boldsymbol{Y}(z)} = -\boldsymbol{L}(z\boldsymbol{I} - \boldsymbol{F} + \boldsymbol{GL} + \boldsymbol{KC})^{-1}\boldsymbol{K} \tag{5-2-28}$$

由此可得控制器的脉冲传递函数为

$$\boldsymbol{U}(z) = -\boldsymbol{L}(z\boldsymbol{I} - \boldsymbol{F} + \boldsymbol{GL} + \boldsymbol{KC})^{-1}\boldsymbol{K}\boldsymbol{Y}(z) \tag{5-2-29}$$

将脉冲传递函数转换为差分方程，就可以根据测量得到的实际输出 $\boldsymbol{y}(k)$，计算出系统的控制量 $\boldsymbol{u}(k)$，从而可以在计算机上实现数字控制器。

5. 控制器设计步骤

设被控对象是完全能控和能观的，数字控制器设计步骤如下：

1）按对系统的性能要求给定 n 个控制极点。

2）按极点配置设计控制规律 $\boldsymbol{L}$。

3）合理确定观测器极点。

4）选择观测器类型，并按极点配置设计观测器 $\boldsymbol{K}$。

5）求控制器的脉冲传递函数，变换为易于计算机实现的差分方程。

例 5-3 设被控对象的传递函数为 $G(s) = \dfrac{10}{s(s+10)}$，采样周期 $T=0.1\text{s}$，采用零阶保持器，试设计状态反馈控制器，要求：

（1）闭环系统的性能相应于二阶连续系统的阻尼比 $\xi=0.6$，无阻尼自然频率 $\omega_n=4$。

（2）观测器极点所对应的衰减速度比控制极点所对应的衰减速度快约 3 倍。

解 被控对象的等效微分方程为

$$\ddot{y}(t) + 10\dot{y}(t) = 10u(t)$$

定义两个状态变量

$$x_1(t) = y(t) \quad x_2(t) = \dot{x}_1(t)$$

则被控对象的连续状态空间表达式为

$$\begin{bmatrix} \dot{x}_1(t) \\ \dot{x}_2(t) \end{bmatrix} = \boldsymbol{A}x(t) + \boldsymbol{B}u(t) = \begin{bmatrix} 0 & 1 \\ 0 & -10 \end{bmatrix}\begin{bmatrix} x_1(t) \\ x_2(t) \end{bmatrix} + \begin{bmatrix} 0 \\ 10 \end{bmatrix}u(t)$$

$$\boldsymbol{y}(t) = \boldsymbol{C}\boldsymbol{x}(t) = (1 \quad 0)\begin{bmatrix} x_1(t) \\ x_2(t) \end{bmatrix}$$

对应的离散状态空间表达式为

$$\begin{cases} \boldsymbol{x}(k+1) = \boldsymbol{F}\boldsymbol{x}(k) + \boldsymbol{G}\boldsymbol{u}(k) \\ \boldsymbol{y}(k) = \boldsymbol{C}\boldsymbol{x}(k) \end{cases}$$

其中

$$F = e^{AT} = \begin{bmatrix} 1 & 0.1(1-e^{-10T}) \\ 0 & e^{-10T} \end{bmatrix} = \begin{bmatrix} 1 & 0.063 \\ 0 & 0.368 \end{bmatrix}$$

$$G = \int_0^T e^{AT} B dt = \begin{bmatrix} T - 0.1 + 0.1e^{-10T} \\ 1 - e^{-10T} \end{bmatrix} = \begin{bmatrix} 0.037 \\ 0.632 \end{bmatrix}$$

$$C = (1 \quad 0)$$

(1) 判断被控对象的能控性和能观性。根据式（5-1-10）能控性判据和式（5-1-13）能观性判据，有

$$\text{rank}(G \quad FG) = \text{rank}\begin{bmatrix} 0.037 & 0.077 \\ 0.632 & 0.233 \end{bmatrix} = 2$$

$$\text{rank}\begin{bmatrix} C \\ CF \end{bmatrix} = \text{rank}\begin{bmatrix} 1 & 0 \\ 1 & 0.063 \end{bmatrix} = 2$$

因此被控对象是能控且能观的。

(2) 设计状态反馈控制规律 L。设状态反馈控制规律为 $L=(l_1 \quad l_2)$，根据式（5-2-4），状态反馈控制规律对应的特征方程为

$$\begin{aligned} |zI - F + GL| &= \left| \begin{bmatrix} z & 0 \\ 0 & z \end{bmatrix} - \begin{bmatrix} 1 & 0.063 \\ 0 & 0.368 \end{bmatrix} + \begin{bmatrix} 0.037 \\ 0.632 \end{bmatrix} (l_1 \quad l_2) \right| \\ &= \begin{vmatrix} z - 1 + 0.037l_1 & -0.063 + 0.037l_2 \\ 0.632l_1 & z - 0.368 + 0.632l_2 \end{vmatrix} \\ &= z^2 - (1.368 - 0.037l_1 - 0.632l_2)z + (0.368 + 0.026l_1 - 0.632l_2) \\ &= 0 \end{aligned}$$

根据对闭环极点的要求，对应的极点和特征方程为

$$s_{1,2} = -\xi\omega_n + \omega_n\sqrt{1-\xi^2} = -2.4 \pm j3.2$$

$$z_{1,2} = e^{sT} = e^{-0.24 \pm j0.32} = 0.747 \pm j0.248$$

$$\begin{aligned} \beta_c(z) &= (z - 0.747 - j0.248)(z - 0.747 + j0.248) \\ &= z^2 - 1.494z + 0.620 = 0 \end{aligned}$$

由 $|zI - F + GL| = \beta_c(z)$ 可得

$$\begin{cases} 1.368 - 0.037l_1 - 0.632l_2 = 1.494 \\ 0.368 + 0.026l_1 - 0.632l_2 = 0.620 \end{cases}$$

解得 $L_1=2$，$L_2=-0.317$，即 $L=(2 \quad -0.317)$。

(3) 设计状态观测器。选用现时观测器，设观测器增益矩阵为 $K=(k_1 \quad k_2)^T$，根据式（5-2-15），现时观测器的特征方程为

$$\begin{aligned} |zI - F + KCF| &= \left| \begin{bmatrix} z & 0 \\ 0 & z \end{bmatrix} - \begin{bmatrix} 1 & 0.063 \\ 0 & 0.368 \end{bmatrix} + \begin{bmatrix} k_1 \\ k_2 \end{bmatrix} (1 \quad 0) \begin{bmatrix} 1 & 0.063 \\ 0 & 0.368 \end{bmatrix} \right| \\ &= \begin{vmatrix} z - 1 + k_1 & -0.063 + 0.063k_1 \\ k_2 & z - 0.368 + 0.063k_2 \end{vmatrix} \end{aligned}$$

$$=z^2-(1.368-k_1-0.063k_2)z+(0.368-0.368k_1)=0$$

根据题意，对观测器极点的要求是

$$z_{1,2}=\mathrm{e}^{(-0.24)\times 3}\approx 0.487$$

对应的特征方程为

$$\beta_{\mathrm{b}}(z)=(z-0.487)(z-0.487)=z^2-0.974z+0.237=0$$

由 $|z\boldsymbol{I}-\boldsymbol{F}+\boldsymbol{KCF}|=\beta_{\mathrm{b}}(z)$ 可得

$$\begin{cases}1.368-k_1-0.063k_2=0.974\\0.368-0.368k_1=0.237\end{cases}$$

解得 $k_1=0.356$，$k_2=0.603$，即 $\boldsymbol{K}=(0.356\quad 0.603)^{\mathrm{T}}$。

（4）组成控制器。由状态观测器和控制规律组成的状态反馈控制器为

$$\begin{cases}\hat{\boldsymbol{x}}(k+1)=\boldsymbol{F}\hat{\boldsymbol{x}}(k)+\boldsymbol{G}\boldsymbol{u}(k)+\boldsymbol{K}[\boldsymbol{y}(k)-\boldsymbol{C}\hat{\boldsymbol{x}}(k)]\\\boldsymbol{u}(k)=-\boldsymbol{L}\hat{\boldsymbol{x}}(k)\end{cases}$$

其中 $\boldsymbol{L}=(2\quad -0.317)$，$\boldsymbol{K}=(0.356\quad 0.603)^{\mathrm{T}}$。

5.3 采用状态空间模型的最优化设计

用极点配置法解决系统综合问题的主要特点是：系统性能指标是以希望的闭环极点分布给出，并且没有考虑系统中随机的过程干扰和量测噪声，而是按确定性系统来设计。本节将针对随机系统按最优化方法设计控制器。

假定被控对象是线性的，系统性能指标是状态和控制的二次型函数，则系统的综合问题就是寻求允许的控制信号序列，使性能指标函数最小，这类问题称为线性二次型（Linear Quadratic，LQ）控制问题。如果考虑系统中随机的过程干扰和量测噪声，且过程干扰和量测噪声均是具有正态分布的白噪声，这类问题称为线性二次型高斯（Linear Quadratic Gaussian，LQG）控制问题。

LQG 最优控制器也是由两部分组成，如图 5-5 所示，一部分是状态最优估计器，估计的准则是根据量测 $\boldsymbol{y}(k)$、$\boldsymbol{y}(k-1)$、…，最优地估计出 $\hat{\boldsymbol{x}}(k)$，以使状态估计误差的协方差阵最小；另一部分是最优控制规律，它直接反馈全部的状态，以使二次型性能指标最小。

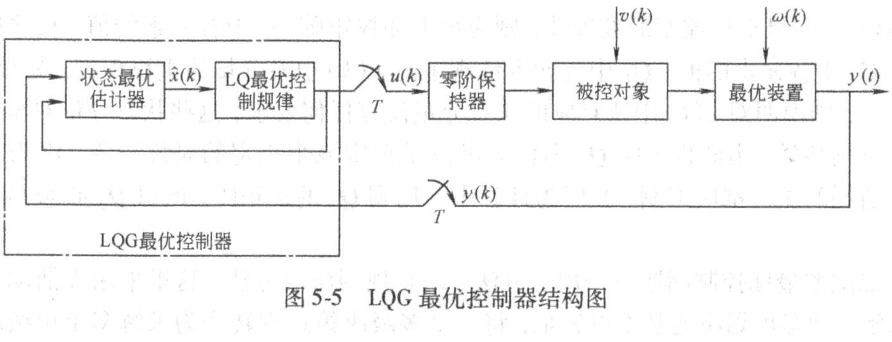

图 5-5　LQG 最优控制器结构图

根据分离性原理，LQG 最优控制器的设计也可分为两个独立的部分，一是将系统看作确定性系统，按 LQ 问题设计最优控制规律；二是考虑随机的过程干扰 v 和量测噪声 w，设计状态最优估计器。最后把两者结合起来，构成状态反馈的最优控制器。

5.3.1 最优控制规律设计

1. 有限时间最优调节器设计

设连续被控对象的离散化状态方程为

$$\boldsymbol{x}(k+1)=\boldsymbol{F}\boldsymbol{x}(k)+\boldsymbol{G}\boldsymbol{u}(k) \tag{5-3-1}$$

初始条件

$$\boldsymbol{x}(0)=\boldsymbol{x}_0 \tag{5-3-2}$$

给定如下的二次型性能指标函数

$$J=\boldsymbol{x}^{\mathrm{T}}(N)\boldsymbol{Q}_0\boldsymbol{x}(N)+\sum_{k=0}^{N-1}[\boldsymbol{x}^{\mathrm{T}}(k)\boldsymbol{Q}_1\boldsymbol{x}(k)+\boldsymbol{u}^{\mathrm{T}}(k)\boldsymbol{Q}_2\boldsymbol{u}(k)] \tag{5-3-3}$$

其中 $\boldsymbol{Q}_0$、$\boldsymbol{Q}_1$ 是非负定对称阵，$\boldsymbol{Q}_2$ 是正定对称阵。线性二次型最优控制的任务是，在满足式（5-3-1）的约束前提下，寻求最优控制序列 $\boldsymbol{u}(k)(k=0,1,\cdots,N-1)$，在把初始状态 $\boldsymbol{x}(0)$ 转移到 $\boldsymbol{x}(N)$ 的过程中，使式（5-3-3）所示的性能指标函数最小。

下面讨论性能指标 J 中各项的物理意义。

式（5-3-3）右边的第一项 $\boldsymbol{x}^{\mathrm{T}}(N)\boldsymbol{Q}_0\boldsymbol{x}(N)$ 称为终值项，它是对控制的目标 $\boldsymbol{x}(N)$ 提出的一个符合需要的要求，表示在给定的控制终端时刻 NT 到来时，系统的终端状态 $\boldsymbol{x}(N)$ 接近预定终端状态的程度。如果要求 $\boldsymbol{x}(N)\to 0$，则取 $\boldsymbol{Q}_0\to\infty$。如果对终端状态无特殊要求，则取 $\boldsymbol{Q}_0=0$。式（5-3-3）右边 Σ 后的第一项 $\sum\limits_{k=0}^{N-1}\boldsymbol{x}^{\mathrm{T}}(k)\boldsymbol{Q}_1\boldsymbol{x}(k)$ 表示对整个控制过程中的状态 $\boldsymbol{x}(k)$ 的要求，用它来衡量整个控制期间实际状态与给定状态之间的偏差，相当于经典控制理论中给定输入与被控量间的误差平方和。这一项越小，说明控制的性能越好。式（5-3-3）右边 Σ 后的第二项 $\sum\limits_{k=0}^{N-1}\boldsymbol{u}^{\mathrm{T}}(k)\boldsymbol{Q}_2\boldsymbol{u}(k)$ 是对控制总能量的限制，如果要求控制误差尽可能小，则可能使控制向量 $\boldsymbol{u}(k)$ 过大，控制能量消耗过大，甚至在实际中难以实现。它的存在可对实际控制信号可能出现的饱和现象加以限制。

由此可知，Σ 中的两项是互相制约的，要求控制状态误差平方和减小，必然导致控制能量的消耗增大。反之，为了节省控制能量，就不得不降低对控制性能的要求。求两者之和的极小值，实际上是求取在某种意义下的折中，这种折中侧重于哪一方面，取决于加权矩阵 $\boldsymbol{Q}_1$ 和 $\boldsymbol{Q}_2$ 的选取。如果重视控制的准确性，则应增大加权矩阵 $\boldsymbol{Q}_1$ 中各元素的值，反之则应增大加权矩阵 $\boldsymbol{Q}_2$ 中各元素的值。$\boldsymbol{Q}_1$ 中各元素体现了对 $\boldsymbol{x}(k)$ 中各分量的重视程度，如果 $\boldsymbol{Q}_1$ 中某些元素为零，则说明对 $\boldsymbol{x}(k)$ 中所对应的状态分量没有任何要求，这些状态分量对整个系统的控制性能影响甚微。由此也说明 $\boldsymbol{Q}_1$ 为什么可以是正定或半正定的对称矩阵。因为对任一控制分量所消耗的能量都应限制，又因为计算中要用到 $\boldsymbol{Q}_2$ 的逆矩阵，所以 $\boldsymbol{Q}_2$ 必须是正定的对称矩阵。

求解二次型最优控制问题可采用变分法、动态规划法等方法。这里采用离散动态规划法来进行求解。动态规划法的基本思想是，将一个多级决策过程转变为求解多个单级决策优化问题，这里需要决策的是控制变量 $\boldsymbol{u}(k)(k=0,1,\cdots,N-1)$。令

$$J_i=\boldsymbol{x}^{\mathrm{T}}(N)\boldsymbol{Q}_0\boldsymbol{x}(N)+\sum_{k=i}^{N-1}[\boldsymbol{x}^{\mathrm{T}}(k)\boldsymbol{Q}_1\boldsymbol{x}(k)+\boldsymbol{u}^{\mathrm{T}}(k)\boldsymbol{Q}_2\boldsymbol{u}(k)]$$

$$
\begin{aligned}
&= \boldsymbol{x}^{\mathrm{T}}(N)\boldsymbol{Q}_0\boldsymbol{x}(N) + \boldsymbol{x}^{\mathrm{T}}(i)\boldsymbol{Q}_1\boldsymbol{x}(i) + \boldsymbol{u}^{\mathrm{T}}(i)\boldsymbol{Q}_2\boldsymbol{u}(i) + \\
&\quad \sum_{k=i+1}^{N-1}[\boldsymbol{x}^{\mathrm{T}}(k)\boldsymbol{Q}_1\boldsymbol{x}(k) + \boldsymbol{u}^{\mathrm{T}}(k)\boldsymbol{Q}_2\boldsymbol{u}(k)] \\
&= J_{i+1} + \boldsymbol{x}^{\mathrm{T}}(i)\boldsymbol{Q}_1\boldsymbol{x}(i) + \boldsymbol{u}^{\mathrm{T}}(i)\boldsymbol{Q}_2\boldsymbol{u}(i)
\end{aligned} \tag{5-3-4}
$$

其中 $i=N-1$、$N-2$、…、0。从最末一级往前逐级求解最优控制序列。根据式（5-3-4）和式（5-3-1），有

$$
J_N = \boldsymbol{x}^{\mathrm{T}}(N)\boldsymbol{Q}_0\boldsymbol{x}(N) \tag{5-3-5}
$$

$$
\begin{aligned}
J_{N-1} &= J_N + \boldsymbol{x}^{\mathrm{T}}(N-1)\boldsymbol{Q}_1\boldsymbol{x}(N-1) + \boldsymbol{u}^{\mathrm{T}}(N-1)\boldsymbol{Q}_2\boldsymbol{u}(N-1) \\
&= \boldsymbol{x}^{\mathrm{T}}(N)\boldsymbol{Q}_0\boldsymbol{x}(N) + \boldsymbol{x}^{\mathrm{T}}(N-1)\boldsymbol{Q}_1\boldsymbol{x}(N-1) + \boldsymbol{u}^{\mathrm{T}}(N-1)\boldsymbol{Q}_2\boldsymbol{u}(N-1) \\
&= [\boldsymbol{F}\boldsymbol{x}(N-1) + \boldsymbol{G}\boldsymbol{u}(N-1)]^{\mathrm{T}}\boldsymbol{Q}_0[\boldsymbol{F}\boldsymbol{x}(N-1) + \boldsymbol{G}\boldsymbol{u}(N-1)] + \\
&\quad \boldsymbol{x}^{\mathrm{T}}(N-1)\boldsymbol{Q}_1\boldsymbol{x}(N-1) + \boldsymbol{u}^{\mathrm{T}}(N-1)\boldsymbol{Q}_2\boldsymbol{u}(N-1)
\end{aligned} \tag{5-3-6}
$$

首先根据式（5-3-6）求解 $\boldsymbol{u}(N-1)$，以使 J_{N-1} 最小。求 J_{N-1} 对 $\boldsymbol{u}(N-1)$ 的一阶导数并令其等于零

$$
\frac{\mathrm{d}J_{N-1}}{\mathrm{d}\boldsymbol{u}(N-1)} = 2\boldsymbol{G}^{\mathrm{T}}\boldsymbol{Q}_0\boldsymbol{F}^{\mathrm{T}}\boldsymbol{x}(N-1) + 2\boldsymbol{G}^{\mathrm{T}}\boldsymbol{Q}_1\boldsymbol{F}^{\mathrm{T}}\boldsymbol{u}(N-1) + 2\boldsymbol{Q}_2\boldsymbol{u}(N-1) \tag{5-3-7}
$$

进一步求得最优的控制决策为

$$
\boldsymbol{u}(N-1) = -[\boldsymbol{Q}_2 + \boldsymbol{G}^{\mathrm{T}}\boldsymbol{Q}_0\boldsymbol{G}]^{-1}\boldsymbol{G}^{\mathrm{T}}\boldsymbol{Q}_0\boldsymbol{F}\boldsymbol{x}(N-1) = -\boldsymbol{L}(N-1)\boldsymbol{x}(N-1) \tag{5-3-8}
$$

其中

$$
\boldsymbol{L}(N-1) = -[\boldsymbol{Q}_2 + \boldsymbol{G}^{\mathrm{T}}\boldsymbol{S}(N)\boldsymbol{G}]^{-1}\boldsymbol{G}^{\mathrm{T}}\boldsymbol{S}(N)\boldsymbol{F} \tag{5-3-9}
$$

$$
\boldsymbol{S}(N) = \boldsymbol{Q}_0 \tag{5-3-10}
$$

将式（5-3-8）代入式（5-3-6），得最小的 J_{N-1} 为

$$
J_{N-1} = \boldsymbol{x}^{\mathrm{T}}(N-1)\boldsymbol{S}(N-1)\boldsymbol{x}(N-1) \tag{5-3-11}
$$

其中

$$
\boldsymbol{S}(N-1) = [\boldsymbol{F} - \boldsymbol{G}\boldsymbol{L}(N-1)]^{\mathrm{T}}\boldsymbol{S}(N)[\boldsymbol{F} - \boldsymbol{G}\boldsymbol{L}(N-1)] + \boldsymbol{Q}_1 + \boldsymbol{L}^{\mathrm{T}}(N-1)\boldsymbol{Q}_2\boldsymbol{L}(N-1) \tag{5-3-12}
$$

依照以上类似的步骤可求得 $\boldsymbol{u}(N-2)$、$\boldsymbol{u}(N-3)$、…、$\boldsymbol{u}(0)$。

最后将以上计算 $\boldsymbol{u}(k)(k=N-1, N-2, \cdots, 0)$ 的公式归纳如下：

$$
\boldsymbol{u}(k) = -\boldsymbol{L}(k)\boldsymbol{x}(k) \tag{5-3-13}
$$

$$
\boldsymbol{L}(k) = [\boldsymbol{Q}_2 + \boldsymbol{G}^{\mathrm{T}}\boldsymbol{S}(k+1)\boldsymbol{G}]^{-1}\boldsymbol{G}^{\mathrm{T}}\boldsymbol{S}(k+1)\boldsymbol{F} \tag{5-3-14}
$$

$$
\boldsymbol{S}(k) = [\boldsymbol{F} - \boldsymbol{G}\boldsymbol{L}(k)]^{\mathrm{T}}\boldsymbol{S}(k+1)[\boldsymbol{F} - \boldsymbol{G}\boldsymbol{L}(k)] + \boldsymbol{Q}_1 + \boldsymbol{L}^{\mathrm{T}}(k)\boldsymbol{Q}_2\boldsymbol{L}(k) \tag{5-3-15}
$$

$$
\boldsymbol{S}(N) = \boldsymbol{Q}_0 \tag{5-3-16}
$$

其中 $k=N-1, N-2, \cdots, 0$。

最优性能指标为

$$
J_{\min} = \boldsymbol{x}^{\mathrm{T}}(0)\boldsymbol{S}(0)\boldsymbol{x}(0) \tag{5-3-17}
$$

满足式（5-3-13）～式（5-3-16）的最优控制一定存在且是唯一的。

利用式（5-3-14）～式（5-3-16）可以逆向递推计算出 $\boldsymbol{S}(k)$ 和 $\boldsymbol{L}(k)(k=N-1, N-2, \cdots, 0)$，计算步骤如下：

1）给定参数 $\boldsymbol{F}$、$\boldsymbol{G}$、$\boldsymbol{Q}_0$、$\boldsymbol{Q}_1$ 和 $\boldsymbol{Q}_2$。

2）$\boldsymbol{S}(N)=\boldsymbol{Q}_0$，$k=N-1$。

3）按式（5-3-14）计算 $\boldsymbol{L}(k)$。

4）按式（5-3-15）计算 $\boldsymbol{S}(k)$。

5）若 $k=0$，转7），否则转6）。

6）$k\leftarrow k-1$，转3）。

7）输出 $\boldsymbol{L}(k)$ 和 $\boldsymbol{S}(k)$ $(k=N-1,\ N-2,\ \cdots,\ 0)$。

2. 无限时间最优调节器设计

以上讨论的有限时间最优调节器，虽然最优反馈是线性的，即 $\boldsymbol{u}(k)=-\boldsymbol{L}(k)\boldsymbol{x}(k)$，然而由于控制时间区间 $[0,N]$ 是有限的，因而这种系统总是时变的，即使状态方程和性能指标函数都是常阵的情况也是如此。这就大大增加了系统结构的复杂性。对于计算机控制系统的最优设计，最经常碰到的是离散定常系统终端时间无限的最优调节器问题。当终端时间 $N\to\infty$ 时，矩阵 $\boldsymbol{S}(k)$ 将趋于某个常数，因此可得到定常的最优反馈增益矩阵 $\boldsymbol{L}$，从而便于工程上的实现。

下面给出无限时间调节器问题的解及有关的重要性质。

设被控对象的状态方程为

$$\boldsymbol{x}(k+1)=\boldsymbol{F}\boldsymbol{x}(k)+\boldsymbol{G}\boldsymbol{u}(k)\quad \boldsymbol{x}(0)=\boldsymbol{x}_0 \tag{5-3-18}$$

当 $N\to\infty$ 时，因为系统已趋于平衡，没有必要对终端状态进行惩罚，所以式（5-3-3）性能指标函数简化为

$$J=\sum_{k=0}^{\infty}\left[\boldsymbol{x}^{\mathrm{T}}(k)\boldsymbol{Q}_1\boldsymbol{x}(k)+\boldsymbol{u}^{\mathrm{T}}(k)\boldsymbol{Q}_2\boldsymbol{u}(k)\right] \tag{5-3-19}$$

假定 $[\boldsymbol{F},\boldsymbol{G}]$ 是能控的，且 $[\boldsymbol{F},\boldsymbol{D}]$ 是能观的，其中 $\boldsymbol{D}$ 为能使 $\boldsymbol{D}^{\mathrm{T}}\boldsymbol{D}=\boldsymbol{Q}_1$ 成立的任何矩阵。可以证明有以下几点结论：

（1）设 $\boldsymbol{S}(k)$ 是如下的黎卡堤（Riccati）方程

$$\begin{cases}\boldsymbol{L}(k)=[\boldsymbol{Q}_2+\boldsymbol{G}^{\mathrm{T}}\boldsymbol{S}(k+1)\boldsymbol{G}]^{-1}\boldsymbol{G}^{\mathrm{T}}\boldsymbol{S}(k+1)\boldsymbol{F}\\ \boldsymbol{S}(k)=[\boldsymbol{F}-\boldsymbol{G}\boldsymbol{L}(k)]^{\mathrm{T}}\boldsymbol{S}(k+1)[\boldsymbol{F}-\boldsymbol{G}\boldsymbol{L}(k)]+\boldsymbol{Q}_1+\boldsymbol{L}^{\mathrm{T}}(k)\boldsymbol{Q}_2\boldsymbol{L}(k)\\ \boldsymbol{S}(N)=\boldsymbol{Q}_0\end{cases} \tag{5-3-20}$$

或

$$\begin{cases}\boldsymbol{S}(k)=\boldsymbol{F}^{\mathrm{T}}[\boldsymbol{S}(k+1)-\boldsymbol{S}(k+1)\boldsymbol{G}\boldsymbol{Q}_2+\boldsymbol{G}^{\mathrm{T}}\boldsymbol{S}(k+1)\boldsymbol{G}^{-1}\boldsymbol{G}^{\mathrm{T}}\boldsymbol{S}(k+1)]\boldsymbol{F}+\boldsymbol{Q}_1\\ \boldsymbol{S}(N)=\boldsymbol{Q}_0\end{cases} \tag{5-3-21}$$

的解，那么对于任何非负定对称阵 $\boldsymbol{Q}_0$，有

$$\boldsymbol{S}=\lim_{N\to\infty}\boldsymbol{S}(k)=\lim_{N\to-\infty}\boldsymbol{S}(k) \tag{5-3-22}$$

存在，且是与 $\boldsymbol{Q}_0$ 无关的常数阵。

（2）$\boldsymbol{S}$ 是如下的黎卡堤代数方程

$$\begin{cases}\boldsymbol{L}=(\boldsymbol{Q}_2+\boldsymbol{G}^{\mathrm{T}}\boldsymbol{S}\boldsymbol{G})^{-1}\boldsymbol{G}^{\mathrm{T}}\boldsymbol{S}\boldsymbol{F}\\ \boldsymbol{S}=(\boldsymbol{F}-\boldsymbol{G}\boldsymbol{L})(k)^{\mathrm{T}}\boldsymbol{S}(\boldsymbol{F}-\boldsymbol{G}\boldsymbol{L})+\boldsymbol{L}^{\mathrm{T}}\boldsymbol{Q}_2\boldsymbol{L}+\boldsymbol{Q}_1\end{cases} \tag{5-3-23}$$

或

$$S = F^{T}[S - SG)(Q_2 + G^{T}SG)^{-1}G^{T}S]F + Q_1 \tag{5-3-24}$$

的唯一正定对称解。

（3）稳态控制规律

$$\begin{cases} u(k) = -Lx(k) \\ L = (Q_2 + G^{T}SG)^{-1}G^{T}SF \end{cases} \tag{5-3-25}$$

是使式（5-3-19）性能指标函数 J 极小的最优反馈控制规律，最优性能指标函数为

$$J_{min} = x^{T}(0)\ Sx(0) \tag{5-3-26}$$

（4）所求得的最优控制规律使得闭环系统是渐近稳定的。

例 5-4 考虑离散系统

$$x(k+1) = Fx(k) + Gu(k)$$
$$y(k) = Cx(k) + Du(k)$$

其中

$$F = \begin{pmatrix} -0.1937 & -15.4193 & -0.1415 & 0.0843 & 0.0; \\ 0.0 & 0.0 & -0.2111 & 0.0 & 0.0; \\ -0.49 & 405.4635 & -0.3581 & 0.2132 & 0.0; \\ -13600 & 0.0 & 0.0 & -50 & -13600; \\ -974.6667 & 0.0 & 0.0 & -3.5833 & -991.3333 \end{pmatrix}$$

$G = (0 \quad 0 \quad 0 \quad 13600 \quad 974.6667)$

$C = (1 \quad 0 \quad 0 \quad 0 \quad 0) \qquad D = (0)$

设计最优控制器，使性能指标

$$J = \frac{1}{2}\sum_{k=0}^{\infty}[x^{T}(k)Q_1x(k) + u^{T}(k)Q_2u(k)]$$

最小。

选 $Q_1 = \mathrm{diag}(10 \quad 1 \quad 1 \quad 1 \quad 1)$ 和 $Q_1 = \mathrm{diag}(100 \quad 1 \quad 1 \quad 1 \quad 1)$，$Q_2 = 1$。通过 MATLAB 仿真，可解得两种情况下的最优反馈增益矩阵为

$L_1 = (0.7398 \quad -1.8045 \quad 0.3575 \quad 0.9961 \quad -0.9197)$

$L_2 = (7.0123 \quad -8.5601 \quad 0.6208 \quad 0.9963 \quad -0.9224)$

图 5-6 为不同权矩阵 Q_1 时的系统输出响应曲线。

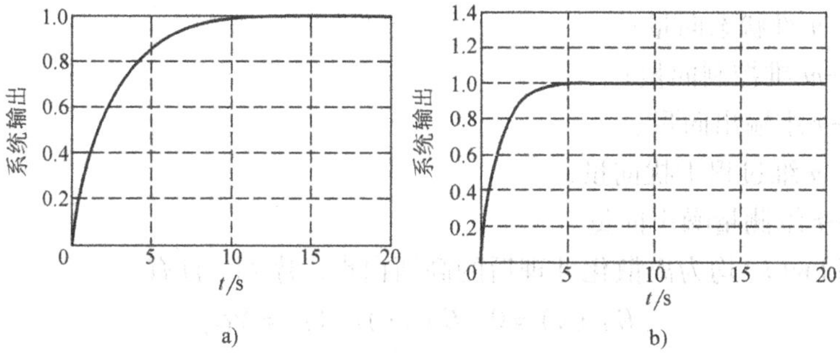

图 5-6 系统输出响应曲线比较

a）权矩阵 Q_1 较小的情况 b）权矩阵 Q_1 较大的情况

选 $\boldsymbol{Q}_1=\mathrm{diag}([10\quad 1\quad 1\quad 1\quad 1])$，$\boldsymbol{Q}_2=10$ 和 $\boldsymbol{Q}_2=1$。通过 MATLAB 仿真，可解得两种情况下的最优反馈增益矩阵为

$$\boldsymbol{L}_1=(-0.1292\quad -0.6430\quad 0.1252\quad 0.3116\quad -0.8493)$$

$$\boldsymbol{L}_2=(0.7398\quad -1.8045\quad 0.3575\quad 0.9961\quad -0.9197)$$

图 5-7 为不同权矩阵 $\boldsymbol{Q}_2$ 时的控制量输出响应曲线。

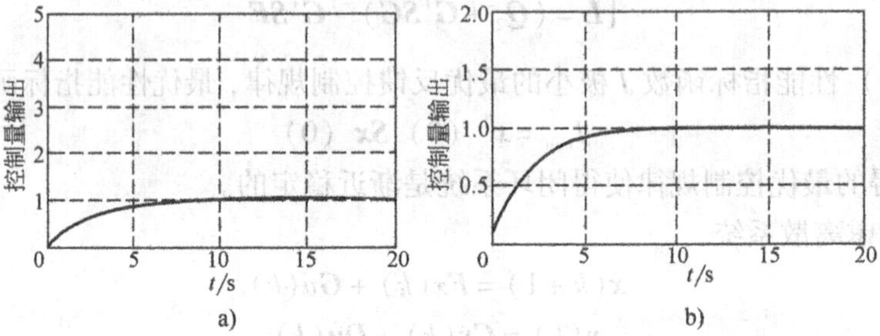

图 5-7 控制量输出响应曲线比较

a) 权矩阵 $\boldsymbol{Q}_2$ 较小的情况 b) 权矩阵 $\boldsymbol{Q}_2$ 较大的情况

可见，权矩阵对系统的性能影响很大，关于输出分量的权矩阵 $\boldsymbol{Q}_1$ 越大则其输出响应越快；关于控制量的权矩阵 $\boldsymbol{Q}_2$ 越大，说明对控制量的要求越苛刻，控制量的输出受到的约束越大，输出较小。

MATLAB 仿真参考程序 zuiyou_1. m 见附录 C。

5.3.2 状态最优估计器设计

以上讨论的最优控制规律设计，要求全部状态均可用于反馈，这在实际上是难以做到的。实际上常常只能测量系统的一部分状态，而且在测量到的信号中还可能包含有量测噪声。因此需要首先根据测量到的信号估计出全部状态，再按照最优控制规律反馈估计的状态。目前有许多状态估计方法，这里介绍状态最优估计器，即 Kalman 滤波器。

1. Kalman 滤波公式的推导

设被控对象的离散状态空间表达式为

$$\begin{cases}\boldsymbol{x}(k+1)=\boldsymbol{F}\boldsymbol{x}(k)+\boldsymbol{G}\boldsymbol{u}(k)+v(k)\\ \boldsymbol{y}(k)=\boldsymbol{C}\boldsymbol{x}(k)+\boldsymbol{w}(k)\end{cases} \tag{5-3-27}$$

式中 $\boldsymbol{x}(k)$——n 维状态向量；

$\boldsymbol{u}(k)$——m 维控制向量；

$\boldsymbol{y}(k)$——r 维输出向量；

$v(k)$——n 维过程干扰向量；

$\boldsymbol{w}(k)$——r 维测量噪声向量。

假设 $v(k)$ 和 $\boldsymbol{w}(k)$ 均为离散化处理后的高斯白噪声序列，且有

$$E\,v(k)=0,\ E\,v(k)v^{\mathrm{T}}(j)=\boldsymbol{V}\delta_{kj} \tag{5-3-28}$$

$$E\boldsymbol{w}(k)=0,\ E\boldsymbol{w}(k)\boldsymbol{w}^{\mathrm{T}}(j)=\boldsymbol{W}\delta_{kj} \tag{5-3-29}$$

其中

$$\delta_{kj}=\begin{cases}1 & k=j\\0 & k\neq j\end{cases} \tag{5-3-30}$$

同时设 $\boldsymbol{V}$ 为非负定对称阵，$\boldsymbol{W}$ 为正定对称阵，并设 $v(k)$ 和 $\boldsymbol{w}(k)$ 不相关。

在方程式（5-3-27）中存在随机的干扰 $v(k)$ 和随机的量测噪声 $\boldsymbol{w}(k)$，因此系统的状态向量 $\boldsymbol{x}(k)$ 也是随机向量，$\boldsymbol{y}(k)$ 是能够量测的输出量。问题是根据输出量 $\boldsymbol{y}(k)$ 估计出 $\boldsymbol{x}(k)$。若记 $\boldsymbol{x}(k)$ 的估计量为 $\hat{\boldsymbol{x}}(k)$，则

$$\tilde{\boldsymbol{x}}(k)=\boldsymbol{x}(k)-\hat{\boldsymbol{x}}(k) \tag{5-3-31}$$

为状态的估计误差，因而

$$\boldsymbol{P}(k)=\boldsymbol{E}\tilde{\boldsymbol{x}}(k)\tilde{\boldsymbol{x}}^{\mathrm{T}}(k) \tag{5-3-32}$$

为状态估计的协方差阵。显然 $\boldsymbol{P}(k)$ 为非负定对称阵。这里估计的准则为：根据量测量 $y(k)$，$y(k-1)$，…，最优地估计出 $\hat{\boldsymbol{x}}(k)$，以使 $\boldsymbol{P}(k)$ 极小（因 $\boldsymbol{P}(k)$ 是非负定对称阵，因此可比较其大小）。这样的估计称为最小方差估计。

根据最优估计理论，最小方差估计为

$$\tilde{\boldsymbol{x}}(k)=\boldsymbol{E}[\boldsymbol{x}(k)\mid\boldsymbol{y}(k),\boldsymbol{y}(k-1),\cdots] \tag{5-3-33}$$

$\boldsymbol{x}(k)$ 最小方差估计 $\hat{\boldsymbol{x}}(k)$ 等于在直到 k 时刻的所有量测量 $\boldsymbol{y}$ 的情况下 $\boldsymbol{x}(k)$ 的条件期望。

为后面推导的方便，引入更一般的记号

$$\hat{\boldsymbol{x}}(j\mid k)=\boldsymbol{E}[\boldsymbol{x}(j)\mid\boldsymbol{y}(k),\boldsymbol{y}(k-1),\cdots] \tag{5-3-34}$$

若 $k>j$，表示根据直到现时刻的量测量来估计过去时刻的状态，称为内插或平滑；

若 $k<j$，表示根据直到现时刻的量测量来估计将来时刻的状态，称为预报或外推；

若 $k=j$，表示根据直到现时刻的量测量来估计现时刻的状态，称为滤波。

本节所讨论的状态最优估计问题即是指滤波问题。为便于后面的推导，根据式(5-3-31)，进一步引入如下记号

$\hat{\boldsymbol{x}}(k-1)\triangleq\hat{\boldsymbol{x}}(k-1|k-1)$——$k-1$ 时刻的状态估计；

$\tilde{\boldsymbol{x}}(k-1)=\boldsymbol{x}(k-1)-\hat{\boldsymbol{x}}(k-1)$——$k-1$ 时刻的状态估计误差；

$\boldsymbol{P}(k-1)=\boldsymbol{E}\tilde{\boldsymbol{x}}(k-1)\tilde{\boldsymbol{x}}^{\mathrm{T}}(k-1)$——$k-1$ 时刻的状态估计误差协方差阵；

$\hat{\boldsymbol{x}}(k|k-1)$——一步预报估计；

$\tilde{\boldsymbol{x}}(k|k-1)=\boldsymbol{x}(k)-\hat{\boldsymbol{x}}(k|k-1)$——一步预报估计误差；

$\boldsymbol{P}(k|k-1)=\boldsymbol{E}\tilde{\boldsymbol{x}}(k|k-1)\tilde{\boldsymbol{x}}^{\mathrm{T}}(k|k-1)$——一步预报估计误差协方差阵；

$\tilde{\boldsymbol{x}}(k)\triangleq\tilde{\boldsymbol{x}}(k|k)$——$k$ 时刻的状态估计；

$\tilde{\boldsymbol{x}}(k)=\boldsymbol{x}(k)-\tilde{\boldsymbol{x}}(k)$——$k$ 时刻的状态估计误差；

$\boldsymbol{P}(k)=\boldsymbol{E}\tilde{\boldsymbol{x}}(k)\tilde{\boldsymbol{x}}^{\mathrm{T}}(k)$——$k$ 时刻的状态估计误差协方差阵。

先求一步预报误差。根据式（5-3-34）和式（5-3-27）可得

$$\begin{aligned}\tilde{\boldsymbol{x}}(k|k-1)&=\boldsymbol{E}[\boldsymbol{x}(k)|\boldsymbol{y}(k),\ \boldsymbol{y}(k-1),\ \cdots]\\&=\boldsymbol{E}[\boldsymbol{Fx}(k-1)+\boldsymbol{Gu}(k-1)+v(k-1)|\boldsymbol{y}(k),\ \boldsymbol{y}(k-1),\ \cdots]\\&=\boldsymbol{E}[\boldsymbol{Fx}(k-1|\boldsymbol{y}(k),\boldsymbol{y}(k-1),\ \cdots]+\\&\quad\ \boldsymbol{E}[\boldsymbol{Gu}(k-1)|\boldsymbol{y}(k),\ \boldsymbol{y}(k-1),\ \cdots]+\\&\quad\ \boldsymbol{E}[v(k-1)|\boldsymbol{y}(k),\ \boldsymbol{y}(k-1),\ \cdots]\end{aligned} \tag{5-3-35}$$

根据前面的定义，上式中第一项即为 $\boldsymbol{F}\hat{\boldsymbol{x}}(k-1)$。$\boldsymbol{u}(k-1)$ 是输入到控制对象的确定量，因此上式中的第二项仍为 $\boldsymbol{Gu}(k-1)$。第三项中 $\boldsymbol{y}(k)$、$\boldsymbol{y}(k-1)$、…均与 $\boldsymbol{u}(k-1)$ 不相关，根

据式（5-3-28），第三项应为零，从而求得一步预报方程为

$$\hat{\boldsymbol{x}}(k \mid k-1) = \boldsymbol{F}\hat{\boldsymbol{x}}(k-1) + \boldsymbol{G}\boldsymbol{u}(k-1) \tag{5-3-36}$$

根据式（5-3-27）、式（5-3-36），可求得一步预报估计误差为

$$\begin{aligned}\tilde{\boldsymbol{x}}(k|k-1) &= \boldsymbol{x}(k-1) - \hat{\boldsymbol{x}}(k|k-1) \\ &= [\boldsymbol{F}\boldsymbol{x}(k-1) + \boldsymbol{G}\boldsymbol{u}(k-1) + v(k-1)] - \\ &\quad [\boldsymbol{F}\hat{\boldsymbol{x}}(k-1) + \boldsymbol{G}\boldsymbol{u}(k-1)] \\ &= \boldsymbol{F}\tilde{\boldsymbol{x}}(k-1) + v(k-1)\end{aligned} \tag{5-3-37}$$

从而可进一步求得一步预报误差的协方差阵为

$$\begin{aligned}\boldsymbol{P}(k|k-1) &= \boldsymbol{E}\tilde{\boldsymbol{x}}(k|k-1)\tilde{\boldsymbol{x}}^{\mathrm{T}}(k|k-1) \\ &= \boldsymbol{E}[\boldsymbol{F}\tilde{\boldsymbol{x}}(k-1) + v(k-1)][\boldsymbol{F}\tilde{\boldsymbol{x}}(k-1) + v(k-1)] \\ &= \boldsymbol{F}[\boldsymbol{E}\tilde{\boldsymbol{x}}(k-1)\tilde{\boldsymbol{x}}^{\mathrm{T}}(k-1)]\boldsymbol{F}^{\mathrm{T}} + \boldsymbol{F}[\boldsymbol{E}\tilde{\boldsymbol{x}}(k-1)v^{\mathrm{T}}(k-1)] + \\ &\quad \boldsymbol{F}[\boldsymbol{E}v(k-1)\tilde{\boldsymbol{x}}^{\mathrm{T}}(k-1)]\boldsymbol{F}^{\mathrm{T}} + \boldsymbol{E}v(k-1)\tilde{v}^{\mathrm{T}}(k-1)\end{aligned} \tag{5-3-38}$$

根据前面的定义，上式中第一项即为 $\boldsymbol{F}\boldsymbol{P}(k-1)\boldsymbol{F}^{\mathrm{T}}$。根据式（5-3-37），$v(k)$只影响 $\boldsymbol{x}(k)$，而与 $\boldsymbol{x}(k+1)$不相关，因此$v(k+1)$也与 $\boldsymbol{y}(k-1) = \boldsymbol{C}\boldsymbol{x}(k-1) = \boldsymbol{C}\boldsymbol{x}(k-1) + \boldsymbol{w}(k-1)$ 不相关；而$\tilde{\boldsymbol{x}}(k-1) = \boldsymbol{x}(k-1) - \hat{\boldsymbol{x}}(k-1)$中的第二项$\hat{\boldsymbol{x}}(k-1)$也只包含了直到 $k-1$ 时刻的量测量 $\boldsymbol{y}$ 的信息，所以$v(k+1)$与 $\tilde{\boldsymbol{x}}(k-1)$也不相关，从而上式中的第二和第三项均为零。根据式（5-3-28），显然上式中第四项应等于 $\boldsymbol{V}$。从而上式简化为

$$\boldsymbol{P}(k \mid k-1) = \boldsymbol{F}\boldsymbol{P}(k-1)\boldsymbol{F}^{\mathrm{T}} + \boldsymbol{V} \tag{5-3-39}$$

设 $x(k)$的最小方差估计具有如下的形式

$$\hat{\boldsymbol{x}}(k) = \hat{\boldsymbol{x}}(k \mid k-1) + \boldsymbol{K}(k)[\boldsymbol{y}(k) - \boldsymbol{C}\hat{\boldsymbol{x}}(k \mid k-1)] \tag{5-3-40}$$

其中 $\boldsymbol{K}(k)$称为状态估计器增益，或 Kalman 滤波器增益。

该估计器方程具有明显的物理意义。式中第一项 $\hat{\boldsymbol{x}}(k|k-1)$是 $\boldsymbol{x}(k)$的一步最优预报估计，它是根据直到 $k-1$ 时刻的所有量测量 $\boldsymbol{y}$ 的信息而得到的关于 $\boldsymbol{x}(k)$的最优估计。式中第二项是修正项，它是根据最新的量测信息 $\boldsymbol{y}(k)$来对最优预报估计进行修正。在第二项中

$$\hat{\boldsymbol{y}}(k) = \boldsymbol{y}(k) - \boldsymbol{C}\hat{\boldsymbol{x}}(k \mid k-1) \tag{5-3-41}$$

是关于量测量 $\boldsymbol{y}(k)$的一步预报估计。

$$\tilde{\boldsymbol{y}}(k \mid k-1) = \boldsymbol{y}(k) - \hat{\boldsymbol{y}}(k \mid k-1) = \boldsymbol{y}(k) - \boldsymbol{C}\hat{\boldsymbol{x}}(k \mid k-1) \tag{5-3-42}$$

是关于量测量 $\boldsymbol{y}(k)$的一步预报误差，也成为新息，即它包含了最新量测量的信息。因此式（5-3-40）所表示的最优状态估计可以看成是一步最优预报与新息的加权平均，其中增益矩阵 $\boldsymbol{K}(k)$可认为是加权矩阵。从而问题变为如何合适地选择 $\boldsymbol{K}(k)$，以获得 $\boldsymbol{x}(k)$的最小方差估计，即使得状态估计误差的协方差

$$\boldsymbol{P}(k) = \boldsymbol{E}\tilde{\boldsymbol{x}}(k)\tilde{\boldsymbol{x}}^{\mathrm{T}}(k) = \boldsymbol{E}[\boldsymbol{x}(k) - \hat{\boldsymbol{x}}(k)][\boldsymbol{x}(k) - \hat{\boldsymbol{x}}(k)]^{\mathrm{T}} \tag{5-3-43}$$

为最小。式（5-3-40）是关于 $\boldsymbol{y}(k)$的线性方程，因此使上式最小的估计是关于 $\boldsymbol{x}(k)$的线性最小方差估计。由于前面假设了$v(k)$和 $\boldsymbol{w}(k)$均为高斯白噪声序列，$\boldsymbol{x}(k)$和$\boldsymbol{y}(k)$也将为正态分布的随机序列。根据估计理论可知，所得线性最小方差估计即为最小方差估计。如果只是假设$v(k)$和 $\boldsymbol{w}(k)$为白噪声序列，那么所得的最优估计是线性最小方差估计，但不一定是最小方差估计。

现在的问题变为：寻求 $\boldsymbol{K}(k)$，以使 $\boldsymbol{P}(k) = \boldsymbol{E}\tilde{\boldsymbol{x}}(k)\tilde{\boldsymbol{x}}^{\mathrm{T}}(k)$极小。可以证明，使$\boldsymbol{P}(k)$极小等价于使如下的标量函数

$$J = E\tilde{\boldsymbol{x}}^{\mathrm{T}}(k)\tilde{\boldsymbol{x}}(k) \tag{5-3-44}$$

极小。J 表示 $\boldsymbol{x}(k)$ 的各个分量的方差之和，因而它是标量。下面即按此准则来寻求 $\boldsymbol{K}(k)$。

根据式（5-3-27）和式（5-3-40），可得 $\boldsymbol{x}(k)$ 的状态估计误差为

$$\begin{aligned}\tilde{\boldsymbol{x}}(k) &= \boldsymbol{x}(k) - \hat{\boldsymbol{x}}(k)\\ &= \boldsymbol{x}(k) - \hat{\boldsymbol{x}}(k|k-1) - \boldsymbol{K}(k)[\boldsymbol{C}\boldsymbol{x}(k) + \boldsymbol{w}(k) - \boldsymbol{C}\hat{\boldsymbol{x}}(k|k-1)]\\ &= \tilde{\boldsymbol{x}}(k|k-1) - \boldsymbol{K}(k)\boldsymbol{C}\tilde{\boldsymbol{x}}(k|k-1) - \boldsymbol{K}(k)\boldsymbol{w}(k)\\ &= [\boldsymbol{I} - \boldsymbol{K}(k)\boldsymbol{C}]\tilde{\boldsymbol{x}}(k|k-1) - \boldsymbol{K}(k)\boldsymbol{w}(k)\end{aligned} \tag{5-3-45}$$

根据上式，进一步求得状态估计误差的协方差阵为

$$\begin{aligned}\boldsymbol{P}(k) &= E\tilde{\boldsymbol{x}}(k)\tilde{\boldsymbol{x}}^{\mathrm{T}}(k)\\ &= E\{[\boldsymbol{I} - \boldsymbol{K}(k)\boldsymbol{C}]\tilde{\boldsymbol{x}}(k|k-1) - \boldsymbol{K}(k)\boldsymbol{w}(k)\}\\ &\quad \{[\boldsymbol{I} - \boldsymbol{K}(k)\boldsymbol{C}]\tilde{\boldsymbol{x}}(k|k-1) - \boldsymbol{K}(k)\boldsymbol{w}(k)\}^{\mathrm{T}}\\ &= [\boldsymbol{I} - \boldsymbol{K}(k)\boldsymbol{C}][E\tilde{\boldsymbol{x}}(k|k-1)\tilde{\boldsymbol{x}}^{\mathrm{T}}(k|k-1)][\boldsymbol{I} - \boldsymbol{K}(k)\boldsymbol{C}]^{\mathrm{T}} +\\ &\quad \boldsymbol{K}(k)[E\boldsymbol{w}(k)\boldsymbol{w}^{\mathrm{T}}(k)]\boldsymbol{K}^{\mathrm{T}}(k)\\ &= [\boldsymbol{I} - \boldsymbol{K}(k)\boldsymbol{C}]\boldsymbol{P}(k|k-1)[\boldsymbol{I} - \boldsymbol{K}(k)\boldsymbol{C}]^{\mathrm{T}} + \boldsymbol{K}(k)\boldsymbol{W}\boldsymbol{K}^{\mathrm{T}}(k)\end{aligned} \tag{5-3-46}$$

在上式中，由于 $\boldsymbol{w}(k)$ 与 $\tilde{\boldsymbol{x}}(k|k-1)$ 不相关，因此交叉相乘项的期望值为零。

为了在式（5-3-46）中寻求 $\boldsymbol{K}(k)$，以使 $\boldsymbol{P}(k)$ 极小，可让 $\boldsymbol{K}(k)$ 取得一个增量 $\Delta\boldsymbol{K}(k)$，即 $\boldsymbol{K}(k)$ 变为 $\boldsymbol{K}(k) + \Delta\boldsymbol{K}(k)$，从而 $\boldsymbol{P}(k)$ 相应地变 $\boldsymbol{P}(k) + \Delta\boldsymbol{P}(k)$。根据式（5-3-46）可以求得

$$\begin{aligned}\Delta\boldsymbol{P}(k) &= \boldsymbol{P}_{K+\Delta K}(k) - \boldsymbol{P}_K(k)\\ &= [-\Delta\boldsymbol{K}(k)\boldsymbol{C}]\boldsymbol{P}(k|k-1)[\boldsymbol{I} - \boldsymbol{K}(k)\boldsymbol{C}]^{\mathrm{T}} + [\boldsymbol{I} - \boldsymbol{K}(k)\boldsymbol{C}]\boldsymbol{P}(k|k-1)\\ &\quad [-\boldsymbol{C}^{\mathrm{T}}\Delta\boldsymbol{K}^{\mathrm{T}}(k)] + \Delta\boldsymbol{K}(k)\boldsymbol{W}\boldsymbol{K}^{\mathrm{T}}(k) + \boldsymbol{K}(k)\boldsymbol{W}\Delta\boldsymbol{K}^{\mathrm{T}}(k)\\ &= -\Delta\boldsymbol{K}(k)\{\boldsymbol{C}\boldsymbol{P}(k|k-1)[\boldsymbol{I} - \boldsymbol{K}(k)\boldsymbol{C}]^{\mathrm{T}} - \boldsymbol{W}\boldsymbol{K}^{\mathrm{T}}(k)\} -\\ &\quad [(\boldsymbol{I} - \boldsymbol{K}(k)\boldsymbol{C})\boldsymbol{P}(k|k-1)\boldsymbol{C}^{\mathrm{T}} - \boldsymbol{K}(k)\boldsymbol{W}]\Delta\boldsymbol{K}^{\mathrm{T}}(k)\\ &= -\Delta K(k)\boldsymbol{R}^{\mathrm{T}} - R\Delta\boldsymbol{K}^{\mathrm{T}}(k)\end{aligned} \tag{5-3-47}$$

其中

$$\boldsymbol{R} = [\boldsymbol{I} - \boldsymbol{K}(k)\boldsymbol{C}]\boldsymbol{P}(k|k-1)\boldsymbol{C}^{\mathrm{T}} - \boldsymbol{K}(k)\boldsymbol{W} \tag{5-3-48}$$

如果 $\boldsymbol{K}(k)$ 能使式（5-3-46）中的 $\boldsymbol{P}(k)$ 取极小值，那么，对于任意的增量 $\Delta\boldsymbol{K}(k)$ 均应有 $\Delta\boldsymbol{P}(k)=0$。要使该点成立，则必须有

$$\begin{aligned}\boldsymbol{R} &= [\boldsymbol{I} - \boldsymbol{K}(k)\boldsymbol{C}]\boldsymbol{P}(k|k-1)\boldsymbol{C}^{\mathrm{T}} - \boldsymbol{K}(k)\boldsymbol{W}\\ &= \boldsymbol{P}(k|k-1)\boldsymbol{C}^{\mathrm{T}} - \boldsymbol{K}(k)[\boldsymbol{C}\boldsymbol{P}(k|k-1)\boldsymbol{C}^{\mathrm{T}} + \boldsymbol{W}] = 0\end{aligned} \tag{5-3-49}$$

也即必须有

$$\boldsymbol{K}(k) = \boldsymbol{P}(k|k-1)\boldsymbol{C}^{\mathrm{T}}[\boldsymbol{C}\boldsymbol{P}(k|k-1)\boldsymbol{C}^{\mathrm{T}} + \boldsymbol{W}]^{-1} \tag{5-3-50}$$

从该式可以看出，原先假设 $\boldsymbol{W}$ 为正定对称阵的条件可以放宽到 $(\boldsymbol{W} + \boldsymbol{C}\boldsymbol{P}(k|k-1)\boldsymbol{C}^{\mathrm{T}})$ 为正定对称阵。

最后将所有的 Kalman 滤波公式归纳如下：

$$\hat{\boldsymbol{x}}(k|k-1) = \boldsymbol{F}\hat{\boldsymbol{x}}(k-1) + \boldsymbol{G}\boldsymbol{u}(k-1) \tag{5-3-51}$$

$$\hat{\boldsymbol{x}}(k) = \hat{\boldsymbol{x}}(k|k-1) + \boldsymbol{K}(k)[\boldsymbol{y}(k) - \boldsymbol{C}\hat{\boldsymbol{x}}(k|k-1)] \tag{5-3-52}$$

$$\boldsymbol{K}(k) = \boldsymbol{P}(k|k-1)\boldsymbol{C}^{\mathrm{T}}[\boldsymbol{C}\boldsymbol{P}(k|k-1)\boldsymbol{C}^{\mathrm{T}} + \boldsymbol{W}]^{-1} \tag{5-3-53}$$

$$\boldsymbol{P}(k|k-1) = \boldsymbol{F}\boldsymbol{P}(k-1)\boldsymbol{F}^{\mathrm{T}} + \boldsymbol{V} \tag{5-3-54}$$

$$\boldsymbol{P}(k) = [\boldsymbol{I} - \boldsymbol{K}(k)\boldsymbol{C}]\boldsymbol{P}(k-1)[\boldsymbol{I} - \boldsymbol{K}(k)\boldsymbol{C}]^{\mathrm{T}} + \boldsymbol{K}(k)\boldsymbol{W}\boldsymbol{K}^{\mathrm{T}}(k) \tag{5-3-55}$$

$\hat{\boldsymbol{x}}(0)$和$\boldsymbol{P}(0)$给定，$k=1, 2, \cdots$

从上面的递推公式可以看出，若 Kalman 滤波增益矩阵$\boldsymbol{K}(k)$已知，则根据式（5-3-51）和式（5-3-52）便可递推计算出状态最优估计$\hat{\boldsymbol{x}}(k)$，$k=1, 2, \cdots$。可见，为获得状态的最优估计，关键是需要事先计算出 Kalman 滤波增益矩阵$\boldsymbol{K}(k)$。

2. Kalman 滤波增益矩阵 *K* 的计算

增益矩阵$\boldsymbol{K}(k)$可直接根据式（5-3-53）~式（5-3-54）的递推公式进行计算，迭代计算的程序流程如下：

（1）给定参数$\boldsymbol{F}$、$\boldsymbol{C}$ 、$\boldsymbol{V}$、$\boldsymbol{W}$和$\boldsymbol{P}(0)$，给定迭代计算总步数N，置$k=1$。

（2）按式（5-3-54）计算$\boldsymbol{P}(k|k-1)$。

（3）按式（5-3-55）计算$\boldsymbol{P}(k)$。

（4）按式（5-3-53）计算$\boldsymbol{K}(k)$。

（5）如果$k=N$，转（7），否则，转（6）。

（6）$k \leftarrow k-1$转（2）。

（7）输出$\boldsymbol{K}(k)$和$\boldsymbol{P}(k)$，$k=1, 2, \cdots N$。

例 5-5 已知控制对象的离散状态方程为

$$\begin{cases}\boldsymbol{x}(k+1)=\boldsymbol{F}\boldsymbol{x}(k)+\boldsymbol{G}u(k)+v(k)\\ y(k)=\boldsymbol{C}\boldsymbol{x}(k)+w(k)\end{cases}$$

其中

$$\boldsymbol{F}=\begin{bmatrix}1 & 0.1\\ 0 & 1\end{bmatrix}\qquad \boldsymbol{G}=\begin{bmatrix}0.05\\ 0.1\end{bmatrix}\qquad \boldsymbol{C}=(1\quad 0)$$

同时，已知$v(k)$和$w(k)$均为均值为零的白噪声序列，且它们互不相关，$v(k)$和$w(k)$的协方差阵分别为

$$\boldsymbol{V}=\boldsymbol{E}\,v(k)v^{\mathrm{T}}(k)=\rho\begin{bmatrix}0 & 0\\ 0 & 1\end{bmatrix}\qquad \rho=0.01, 0.1$$

$$\boldsymbol{W}=\boldsymbol{E}x^2(k)=0.1$$

取$N=40$，$P(0)=\begin{bmatrix}1 & 0\\ 0 & 0\end{bmatrix}$，计算 Kalman 滤波增益矩阵$\boldsymbol{K}(k)$。

解 根据上述 Kalman 滤波增益阵计算流程，迭代计算出不同过程噪声水平下的滤波增益矩阵$\boldsymbol{K}(k)$，如图 5-8 所示。

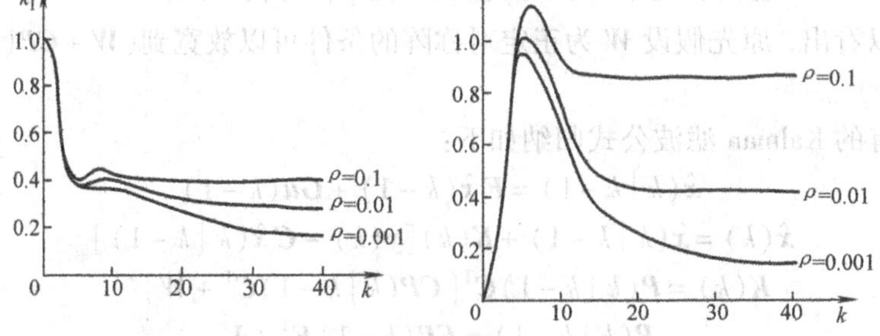

图 5-8 例 5-5 系统的 Kalman 滤波增益矩阵

从图5-8中可以看出，$\boldsymbol{K}(k)$中的各个元素随着ρ的增大而增大，它说明控制对象受到的干扰越大，依靠模型来进行预报的准确性越低，从而更需要利用量测来进行修正。同时也可以看出，$\boldsymbol{K}(k)$是一个时变增益矩阵，但当k增大到一定程度后，$\boldsymbol{K}(k)$将趋于一个常数值。可以证明，只要初始的状态估计误差协方差阵$\boldsymbol{P}(0)$是非负定对称阵，则$\boldsymbol{K}(k)$和$\boldsymbol{P}(k)$的稳态值将与$\boldsymbol{P}(0)$无关。因此，如果只要求计算$\boldsymbol{K}(k)$的定常解，通常可取$\boldsymbol{P}(0)=0$或$\boldsymbol{P}(0)=\boldsymbol{I}$

5.3.3 LQG最优控制器设计

前面分别讨论了最优控制规律和状态最优估计器的设计，这两部分组成了随机系统的最优控制器。设连续控制对象的离散状态方程为

$$\begin{cases}\boldsymbol{x}(k+1)=\boldsymbol{F}\boldsymbol{x}(k)+\boldsymbol{G}\boldsymbol{u}(k)+v(k)\\ \boldsymbol{y}(k)=\boldsymbol{C}\boldsymbol{x}(k)+\boldsymbol{w}(k)\end{cases} \tag{5-3-56}$$

由状态最优估计器和最优控制规律组成的控制器方程为

$$\begin{cases}\hat{\boldsymbol{x}}(k\mid k+1)=\boldsymbol{F}\hat{\boldsymbol{x}}(k-1)+\boldsymbol{G}\boldsymbol{u}(k-1)\\ \hat{\boldsymbol{x}}(k)=\hat{\boldsymbol{x}}(k\mid k-1)+\boldsymbol{K}[y(k)-\boldsymbol{C}\hat{\boldsymbol{x}}(k\mid k-1)]\\ \boldsymbol{u}(k)=-\boldsymbol{L}\hat{\boldsymbol{x}}(k)\end{cases} \tag{5-4-57}$$

显然，设计最优控制器的关键是计算Kalman滤波器增益$\boldsymbol{K}$以及求最优控制规律$\boldsymbol{L}$。

闭环系统的调节性能取决于最优控制器，而最优控制器的设计又依赖于控制对象的模型（矩阵$\boldsymbol{A}$，$\boldsymbol{B}$，$\boldsymbol{C}$），干扰模型（协方差阵$\boldsymbol{V}$，$\boldsymbol{W}$）和二次型性能指标函数中加权矩阵（$\boldsymbol{Q}_0$，$\boldsymbol{Q}_1$，$\boldsymbol{Q}_2$）的选取。控制对象模型的获取可通过机理方法、实验方法和过程辨识的方法实现。Kalman滤波增益矩阵的计算取决于过程干扰方差阵$\boldsymbol{V}$和量测噪声方差阵$\boldsymbol{W}$，而最优控制规律$\boldsymbol{L}$的计算又取决于加权矩阵。在设计计算过程中，一般凭经验试凑给出$\boldsymbol{V}$、$\boldsymbol{W}$和加权矩阵，通过计算不断调整，逐步达到满意的调节性能。

本章小结

本章讨论了基于状态空间模型设计控制系统的两类主要方法，一类是按极点配置的设计方法，它包括按极点配置设计控制规律和按极点配置设计观测器两个方面；另一类是最优化设计方法，它包括最优控制律设计和状态最优估计器设计两个方面，组成了随机系统的最优控制器。这两种设计方法的共同点是：所设计的控制器都是由观测器（或估计器）和状态反馈这两部分所组成的，并且都用分离性原理，使两部分设计分开进行。但是，极点配置设计法用的性能指标是以闭环系统的希望极点给出，并且没有考虑系统中随机的过程干扰和量测噪声，是按确定性系统来设计，这种设计方法更适合于单变量系统；而最优化设计方法所用的性能指标是使得某种二次性能指标函数最优，在设计中考虑了系统中随机的过程干扰和量测噪声，设计方法更适合于多变量系统和时变系统。因此，极点配置设计法难以考虑对控制量幅度限制的要求，它往往需要反复试凑；最优化设计方法比较容易通过调整控制量的加权系数来满足对控制量幅度的要求。

习题和思考题

5-1 伺服系统的状态方程为

$$x(k+1)=\begin{bmatrix}1 & 0.0952\\0 & 0.9050\end{bmatrix}x(k)+\begin{bmatrix}0.00484\\0.09520\end{bmatrix}u(k)$$

试利用极点配置法求全状态反馈增益，使闭环极点在 s 平面上位于 $\xi=0.46$，$\omega_n=4.2\text{rad/s}$。假定采样周期 $T=0.1\text{s}$。

5-2 对题5-1所示的系统，若 $y(k)=[1\quad 0]x(k)$，设计要求如下：

（1）全阶预测观测器和现时观测器，要求观测器的特征根是相等实根，该实根所对应的响应的衰减速率是控制系统衰减速率的4倍。

（2）若 x_1 的状态可以实测，试设计降阶观测器，要求观测器极点位于原点，并求由观测器而引入系统的数字滤波器的传递函数。若 $y(k)=[0\quad 1]x(k)$，试问还能设计降阶观测器吗？

5-3 什么是分离性原理？该原理有何指导意义？

5-4 已知被控对象的状态方程为

$$x(k+1)=\begin{bmatrix}0.6270 & 0.3610\\0.0901 & 0.8530\end{bmatrix}x(k)+\begin{bmatrix}0.0251\\0.1150\end{bmatrix}u(k)$$

其性能指标为

$$J=\frac{1}{2}\sum_{k=0}^{N}\left[x^{T}(k)Q_1x(k)+Q_2u^2(k)\right]$$

其中

$$Q_1=\begin{bmatrix}50 & 0\\0 & 10\end{bmatrix},\ Q_2=1,\ N=10$$

试求最优控制序列 $u(k)$。

第6章

计算机控制系统的先进控制技术

先进控制是对那些不同于常规控制，并具有比常规控制更好控制效果的控制策略的统称，而非专指某种计算机控制算法。由于先进控制的内涵丰富，同时带有较强的时代特征，因此，至今对先进控制还没有严格的、统一的定义。尽管如此，先进控制的任务却是明确的，即用来处理那些采用常规控制效果不好，甚至无法控制的复杂工业过程控制的问题。先进控制技术的发展与计算机技术的发展是密不可分的，因此，在计算机控制系统中应用先进控制策略，已成为控制领域研究的热点。

本章主要介绍内模控制和模型预测控制两种先进控制策略的基本原理及工程设计方法。

6.1 内模控制

1982年，Garcia和Morari完整地提出并发展了内模控制。内模控制（Internal Model Control，IMC）是一种基于过程数学模型进行控制器设计的新型控制策略。内模控制在结构上与施密斯预估控制很相似，它有一个被称为内部模型的过程模型，控制器设计可由过程模型直接求取。由于其具有设计简单、控制性能好、鲁棒性强和便于系统分析等优点，使得内模控制不仅是一种实用的先进控制算法，而且是研究预测控制等基于模型的控制策略的重要理论基础，在控制系统的分析设计上得到了广泛地应用。

6.1.1 内模控制基本原理

图6-1给出了内模控制基本结构框图。图中 $G_p(s)$ 表示实际对象，$\hat{G}_p(s)$ 为对象模型，$R(s)$ 为给定值，$Y(s)$ 为系统输出，$Y_m(s)$ 为模型输出，$U(s)$ 为控制器输出，$D(s)$ 为在控制对象输出上叠加的扰动。图6-1中点画线框内包围的部分是整个控制系统的内部结构，需要用计算机硬件或软件来实现。由于该结构中除了控制器 $G_{IMC}(s)$ 之外，还明显包括对象模型 $\hat{G}_p(s)$，内模控制由此而得名。

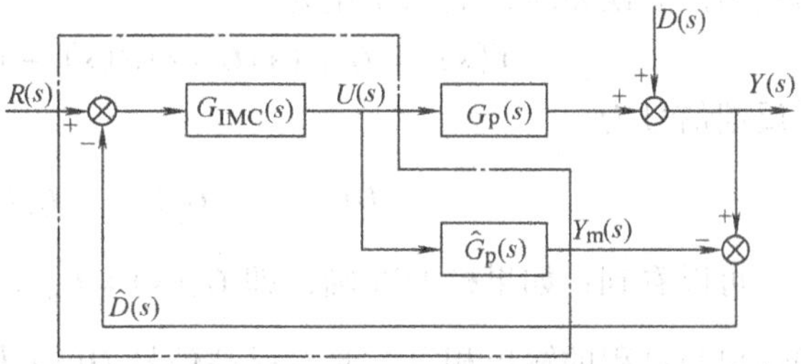

图6-1 内模控制结构框图

内模控制器的设计思路可以说是从理想控制器出发，然后考虑了某些实际存在的约束，再回到实际控制器的。在图6-1中，系统有两个输入：外界扰动输入（假定为不可测）

$D(s)$和设定值输入$R(s)$。下面分别讨论在两种不同输入情况下系统的输出情况。

（1）当$R(s)=0$，$D(s)\neq 0$时，假若模型准确，即

$$\hat{G}_p(s) = G_p(s)$$

由图（6-1）可见

$$\hat{D}(s) = D(s)$$

因为$R(s)=0$，这时

$$Y(s) = D(s)[1 - G_{IMC}(s)G_p(s)] = D(s)[1 - G_{IMC}(s)\hat{G}_p(s)] \tag{6-1-1}$$

假若"模型可倒"，即$\frac{1}{\hat{G}_p(s)}$可以实现，则令

$$G_{IMC}(s) = \frac{1}{\hat{G}_p(s)} \tag{6-1-2}$$

将式（6-1-2）代入式（6-1-1），可得

$$Y(s) = 0 \tag{6-1-3}$$

则不管$D(s)$如何变化，对$Y(s)$的影响为零。这表明本控制器是克服外界扰动的理想控制器。

（2）当$D(s)=0$，$R(s)\neq 0$时，只要上述假设条件成立，即模型没有误差而且可倒，并且又因为$D(s)=0$，则$\hat{D}(s)=0$，由图（6-1）可得

$$Y(s) = G_{IMC}(s)G_p(s)R(s) = \frac{1}{\hat{G}_p(s)}G_p(s)R(s) = R(s) \tag{6-1-4}$$

上式表明本控制器是$Y(s)$跟踪$R(s)$变化的理想控制器。

由式（6-1-3）和式（6-1-4）两式综合表明内模控制是在"模型没有误差，而且可倒"这个假设条件下的理想反馈控制器。

由图6-1，内模控制系统有以下关系式：

$$Y(s) = \frac{G_{IMC}(s)G_p(s)}{1 + G_{IMC}(s)[G_p(s) - \hat{G}_p(s)]}R(s) + \frac{1 - G_{IMC}(s)\hat{G}_p(s)}{1 + G_{IMC}(s)[G_p(s) - \hat{G}_p(s)]}D(s) \tag{6-1-5}$$

当模型没有误差时，上式简化为

$$Y(s) = G_{IMC}(s)G_p(s)R(s) + [1 - G_{IMC}(s)G_p(s)]D(s) \tag{6-1-6}$$

其反馈信号为

$$\hat{D}(s) = [G_p(s) - \hat{G}_p(s)]U(s) + D(s) \tag{6-1-7}$$

可以看到：如果模型准确，即$\hat{G}_p(s)=G_p(s)$，且没有外界扰动，即$D(s)=0$，则模型的输出与过程的输出相等，此时反馈信号$\hat{D}(s)$为零。这样，在模型无不确定性和无未知输入的条件下，内模控制系统具有开环结构。这也清楚地表明，对开环稳定的过程而言，反馈的目的是克服过程的不确定性。也就是说，如果过程和过程输入都完全清楚，只需要前馈（开环）控制，而不需要反馈（闭环）控制。事实上，在工业过程控制中，克服扰动是控制系统的主要任务，而模型不确定性也是难免的。此时，在图6-1所示的IMC结构中，反馈信

号 $\hat{D}(s)$ 就反映了过程模型的不确定性和扰动的影响，从而构成了闭环控制结构。

6.1.2 内模控制器的设计

在实际工作中几乎没有完全理想的情况，"非理想"情况主要涉及两点：一是模型与各种不同工况下的实际过程总会存在误差；二是 $\hat{G}_p(s)$ 有时不完全可倒。这里是指：

① $\hat{G}_p(s)$ 中包含有非最小相位环节（即零点在右半平面），其倒数会形成不稳定环节；

② $\hat{G}_p(s)$ 中包含有纯滞后环节，其倒数为纯超前，它是物理上不可实现的。

由于以上原因，内模控制器的设计通常可分成两步。

步骤1 将过程模型做因式分解

$$\hat{G}_p = \hat{G}_{p+}\hat{G}_{p-} \tag{6-1-8}$$

式中，$\hat{G}_{p+}$ 包含了所有的纯滞后和右半平面的零点，并规定其静态增益为1。$\hat{G}_{p-}$ 为过程模型的最小相位部分。

步骤2 控制器按下式设计

$$G_{IMC}(s) = \frac{1}{\hat{G}_{p-}(s)}f(s) \tag{6-1-9}$$

这里 $f(s)$ 为IMC滤波器。选择滤波器的形式，以保证内模控制器为真分式。

对于阶跃输入信号，可以确定Ⅰ型IMC滤波器的形式为

$$f(s) = \frac{1}{(T_f s + 1)^r} \tag{6-1-10}$$

对于斜坡输入信号，可以确定Ⅱ型IMC滤波器的形式为

$$f(s) = \frac{rT_f s + 1}{(T_f s + 1)^r} \tag{6-1-11}$$

IMC滤波器中，T_f 为滤波器时间常数。对于最小相位系统，在没有模型误差的情况下，T_f 就是闭环时间常数；对于非最小相位系统，当 T_f 足够大时，它成为系统的主要时间常数。参数 r 是一个整数，它的选择原则主要是使 $G_{IMC}(s)$ 成为有理的传递函数（如它的分母阶次至少应等于分子的阶次）。

在方程式（6-1-9）中内模控制器仅包含了 $\hat{G}_{p-}(s)$ 的倒数而不是整个过程模型 $\hat{G}_p(s)$ 的倒数。相反，如果是整个模型 $\hat{G}_p(s)$ 的倒数，那么这个控制器就可能会包含纯超前的 $e^{+\tau s}$ 项（如果 $\hat{G}_{p+}$ 中含有纯滞后）和不稳定极点（如果 $\hat{G}_{p+}$ 中有右半平面的零点）。而利用因式分解算式（6-1-8），并添加了式（6-1-10）或式（6-1-11）那样的滤波器 $f(s)$，则能保证 $G_{IMC}(s)$ 是物理可实现的，并且是稳定的。另外，因为式（6-1-9）中的控制器是基于零极点相消的原理来设计的，因而这种形式的内模控制算法不能应用于开环不稳定的过程。

假设模型没有误差 $[\hat{G}_p(s) = G_p(s)]$，将式（6-1-9）和式（6-1-8）代入式（6-1-6）可得

$$Y(s)=\hat{G}_{p+}(s)f(s)R(s)+[1-f(s)\hat{G}_{p+}(s)]D(s) \tag{6-1-12}$$

设定值变化（设 $D(s)=0$）的闭环传递函数为

$$\frac{Y(s)}{R(s)}=\hat{G}_{p+}(s)f(s) \tag{6-1-13}$$

上式表明滤波器 $f(s)$ 与闭环性能有非常直接的关系。滤波器中的时间常数 T_f 是个可调整的参数。时间常数越小，$Y(s)$ 对 $R(s)$ 的跟踪滞后越小。仅从这个角度看，似乎 T_f 越小越好。即 T_f 直接影响闭环响应速度；事实上，滤波器在内模控制中还有另一重要作用，即利用它可以调整系统的鲁棒性（即对模型误差的不敏感性）。它的规律是，时间常数 T_f 越大，系统鲁棒性越好。因而对某个具体系统，滤波器时间常数 T_f 的取值应在兼顾闭环控制精度和系统的鲁棒性中做出折中选择。

通过调整滤波器参数可以调整系统的鲁棒性，这是内模控制的特点，也是比施密斯预估控制性能好的一个优点，从而使它更具有实用性。

例 6-1 过程工业中的许多单输入单输出过程都可以用一阶加纯滞后过程得到较好的近似。这类过程在无模型失配和无外部扰动的情况下有

$$\hat{G}_p(s)=G_p(s)=\frac{Ke^{-\tau s}}{Ts+1},\quad \hat{D}(s)=0 \tag{6-1-14}$$

则过程的逆为

$$\hat{G}_p^{-1}(s)=\frac{Ts+1}{K}e^{\tau s} \tag{6-1-15}$$

在单位阶跃信号作用下，设计 IMC 控制器形式为

$$G_{IMC}(s)=\frac{Ts+1}{K(T_f+1)}=\hat{G}_{p-}^{-1}(s)f(s) \tag{6-1-16}$$

式中 K——过程增益；

T——过程时间常数；

τ——过程滞后时间；

T_f——IMC 控制器中滤波器的时间常数。

下面分两种情况讨论：

（1）当 $K=1$，$T=2s$，$\tau=1s$ 时，讨论滤波时间常数 T_f 取不同值时，系统的输出情况。

在图 6-2 中，曲线 1～4 分别为 T_f 取 0.1s、0.5s、1.2s、2.5s 时，系统的输出曲线。可见，T_f 越小，输出曲线越陡，系统响应速度越快，T_f 越大，输出曲线越平缓，系统响应速度越慢。

（2）当 $K=1$，$T=2s$，由于外界干扰使 τ 由 1s 变为 1.3s，讨论 T_f 取不同值时，系统的输出情况。

在图 6-3 中，曲线 1～4 分别为 T_f 取 0.1s、0.5s、1.2s、2.5s 时，系统的输出曲线。显然，在有外界干扰的情况下，T_f 越小，系统的鲁棒性越差；反之，系统的鲁棒性越强。

在例 4-5 中，我们曾看到施密斯估计器对大纯滞后过程能提供很好的控制质量，但遗憾的是，其控制品质对于模型误差（主要是纯滞后时间和增益误差）是很敏感的。内模控制器由于包含了一个 IMC 滤波器，通过调整滤波器参数可以调整系统的鲁棒性，

这正是内模控制不同于施密斯预估控制的优点所在。下面我们通过例 6-2 进一步加以说明。

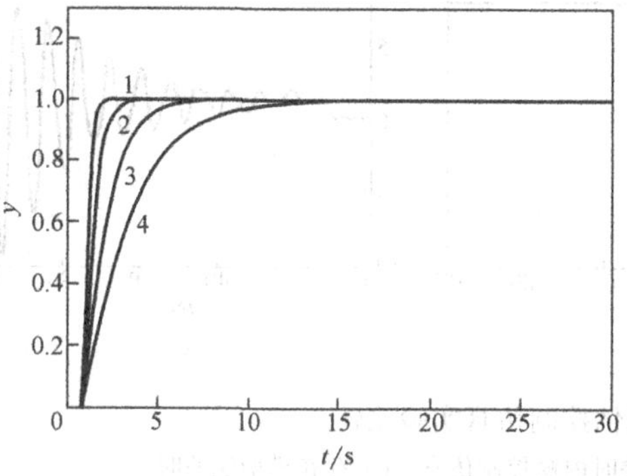

图 6-2　过程无扰动时，各种 T_f 值的响应曲线

1—T_f = 0.1s　2—T_f = 0.5s

3—T_f = 1.2s　4—T_f = 2.5s

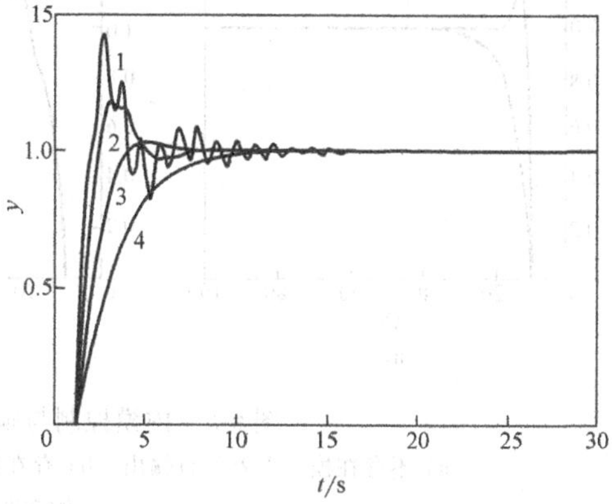

图 6-3　过程有扰动时，各种 T_f 值的响应曲线

1—T_f = 0.1s　2—T_f = 0.5s

3—T_f = 1.2s　4—T_f = 2.5s

例 6-2　考虑例 6-1 中给出的过程，即设实际过程为

$$G(s) = \frac{1}{10s + 1}e^{-10s}$$

内部模型为

$$\hat{G}(s) = \frac{1}{10s + 1}e^{-8s}$$

显然模型在纯滞后项存在误差。我们给出内模控制与施密斯预估控制两种控制策略进行比较，建立如图 6-4 的系统结构图。

通过在 MATLAB 下仿真可以看到，在不存在模型误差的情况下，两种控制策略都能使系统有较好的输出品质，如图 6-5a 所示。但是，当模型的滞后时间摄动 20% 时，在图 6-5b、c 分别给出的内模控制与施密斯预估控制的系统输出波形中可以看到，内模控制仍能使系统有稳定的输出，施密斯预估控制却无法抑制扰动的影响，系统已处于发散振荡。说明内模控制具有较强的鲁棒性，而施密斯预估控制在这时的补偿是不完全的。未被补偿的纯滞后将导致对象可控程度下降。

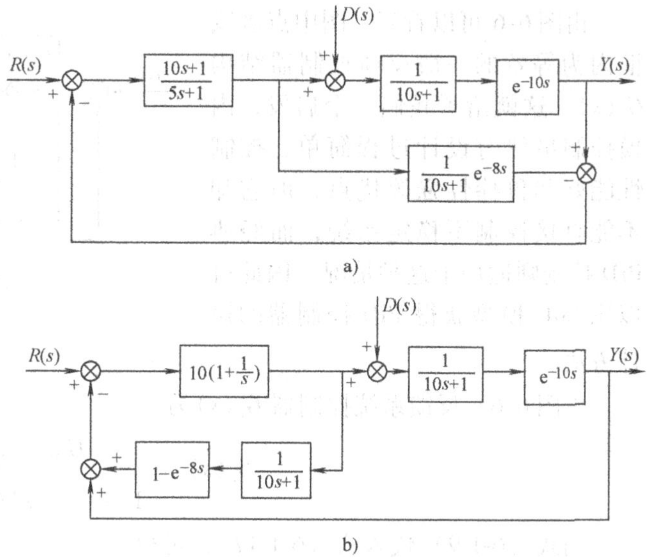

图 6-4　存在模型误差时的系统结构图

a）内模控制系统结构　b）施密斯预估控制系统结构

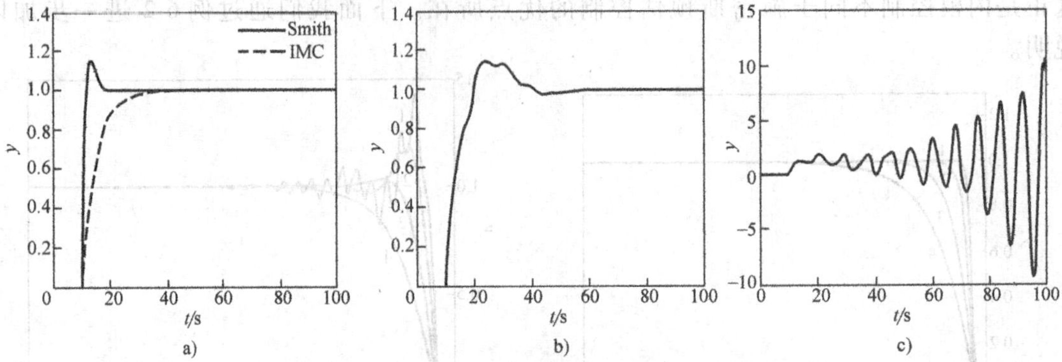

图6-5 内模控制与施密斯预估控制仿真实验比较

a）不存在模型误差仿真输出 b）存在模型误差时内模控制仿真 c）存在模型误差时施密斯预估控制仿真

6.1.3 内模PID控制

在工业过程中，简单的PID控制可以解决约90%的控制问题，然而对于强耦合多变量过程、强非线性过程和大时滞过程，常规PID控制难以得到满意的控制效果。PID控制器的各种优化设计方法和参数整定方法已成为解决上述过程控制问题的一种途径。采用内模控制原理可以提高PID控制器的设计水平。与经典PID控制相比，内模控制仅有一个整定参数，参数调整与系统动态品质和鲁棒性的关系比较明确。

对图6-1的内模控制结构作变换，可以得到图6-6。

由图6-6可以看到，图中点画线框内为等效的一般反馈控制器结构$G_c(s)$。这就给了我们一个启发，内模控制虽然有设计过程简单、控制性能好和鲁棒性强等优点，但它却不能直接控制不稳定系统，而经典PID控制则适用于这种情况。因此可以用IMC模型获得PID控制器的设计方法。

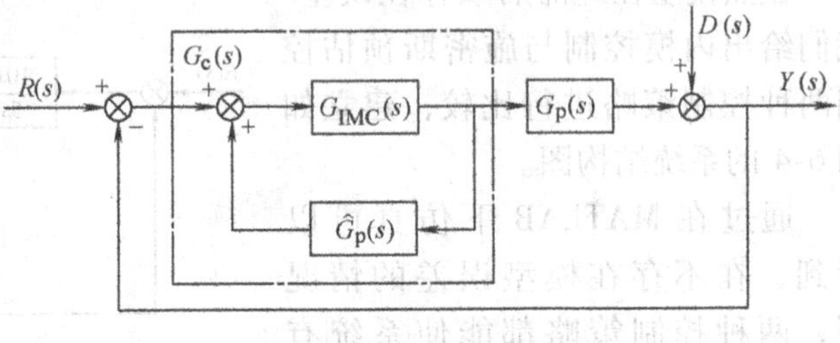

图6-6 内模控制的等效变换

由图6-6，反馈系统控制器$G_c(s)$为

$$G_c(s)=\frac{G_{IMC}(s)}{1-G_{IMC}(s)\hat{G}_p(s)} \tag{6-1-17}$$

用式(6-1-9)代入式(6-1-17)，可得

$$G_c(s)=\frac{\dfrac{1}{\hat{G}_{p-}(s)}f(s)}{1-\dfrac{\hat{G}_p(s)}{\hat{G}_{p-}(s)}f(s)} \tag{6-1-18}$$

因为在 $s=0$ 时，有

$$\begin{cases} f(s) = 1 \\ \hat{G}_{p+}(s) = \hat{G}_p(s) \end{cases} \tag{6-1-19}$$

将式（6-1-19）代入式（6-1-18），可知其分母为零，即

$$G_c(s)\big|_{s=0} = \infty \tag{6-1-20}$$

由式（6-1-20）可以看到，控制器 G_c（s）的零频增益为无穷大。由控制原理可知，零频增益为无穷大的反馈控制器可以消除由外界阶跃扰动引起的余差。这表明尽管 IMC 控制器 $G_{IMC}(s)$本身没有积分功能，但由内模控制的结构保证了整个内模控制可以消除余差。由式（6-1-17）可知，要消除余差，只需保证控制器的静态增益与模型静态增益互为倒数，这一点很容易做到的。

对于具有时间滞后的过程，为了得到一个 PID 等效形式的控制器，必须对纯滞后时间作某种近似，例如可以使用帕德（Padé）近似或泰勒（Taylor）近似。

例 6-3 对于一阶加纯滞后过程 $\hat{G}_p(s)=\dfrac{K}{\tau_p s+1}e^{-\theta s}$的 IMC-PID 控制器进行设计。

（1）对纯滞后时间使用一阶帕德近似得

$$e^{-\theta s} \approx \frac{-0.5\theta s+1}{0.5\theta s+1} \tag{6-1-21}$$

所以

$$\hat{G}_p(s) = \frac{K}{\tau_p s+1}e^{-\theta s} \approx \frac{K(-0.5\theta s+1)}{(\tau_p s+1)(0.5\theta s+1)} \tag{6-1-22}$$

（2）分解出可逆和不可逆部分，即

$$\hat{G}_{p-}(s) = \frac{K}{(\tau_p s+1)(0.5\theta s+1)} \tag{6-1-23}$$

$$\hat{G}_{p+}(s) = -0.5\theta s+1 \tag{6-1-24}$$

（3）构成理想控制器

$$\hat{G}_{IMC}(s) = \frac{(\tau_p s+1)(0.5\theta s+1)}{K} \tag{6-1-25}$$

（4）加一个滤波器$f(s)=\dfrac{1}{\alpha s+1}$，这时不需要使 $G_{IMC}(s)$为有理，因为 PID 控制器还没有得到，容许 $G_{IMC}(s)$的分子比分母多项式的阶数高一阶。所以

$$G_{IMC}(s) = \hat{G}_{IMC}(s)f(s) = \hat{G}_{p-}^{-1}(s)f(s) = \frac{(\tau_p s+1)(0.5\theta s+1)}{K}\frac{1}{\alpha s+1} \tag{6-1-26}$$

由

$$G_c(s) = \frac{G_{IMC}(s)}{1-\hat{G}_p(s)G_{IMC}(s)} = \frac{\hat{G}_{IMC}(s)f(s)}{1-\hat{G}_p(s)\hat{G}_{IMC}(s)f(s)}$$

$$= \frac{\hat{G}_{IMC}(s)f(s)}{1-\hat{G}_{p-}(s)\hat{G}_{p+}(s)\hat{G}_{p-}^{-1}(s)f(s)}$$

$$= \frac{\hat{G}_{\mathrm{IMC}}(s)f(s)}{1-\hat{G}_{\mathrm{p}+}(s)f(s)}$$

$$= \left[\frac{1}{K}\right]\frac{(\tau_{\mathrm{p}}s+1)(0.5\theta s+1)}{(\alpha+0.5\tau)s}$$

展开分子项

$$G_{\mathrm{c}}(s) = \left[\frac{1}{K}\right]\frac{0.5\tau_{\mathrm{p}}\theta s^2+(\tau_{\mathrm{p}}+0.5\theta)s+1}{(\alpha+0.5\theta)s} \tag{6-1-27}$$

选 PID 控制器的传递函数形式为

$$G_{\mathrm{c}}(s) = K_{\mathrm{p}}\left(1+\frac{T_{\mathrm{i}}}{s}+T_{\mathrm{d}}s\right) \tag{6-1-28}$$

比较式（6-1-27）和式（6-1-28），用（$\tau_{\mathrm{p}}+0.5\theta$）/（$\tau_{\mathrm{p}}+0.5\theta$）乘以式（6-1-27），可得PID 参数为

$$K_{\mathrm{p}} = \frac{(\tau_{\mathrm{p}}+0.5\theta)}{K(\alpha+0.5\theta)} \tag{6-1-29}$$

$$T_{\mathrm{i}} = \tau_{\mathrm{p}}+0.5\theta \tag{6-1-30}$$

$$T_{\mathrm{d}} = \frac{\tau_{\mathrm{p}}\theta}{2\tau_{\mathrm{p}}+\theta} \tag{6-1-31}$$

与常规 PID 控制器参数整定相比，IMC-PID 控制器参数整定仅需要调整比例增益。比例增益与 α 成反比关系，α 大，比例增益小，α 小，比例增益大。

由于使用了帕德近似，这意味着滤波因子不能取任意小，因为帕德近似引起的模型不确定性，建议取 $\alpha>0.8\theta$。

使用此方法，也可以设计不稳定对象的 IMC-PID 控制器，但要增加一个约束条件，即：在 $s=p_{\mathrm{u}}$（p_{u} 是不稳定极点）时，$f(s)$的值必须是1。这时需要修改内模控制设计步骤，采用较复杂的滤波器传递函数。

6.1.4 内模控制的离散算式

内模控制既适用于连续系统又适用于离散系统。当过程模型采用离散脉冲传递函数形式时，内模控制系统的性质仍然成立。将图6-1 中的拉氏变换算子（s）换成 Z 变换算子（z），则可表示离散形式的内模控制系统，见图6-7。$\hat{G}_{\mathrm{p}}(z)$是实际过程的离散模型，$G_{\mathrm{IMC}}(z)$是离散形式的内模控制器。$G_{\mathrm{IMC}}(z)$的设计也可以分为两步。

步骤1 将过程模型作因式分解

$$\hat{G}_{\mathrm{p}}(z) = \hat{G}_{\mathrm{p+1}}(z)\hat{G}_{\mathrm{p+}}(z)\hat{G}_{\mathrm{p-}}(z) \tag{6-1-32}$$

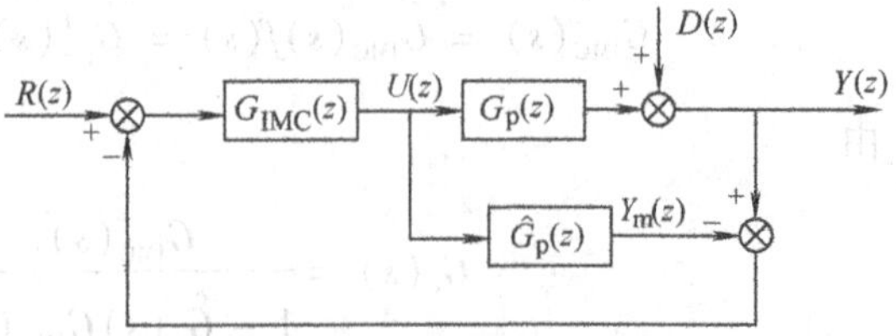

图6-7 离散形式的内模控制

式中，$\hat{G}_{\mathrm{p-}}(z)$为过程最小相位部分，$\hat{G}_{\mathrm{p+}}(z)$包含纯滞后，$\hat{G}_{\mathrm{p+1}}(z)$包含单位圆外的零点，$\hat{G}_{\mathrm{p+}}(z)$和$\hat{G}_{\mathrm{p+1}}(z)$的静态增益均为1。

如果过程包含 N 个采样周期的纯滞后，则 $\hat{G}_{p+}(z)$ 应为下式：

$$\hat{G}_{p+}(z) = z^{-(N+1)} \tag{6-1-33}$$

在过程没有纯滞后的情况下

$$\hat{G}_{p+}(z) = z^{-1} \tag{6-1-34}$$

上式反映的是采样过程的固有延迟。

如果过程模型中包含有单位圆外的零点，$\hat{G}_{p+1}(z)$ 可按下式确定：

$$\hat{G}_{p+1}(z) = \prod \left[\frac{z - V_i}{z - \bar{V}_i}\right]\left[\frac{1 - \bar{V}_i}{1 - V_i}\right] \tag{6-1-35}$$

式中 V_i——$\hat{G}_p(z)$ 的零点，且

$$\bar{V}_i = V_i,\ |V_i| \leqslant 1$$

$$\bar{V}_i = \frac{1}{V_i},\ |V_i| > 1$$

如果系统只有一个单位圆外的零点，则式（6-1-35）简化为

$$\hat{G}_{p+1}(z) = \frac{V - z}{Vz - 1} \tag{6-1-36}$$

如果系统没有零点，则

$$\hat{G}_{p+1}(z) = 1 \tag{6-1-37}$$

步骤2 按下式设计控制器

$$G_{IMC}(z) = \frac{1}{\hat{G}_{p-}(z)}F(z) \tag{6-1-38}$$

滤波器 $F(z)$ 的作用主要是调整系统鲁棒性。一般推荐 $F(z)$ 为

$$F(z) = \frac{1 - \alpha_f}{1 - \alpha_f z^{-1}} \tag{6-1-39}$$

式中，α_f 取值范围为 $0 \leqslant \alpha_f \leqslant 1$。在对象与模型不一致的情况下，通过 α_f 的调整可使闭环系统稳定，常数 α_f 由下式决定：

$$\alpha_f = e^{-T_s/T_f} \tag{6-1-40}$$

式中 T_s——采样周期；

T_f——滤波器的时间常数；

α_f——可调整参数。

当 α_f 很小，接近0时，能改善闭环性能，但对模型误差变得敏感；而当 α_f 较大时，则相反。在某些特殊的场合，有人推荐采用高阶滤波器。

6.1.5 内模控制的仿真实验

图6-8所示是一个蒸汽加热器实验装置，加热介质为蒸汽，冷流体为水，控制目标是通过调节加热蒸汽流量来保证热交换器出口热水温度平稳。图6-8中温度控制器采用计算机实现。

热交换器是典型的分布参数系统，表现出化工过程中常见的时滞和非线性特性。该过程

随着水流量的变化，过程增益和时滞等参数会发生变化。这里采用内模控制来实现对出口水温的控制，并且通过对其性能和鲁棒性的评价来考察单输入单输出IMC的实用性。

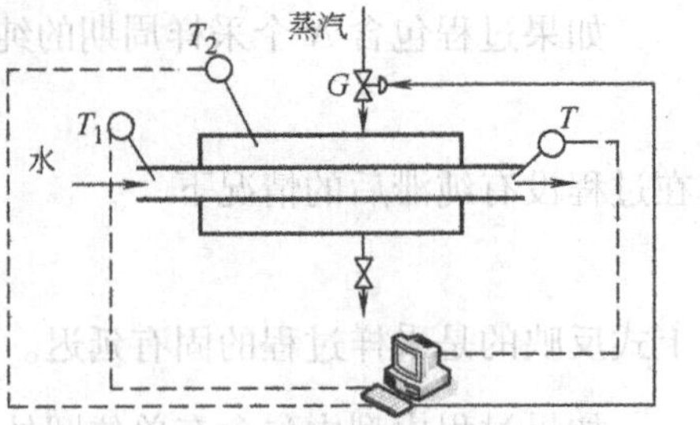

图6-8 蒸汽加热器实验装置

热交换器出口温度与蒸汽流量的关系可由开环阶跃响应的实验获得

$$\frac{Y(s)}{U(s)} = \hat{G}_{\mathrm{p}}(s) = \frac{3.5\mathrm{e}^{-3s}}{10s+1} \tag{6-1-41}$$

由于控制器采用计算机数字实现，因此，将对象模型按采样周期 $T_s = 0.3\mathrm{s}$ 进行离散处理，则

$$\hat{G}_{\mathrm{p}}(z) = Z\{G_{\mathrm{h0}}(s)\hat{G}_{\mathrm{p}}(s)\} = z^{-(N+1)}\frac{3.5(1-\alpha)}{1-\alpha z^{-1}} \tag{6-1-42}$$

此处 $G_{\mathrm{h0}}(s) = \frac{1-\mathrm{e}^{-T_s s}}{s}$ 为零阶保持器的传递函数，$\alpha = \mathrm{e}^{-T_s/T_{\mathrm{p}}}$，$T_{\mathrm{p}} = 10\mathrm{s}$，$N$ 为纯滞后时间对于采样周期的整数倍，设 $N = 10$。参照式（6-1-32）有

$$\hat{G}_{\mathrm{p}}(z) = \hat{G}_{\mathrm{p+1}}(z)\hat{G}_{\mathrm{p+}}(z)\hat{G}_{\mathrm{p-}}(z) = z^{-(N+1)}\frac{3.5(1-\alpha)}{1-\alpha z^{-1}} \tag{6-1-43}$$

根据前面的讨论，有

$$\hat{G}_{\mathrm{p+}}(z) = z^{-(N+1)}$$

$$\hat{G}_{\mathrm{p+1}}(z) = 1$$

与

$$\hat{G}_{\mathrm{p-}}(z) = \frac{3.5(1-\alpha)}{1-\alpha z^{-1}}$$

则

$$G_{\mathrm{IMC}}(z) = F(z)\hat{G}_{\mathrm{p-}}^{-1}(z) = \frac{1-\alpha_{\mathrm{f}}}{1-\alpha_{\mathrm{f}}z^{-1}}\frac{1-\alpha z^{-1}}{3.5(1-\alpha)} \tag{6-1-44}$$

即

$$\frac{U(z)}{E(z)} = \frac{1-\alpha_{\mathrm{f}}}{1-\alpha_{\mathrm{f}}z^{-1}}\frac{1-\alpha z^{-1}}{3.5(1-\alpha)} \tag{6-1-45}$$

将上式交叉相乘并反变换得到在时域的控制算法

$$u(k) = \frac{1-\alpha_{\mathrm{f}}}{3.5(1-\alpha)}[e(k) - \alpha e(k-1)] + \alpha_{\mathrm{f}}u(k-1) \tag{6-1-46}$$

式中

$$e(k) = r(k) - [y(k) - y_{\mathrm{m}}(k)] \tag{6-1-47}$$

模型输出 $y_{\mathrm{m}}(k)$ 的表达式由式（6-1-42）交叉相乘并反变换得到

$$y_{\mathrm{m}}(k) = \alpha y_{\mathrm{m}}(k-1) + 3.5(1-\alpha)u(k-N-1) \tag{6-1-48}$$

在上式中，u 应该是过程的真正输入，它一般是受约束的，这将提供系统具有抗积分饱和的能力。

根据式（6-1-46）~式（6-1-48）差分方程，可以编写计算机控制程序，以实现热交换器出口水温控制。此系统也可以在Simulink下完成仿真实验研究，如图6-9所示[⊖]。

⊖ 图6-9为Simulink软件下的图形。

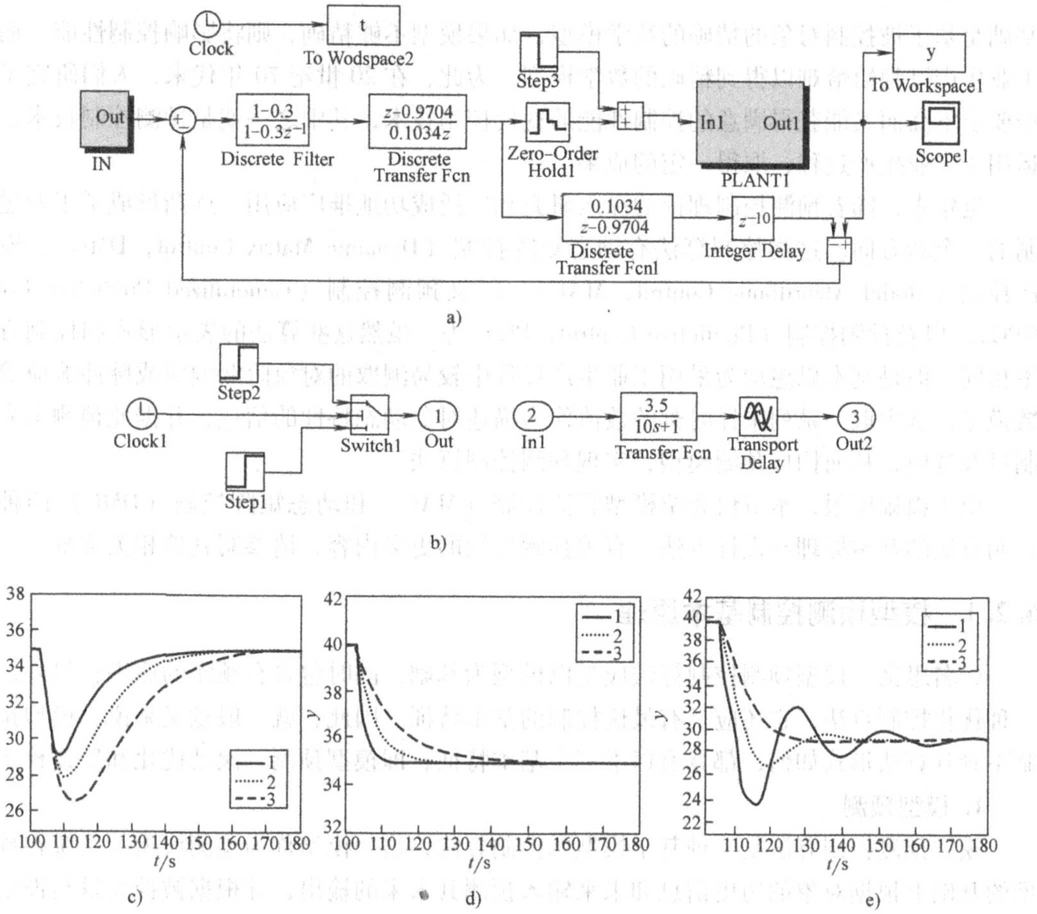

图 6-9　热交换器出口水温仿真实验

a）系统 Simulink 仿真模型结构　b）仿真子模块　c）负荷扰动（水流量增大）作用下的出口水温曲线　d）设定值变化（水温降低）时出水口水温曲线　e）设定值变化时出水口水温曲线（模型失配）

图 6-9a 是该系统的 Simulink 仿真模型结构图；图 6-9b 是系统仿真模型的子模块；图 6-9c、d、e 是系统仿真结果，每幅图中曲线 1～3 均表示对应滤波器时间常数 T_f 分别为 2s、5s、10s 时的三种情况。图 6-9c 表示在负荷扰动（水流量增大）作用下的过渡过程曲线。图 6-9d 表示在温度设定值变化（水温降低）的出水口水温过渡过程曲线。图 6-9e 是在模型失配情况下（设定值由 40℃变化为 30℃，纯滞后时间由 $\tau=3s$ 变化为 $\tau=6s$）出水口水温过渡过程曲线。从上述三幅图中，均能明显地看到滤波器的时间常数大小对响应速度和稳定性的影响规律：滤波器时间常数 T_f 增大使稳定性变好而响应时间变慢，选用较大的滤波器时间常数可抑制模型不匹配带来的影响。这与 6.1.2 节所述结论是一致的。

需要指出的是，仿真实验与实际现场运行情况甚至与实验室的实际设备实验的结果仍然是有区别的。这是因为仿真实验是在没有考虑复杂的工业现场环境、设备误差等诸多因素的理想情况下进行的。

6.2　模型预测控制

最优控制被看作是 20 世纪 60 年代初形成的现代控制理论的一个重要成果，但是其理论基础是基于被控制对象的精确的数学模型，如果模型不够精确，则将影响控制性能。而对于工业生产过程恰恰难以得到精确的数学模型，为此，在20世纪70年代末，人们研究了对模型要求不高而又能获得满意的控制性能的现代控制技术，其中之一就是预测控制技术，并已运用于工业生产过程，取得一定的成果。

近年来，随着预测控制理论的深入研究和广泛成功地推广应用，逐渐形成了工业过程控制的一个新方向。这类控制算法有动态矩阵控制（Dynamic Matrix Control，DMC）、模型算法控制（Model Algorithmic Control，MAC）、广义预测控制（Generalized Predictive Control，GPC），以及预测控制（Predictive Control，PC）等。虽然这些算法的表示形式和控制方法各不相同，但是基本思想均为采用工业生产过程中较易测取的对象阶跃响应或脉冲响应等非参数模型，从中取一系列采样时刻的数值作为描述对象动态特性的信息，并据此预测未来的控制量及响应，从而构成预测模型，实现预测控制算法。

由于篇幅所限，本节仅介绍模型算法控制（MAC）和动态矩阵控制（DMC）两种预测控制算法的基本原理和设计方法。有关预测控制的更多内容，请参阅其他相关文献。

6.2.1 模型预测控制基本原理

顾名思义，模型预测控制算法应是以模型为基础，同时包含有预测的原理；另外，作为一种优化控制算法，它还应具有最优控制的基本特征。因此，就一般意义来说，模型预测控制不管其算法形式如何，都具有以下三个基本特征，即模型预测、滚动优化和反馈校正。

1. 模型预测

模型预测控制算法是一种基于模型的控制算法，这一模型称为预测模型。系统在预测模型的基础上根据对象的历史信息和未来输入预测其未来的输出，并根据被控变量与设定值之间的误差确定当前时刻的控制作用，使之适应动态控制系统的存储性和因果性的特点，这比仅由当前误差确定控制作用的常规控制有更好的控制效果。这里只强调模型的功能而不强调其结构形式，因此，状态方程、传递函数这类传统的模型都可以作为预测模型。对于线性稳定对象，甚至阶跃响应、脉冲响应这类非参数模型也可直接作为预测模型使用。而对于非线性系统、分布参数系统的模型，只要具备上述功能，也可作为预测模型使用。

2. 滚动优化

模型预测控制是一种优化控制算法，像所有最优控制一样，它通过某一性能指标的最优来确定未来的控制作用。这一性能指标涉及系统未来的行为，例如，通常可取对象输出在未来的采样点上跟踪某一期望轨迹的方差最小。性能指标中涉及的系统未来行为，是通过模型预测由未来的控制策略决定的。

然而，模型预测控制中的优化与传统意义下的最优控制又有一定的差别。这主要表现在模型预测控制中的优化是一种有限时域的滚动优化，在每一采样时刻，优化性能指标只涉及该时刻起未来有限的时域，而在下一采样时刻，这一优化域同时向前推移。即模型预测控制不是采用一个不变的全局优化指标，而是在每一时刻有一个相对于该时刻的优化性能指标。不同时刻的优化性能指标的相对形式是相同的，但其绝对形式，即所包含的时间区域是不同的。因此，在模型预测控制中，优化计算不是一次离线完成，而是在线反复进行的，这就是滚动优化的含义，也是模型预测控制区别于其他传统最优控制的根本点。

3. 反馈校正

模型预测控制是一种闭环控制算法。在通过优化计算确定了一系列未来的控制作用后，为了防止模型失配或环境扰动引起控制对理想状态的偏离，预测控制通常不把这些控制作用逐一全部实施，而只是实现本时刻的控制作用。到下一采样时间，则需首先检测对象的实际输出，并利用这一实时信息对给予模型的预测进行修正，然后再进行新的优化。

反馈校正的形式是多样的，可以在保持预测模型不变的基础上，对未来的误差做出预测并加以补偿，也可以根据在线辨识的原理直接修改预测模型。不论取何种修正形式，模型预测控制都把优化建立在系统实际的基础上，并力图在优化时对系统未来的动态行为做出较准确的预测。因此，模型预测控制中的优化不仅基于模型，而且构成了闭环优化。

因此，模型预测控制算法对模型的精度要求低，鲁棒性好，具有灵活的约束处理能力，综合控制质量较高。

6.2.2 模型算法控制

模型算法控制（Model Algorithmic Control，MAC）是由 Richalet 和 Mehra 等在20世纪70年代后期提出的一类模型预测控制算法。

MAC 算法采用基于对象脉冲响应的非参数数学模型作为内部模型，适用于渐近稳定的线性对象。实际工业过程虽然往往带有非线性特性，并且系统参数可能随时间缓慢变化，但只要系统基本保持线性，仍可用这一算法进行控制。对于非自衡被控对象，可通过常规控制办法（如 PID 控制）首先使之稳定，然后再应用 MAC 算法。

MAC 算法基本上包括模型预测、参考轨迹、反馈校正和滚动优化等几部分。

1. 模型预测

MAC 算法的预测模型采用被控对象的单位脉冲响应的离散采样数据。图6-10是单输入单输出渐进稳定对象通过离线或在线辨识，并经平滑得到系统的脉冲响应曲线，其响应序列为 $g_i(i=1,2,\cdots)$。

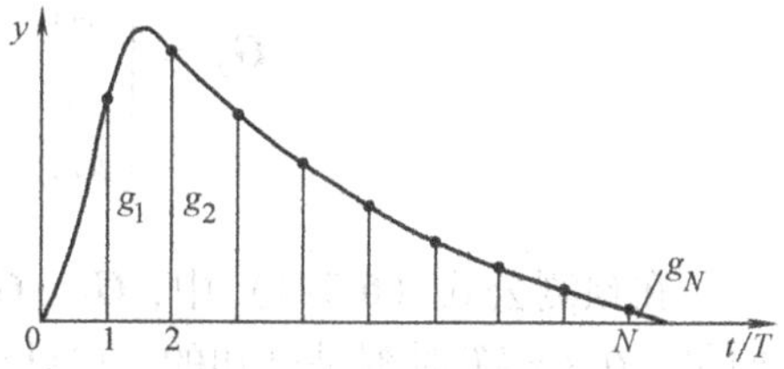

图6-10 系统的离散脉冲响应

如果对象是渐进稳定的，则有

$$\lim_{i\to\infty} g_i = 0$$

所以总能找到一个时刻 $t_N=NT$，使得在 $t>t_N$ 以后的脉冲响应 $g_i(i>N)$ 具有与测量误差和量化误差相同的数量级，以至在实际上可以忽略不计。这样，对象的离散脉冲响应便可近似地用有限个脉冲响应值 $g_i(i=1,2,\cdots,N)$ 来描述，这个有限响应信息 $g_i(i=1,2,\cdots,N)$ 的集合就是对象的内部模型。其中 N 为截断步长，它反映系统内部模型趋向稳态值 g_s 的时间长度，因此又称为模型时域长度。则对象的输出用离散卷积公式近似表达为

$$y_m(k) = \sum_{j=1}^{N} g_j u(k-j) = \boldsymbol{g}_m^T \boldsymbol{u}(k-1) \tag{6-2-1}$$

式中 $\boldsymbol{g}_m^T=[g_1 \quad g_2 \quad \cdots \quad g_N]$；

$\boldsymbol{u}(k-1)=[u(k-1) \quad u(k-2) \quad \cdots \quad u(k-N)]^T$。

其中，y 的下标“m”表示该输出是基于模型的输出。在实际测试时，u、y 分别是输入量和输出量相对于某一静态工作点 u_0、y_0 的偏移值。

对于一个线性系统，如果其脉冲响应的采样值已知，则可根据式（6-2-1）预测对象从 k 时刻起到 P 步的未来时刻的输出值，其输入输出间的关系为

$$y_m(k+i\mid k)=\sum_{j=1}^{N}g_j u(k-j+i)\quad i=1,2,\cdots,P \tag{6-2-2}$$

此式即为 $t=kT$ 时刻，系统对未来 P 步输出的预测模型。

式中“$k+i\mid k$”表示在 $t=kT$ 时刻对 $t=(k+i)T$ 时刻进行的预测。其中 P 为预测时域，设 M 为控制时域，且 $M\leqslant P\leqslant N$，并且假设 $u(k+i)$ 在 $i=M-1$ 后将保持不变，即有

$$u(k+M-1)=u(k+M)=\cdots=u(k+P-1) \tag{6-2-3}$$

用向量和矩阵形式简记为

$$\boldsymbol{y}_m(k+1\mid k)=\boldsymbol{G}_1\boldsymbol{u}_1(k)+\boldsymbol{G}_2\boldsymbol{u}_2(k) \tag{6-2-4}$$

式中 $\boldsymbol{y}_m(k+1\mid k)=[y_m(k+1\mid k)\quad\cdots\quad y_m(k+P\mid k)]^{\mathrm{T}}$；

$\boldsymbol{u}_1(k)=[u(k)\quad\cdots\quad u(k+M-1)]^{\mathrm{T}}$；

$\boldsymbol{u}_2(k)=[u(k-1)\quad\cdots\quad u(k+1-N)]^{\mathrm{T}}$；

$$\boldsymbol{G}_1=\begin{pmatrix} g_1 & & & & \\ g_2 & g_1 & & \boldsymbol{0} & \\ \vdots & \vdots & & & \\ g_M & g_{M-1} & \cdots & g_2 & g_1 \\ g_{M+1} & g_M & \cdots & g_3 & g_2+g_1 \\ \vdots & \vdots & & \vdots & \vdots \\ g_P & g_{P-1} & \cdots & g_{P-M+2} & g_{P-M+1}+\cdots+g_1 \end{pmatrix}_{P\times M}$$

$$\boldsymbol{G}_2=\begin{pmatrix} g_2 & g_3 & \cdots & \cdots & g_{N-1} & g_N \\ g_3 & g_4 & \cdots & g_N & & \\ \vdots & \vdots & & & \boldsymbol{0} & \\ g_{P+1} & g_{P+2} & \cdots & g_N & & \end{pmatrix}_{P\times(N-1)}$$

在预测公式（6-2-4）中，$\boldsymbol{G}_1$、$\boldsymbol{G}_2$ 是由模型参数 g_i 构成的已知矩阵；$\boldsymbol{u}_2(k)$ 为已知控制向量，在 $t=kT$ 时刻是已知的，它只包含该时刻以前的控制输入；而 $\boldsymbol{u}_1(k)$ 则为待求的现时和未来的控制输入量。由此可知 MAC 算法预测模型输出包括两部分：一项为过去已知的控制量所产生的预测模型输出部分，它相当于预测模型输出初值；另一项由现在与未来控制量所产生的预测模型输出部分。由此可以看到，预测模型完全依赖于对象的内部模型，而与对象的 k 时刻的实际输出无关，故称它为开环预测模型。

2. 参考轨迹

在 MAC 算法中，控制的目的是使系统的期望输出从 k 时刻的实际输出值 $y(k)$ 出发，沿着一条事先规定的曲线逐渐到达设定值 w，这条指定的曲线称为参考轨迹 y_r。通常参考轨迹采用从现在时刻实际输出值出发的一阶指数函数形式，如图 6-11

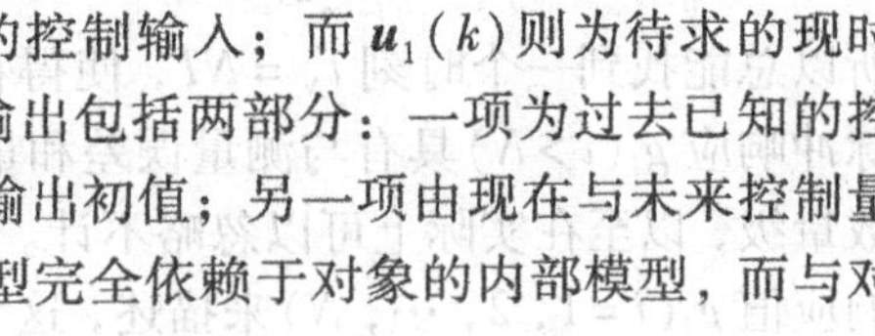

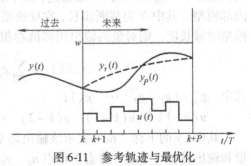

图 6-11 参考轨迹与最优化

所示。

这样，参考轨迹在以后各时刻的值为

$$y_r(k+j) = y(k) + [w - y(k)][1 - \exp(-jT/T_r)] \quad j = 1, 2, \cdots, P \qquad (6\text{-}2\text{-}5)$$

式中 T_r——参考轨迹的时间常数；

T——采样周期。

如果记 $\alpha = \exp(-jT/T_r)$，则有

$$y_r(k+j) = \alpha^j y(k) + (1 - \alpha^j) w \qquad (6\text{-}2\text{-}6)$$

式中，$0 \leqslant \alpha < 1$ 。特别当 $\alpha = 0$ 并且 $w = 0$ 时，对应着 $y_r(k) = 0$，即整定问题；当 $\alpha = 0$ 但 $w \neq 0$ 时，对应着 $y_r(k) = w$，即不用参考轨迹直接跟踪设定值 w 的情况。

参考轨迹亦可选为高阶的，但选为一阶的特别简单。采用上述形式的参考轨迹将减小过量的控制作用，使系统的输出能平滑地到达设定值。理论上可以证明，参考轨迹的时间常数 T_r 越大，即 α 值越大，鲁棒性越强，但控制的快速性却变差；T_r 越小，即 α 值越小，参考轨迹到达设定值越快，同时鲁棒性较差；因此，在 MAC 的设计中，α 是一个很重要的参数，它对闭环系统的性能起重要的作用。要选择适当的 α，以兼顾闭环系统的动态特性和鲁棒性两方面的要求。

3. 最优控制律计算

最优控制的目的是求出控制作用序列 $\{u(k)\}$，使得优化时域 P 内的输出预测值 y_P 尽可能地接近参考轨迹 y_r（见图 6-11）。最优控制律由所选用的性能指标来确定，MAC 的滚动优化目标函数通常选用输出预测误差和控制量加权的二次型性能指标，其表示形式如下：

$$\min \boldsymbol{J}(k) = \sum_{i=1}^{P} q_i [y_P(k+i|k) - y_r(k+i)]^2 \qquad (6\text{-}2\text{-}7)$$

式中 $P(P \leqslant N)$——优化所涉及的未来时间域长度。称为优化时域长度；

q_i——非负加权系数。

P 和 q_i 决定了未来各采样时刻的误差在性能指标 J 中所占的比重。

为了得到式（6-2-7）中的预测输出值 y_P，最简单的办法是利用预测模型式（6-2-1），并把预测所得到的模型输出 y_m 直接作为 y_P，即

$$
\begin{aligned}
y_P(k+1) &= y_m(k+1|k) = g_1 u(k) + g_2 u(k-1) + \cdots + g_N u(k+1-N) \\
y_P(k+2) &= y_m(k+2|k) = g_1 u(k+1) + g_2 u(k) + \cdots + g_N u(k+2-N) \\
&\vdots \\
y_P(k+P) &= y_m(k+P|k) = g_1 u(k+P-1) + g_2 u(k+P-2) + \cdots + g_N u(k+P-N)
\end{aligned}
\qquad (6\text{-}2\text{-}8)
$$

在 $t = kT$ 时刻，$u(k-1)$，…，$u(k-N+1)$ 均为已知的过去值，而 $u(k)$，…，$u(k+P-1)$ 是待确定的最优控制变量，所以，上述优化问题可归结为如何选择 $u(k)$，…，$u(k+P-1)$ 以使性能指标式（6-2-7）最优。在实际系统中，对控制量通常存在约束

$$u_{\min} \leqslant u(k+i) \leqslant u_{\max} \qquad i = 0, 1, \cdots, P-1 \qquad (6\text{-}2\text{-}9)$$

这样，式（6-2-7）~式（6-2-9）就构成了一个具有二次性能指标和线性约束的非线性规划问题。由于在预测控制中普遍采用滚动优化策略，在每一时刻求解上述优化问题后，只需把即时控制量 $u(k)$ 作用于实际对象。这一算法的结构框图可见图 6-12 中不带虚线的部分。

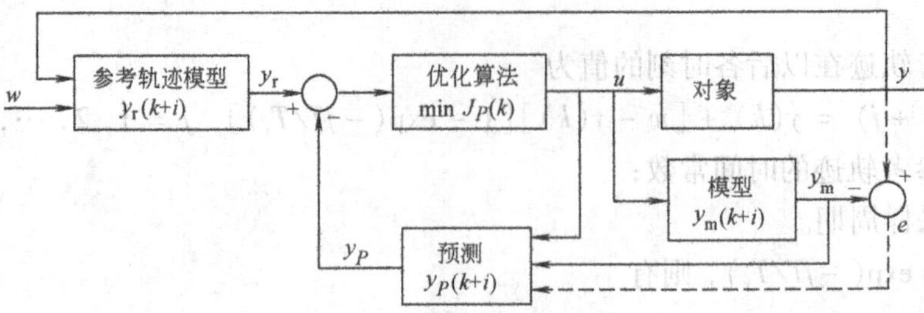

图 6-12 模型算法控制原理示意图

如果不考虑约束，并且对象无纯滞后和非最小相位特性，则上述优化问题可在很大程度上得到简化，$u(k)$，…，$u(k+P-1)$可以逐项递推解析求解，即

$$y_P(k+1)=y_r(k+1)\Rightarrow u(k)=\frac{1}{g_1}[y_r(k+1)-g_2u(k+1)-\cdots-g_Nu(k-N+1)] \tag{6-2-10}$$

$$y_P(k+2)=y_r(k+2)\Rightarrow u(k+1)=\frac{1}{g_1}[y_r(k+2)-g_2u(k)-\cdots-g_Nu(k-N+2)]$$

$$\vdots$$

$$y_P(k+P)=y_r(k+P)\Rightarrow u(k+P-1)=\frac{1}{g_1}[y_r(k+P)-g_2u(k+P-1)-\cdots-g_Nu(k-N+P)]$$

这时，不论优化长度 P 取得大还是小，所得到的 $u(k)$只取决于式（6-2-10），这与后面介绍的一步优化（$P=1$）算法所得到的 $u(k)$结果是相同的。

4. 闭环预测

在上一节的优化控制算法中，对未来输出的预测只是根据模型和过去的控制输入，没有考虑系统的任何真实输出信息。然而，由于被控对象的非线性、时变及随机干扰等因素，使得预测模型的预测输出值 $y_m(k)$与被控对象的实际输出值 $y(k)$之间存在误差是不可避免的。因此需要对上述开环模型预测输出进行修正。在模型预测控制中通常是用输出误差反馈校正方法，即闭环控制得到。设第 k 步的实际对象输出测量值 $y(k)$与预测模型输出 $y_m(k)$之间的误差为 $e(k)=y(k)-y_m(k)$，利用该误差对预测输出 $y_m(k+i|k)$进行反馈修正，得到校正后的闭环输出预测值 $y_P(k+i|k)$为

$$y_P(k+i|k)=y_m(k+i|k)+h[y(k)-y_m(k)] \quad i=1,2,\cdots,P \tag{6-2-11}$$

写成向量形式，得

$$\boldsymbol{y}_P(k+1|k)=\boldsymbol{y}_m(k+1|k)+\boldsymbol{h}e(k) \tag{6-2-12}$$

其中，$\boldsymbol{y}_P(k+1|k)=[y_P(k+1|k) \quad y_P(k+2|k) \quad \cdots \quad y_P(k+P|k)]^T$；

$\boldsymbol{h}=[h_1 \quad h_2 \quad \cdots \quad h_P]^T$；

$e(k)=y(k)-y_m(k)=y(k)-\sum_{j=1}^{N}g_ju(k-j)$。

闭环预测与开环预测的差别在于引入了反馈校正项 $e(k)$。一般可取 $\boldsymbol{h}=[1\ 1\ \cdots\ 1]$，$\boldsymbol{h}$ 的元素也可根据需要取其他值。带有反馈校正的闭环预测结构可参见图 6-12 中的虚线部分。

5. 模型算法控制的实现

(1) 一步优化模型预测控制算法。所谓一步优化控制算法是指每次只实施一步优化控制 ($P=M=1$) 的算法，简称一步 MAC。此时

预测模型： $$y_m(k+1)=\boldsymbol{g}^{\mathrm{T}}\boldsymbol{u}(k)=g_1u(k)+\sum_{i=2}^{N}g_iu(k-i+1) \tag{6-2-13}$$

参考轨迹： $$y_r(k+1)=\alpha y(k)+(1-\alpha)w \tag{6-2-14}$$

优化控制： $$\min \boldsymbol{J}_1(k)=[y_P(k+1)-y_r(k+1)]^2 \tag{6-2-15}$$

误差校正：

$$y_P(k+1)=y_m(k+1)+e(k)=y_m(k+1)+y(k)-\sum_{i=1}^{N}g_iu(k-i) \tag{6-2-16}$$

由此可导出最优控制量 $u(k)$ 的显式解

$$\begin{aligned}u^*(k)&=\frac{1}{g_1}\left[\alpha y(k)+(1-\alpha)w-y(k)+\sum_{i=1}^{N}g_iu(k-i)-\sum_{i=2}^{N}g_iu(k-i+1)\right]\\&=\frac{1}{g_1}\left\{(1-\alpha)[w-y(k)]+g_Nu(k-N)+\sum_{i=1}^{N-1}(g_i-g_{i+1})u(k-i)\right\}\end{aligned} \tag{6-2-17}$$

如果对控制量存在约束条件，则按下面公式计算实际控制作用：

$$\begin{cases}u(k)=u_{max}, & u^*(k)\geqslant u_{max}\\ u(k)=u^*(k), & u_{min}\leqslant u^*(k)\leqslant u_{max}\\ u(k)=u_{min}, & u^*(k)\leqslant u_{min}\end{cases}$$

这样，在计算机内存中只需储存固定的根据模型计算得到的参数 g_1-g_2，g_2-g_3，…，g_N 以及过去 N 个时刻的控制输入 $u(k-1)$，$u(k-2)$，…，$u(k-N)$，在每一采样时刻到来时，检测 $y(k)$ 后即可由式 (6-2-17) 算出 $u(k)$。

实现一步 MAC 算法控制应按下述步骤进行。

1) 离线计算。测定对象的脉冲响应，并经光滑后得到 g_1，g_2，…，g_N；选择参考轨迹的时间常数 T_r，并计算 $\alpha=\exp(-T/T_r)$。

2) 初始化。把 g_1-g_2，g_2-g_3，…，g_N 置入固定内存单元；把工作点参数 u_0、给定值 w，以及参数 g_1、$1-\alpha$ 和有关约束条件 $u_{min}^*(k)=u_{min}-u_0$，$u_{max}^*(k)=u_{max}-u_0$，置入固定内存单元；设置初值 $u(i)=0(i=1,2,\cdots,N)$，其中 $u(i)$ 为式 (6-2-17) 中的 $u(k-i)$。

3) 在线计算。在线部分的控制流程图如图 6-13 所示。

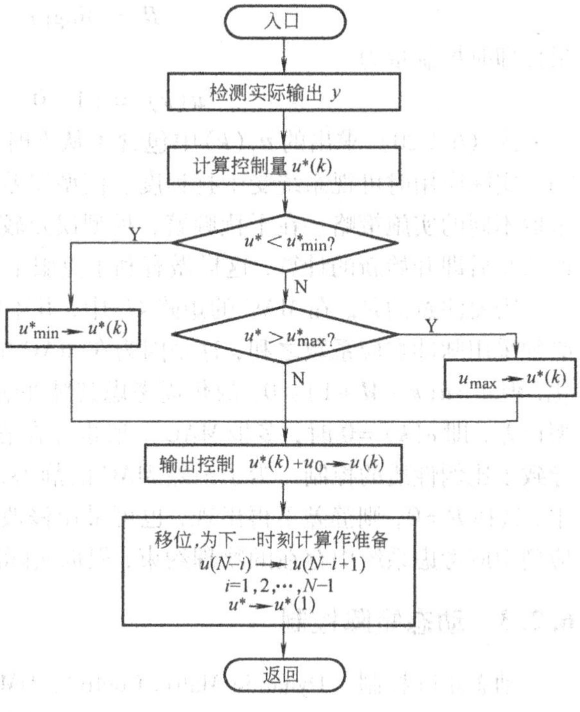

图 6-13　一步 MAC 流程示意图

由图6-13可知，一步MAC算法特别简单，且在线计算量小。但是，一步MAC不适用于时滞对象与非最小相位对象，因为时滞对象表现的系统输出反应滞后，在一步内动态响应尚未能表现出来；而非最小相位对象则会出现与系统主要动态响应方向相反的初始响应。此外，即使是对最小相位系统，只有当 g_1 能充分反映其动态变化时，优化才有意义。从式（6-2-17）可以看出，如果 g_1 太小，则很小的模型误差就有可能引起 $u^*(k)$ 偏离实际最优值，使控制效果变差。因此，在实际工业过程中，一步优化的MAC只能用于对控制要求不高的场合，并且采样周期的选择应保证在一步之内对象的动态响应能得到充分的表现。

（2）多步优化模型预测控制算法。在模型预测控制算法中，将 $p \neq 1$ 的MAC称为多步优化模型预测算法控制，简称多步MAC。然而，上一节中已经指出，如果取性能指标为式(6-2-7)，并且没有约束，则多步优化所得到的最优 $u^*(k)$ 与一步优化是相同的，同样也不能用于时滞或非最小相位对象。为了克服这一困难，可以采用不同的优化时域长度 P 和控制时域长度 $M(M \leqslant P)$，并把性能指标修改成更一般的形式

$$\min \boldsymbol{J}(k) = \sum_{i=1}^{P} q_i[y_P(k+i|k) - y_r(k+i)]^2 + \sum_{j=1}^{M} r_j u^2(k+j-1) \quad (6\text{-}2\text{-}18)$$

式中 q_i、r_j——不同时刻的误差和控制作用的加权系数。

式子右边的第二项是为了消除系统输出在采样时刻之间的振荡。

如果不考虑约束，根据前面推导的预测模型式（6-2-2）、参考轨迹式（6-2-5）和闭环预测式（6-2-11），可以求出在性能指标［式（6-2-18）］下的最优控制律

$$\boldsymbol{u}_1(k) = (\boldsymbol{G}_1^{\mathrm{T}}\boldsymbol{Q}\boldsymbol{G}_1 + \boldsymbol{R})^{-1}\boldsymbol{G}_1^{\mathrm{T}}\boldsymbol{Q}[\boldsymbol{y}_r(k) - \boldsymbol{G}_2\boldsymbol{u}_2(k) - \boldsymbol{h}e(k)] \quad (6\text{-}2\text{-}19)$$

式中

$$\boldsymbol{Q} = \mathrm{diag}[q_1 \quad \cdots \quad q_P]$$
$$\boldsymbol{R} = \mathrm{diag}[r_1 \quad \cdots \quad r_M]$$

最优即时控制量为

$$\boldsymbol{u}(k) = [1 \quad 0 \quad \cdots \quad 0]\boldsymbol{u}_1(k) \quad (6\text{-}2\text{-}20)$$

式（6-2-20）求出的 $\boldsymbol{u}_1(k)$ 中包含了从 k 时刻起到 $k+M$ 时刻的 M 步（$M \leqslant P$）控制作用。实际应用时可视系统受干扰程度、模型误差大小和计算机运算速度等，针对不同的情况采取不同的实施策略。在干扰频繁、模型误差较大、计算机运算速度较快时，实施 $\boldsymbol{u}_1(k)$ 的前几步后即开始新的计算，这样做有利于克服干扰，提高输出预测的精度。

需要注意的是，在MAC的矩阵 $\boldsymbol{G}_1$ 中，并不完全是简单地脉冲响应系数 g_i，其最后一列必须采用脉冲响应系数之和，这是因为在MAC中，以 u 为控制输入，在控制时域后 u 不再变化，但 $u=u(k-M+1) \neq 0$，故仍需考虑其脉冲响应的影响。在应用中还应注意，即使没有模型误差，即 $e(k)=0$ 时，多步MAC一般也存在静差。这是由于它以 u 作为控制量，从本质上导致了比例性质的控制。为了消除MAC的静差，可以证明，若在优化性能指标式（6-2-19）中，选择 $R=0$，则静差不再出现，也可采用修改设定值的办法消除静差。并且MAC在实际应用中应考虑系统中存在的物理约束，根据实际问题结合不同的控制结构灵活地加以应用。

6.2.3 动态矩阵控制

动态矩阵控制（Dynamic Matrix Control，DMC）最早在1973年就已经应用于Shell石油公司的生产装置上。1979年，Culter等人在美国化工学会年会上首次介绍了这种算法。DMC

算法也是一种基于被控对象非参数数学模型的控制算法，与 MAC 算法所不同的是，它以系统的阶跃响应模型作为内部模型。它同样适用于渐近稳定的线性对象，对于弱非线性对象，可在工作点处首先线性化；对于不稳定对象，可先用常规 PID 控制使其稳定，然后再使用 DMC 算法。

DMC 控制包括模型预测、滚动优化和反馈校正等三个部分。

1. 模型预测

与 MAC 算法类似，DMC 算法的预测模型采用被控对象的单位阶跃响应的离散采样数据。因此，在 DMC 中首先需要测定对象单位阶跃响应的采样值 $a_i = a(iT)$ $(i=1, 2, \cdots)$，其中 T 为采样周期，如图 6-14 所示。

对于渐近稳定的对象，阶跃响应在某一时刻 $t_N = NT$ 后将趋于平稳，因此可以认为，a_N 已近似等于阶跃响应的稳态值 $a_s = a(\infty)$。这样，对象的动态信息就可以近似用有限集合 $\{a_1, a_2, \cdots, a_N\}$ 加以描述。这个集合就是对象的内部模型。其中，N 为截断步长，又称为模型时域长度。N 的选择应使过程响应值已接近其稳定值 a_s。

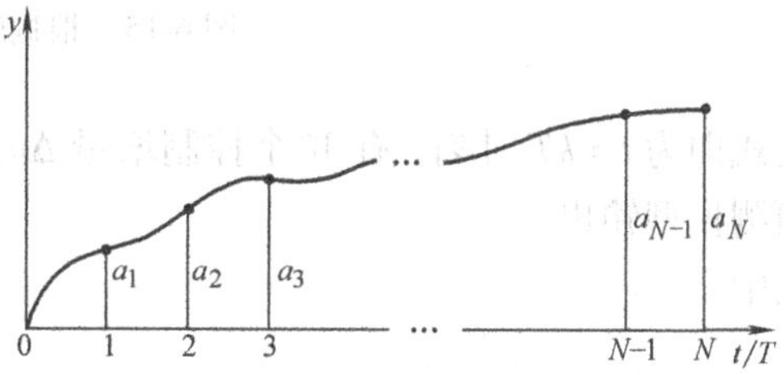

图 6-14　系统的离散阶跃响应

如在 $t=kT$ 时刻加一控制增量 $\Delta u(k)$，则在未来 N 个时刻的预测模型输出值可以用矩阵形式表示

$$\hat{\boldsymbol{y}}_{N1}(k) = \hat{\boldsymbol{y}}_{N0}(k) + \boldsymbol{a}\Delta u(k) \tag{6-2-21}$$

式中

$$\hat{\boldsymbol{y}}_{N0}(k) = \begin{pmatrix} \hat{y}_0(k+1 \mid k) \\ \vdots \\ \hat{y}_0(k+N \mid k) \end{pmatrix}$$

表示在 $t=kT$ 时刻不施加控制作用 $\Delta u(k)$ 情况下，由 k 时刻起未来 N 个时刻的输出预测初值；

$$\hat{\boldsymbol{y}}_{N1}(k) = \begin{pmatrix} \hat{y}_1(k+1 \mid k) \\ \vdots \\ \hat{y}_1(k+N \mid k) \end{pmatrix}$$

表示在 $t=kT$ 时刻预测有控制增量 Δu (k) 作用时，未来 N 个时刻的输出预测值；

$$\boldsymbol{a} = \begin{pmatrix} a_1 \\ \vdots \\ a_N \end{pmatrix}$$

为阶跃响应向量，其元素为描述系统动态特性的 N 个阶跃响应系数。

式中符号“^”表示预测，“$k+i \mid k$”表示在 $t=kT$ 时刻预测 $t=(k+i)T$ 时刻。

如果所施加的控制增量在未来 M 个采样间隔连续变化，即 $\Delta u(k)$，$\Delta u(k+1)$，…，$\Delta u(k+M-1)$，则系统在未来 P 个时刻的预测模型输出值如图 6-15 所示。

写成矩阵形式为

$$\hat{\boldsymbol{y}}_{PM}(k) = \hat{\boldsymbol{y}}_{P0}(k) + \boldsymbol{A}\Delta \boldsymbol{u}_M(k) \tag{6-2-22}$$

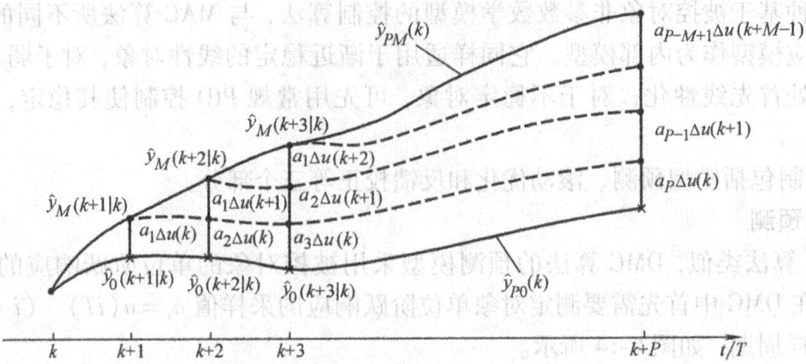

图6-15 根据输入控制增量预测输出

上式即为 $t=kT$ 时刻，有 M 个控制增量 $\Delta u(k)$，…，$\Delta u(k+M-1)$ 作用时，未来 P 个时刻的预测模型输出。

式中

$$\hat{\boldsymbol{y}}_{PM}(k)=\begin{pmatrix}\hat{y}_M(k+1\mid k)\\ \vdots\\ \hat{y}_M(k+P\mid k)\end{pmatrix}$$

$\hat{\boldsymbol{y}}_{P0}(k)$ 表示 $t=kT$ 时刻，不施加控制增量 $\Delta\boldsymbol{u}(k)$ 作用时，未来 P 个时刻的预测模型输出；

$$\hat{\boldsymbol{y}}_{P0}(k)=\begin{pmatrix}\hat{y}_0(k+1\mid k)\\ \vdots\\ \hat{y}_0(k+P\mid k)\end{pmatrix}$$

$\Delta\boldsymbol{u}_M(k)$ 表示从现在起 M 个时刻的控制量；

$$\Delta\boldsymbol{u}_M(k)=\begin{pmatrix}\Delta u(k)\\ \vdots\\ \Delta u(k+M-1)\end{pmatrix}$$

$\boldsymbol{A}$ 为动态矩阵，其元素为描述系统动态特性的阶跃响应系数，$\boldsymbol{A}$ 为

$$\boldsymbol{A}=\begin{pmatrix}a_1 & & & \\ a_2 & a_1 & \boldsymbol{0} & \\ \vdots & \vdots & \ddots & \\ a_M & a_{M-1} & \cdots & a_1\\ \vdots & \vdots & & \vdots\\ a_P & a_{P-1} & \cdots & a_{P-M+1}\end{pmatrix}_{P\times M}$$

P 是滚动优化时域长度；M 是控制时域长度，P 和 M 应满足 $M\leqslant P\leqslant N$。当输出 y 具有双下标时，第一个下标为预测的长度，第二个下标为未来控制作用的步数。

2. 滚动优化

DMC 采用了“滚动优化”的控制策略，其目的是要在每一时刻 k，通过优化策略，确定从该时刻起的未来 M 个控制增量 $\Delta u(k)$，$\Delta u(k+1)$，…，$\Delta u(k+M-1)$，使系统在其作用

下，未来 P 个时刻的输出预测值 $\hat{y}_M(k+1|k)$，…，$\hat{y}_M(k+P|k)$ 尽可能地接近期望值 $w(k+1)$，…，$w(k+P)$，如图6-16所示。

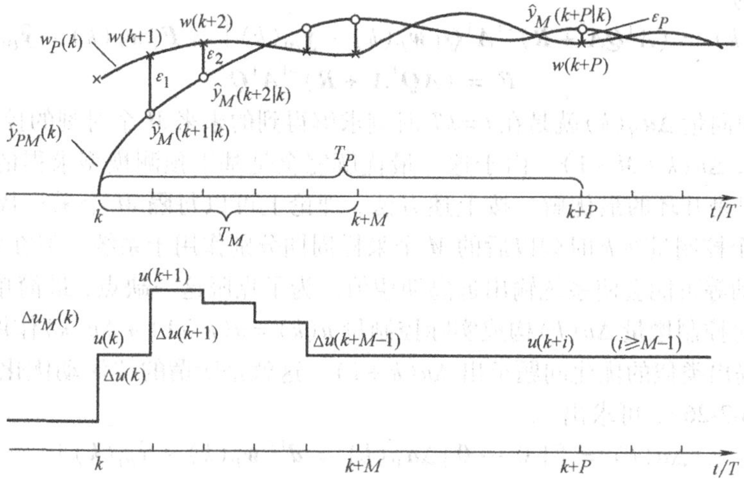

图6-16 动态矩阵控制的优化策略

在采样时刻 $t=kT$，采用二次型优化性能指标为

$$\min \boldsymbol{J}(k) = \sum_{i=1}^{P} q_i[w(k+i) - \hat{y}_M(k+i|k)]^2 + \sum_{j=1}^{M} r_j \Delta u^2(k+j-1) \tag{6-2-23}$$

其中性能指标中的第二项是对控制增量增加的软约束，目的是不允许控制量的变化过于剧烈。式中 q_i、r_j 为加权系数，它们分别表示对跟踪误差及控制量变化的抑制。

可见，在不同采样时刻，优化性能指标是不同的，但却都具有式（6-2-23）的形式，且优化时域随时间而不断地向前推移。式（6-2-23）也可写成向量形式

$$\min \boldsymbol{J}(k) = \| \boldsymbol{w}_P(k) - \hat{\boldsymbol{y}}_{PM}(k) \|_{\boldsymbol{Q}}^2 + \| \Delta \boldsymbol{u}_M(k) \|_{\boldsymbol{R}}^2 \tag{6-2-24}$$

式中 $\boldsymbol{w}_P^{\mathrm{T}}(k) = [w_1(k+1) \quad \cdots \quad w_P(k+P)]$；

$\boldsymbol{Q} = \mathrm{diag}(q_1 \cdots q_P)$；

$\boldsymbol{R} = \mathrm{diag}(r_1 \cdots r_M)$。

其中，$\boldsymbol{w}_P^{\mathrm{T}}(k)$ 为期望值向量，$\boldsymbol{Q}$ 和 $\boldsymbol{R}$ 分别称为误差矩阵和控制权矩阵，它们是由权系数构成的对角阵。根据预测模型，将式（6-2-22）代入式（6-2-24），得

$$\min \boldsymbol{J}(k) = \| \boldsymbol{w}_P(k) - \hat{\boldsymbol{y}}_{P0}(k) - \boldsymbol{A}\Delta \boldsymbol{u}_M(k) \|_{Q}^2 + \| \Delta \boldsymbol{u}_M(k) \|_{R}^2 \tag{6-2-25}$$

由极值必要条件可知，在不考虑输入输出约束的情况下，通过对 $\Delta \boldsymbol{u}_M(k)$ 求导，可求得最优解。令 $\boldsymbol{E} = \boldsymbol{w}_P(k) - \hat{\boldsymbol{y}}_{P0}(k)$，展开式（6-2-25）得

$$\begin{aligned}
\boldsymbol{J}(k) &= [\boldsymbol{E} - \boldsymbol{A}\Delta\boldsymbol{u}_M(k)]^{\mathrm{T}}\boldsymbol{Q}[\boldsymbol{E} - \boldsymbol{A}\Delta\boldsymbol{u}_M(k)] + \Delta\boldsymbol{u}_M(k)^{\mathrm{T}}\boldsymbol{R}\Delta\boldsymbol{u}_M(k) \\
&= \{\boldsymbol{E}, \boldsymbol{Q}[\boldsymbol{E} - \boldsymbol{A}\Delta\boldsymbol{u}_M(k)]\} - \{\boldsymbol{A}\Delta\boldsymbol{u}_M(k), \boldsymbol{Q}[\boldsymbol{E} - \boldsymbol{R}\Delta\boldsymbol{u}_M(k)]\} \\
&= (\boldsymbol{E}, \boldsymbol{QE}) - [\boldsymbol{E}, \boldsymbol{QA}\Delta\boldsymbol{u}_M(k)] - [\boldsymbol{A}\Delta\boldsymbol{u}_M(k), \boldsymbol{QE}] + [\boldsymbol{A}\Delta\boldsymbol{u}_M(k) - \boldsymbol{Q}\Delta\boldsymbol{u}_M(k)] + \\
&\quad \Delta\boldsymbol{u}_M(k)^{\mathrm{T}}\boldsymbol{R}\Delta\boldsymbol{u}_M(k) \\
&= \boldsymbol{EQE} - 2\Delta\boldsymbol{u}_M(k)^{\mathrm{T}}\boldsymbol{A}^{\mathrm{T}}\boldsymbol{QE} + \Delta\boldsymbol{u}_M(k)^{\mathrm{T}}\boldsymbol{A}^{\mathrm{T}}\boldsymbol{QA}\Delta\boldsymbol{u}_M(k) + \Delta\boldsymbol{u}_M(k)^{\mathrm{T}}\boldsymbol{R}\Delta\boldsymbol{u}_M(k)
\end{aligned}$$

令

$$\frac{\partial \boldsymbol{J}}{\partial \Delta \boldsymbol{u}_M(k)} = -2\boldsymbol{A}^{\mathrm{T}}\boldsymbol{QE} + 2\boldsymbol{A}^{\mathrm{T}}\boldsymbol{QA}\Delta \boldsymbol{u}_M(k) + 2\boldsymbol{R}\Delta \boldsymbol{u}_M(k) = 0$$

可求得最优解为

$$\Delta \boldsymbol{u}_M(k) = (\boldsymbol{A}^{\mathrm{T}}\boldsymbol{QA} + \boldsymbol{R})^{-1}\boldsymbol{A}^{\mathrm{T}}\boldsymbol{Q}[\boldsymbol{w}_P(k) - \hat{\boldsymbol{y}}_{P0}(k)] = \boldsymbol{F}[\boldsymbol{w}_P(k) - \hat{\boldsymbol{y}}_{P0}(k)] \tag{6-2-26}$$

$$\boldsymbol{F} = (\boldsymbol{AQ}^{\mathrm{T}}\boldsymbol{A} + \boldsymbol{R})^{-1}\boldsymbol{A}^{\mathrm{T}}\boldsymbol{Q} \tag{6-2-27}$$

式（6-2-26）中向量$\Delta \boldsymbol{u}_M(k)$就是在$t=kT$时刻求解得到的未来$M$个时刻的控制增量$\Delta u(k)$，$\Delta u(k+1)$，…，$\Delta u(k+M-1)$。由于这一最优解完全是基于预测模型求得的，所以与MAC算法一样，也只是开环的最优解。按上述方法，理论上可以每隔M个采样周期重新计算一次，然后将M个控制量在k时刻以后的M个采样周期分别作用于系统。但在此期间内，模型误差和随机扰动等可能会使系统输出远离期望值。为了克服这一缺点，最简单的方法是只取最优解中的即时控制增量$\Delta u(k)$构成实际控制量$u(k)=u(k-1)+\Delta u(k)$作用于系统。到下一时刻，它又提出类似的优化问题求出$\Delta u(k+1)$。这就是所谓的“滚动优化”的策略。

根据式（6-2-26），可求出

$$\Delta u(k) = [1\ 0\ \cdots\ 0]\Delta \boldsymbol{u}_M(k) = \boldsymbol{d}^{\mathrm{T}}[\boldsymbol{w}_P(k) - \hat{\boldsymbol{y}}_{P0}(k)] \tag{6-2-28}$$

$$\boldsymbol{d}^{\mathrm{T}} = [1\ 0\ \cdots\ 0](\boldsymbol{A}^{\mathrm{T}}\boldsymbol{QA} + \boldsymbol{R})^{-1}\boldsymbol{A}^{\mathrm{T}}\boldsymbol{Q} = [1\ 0\ \cdots\ 0]\boldsymbol{F} \tag{6-2-29}$$

然后重复上述步骤计算$(k+1)T$时刻的控制量。

这种方法的缺点是没有充分利用已取得的全部信息，受系统中随机干扰的影响大。一种改进算法是将kT以前M个时刻得到的kT时刻的全部控制量加权平均作用于系统，即

$$\Delta u(k) = \frac{\sum_{j=1}^{M} \alpha_j \Delta u[k \mid (k-j+1)]}{\sum_{j=1}^{M} \alpha_j} \tag{6-2-30}$$

其中，$\Delta u[k \mid (k-j+1)]$是在$(k-j+1)T$时刻计算得到kT时刻的控制增量。为了充分利用新的信息，通常取$\alpha_1 = 1 > \alpha_2 > \cdots > \alpha_M$。这种改进算法对控制系统的暂态和稳态性能以及控制量的振荡均有显著的改进，减少了模型误差的影响。

3. 反馈校正

当kT时刻对被控系统施加控制作用$u(k)$后，在$(k+1)T$时刻可采集到实际输出$y(k+1)$。与kT时刻基于模型所作系统输出预测值$\hat{y}(k+1 \mid k)$相比较，由于模型误差、干扰、弱非线性及其他实际过程中存在的不确定因素，由式（6-2-22）给出的预测值一般会偏离实际值，即存在预测误差

$$e(k+1) = y(k+1) - \hat{y}(k+1 \mid k) \tag{6-2-31}$$

预测误差必须及时进行修正，若等到M个控制量都实施后再作校正，将会使进一步的优化失去意义。为此，DMC算法利用了实时预测误差对未来输出误差进行预测，以对在模型预测基础上进行的系统在未来各个时刻的输出开环预测值加以校正。常用的是通过对误差$e(k+1)$加权系数$h_i(i=1,2,\cdots,N)$修正对未来输出的预测，即

$$\hat{\boldsymbol{y}}_{\mathrm{cor}}(k+1) = \hat{\boldsymbol{y}}_{N1}(k) + \boldsymbol{h}e(k+1) \tag{6-2-32}$$

式中

$$\hat{\boldsymbol{y}}_{\mathrm{cor}}(k+1) = \begin{bmatrix} \hat{y}_{\mathrm{cor}}(k+1 \mid k+1) \\ \hat{y}_{\mathrm{cor}}(k+N \mid k+1) \end{bmatrix}$$

为 $t=(k+1)T$ 时刻经误差校正后所预测的未来系统输出；$\boldsymbol{h}^{\mathrm{T}}=[h_1\ h_2\cdots\ h_N]$ 为误差校正向量，是对不同时刻的预测值进行误差校正时所加的权重系数，其中 $h_1=1$。误差校正的示意图如图 6-17 所示。

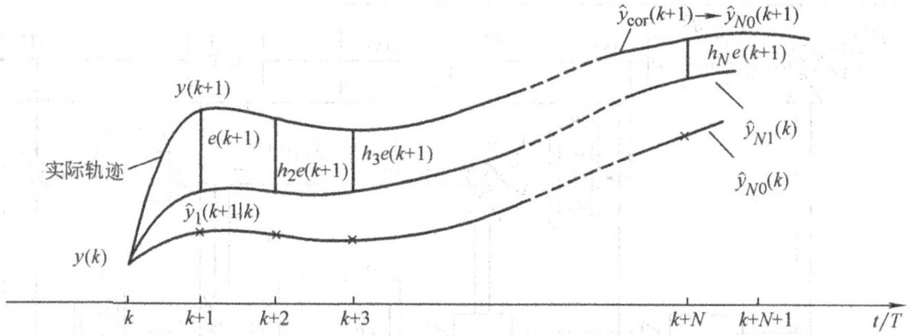

图 6-17　误差校正及移位设初值

经校正的 $\hat{\boldsymbol{y}}_{\mathrm{cor}}(k+1)$ 的各分量中，除第一项外，其余各项分别是 $(k+1)T$ 在尚无 $\Delta u(k+1)$ 等未来控制增量作用下对系统未来输出的预测值，可作为 $(k+1)T$ 时刻 $\hat{\boldsymbol{y}}_{N0}(k+1)$ 的前 $N-1$ 个分量。但由于时间基点的变动，预测的未来时间点也将移到 $k+2$，…，$k+1+N$，因此，$\hat{\boldsymbol{y}}_{\mathrm{cor}}(k+1)$ 的元素还需通过移位才能成为 $k+1$ 时刻的初始预测值，即

$$\hat{y}_{N0}(k+1+i\,|\,k+1)=\hat{y}_{\mathrm{cor}}(k+1+i\,|\,k+1)\quad i=1,2,\cdots,N-1 \tag{6-2-33}$$

由于模型在 $(k+N)T$ 时刻截断，$\hat{y}_{N0}(k+1+N|k+1)$ 只能由 $\hat{y}_{\mathrm{cor}}(k+N|k+1)$ 来近似。这一初始预测值的设置可用向量形式表示为

$$\hat{\boldsymbol{y}}_{\mathrm{cor}}(k+1)=\boldsymbol{S}\hat{\boldsymbol{y}}_{\mathrm{cor}}(k+1) \tag{6-2-34}$$

其中

$$\boldsymbol{S}=\begin{pmatrix}0 & 1 & & \\ 0 & 0 & 1 & \boldsymbol{0} \\ \vdots & \vdots & \vdots & \ddots \\ 0 & 0 & 0 & \cdots & 1\end{pmatrix}$$称为移位矩阵。

在 $t=(k+1)T$ 时刻，得到 $\hat{\boldsymbol{y}}_{N0}(k+1)$ 后，就又可像上述 $t=kT$ 时刻那样进行新的预测和优化计算，求出 $\Delta u(k+1)$。整个控制就是以这样结合了反馈校正的滚动优化方式反复在线推移进行，其算法结构如图 6-18 所示。

由图 6-18 可知，DMC 算法由预测、控制和校正三部分构成。图中的双箭头表示向量流。单线箭头表示纯量流。在每一采样时刻，未来 P 个时刻的期望输出 $\boldsymbol{w}_P(k)$ 与初始预测输出值 $\hat{\boldsymbol{y}}_{P0}(k)$ 所构成的偏差向量按式（6-2-29）与动态向量 $\boldsymbol{d}^{\mathrm{T}}$ 点乘，得到该时刻的控制增量 $\Delta\boldsymbol{u}(k)$。这一控制增量一方面通过累加运算求出控制量 $u(k)$ 并作用于对象；另一方面与阶跃模型向量 $\boldsymbol{a}$ 相乘，并按式（6-2-21）计算出在其作用后所预测的系统输出 $\hat{\boldsymbol{y}}_{N1}(k)$。等到下一采样时刻，首先检测对象的实际输出 $y(k+1)$，并与原来该时刻的预测值 $\hat{\boldsymbol{y}}_1(k+1|k)$ 比较后，根据式（6-2-31）算出预测误差 $e(k+1)$。这一误差与校正向量 $\boldsymbol{h}$ 相乘后作为预测误差，$\hat{\boldsymbol{y}}_{\mathrm{cor}}(k+1)$ 按式（6-2-34）移位后作为新的初始预测值。在图 6-18 中，z^{-1} 是时移算子，表示与模型预测一起根据式（6-2-32）得到经校正的预测输出值 $\hat{\boldsymbol{y}}_{\mathrm{cor}}(k+1)$，随时间的推移，表示

时间基点的记号后退一步，这等于将新的时刻重新定义为 k 时刻，则预测初值 $\hat{\boldsymbol{y}}_{N0}(k)$ 的前 P 个分量将与期望输出一起参与新时刻控制增量的运算。整个过程将反复进行，以实现在线控制。在最初系统启动控制时，预测输出的初值可取为此时实际测得的系统输出值。

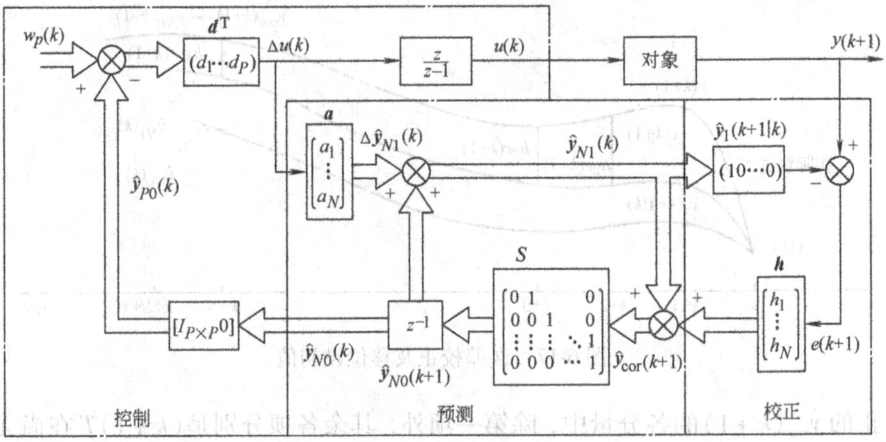

图6-18 动态矩阵算法控制结构图

由前面的分析可知，DMC 算法是一种增量算法，不管是否有模型误差，它总能将系统输出调节到期望值而不产生静差。对于作用在对象输入端的阶跃形式的扰动，该算法也总能使系统输出回复到原设定状态。这是 DMC 算法不同于 MAC 算法的特点之一。

6.2.4 模型预测控制的工程设计

在掌握了模型预测控制算法的基础上，从工程实际出发，我们进一步讨论这类控制算法的工程实现问题。这里仅讨论 DMC 算法的工程设计方法，MAC 的设计同它类似，不再详述。

1. DMC 算法的实现

DMC 算法的实现可由以下几步完成。

1）离线计算。检测对象的阶跃响应，并经光滑后得到模型系数 a_1，a_2，…，a_N；在这里，应强调模型的动态响应必须是光滑的，测量噪声和干扰必须滤除，否则会影响控制质量甚至造成不稳定；利用仿真程序确定优化策略和计算控制系数 $(d_1\ d_2 \cdots\ d_p)=(1\ 0\ \cdots\ 0)\cdot(\boldsymbol{A}^{\mathrm{T}}\boldsymbol{Q}\boldsymbol{A}+\boldsymbol{R})^{-1}\cdot\boldsymbol{A}^{\mathrm{T}}\boldsymbol{Q}$；选择校正系数 h_1，h_2，…，h_N。

以上三组动态系数确定后，置入固定的内存单元，以便实时调用。

2）初始化。初始化模块是在投入运行的第一步检测对象的实际输出 $y(k)$，并把它设定为预测初值 $\hat{\boldsymbol{y}}_0(k+i\mid k)$；其算法见程序流程图 6-19a 所示。

3）在线运算。根据式（6-2-33），控制量的在线计算如下：

$$\Delta\boldsymbol{u}(k)=\boldsymbol{d}^{\mathrm{T}}[\boldsymbol{w}_P(k)-\hat{\boldsymbol{y}}_{P0}(k)]$$

$$u(k)=u(k-1)+\Delta u(k)$$

可见，DMC 的在线工作量很小，容易在计算机控制系统中实现。在线计算程序如图 6-19b 所示。

在图 6-19 中，是以 w 为定值画出程序流程图的，若设定值 w 为时变的，则还应编制一程序模块在线计算 $w(i)\,(i=1,2,\cdots,P)$，并以 $w(i)$ 代替图中的 w。

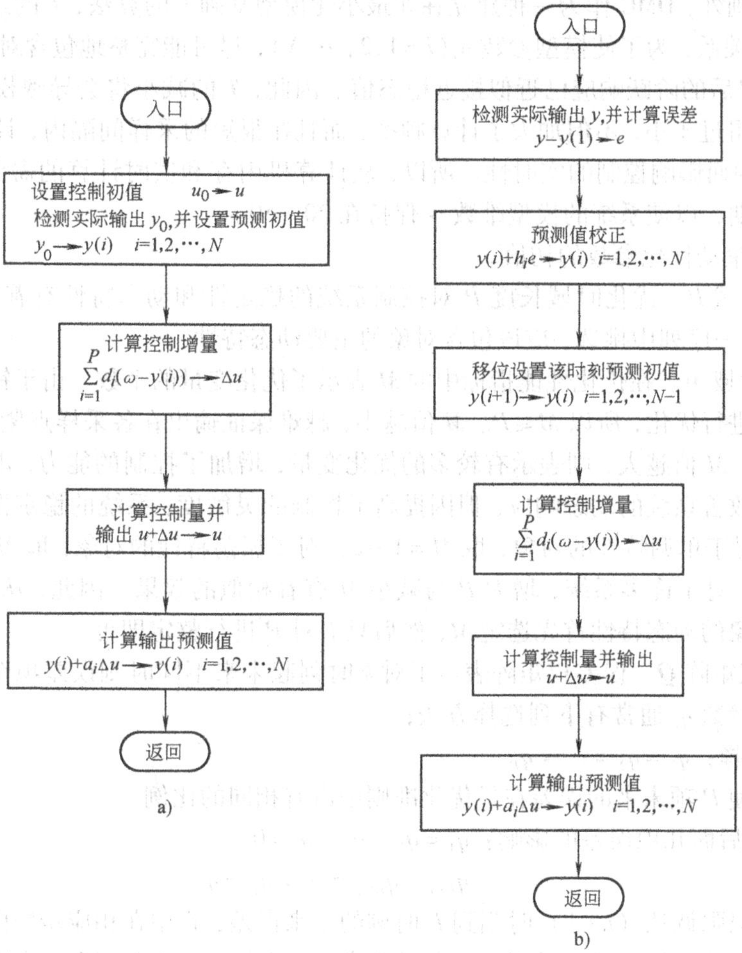

图 6-19 DMC 在线控制程序流程图

a）DMC 初始化程序流程图 b）DMC 在线计算程序流程图

2. 设计参数的选择

由前面的 DMC 算法介绍可知道，当 DMC 算法在线实施时，只涉及模型参数 a_i、控制参数 d_i 和校正参数 h_i。但其中除了 h_i 可由设计者直接自由选择外，a_i 取决于对象阶跃响应特性及采样周期的选择，d_i 取决于 a_i 及优化性能指标，它们都是设计的结果而非直接可调参数。从算法的形式来看，在设计中真正要确定的原始参数应该是：采样周期 T、滚动优化参数的初值，包括时域长度 P、控制时域长度 M、误差权矩阵 $\boldsymbol{Q}$ 和控制权矩阵 $\boldsymbol{R}$、误差校正参数 h_i。由于这些参数都有比较直观的物理含义，对于一般的被控对象，DMC 通常使用凑试与仿真结合的方法，对设计参数进行整定。

通常，T 的选择要根据过程的特点及对象的动态特性；h_i 则取决于鲁棒性及抗干扰性的要求；而影响最优性能的其他 4 个设计参数，一般可以固定其中 2 ~ 3 个，只需整定 1 ~ 2 个即可。为了有助于整定，下面简要讨论各设计参数对系统性能及实时计算的影响。

（1）采样周期 T。在 DMC 算法中，采样周期的选择，既直接影响到模型系数 a_i（阶跃响应），又影响到控制系数 d_i，它是一个重要的设计参数。除应遵循一般计算机控制系统中

对 T 的选择原则外，DMC 作为一种建立在非最小化模型基础上的算法，T 的选择还与模型长度 N 有着密切关系，为了使模型参数 $a_i(i=1,2,\cdots,N)$，尽可能完整地包含对象的动态信息，通常要求在 NT 后的阶跃响应已近似接近稳态值。因此，T 的减小将会导致模型维数 N 的增高。如果 T 取得过于小，不但加大了计算频率，而且在很短的采样间隔内，计算量因 N 的增大也将增大，因而影响控制的实时性。所以，从计算机内存和实时计算的需要出发，应合适地选择采样周期，以使系统的模型维数 N 保持在 20～50。

（2）选择滚动优化参数的初值。

1）优化时域 P。优化时域长度 P 对控制系统的稳定性和动态特性有着重要的影响。P 在 1，2，4，8，…序列中挑选，应该包含对象的主要动态特性。

2）控制时域 M。在优化性能指标中的 M 表示了优化变量的个数。由于针对未来 P 个时刻的输出误差进行优化，所以 $M \leqslant P$。M 值越小，越难保证输出在各采样点紧密跟踪期望值，控制性能越差；M 值越大，则表示有较多的优化变量，增加了控制的能力，因而能获得较好的性能指标和改善系统的动态响应，但因提高了控制的灵敏度，系统的稳定性和鲁棒性会变差。一般地，对于单调特性的对象，取 $M=1\sim2$；对于振荡特性的对象，取 $M=4\sim8$。

经验表明，对于许多系统，增大 P 与减小 M 有着相似的效果。因此，从简化整定出发，通常可根据对象的动态特性首先选定 M，然后只需对 P 进行整定即可。

3）误差权矩阵 $\boldsymbol{Q}$。误差权矩阵表示了对 k 时刻起未来不同时刻误差项在性能指标中的重视程度。其参数 q_i 通常有下列选择方法：

① 等权选择：$q_1=q_2=\cdots=q_P$

这种选择使 P 项未来的误差在最优化准则中占有相同的比例。

② 只考虑后面几项误差的影响：$q_1=q_2=\cdots=q_i=0$

$$q_{i+1}=q_{i+2}=\cdots=q_P=q$$

这种选择只强调从（$i+1$）时刻到 P 时刻的未来误差，希望在相应步数内尽可能将系统引导到期望值。这种加权形式适用于带有时滞或非最小相位特性的对象，意味着优化可跳过对象动态的时滞或反向效应部分，只针对其主要动态部分进行。

一般情况下，对矩阵 $\boldsymbol{Q}$ 中的各个 q_i 取不同值的意义并不大。在上面两种典型选择下，矩阵 $\boldsymbol{Q}$ 都可归结为单个参数 q 的选择，这样有利于参数的整定。

4）控制权矩阵 $\boldsymbol{R}$。控制权矩阵

$$\boldsymbol{R}=\mathrm{diag}(r_1,r_2,\cdots,r_M)$$

式中，r_i 常取同一系数，记作 $\boldsymbol{r}$。它与系统动态性能之间存在着复杂的关系。$\boldsymbol{R}$ 的作用是对 Δu 的剧烈变化加以适度的限制，它是作为一种软约束加入到性能指标中的。但 $\boldsymbol{R}$ 的加入并不意味着改善控制系统的稳定性。理论分析可以证明，$\boldsymbol{r}$ 对稳定性的影响不是单调的，不能简单地通过加大 $\boldsymbol{r}$ 来改善控制系统的稳定性。因此，调整参数 $\boldsymbol{r}$ 时，着眼点不应放在控制系统的稳定性上，这部分要求可通过调整 P 和 M 得到满足，而引入 $\boldsymbol{r}$ 的主要作用，则在于防止控制量过于剧烈的变化。因此，在整定时 $\boldsymbol{r}$ 常取得很小。

（3）误差校正参数 h_i。误差校正向量 $\boldsymbol{h}$ 中各元素 h_i 的选择独立于其他设计参数，是 DMC 算法中唯一直接可调的运算参数。它仅在对象受到不可知扰动或存在模型误差后，使预测的输出值与实际输出值不一致时才起作用，而对控制的动态响应没有明显的影响。

$\boldsymbol{h}$ 的选择应根据对系统抗扰性及鲁棒性的要求考虑。一般取下列两种类型之一。

1) $h_1=1$, $h_i=\alpha$, $i=2$, …, N $(0<\alpha\leqslant 1)$

在这种校正方式中，控制系统的鲁棒性将随 α 的减小而增强。α 越接近于0，反馈校正越弱，鲁棒性有所加强，但对扰动的敏感程度下降，抗干扰性变差。α 接近于1，则情况正好相反。

2) $h_1=1, h_{i+1}=h_i+\alpha^i$ $(i=1,2,\cdots,N-1,0<\alpha<1)$

选择这种校正方式，将有利于对常值扰动的抑制。有助于部分抵消扰动响应的极点，故有较好的抗干扰性，但对模型失配的鲁棒性将会变差。

由此看到，如同在选择控制系数 d_i 时，必须在调节的快速性与稳定性之间求得折中一样，在选择校正系数 h_i 时，也应兼顾抗扰的快速性与系统的鲁棒性。

3. 仿真调整优化参数

完成上述初步参数设计后，可以采用仿真方法校验控制系统的动态响应，然后按照下列原则进一步调整滚动优化参数。

一般先选定 M，然后调整 P。如果调整 P 不能得到满意的响应，则重选 M，然后再调整 P。若稳定性较差，则加大 P，若响应缓慢，则减小 P；M 的调整与 P 相反。在调整中，一般先置 $\boldsymbol{r}=0$，若相应的控制系统稳定但控制量变化太大时，则可略为加大 $\boldsymbol{r}$。事实上，只要取一个很小的 $\boldsymbol{r}$ 值（如 $\boldsymbol{r}=0.1$），就足以使控制量的变化趋于平缓；对于反馈参数 h_i 值，区别于其他设计参数的最有利之处在于它是直接可选的，因而可在算法中在线设置和改变。在设计中可通过仿真选择参数 α，使之兼顾鲁棒性和抗干扰性能的要求。在一些情况下，可以选取 $M=1$, $\boldsymbol{Q}=\boldsymbol{I}$, $\boldsymbol{r}=0$，以 P 为调整参数。这时，动态矩阵 $\boldsymbol{A}$ 蜕变为 $P\times1$ 向量，使计算简化，调整参数只有 P，使实际应用中的整定易于进行。

4. DMC 的设计举例

完成一个 DMC 设计，并观察设计参数对控制性能的影响。

例 6-4 最小相位对象

$$G(s)=\frac{8611.77}{[(s+0.055)^2+6^2][(s+0.25)^2+15.4^2]}$$

其阶跃响应为

$$y(t)=1-1.1835\mathrm{e}^{-0.55t}\sin(6t+1.4973)-0.18038\mathrm{e}^{-0.25t}\sin(15.4t-1.541)$$

图6-20给出了这一对象的阶跃响应。这是一个弱阻尼振荡的最小相位对象，$y(t)$ 的稳态值为 $y_s=1$，最大超调量 $\sigma_P=0.93$，过渡时间为 $t_s=6.4\text{s}$。

在 DMC 设计中，并不要求知道对象的传递函数 $G(s)$，而是直接从对象的阶跃响应（图6-20）出发设计控制系统。首先，根据上述分析取采样周期 $T=0.2\text{s}$，模型长度 $N=40$。由图6-20可知，优化时域 P 的选择至少要使 $y(t)$ 的振荡经历一个周期，以将其主要动态包含在内，故可取 $P=6$。此外由于对象是最小相位的且无时滞，可令 $\boldsymbol{Q}=\boldsymbol{I}$, $\boldsymbol{r}=0$ 。这时，如取控制时域 $M=1$，则可得到图6-21a的曲线。显然，$M=1$

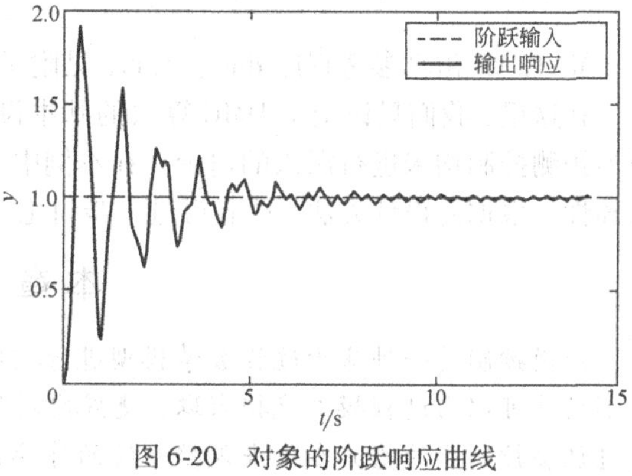

图6-20 对象的阶跃响应曲线

不能得到良好的动态响应。因此，可加大 M，取（$M=4$），图6-21b 给出了这时的动态响应曲线。被控系统阶跃响应的稳态值 $y_s=1$，最大超调量 $\sigma_p=0.165$，比控制前减少了5.5倍，过渡时间 $t_s=0.72s$，加快为原来的9倍。这一结果基本上是满意的。

优化时域 $P=6$（相当于1.2s）已覆盖了阶跃响应一个周期的变化，对象的主要动态信息已包含在内。由于阶跃响应是以振荡形式重复出现的，所以继续增大 P，控制的效果并不会明显变化，图6-21c 给出了 $P=20$（相当于4s）时的响应曲线，它与图6-21b 十分接近。这说明，对于振荡型的对象，P 对动态快速性的影响不具有单调性。但若把 P 取得很大，则会出现接近于稳态控制的极端情况。

这一对象尽管是无时滞且为最小相位的，但一步预测优化仍不能得到稳定的控制。图6-21d 给出了 $P=M=4$ 时的控制结果（注意，在 $\boldsymbol{Q}=\boldsymbol{I}$，$\boldsymbol{r}=0$ 的条件下，取 $P=M$ 为任意值都与 $P=M=1$ 的一步控制效果相同），这时在各采样点上都有 $y=1$，但系统却是不稳定的。这是因为，一步预测优化将导致这一最小相位对象在采样保持后，其 Z 传递函数出现了单位圆外的零点 $z=-3.946$，引起了控制器的不稳定。

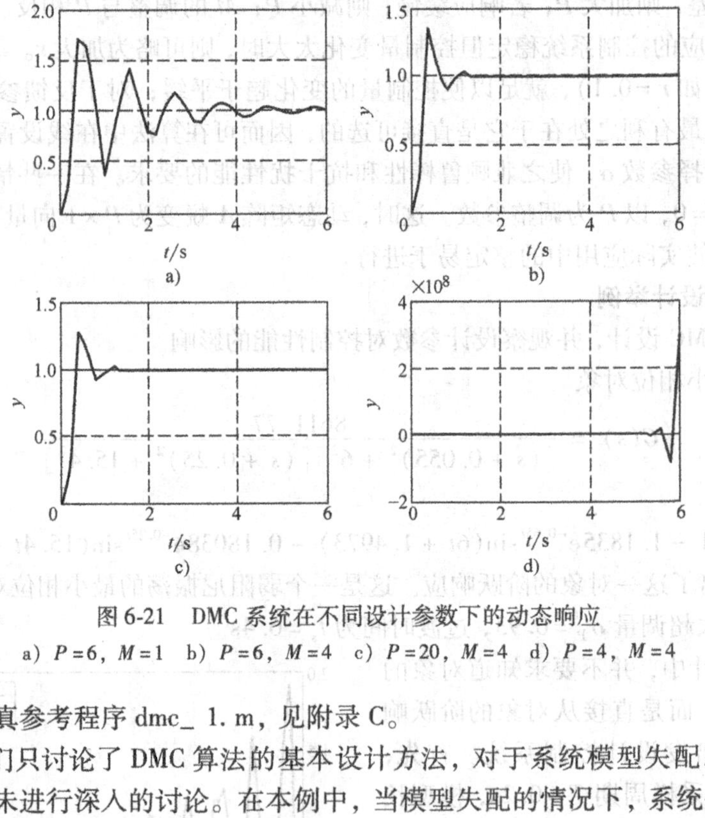

图6-21 DMC系统在不同设计参数下的动态响应

a) $P=6$，$M=1$ b) $P=6$，$M=4$ c) $P=20$，$M=4$ d) $P=4$，$M=4$

MATLAB 仿真参考程序 dmc_ 1.m，见附录C。

在这里，我们只讨论了DMC算法的基本设计方法，对于系统模型失配以及复杂对象的模型预测控制均未进行深入的讨论。在本例中，当模型失配的情况下，系统仍表现出较好的鲁棒性。根据此设计方法，读者可进一步讨论。

本章小结

内模控制是一种基于过程数学模型进行控制器设计的新型控制策略。它的一个特点是控制器设计可以由过程模型直接求取，使得控制器设计非常简单。另一个重要特点是，它可以通过调整控制器的滤波参数来调整系统的鲁棒性，使得系统具有较强的抗扰性，在系统模型出现一定失配的情况下，仍能稳定工作。与经典 PID 相比，内模控制仅有一个整定参数，其参数调整与系统动态品质和鲁棒性的关系比较明确。将内模控制思想引入 PID 控制器设计，从而使它更具有实用性。

本章在模型预测控制部分，重点介绍了模型算法控制和动态矩阵控制两种典型的模型预测控制算法。这两种算法分别以对象的脉冲响应和阶跃响应直接作为模型，采用动态预测、滚动优化的策略，在实际应用过程中，只要进行简单的测试便可建模，不需作进一步的辨识，具有建模简单、鲁棒性强的显著优点，十分适合复杂工业过程的特点和要求，因而在工业过程中也比较实用。但因为利用了对象的非参数模型，它们都只能适用于渐近稳定的线性对象，渐近稳定性保证了模型可以用有限的阶跃或脉冲响应系数加以描述，而线性性则保证了可以用叠加和比例性质正确地预测系统输出。

本章较详细介绍了内模控制和模型预测控制两种先进控制策略的基本原理及基本工程设计方法，并给出了具体的设计应用仿真实例，为读者今后进一步的深入研究打下了基础。

习题和思考题

6-1 内模控制的内部模型是如何构成的，有什么特点？

6-2 内模控制与施密斯预估控制在性能上有什么差异？

6-3 IMC-PID 与普通 PID 相比有何优越性？

6-4 求二阶过程 $G(s)=\dfrac{K_p}{(\tau_1 s+1)(\tau_2 s+1)}$ 的等效 IMC 的 PID 表达式。

6-5 模型预测控制常被视为先进控制的代表。它的优越性表现在哪里？原因何在？

6-6 动态矩阵控制算法结构有几部分组成？它们各有什么功能？

6-7 模型算法控制结构有几部分组成？它们各有什么功能？

6-8 动态矩阵控制算法和模型算法控制为何只能适用于渐进稳定的对象？对模型时域长度 N 有什么要求？若 N 取的太小会有什么问题？

6-9 在动态矩阵控制中，如果选择设计参数 $\boldsymbol{P}=\boldsymbol{M}$，$\boldsymbol{R}=0$，$\boldsymbol{Q}=\boldsymbol{I}$（单位矩阵），会导致什么形式的控制？这时整个在线运算有那些内容？

6-10 已知某单入单出系统的传递函数为 $G(s)=\dfrac{2e^{-3s}}{10s+1}$，控制周期为 1min，试针对该系统分别采用模型算法控制和动态矩阵控制编制仿真算法。

（1）无模型失配，采用不同的参数，进行仿真实验；

（2）若控制模型的传递函数分别是 $G_1(s)=\dfrac{1.5e^{-3s}}{10s+1}$，$G_2(s)=\dfrac{2e^{-5s}}{10s+1}$，进行仿真实验。打印仿真结果，并进行实验分析。

第7章

计算机控制系统的硬件设计

计算机控制系统硬件设计主要包括主机、外部设备以及系统总线的选择，输入/输出通道（包括各种接口电路）的设计以及各种检测变送单元、执行机构、操作台和网络设备的选择等。不同的控制系统可以选择不同的硬件，并可以根据需要进行扩展。

现在已经有许多厂家生产出具备各种功能的接口板，用户可根据需要进行选择，并用标准总线连接起来组成可正常工作的系统。采用通用标准总线技术可以简化硬件设计，便于扩充、更新及重新组合系统，使得各厂商生产的接口板具有兼容性，可以互换通用，使用非常方便。

本章主要介绍计算机控制系统硬件方面的基础知识。介绍设计计算机控制系统硬件各部分的基本要求和控制用计算机的选择原则，重点介绍计算机控制系统过程通道的设计，包括模拟量输入/输出通道和数字量输入/输出通道。还介绍了广泛应用于工业控制的常用总线及其特点。

7.1 控制用计算机系统的硬件要求

计算机控制系统必须有一套性能良好的硬件支持，才能有效地运行。计算机控制系统的硬件各式各样，结合硬件的基本组成，可以从以下几方面提出对控制用计算机系统的硬件要求。

7.1.1 对计算机主机的要求

将承担控制功能的计算机称为控制计算机。控制计算机的基本功能是及时收集外部信息，按一定算法实时处理并及时产生控制指令作用于被控对象，以期得到所要求的性能，实时及控制是控制计算机的主要特点，为此，通常要求主机应具有以下功能：

（1）实时处理能力

计算机控制系统是实时运行的，必须严格遵循某一个时间顺序“及时”“立即”来完成各种数据处理及控制指令的产生，因此要求在系统中有一个时间参数。通常这个时间参数由计算机中的时钟提供，实时时钟将计算机的操作与外界的自然时间相匹配，建立起“时间”概念。计算机对信息的处理是分时串行进行的，全部收集到的信息不可能“立即”处理完毕。计算机控制系统的实时性，主要是指在时间上能跟得上控制过程所提出的任务，也就是在控制过程的下一个任务尚未向计算机提出处理要求之前，前面的任务已经完成。

为达到实时控制目的，计算机应从硬件上满足实时响应的运算速度要求。由于计算机的实时响应速度主要由计算机的时钟频率决定，因此，应要求计算机有足够高的时钟频率。

（2）完善的中断系统

计算机控制系统必须能够及时处理系统中发生的各种紧急情况。系统运行时，往往需要修改某些参数或设置。在输入输出异常、出现故障或紧急情况时，应能及时报警并处理。而处理这些问题一般都采用中断控制方式。当计算机接收到中断请求时，可以根据预先的安排，暂停原来的工作程序而转去执行相应的中断服务程序，待中断处理完毕，计算机再返回原程序继续执行原来工作。此外，在计算机控制系统中还有主机和外部设备交换信息、多机连接、与其他计算机通信等问题，这些也采用中断方式解决，因此要求实时控制计算机应具有比较完善的中断功能。

（3）丰富的指令系统

计算机控制系统要求主机有较丰富的指令系统。

（4）合理的内存容量

为了能及时地进行控制，常常要求将那些常用算法及数据存放在计算机内存中，因此应根据具体要求，估算并配置计算机的内存容量，有时还应配置外部存储器。

为了使控制稳定，内存中的控制程序及数据在控制过程中不应被任何偶然的错误所改变和破坏，因此还必须对内存的某些单元加以保护。

7.1.2 对过程输入输出通道的要求

不同的信息形式，需要不同类型的过程通道。一般来讲，计算机控制系统的过程通道分为：模拟量输入通道、数字量输入通道、模拟量输出通道、数字量输出通道。

模拟量输入通道位于物理量测量装置与计算机主机之间。从控制的观点出发，应根据两端的具体情况，对其提出要求，原则上应达到相互适配。

对模拟量输入通道的具体要求是：

1）有足够的输入通道数。根据实际被测参数数量而定，并具有一定的扩充能力。

2）有足够的精度和分辨率。主要根据传感器等级及系统精度要求确定。

3）有足够快的转换速度。转换速度应依输入信号的变化速率及系统频带要求确定。转换速度与转换精度及分辨率通常是矛盾的，应视具体情况折中处理。

对模拟量输出通道的要求基本上与模拟量输入通道的要求类似。

数字量的输入输出在计算机控制系统中大量存在。例如当控制系统的执行机构是步进电动机时，计算机输出的控制信号就是一组脉冲；当测量装置是光电码盘时，输入信号也是一组数字编码。数字量输入输出是由数字接口完成的。

对复杂系统进行实时控制时，常常要求有直接数据传输能力，即批量数据直接与内存交换，从而减少占用主机的时间。

7.1.3 对软件系统的要求

计算机控制系统的软件可分为系统软件和应用软件两大类。系统软件是由计算机厂家提供的，有一定通用性。这部分软件越多，功能越强，对实时控制越有利。应用软件是用户根据系统要求，为进行控制而编制的用户程序及其服务程序。对应用软件的一般要求是实时性强，可靠性好，具有在线修改的能力以及输入输出功能强等。

7.1.4 方便的人机联系

计算机控制系统必须便于人机联系，通过设计现场操作人员使用的操作台（或操作面板）来实现。可通过它了解生产过程的运行状况，输入必要的信息，必要时改变某些参数，发生紧急情况时进行人工干预。由于生产过程各异，要求管理和控制的内容也不尽相同，所以操作台一般由用户根据工艺要求自行设计，其基本功能包括：

1）有显示屏，可以及时显示操作人员所需的信息及生产过程参数状态。

2）有各种功能键，如报警、制表、打印、自动/手动切换等。

3）功能键应有明显标志，并且应具有即使操作错误也不致造成严重后果的特性。

4）有输入数据功能键，必要时可以改变控制系统的参数。

5）人机交互用的操作台应使用方便，符合操作人员的操作习惯。

7.1.5 系统的可靠性及可维护性

可靠性主要是指计算机系统无故障运行的能力，常用的指标为"平均无故障间隔时间"，一般要求该时间应不小于数千小时，甚至达到上万小时。系统的可靠性应包括硬件可靠性和软件可靠性。

提高计算机系统的硬件可靠性，除了采用可靠性高的元部件及先进的工艺及设计外，采用相同或相似部件并行运行是一个重要措施。在对系统可靠性起关键作用的部件"二重化"中，即使一个部件损坏，系统仍可运行，只有两个部件同时损坏才会造成系统故障。这种"二重化"做法可扩充到整个系统，甚至构建三重或四重系统。

除了计算机系统硬件可靠性外，软件可靠性也是十分重要的。好的软件可以减少出错的可能性，保证系统正常运行。为此，要求计算机控制系统软件具有较强的自诊断、自检测以及容错功能，即对运算过程中偶然出现的数据超界、运算溢出及未曾定义过的操作指令或其他事先不曾预料的运算错误能进行适当处理。此外，系统应允许操作人员在一定范围内的误操作。软件的这些特性将会改变和提高计算机控制系统的实用性。

为提高计算机控制系统的使用效率，除了可靠性外，还必须提高计算机控制系统的可维护性。可维护性是指维护工作方便的程度。提高可维护性的措施包括采用插件式硬件，采用自检测、自诊断程序，以便及时发现故障，并判断故障部位进行维修。

计算机控制系统硬件除了应满足上述一些要求外，还应注意其成本。在能满足系统性能要求的条件下，不应随意增加系统的功能以降低系统的成本。

7.2 控制用计算机的选择

控制用计算机与控制系统性能有关的主要参数包括计算机的运行速度、字长及容量。

7.2.1 计算机速度的选择

在确定计算机的运行速度时，应考虑到下述几个方面的要求和限制条件：

1）控制系统所需的计算工作量（包括完成控制算法及系统各种管理程序的计算）。

2）系统采用的采样周期。为了减少在一个采样周期内的计算工作量，对不同的工作任务可以采用不同的采样周期，即实现多采样速率控制。

3）计算机的指令系统和时钟频率。为提高运算速度，可提高计算机时钟的频率。

4）硬件的支持。对于某些由软件实现的功能，若采用硬件实现可以减少运算时间，例如采用硬件浮点乘法运算部件将会极大地提高计算机的运行速度。

7.2.2 计算机字长的确定

计算机的字长定义为并行数据总线的线数。字长直接影响数据的精度、寻址能力、指令的数目和执行操作的时间。由计算机有限位字长引起的量化误差对控制系统的性能有较大的影响，应根据对控制系统的性能要求，合理地确定计算机的字长。在确定计算机字长时，应考虑到下述几个方面的要求和限制条件：

（1）量化误差的影响

若给定有限字长对控制算法引起量化噪声统计特性的要求，就可以估计运算部件所需字长 n。设有用信号的方差为 $\overline{\sigma}_s^2$，噪声方差为 $\overline{\sigma}_o^2$，则信噪比为

$$S=\overline{\sigma}_s^2/\overline{\sigma}_o^2 \tag{7-2-1}$$

若采用分贝表示，则有

$$S(\mathrm{dB})=\frac{10\lg\overline{\sigma}_s^2}{\overline{\sigma}_o^2} \tag{7-2-2}$$

通过有限字长的量化分析方法，可知量化噪声的方差为

$$\overline{\sigma}^2=\frac{q^2}{12}=\frac{2^{-2(n+1)}}{3} \tag{7-2-3}$$

控制算法输出的量化噪声对输入端量化噪声之比为

$$K_m=\frac{\overline{\sigma}_o^2}{\overline{\sigma}^2}=\frac{1}{2\pi \mathrm{j}}\oint_{|z=1|}D(z)D(z^{-1})z^{-1}\mathrm{d}z \tag{7-2-4}$$

式（7-2-4）中的 $D(z)$ 为控制算法的传递函数，$\overline{\sigma}_o^2$ 为 $D(z)$ 输出端的量化噪声方差，$\overline{\sigma}^2$ 是有限字长引起的量化噪声方差。

由式（7-2-3）和式（7-2-4）可见，量化噪声的方差与计算机的位数直接有关，位数 n 越大，q 越小，量化噪声越小，信噪比越高。反之，n 越小，q 越大，量化噪声就越大，信噪比就越低。

将式（7-2-3）和式（7-2-4）代入式（7-2-2），得到计算机的信噪比为

$$\begin{aligned}S(\mathrm{dB})&=10\lg\frac{\overline{\sigma}_s^2}{\overline{\sigma}_o^2}=10\lg\frac{\overline{\sigma}_s^2}{K_m\overline{\sigma}^2}\\&=10\lg\overline{\sigma}_s^2-10\lg K_m-10\lg\frac{2^{-2(n+1)}}{3}\end{aligned} \tag{7-2-5}$$

由此可推得

$$n\geqslant(S-10\lg\overline{\sigma}_s^2+10\lg K_m-10\lg 3)/(20\lg 2) \tag{7-2-6}$$

进一步简化为

$$n\geqslant(S-10\lg\overline{\sigma}_s^2+10\lg K_m-10.7)/6 \tag{7-2-7}$$

由式（7-2-7）可见，已知模拟输入信号的方差 $\overline{\sigma}_s^2$、系统传递函数 $D(z)$ 和信噪比 $S(\mathrm{dB})$，就可以求得计算机的位数 n。

（2）计算机字长应与A-D的字长相协调

若A-D字长为n，则数字信号最低有效位为2^{-n}；CPU对A-D变换的近似数进行乘（除）运算时，运算的位数至少要超过十进制的一位，即要超过二进制的四位，故计算机运算部件的字长至少为

$$n_{CPU}=n+4 \tag{7-2-8}$$

（3）考虑信号的动态范围

假设信号的最大值为X_{max}，最小值为X_{min}，且$N=X_{max}/X_{min}$。若计算机的字长为n，则应有$2^n-1\geqslant N$，所以

$$n\geqslant \lg(N+1)/\lg 2 \tag{7-2-9}$$

例7-1 控制算法传递函数为$D(z)=\dfrac{1}{1-0.9z^{-1}}$，要求信噪比为40dB，信号的动态范围为250，有用信号的方差为$\overline{\sigma}_s^2=1/9$，试求计算机运算部件的最低字长。

解 由式（7-2-9），有

$$n\geqslant \lg 250/\lg 2=7.97\approx 8\ 位$$

由式（7-2-4），得$K_m=\dfrac{1}{2\pi j}\oint_{|z|=1}D(z)D(z^{-1})z^{-1}dz=\dfrac{1}{1-0.9^2}=5.26$

由式（7-2-7），有$n\geqslant[40-10\lg(1/9)+10\lg 5.26-10.7]/6\approx 7.7\approx 8$ 位

加符号位，可知要求的运算部件的字长应该大于或等于9位。

（4）与采样周期的关系

计算机的字长还与采样周期有关。若采样周期减小，但又希望量化误差保持不变，则所需的计算机的字长就要相应增加。

对于计算工作量小，计算精度要求不高的系统可选用8位机（如线切割机等普通机床的控制、温度控制等），对于计算精度高的系统可选用16位或32位机（如控制算法复杂的生产过程控制，特别是对大量的数据进行处理等场合）。

选择计算机时，还应当考虑成本高低、程序编制难易以及扩充输入输出接口是否方便等因素。

目前在计算机控制系统中常用的主机有单片机和微机（工控机）。单片机在一个集成电路中包括计算机四个基本组成部分（CPU、EPROM、RAM和I/O接口），具有价格廉、体积小、功能全、面向控制的特点，可满足很多场合的应用，缺陷是需要用开发系统对其软硬件进行开发，编程平台过于简单。微机系统有丰富的系统软件，可用高级语言、汇编语言编程，程序的编制和调试都很方便，缺陷是体积较大，成本较高，当将其应用于控制小系统时，往往不能充分利用系统的全部功能。能充当计算机控制系统主机的还有嵌入式系统和可编程序控制器等。

7.3 计算机控制系统的过程通道

在计算机控制系统中，为了实现对生产过程的控制，要将生产现场的各种被测参数转换成计算机能够接收的形式，计算机经过计算、处理后的结果还需变换成适合于对生产进行控制的信号量。因此，在计算机和生产过程之间需要设置信息的传递和变换装置，这个装置称

为输入输出过程通道。

对工业现场运行状态进行检测是通过模拟量输入通道和数字量（开关量）输入通道完成的。生产过程的被调参数（包括压力、流量、温度、液面高度等）一般都是随时间变化的模拟量，通过检测元件和传感器，可以把它们转换成模拟电流或电压。由于计算机只能识别数字量，故模拟电信号必须通过模拟量输入通道变换成相应的数字信号，才能送入计算机；而生产设备或控制系统的许多状态信息，如开关、按钮、继电器的触点等只有通或断两种状态，对这类信号的拾取需要通过开关量输入通道输入计算机。

计算机控制生产现场的控制通道也有两种，即模拟量输出通道和数字量输出通道。计算机输出的控制信号是以数字形式给出的，对于生产过程的执行元件要求提供模拟电流或电压的情况，应采用模拟量输出通道实现；而对于控制对象如指示灯的亮和灭、电动机的起动和停止、晶闸管的通和断、阀门的打开和关闭等二值逻辑，是通过开关量输出通道实现的。

由此可见，输入输出过程通道是计算机和工业生产过程相互交换信息的桥梁。

7.3.1　数字量输入输出通道

数字量（开关量）信号是用于计算机控制系统的一类基本的输入输出信号。这些信号的共同特征是以二进制的逻辑“0”和“1”出现的。在计算机控制系统中，对应的二进制数码的每一位都可以代表生产过程的一个状态，这些状态作为控制的依据。

1. 数字量输入通道

数字量输入通道的任务是把被控对象的开关状态信号（或数字信号）传送给计算机，简称 DI 通道。数字量输入通道一般是由信号调理电路和输入接口电路构成，如图 7-1 所示。

（1）数字量输入调理电路

从输入通道输入的状态信号的形式可能是电压、电流、开关的触点等，因此可能引起瞬时高压、过电压、接触抖动等现象。为了将外部开关量信号输入到计算机，必须将现场输入的状态信号经转换、保护、滤波、隔离等措施转换成计算机能够接收的逻辑信号，这些功能称为信号调理。

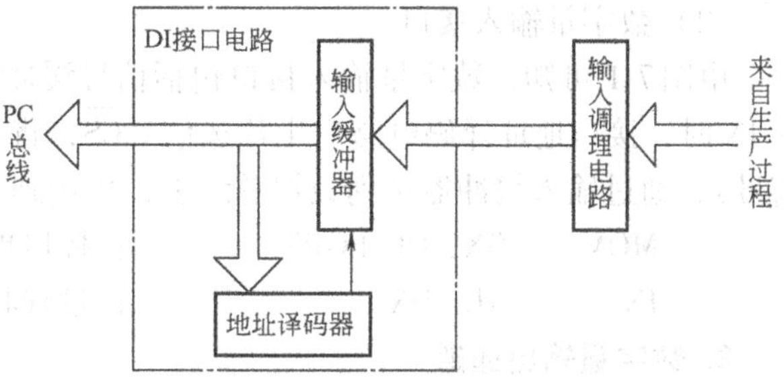

图 7-1　数字量输入通道结构

信号调理常采用的方法为：

① 用齐纳二极管或压敏电阻将瞬时尖峰电压钳位在安全电平上。

② 串联一个二极管来防止反电压输入。

③ 用限流电阻齐纳二极管构成稳压电路作过电压保护。

④ 用光隔离器实现信号完全隔离。

⑤ 用 *RC* 滤波器抑制干扰。

1）小功率输入调理电路。图 7-2 所示为从开关、继电器等触点输入信号的电路。它将触点的接通和断开动作，转换成 TTL 电平信号与计算机相连。为了清除由于触点的机械抖动而产生的振荡信号，通常采用 *RC* 滤波电路或 *RS* 触发电路。

2）大功率输入调理电路。在大功率系统中，需要从电磁离合等大功率器件的触点输入信号。这种情况下，为了使触点工作可靠，触点两端至少要加24V或24V以上的直流电压。因为直流电平的响应快，不易产生干扰，电路又简单，因而被广泛采用。但是这种电路所带电压高，容易带有干扰，通常采用光耦合器进行隔离，如图7-3所示。

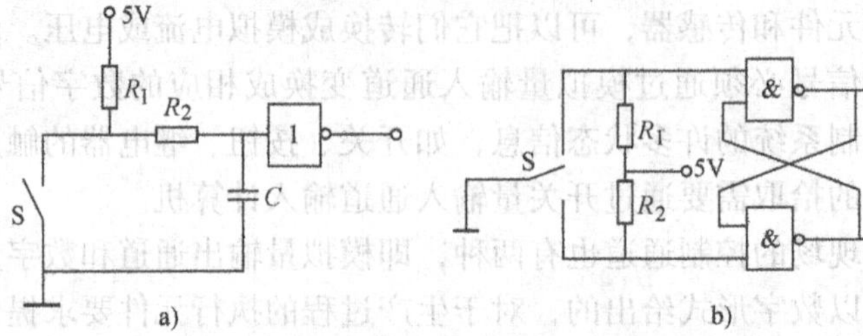

图7-2 小功率输入调理电路

a) 采用 *RC* 滤波电路 b) 采用 *RS* 触发器

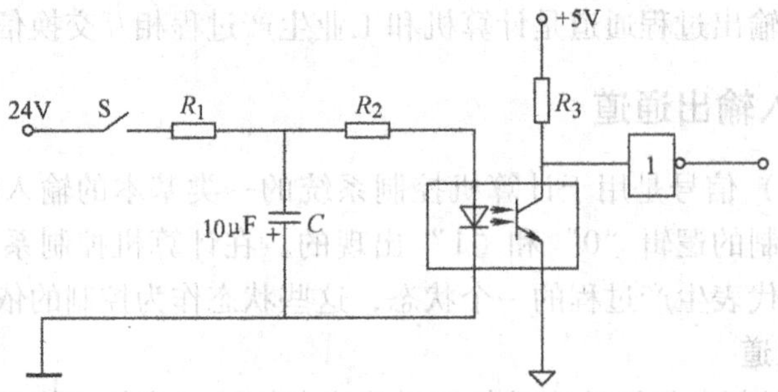

图7-3 大功率输入调理电路

（2）数字量输入接口

由图7-1可知，数字量输入接口包括信号缓冲电路和接口地址译码。当CPU执行输入指令IN时，接口地址译码电路产生片选信号$\overline{CS}$，将经过输入调理电路送来的过程状态（开关信号），通过输入缓冲器送到数据总线上，再送到CPU中。设采用PC总线，接口程序为

```
MOV    DX, DI_PORT        ; 接口地址 DI_PORT→DX
IN     AL, DX             ; 过程状态→AL 寄存器
```

2. 数字量输出通道

数字量输出通道的任务是把计算机输出的数字信号（或开关信号）传送给开关器件（如继电器或指示灯），控制它们的通、断或亮、灭，简称DO通道。数字量输出通道主要由输出接口电路和输出驱动电路等组成，如图7-4所示。

（1）数字量输出驱动电路

输出驱动电路的功能有两个：一是进行信号隔离，二是驱动开关器件。为了进行信号隔离，可以采用光耦合器。驱动电路取决于开关器件。

1）低电压开关信号输出。对于低电压情况下开关量控制输出，可采用晶体管、OC门或运放等方式输出，如驱

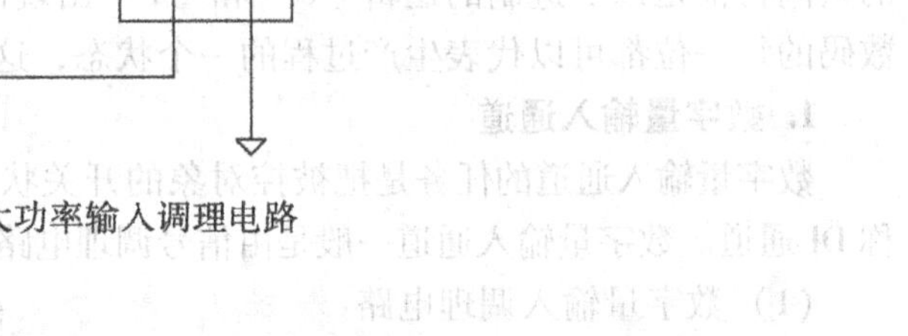

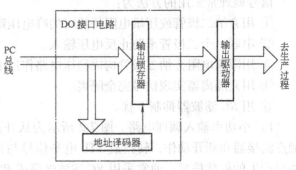

图7-4 数字量输出通道结构

动低压电磁阀、指示灯、直流电动机等。在图7-5所示中，在使用OC门时，必须外接上拉电阻，此时的输出驱动电流主要由 V_C 提供，只能直流驱动，并且OC门的驱动电流一般不大，在几十毫安量级，如果被驱动设备所需驱动电流较大，则可采用晶体管输出方式，如图7-6所示。

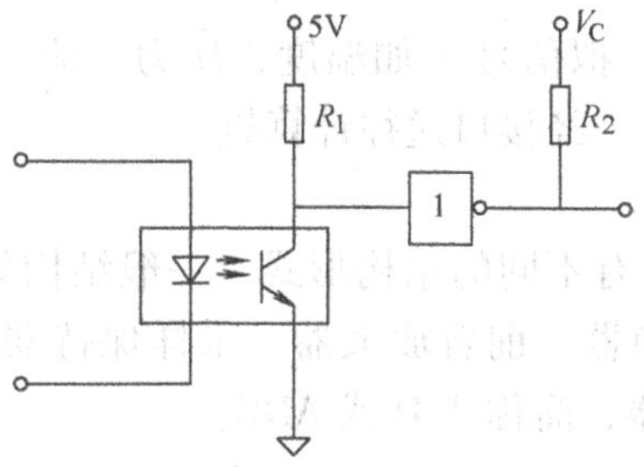

图7-5　低电压开关输出

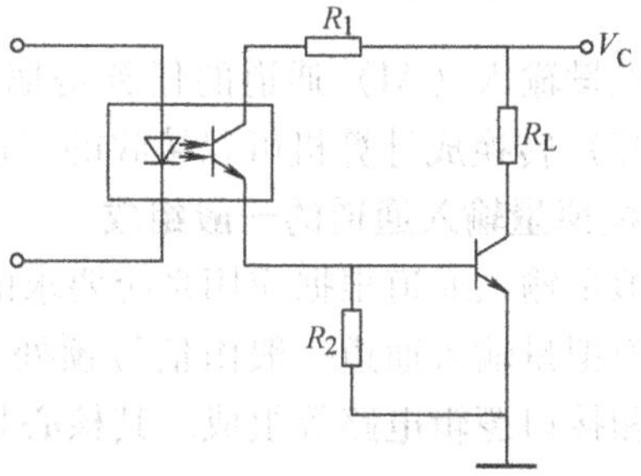

图7-6　晶体管输出驱动

2）继电器输出接口技术。继电器方式的开关量输出是目前最常用的一种输出方式，一般在驱动大型设备时，往往利用继电器作为控制系统输出到输出驱动级之间的第一级执行机构，通过第一级继电器输出，可完成从低电压直流到高电压交流的过渡。图7-7在经光电耦合后，直流部分给继电器供电，而其输出部分则可直接与220V市电相接。

继电器输出也可用于低电压场合，与晶体管等低电压输出驱动器相比，继电器输出时输入端与输出端有一定的隔离功能，但由于采用电磁吸合方式，在开关瞬间，触点容易产生火花，从而引起干扰；对于交流高电压等场合使用，触点也容易氧化；由于继电器的驱动线圈有一定的电感，在关断瞬间可能会产生较大的电压，因此在对继电器的驱动电路上常常反接一个保护二极管用于反向放电。

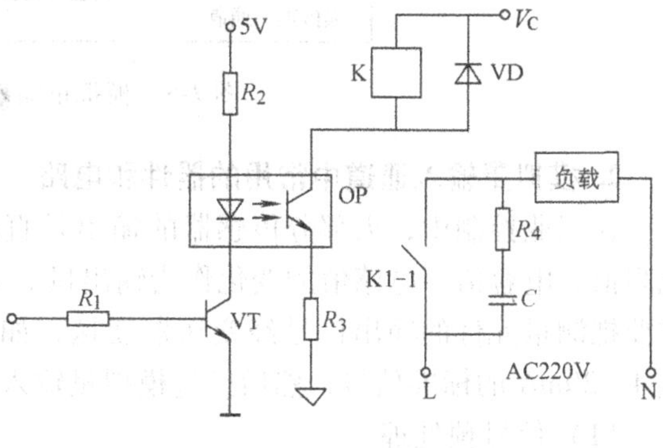

图7-7　继电器输出驱动

不同的继电器允许驱动电流也不一样，在电路设计时可适当加一限流电阻，如图7-7中的电阻 R_3，当然，在该图中是用达林顿输出的光隔离器直接驱动继电器，而在某些需较大驱动电流的场合，则可在光隔离器与继电器之间再接一级晶体管以增加驱动电流。

在图7-7中，VT可取9013晶体管，光耦合器OP可取达林顿输出的4N29或TIL113。加二极管VD的目的是为了消除继电器线圈产生的反电动势，R_4、C 为灭弧电路。

3）晶闸管输出接口技术。晶闸管是一种大功率半导体器件，可分为单向晶闸管和双向晶闸管，在计算机控制系统中，可作为大功率驱动器件，具有用较小功率控制大功率、开关无触点等特点，在交直流电动机调速系统、调功系统、随动系统中有着广泛的应用。

（2）数字量输出接口

数字量输出（DO）接口包括输出锁存器和接口地址译码。当CPU执行输出指令OUT时，接口地址译码电路产生写数据信号 $\overline{WD}$，将计算机发出的控制信号送到锁存器的输出端，再经输出驱动电路送到开关器件。设采用PC总线，接口程序为

```
MOV  AL, DATA      ; DO数据→AL寄存器
MOV  DX, DO_PORT   ; 接口地址DO_PORT→DX
OUT  DX, AL        ; DO数据→锁存器的输出端
```

7.3.2 模拟量输入通道

模拟量输入（AI）通道的任务是把被控对象的模拟信号（如温度、压力、流量、液位和成分等）转换成计算机可以接收的二进制数字信号，经接口送往计算机。

1. 模拟量输入通道的一般组成

模拟量输入通道根据应用系统要求的不同，可以有不同的结构形式，一般结构如图7-8所示。模拟量输入通道一般由信号预处理、多路转换器、前置放大器、采样保持器、模-数转换器和接口逻辑电路等组成。其核心是模-数转换器，简称A-D或ADC。

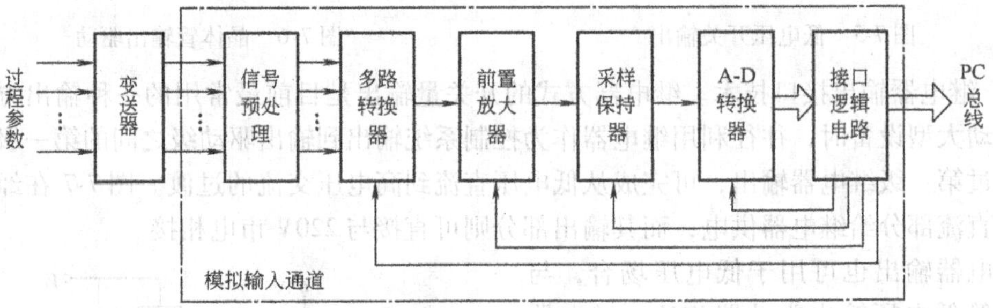

图7-8 模拟量输入通道的组成结构

2. 模拟量输入通道中常用的器件和电路

在工业控制中，大部分传感器的输出是直流电压（或电流）信号，也有一些传感器把电阻值、电容值、电感值的变化作为输出量。为了避免低电平模拟信号传输带来的麻烦，经常要把测量元件的输出信号经变送器变送，如将温度、压力、流量的电信号变成0～10mA或4～20mA的标准信号，然后经过模拟量输入通道来处理。

（1）信号预处理

信号预处理的功能是对来自传感器或变送器的信号进行处理，如将4～20mA或0～10mA电流信号变为电压信号，将热电阻（Pt100或Cu50）的电阻信号经过桥路变为电压信号等。

变送器输出的信号为0～10mA或4～20mA的统一信号，要转换成可以被计算机系统处理的电压信号，需经I/V变换。常用的I/V变换方法有：

1）无源I/V变换。最简单的无源I/V变换可以利用一个500Ω的精密电阻，将0～10mA的电流信号转换为0～5V的电压信号。对于不存在共模干扰的DC 0～10mA信号，如DDZ—Ⅱ型仪表的输出信号等，可采用图7-9所示的电阻式I/V变换，其中R、C构成低通滤波网络。R_P用于调整输出电压值。

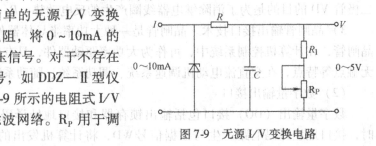

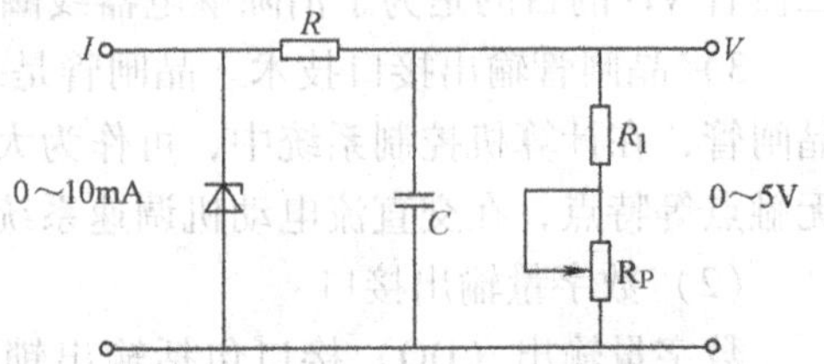

图7-9 无源I/V变换电路

对于存在共模干扰的情况，可采用隔离变压器的方式，将其转换为 0～5V 的电压信号输出，在输出端接负载时，要考虑转换器的输出驱动能力，一般在输出端可再接一个电压跟随器作为缓冲器。

2）有源 I/V 变换。有源 I/V 变换是利用有源器件运算放大器和电阻组成，如图 7-10 所示，其实质是一同相放大器电路。

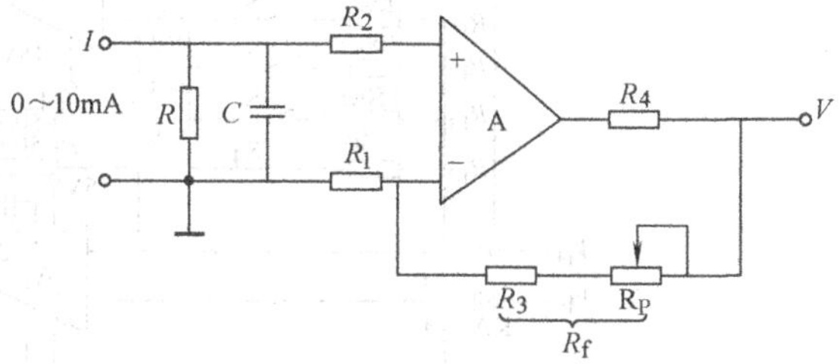

图 7-10　有源 I/V 变换电路

利用 0～10mA 电流在电阻 R 上产生的输入电压，若取 $R=200\Omega$，则 $I=10\text{mA}$ 时，产生 2V 的输入电压。该电路的放大倍数为

$$A = 1 + \frac{R_f}{R_1} \qquad (7\text{-}3\text{-}1)$$

若取 $R_1=100\text{k}\Omega$，$R_f=150\text{k}\Omega$，则 0～10mA 输入对应于 0～5V 的电压输出。

由于采用同相输入，因此放大器 A 应选共模抑制比高的运算放大器，从电路结构可知，其输入阻抗较小。

（2）多路转换器

多路转换器又称多路开关，多路开关的作用是用来将各路被测信号依次地或随机地切换到公共放大器或 A-D 转换器上。多路开关是用来切换模拟电压信号的关键元件，其性能的优劣直接影响着系统的性能。为了提高过程参数的测量精度，对多路开关提出了较高的要求。理想的多路开关其开路电阻为无穷大，接通时的导通电阻为零。此外，还希望切换速度快、噪声小、寿命长、工作可靠。

常用的多路开关 CD4051 的结构如图 7-11 所示，它是单端的 8 通道开关，它有三根二进制的控制输入端 A、B、C 和一根禁止输入端 $\overline{\text{INH}}$（高电平禁止）。片上有二进制译码器，改变 A、B、C 的数值，可选择 8 个通道中某一个通道，使输入和输出接通。而当 $\overline{\text{INH}}$ 为高电平时，不论 A、B、C 为何值，8 个通道均不通。通道选择表见表 7-1。

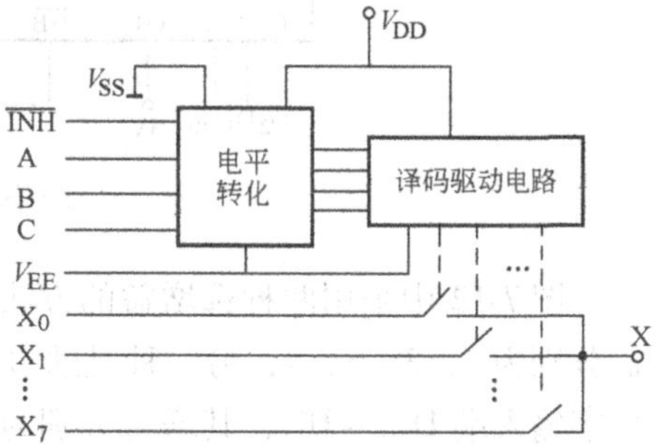

图 7-11　CD4051 原理图

表 7-1　CD4051 通道选择表

$\overline{\text{INH}}$	C	B	A	X 接通
0	0	0	0	X_0
0	0	0	1	X_1
		……		
0	1	1	1	X_7
1	×	×	×	全不通

（3）前置放大器

前置放大器的任务是将模拟输入小信号放大到 A-D 转换的量程范围之内（如 DC0～5V），当多路输入的信号源电平相差较悬殊时，用同一增益的放大器去放大高电平和低电平的信号，就有可能使低电平信号测量精度降低，而高电平则有可能超出模-数转换器的输入

范围。为了能适应多种小信号的放大需求，可采用可变增益放大器，如图 7-12 所示。

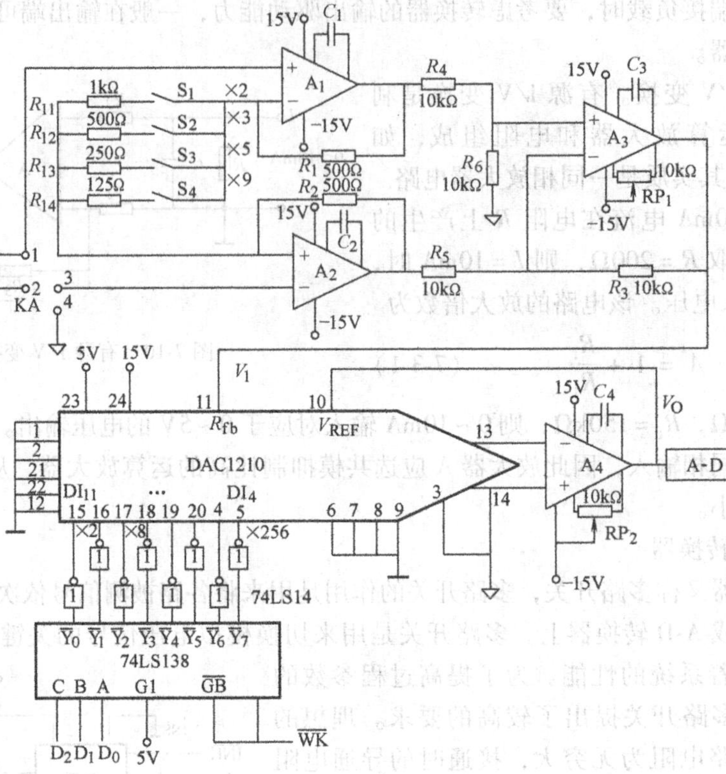

图 7-12 可变增益前置放大器

图 7-12 中采用两种选增益的方法：一种是通过开关 $S_1 \sim S_4$ 选输入级放大器增益，其增益分别为 2，3，5，9；另一种是通过程序给出控制字（$D_0 \sim D_2$）选 D-A 转换器 DAC1210 的数字输入端 $DI_{11} \sim DI_4$，其增益分别为 2，4，8，16，32，64，128，256。

根据图 7-12 中运算放大器 A_1，A_2 和 A_3 电路，可知其等效为同相输入放大器，放大器增益

$$K = 1 + \frac{R_f}{R_i} = 1 + \frac{R_1 + R_2}{R_i} \tag{7-3-2}$$

其中 R_i 分别为 R_{11}、R_{12}、R_{13}、R_{14}，如果开关 $S_1 \sim S_4$ 中同时只有一只电阻作为输入电阻 R_i，那么根据式（7-3-2）可计算出放大器增益分别为 2，3，5，9。

根据 D-A 转换器原理，可知 D-A 输出电压

$$V_O = -\frac{V_{REF}}{2^n}(D_0 2^0 + D_1 2^1 + \cdots + D_{n-1} 2^{n-1}) \tag{7-3-3}$$

如果改变 D-A 转换器的接线方式，把反馈电阻端（R_{fb}）接输入的模拟电压信号 V_1，基准电压源端（V_{REF}）接运算放大器输出端 V_O，如图 7-12 所示，那么根据 D-A 转换器原理及运算放大器的输入输出关系，可知其输出电压

$$V_O = -V_1(D_{n-1}2^1 + D_{n-2}2^2 + \cdots + D_1 2^{n-1} + D_0 2^n) \tag{7-3-4}$$

这样，D-A 转换器被改接成放大器，只要通过程序给出控制字来改变数据输入端的状态，就

可以改变放大器增益。例如，图7-12中用数据线 D_0、D_1 和 D_2 经3-8线译码器的8个输出，分别控制DAC1210的8个数据输入端 DI_{11} ~ DI_4，相应的放大器增益相当于2，4，8，…，256。

(4) 采样保持器

采样保持器的基本组成电路如图7-13所示，由输入输出缓冲器 A_1、A_2 和采样开关S、保持电容 C_H 等组成。采样时，S闭合，V_{IN} 通过 A_1 对 C_H 快速充电，V_{OUT} 跟随 V_{IN}；保持期间，S断开，由于 A_2 的输入阻抗很高，理想情况下 $V_{OUT}=V_C$ 保持不变，采样保持器一旦进入保持期，便应立即启动A-D转换器，保证A-D转换期间输入恒定。

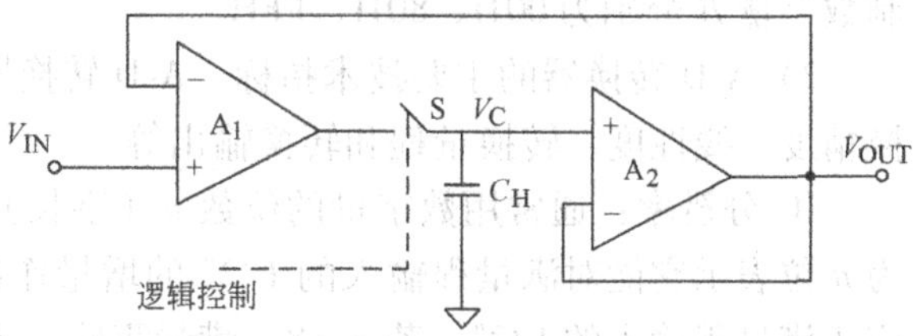

图7-13 采样保持器的组成

常用的集成采样保持器有LF398、AD582等。由图7-14可知，LF398内部由三部分组成：输入电路（A_1）、输出电路（A_2）及逻辑控制电路（A_3 和S）。运算放大器 A_1 和 A_2 均接成电压跟随器形式。

在图7-14中，当控制逻辑 IN_+ 为高电平时，通过 A_3 控制开关S闭合，使输入电压经过 A_1 进入 A_2，由于 A_1 和 A_2 均为电压跟随器，因此，A_2 的输出跟随输入电压变化，同时向保持电容（接6端）充电。当控制逻辑 IN_+ 为低电平时，开关S断开，保持电容上的电压不变，维持 A_2 输出不变。IN_- 一般接地。

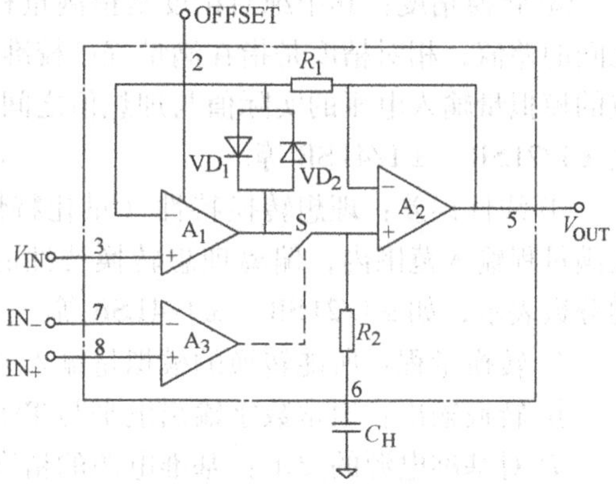

图7-14 集成采样保持器LF398的原理图

(5) A-D转换器

A-D转换器的作用是将模拟量转换为数字量，它是模拟量输入通道的核心部件，是一个模拟系统和计算机之间的接口，它在数据采集和控制系统中得到了广泛的应用。

随着大规模集成电路的发展，目前已有各种各样的A-D转换器，以满足不同的需要。如普通型的8位A-D转换器ADC0800 ~ ADC0805；10位A-D转换器AD7570；12位的A-D转换器AD574；高性能的A-D转换器AD578、AD1674等。有些A-D转换器内部还带有可编程放大器、多路开关或三态输出锁存器等，如ADC0808/0809内部有8路模拟开关。AD363不但带有16路模拟开关，而且还带有放大器及采样保持器。此外，有些A-D转换器还可直接输出BCD码，以便于数字显示，如MCI4433、ICL7135等。ICL7106、ICL7107内部还带有译码/驱动电路，可直接驱动LED、LCD数码显示器。

1) A-D转换器工作原理。在计算机控制系统中，大多采用低、中速的大规模集成A-D转换芯片。对于低、中速A-D转换器，常用的转换方法有逐位逼近式和双积分式两种。前者转换时间短（几μs到100μs），适用于工业生产过程的控制；后者转换时间长（几ms到100ms），适用于实验室标准测试。

n 位A-D转换器输出的二进制数字量 B 与模拟输入电压 V_{IN}、正基准电压 V_{REF+}、负基准

电压 V_{REF-} 的关系为

$$B = \frac{V_{IN} - V_{REF-}}{V_{REF+} - V_{REF-}} \times 2^n \tag{7-3-5}$$

当 A-D 转换器为 8 位时，$V_{REF+}=5V$，$V_{REF-}=0V$，则 V_{IN} 为 0V，2.5V，5V 对应的二进制数字量 B 分别为 00H、80H、FFH。

2）A-D 转换器的主要技术指标。A-D 转换器的主要性能指标有分辨率、转换时间、转换精度、线性度、转换量程和转换输出等。

① 分辨率：通常用数字量的位数 n（字长）来表示，如 8 位、12 位、16 位等。分辨率为 n 位表示它能对满量程输入的 $1/2^n$ 的增量作出反应，即数字量的最低有效位（LSB）对应于满量程输入的 $1/2^n$。若 $n=8$，满量程输入为 5.12V，则 LSB 对应于模拟电压 $5.12V/2^8$。通常把小于 8 位的称为低分辨率，10～12 位的称为中分辨率，14～16 位的称为高分辨率。

② 转换时间：从发出转换命令信号到转换结束信号有效的时间间隔，即完成 n 位转换所需要的时间。转换时间的倒数即每秒能完成的转换次数，称为转换速率。通常把转换时间从几 ms 到 100ms 左右的称为低速，从几 μs 到 100μs 左右的称为中速，从 10ns 到 100ns 左右的称为高速。

③ 转换精度：其中绝对精度是指满量程输出情况下模拟量输入电压的实际值与理想值之间的差值；相对精度是指在满量程已校准的情况下，整个转换范围内任一数字量输出所对应的模拟量输入电压的实际值与理想值之间的最大差值。转换精度用 LSB 的分数值来表示，如 ±1/2LSB、±1/4LSB 等。

④ 线性误差：理想转换特性（量化特性）应该是线性的，但实际转换特征并非如此。在满量程输入范围内，偏离理想转换特性的最大误差定义为线性误差。线性误差常用 LSB 的分数表示，如 ±1/2LSB、±1/4LSB 等。

⑤ 转换量程：所能转换的模拟量输入电压范围，如 0～5V，0～10V，-5～+5V 等。

⑥ 转换输出：通常数字输出电平与 TTL 电平兼容，并且为三态逻辑输出。

⑦ 对基准电源的要求：基准电源的精度对整个系统的精度产生很大影响。故在设计时，应考虑是否要外接精密基准电源。

3）常用 A-D 转换器芯片。

① 8 位 A-D 转换器 ADC0809。ADC0809 采用逐位逼近式原理，其内部结构如图 7-15 所示。它的分辨率为 8 位，转换时间 100μs，采用 28 脚双列直插式封装，各引脚功能如下：

V_{IN0}～V_{IN7}：8 路 DC 0～5V 模拟量输入端口。

A、B、C：8 路模拟开关的 3 位地址选择输入线，地址译码与对应输入通路关系见表 7-2。

表 7-2 ADC0809 输入真值表

地址线			选择输入
C	B	A	
0	0	0	V_{IN0}
0	0	1	V_{IN1}
0	1	0	V_{IN2}
0	1	1	V_{IN3}

（续）

地址线			选择输入
C	B	A	
1	0	0	V_{IN4}
1	0	1	V_{IN5}
1	1	0	V_{IN6}
1	1	1	V_{IN7}

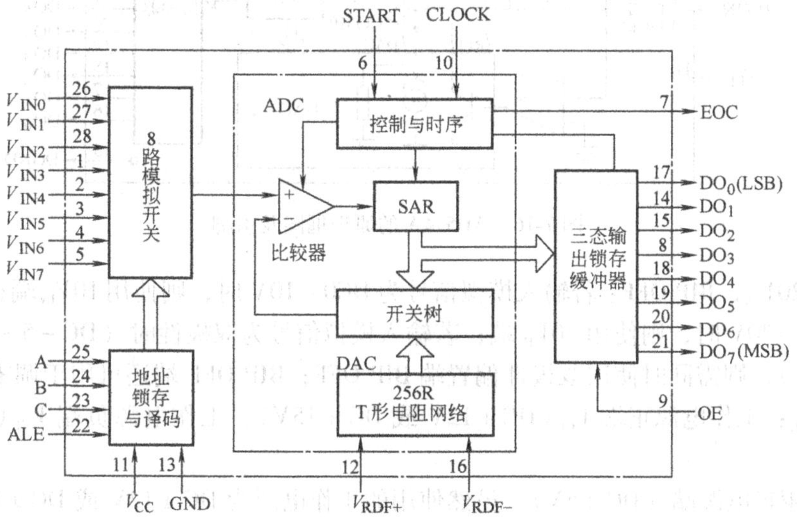

图7-15 ADC0809的原理框图及引脚

ALE：允许地址锁存信号（输入，高电平有效），要求信号宽度为100～200ns，上升沿锁存3位地址A、B、C。

CLOCK：输入时钟脉冲端，标准频率640kHz。

START：启动信号（输入，高电平有效），要求信号宽度为100～200ns，上升沿进行内部清零，下降沿开始A-D转换。

EOC：转换结束信号（输出，高电平有效），在A-D转换期间EOC为低电平，一旦转换结束变为高电平。EOC可用作向CPU申请中断的信号，或供CPU查询A-D转换是否结束的信号。

DO_0～DO_7：8位转换输出数据线，三态输出锁存。可与CPU数据线直接相连。其中DO_0为最低有效位LSB，DO_7为最高有效位MSB。

OE：允许输出信号（输入，高电平有效）。在A-D转换过程中DO_0～DO_7呈高阻状态。当A-D转换完毕，OE端的电平由低变高，则打开三态输出锁存器，输出DO_0～DO_7状态。

V_{REF+}，V_{REF-}：基准电压源正、负端，标准值DC5V。

V_{CC}：工作电源端，DC5V。

GND：电源地端。

② 12位A-D转换器AD574A。AD574A采用逐位逼近式原理，分辨率为12位，转换时

间25μs，内部有时钟脉冲源和基准电压源，单路单极性或双极性电压输入，采用28脚双列直插式封装，其结构原理如图7-16所示。各引脚功能如下：

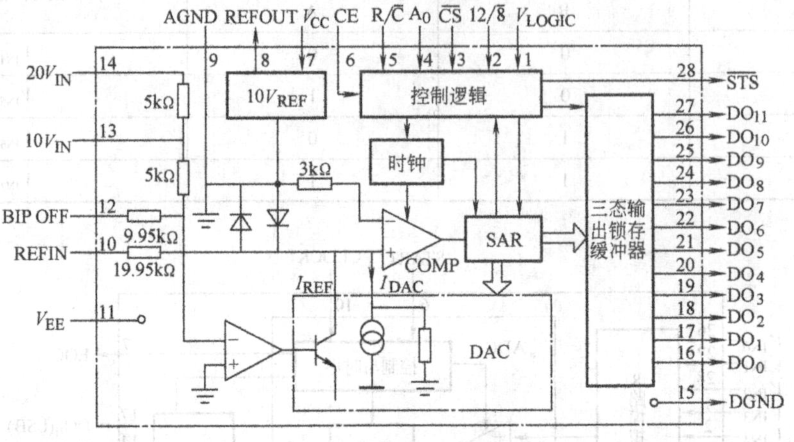

图7-16 AD574A的原理框图及引脚

$10V_{IN}$，$20V_{IN}$，BIP OFF：若输入模拟信号为DC0～10V时，则使用$10V_{IN}$端；若输入模拟信号为DC 0～20V时，则使用$20V_{IN}$端；若输入模拟信号为双极性时（DC －5～ ＋5V或DC －10～＋10V），则需同时使用双极性偏置端BIP OFF；BIP OFF端还可用于调零点。

V_{CC}，V_{EE}：工作电源正端V_{CC}（DC＋12V或DC＋15V），工作电源负端V_{EE}（DC－12V或DC－15V）。

V_{LOGIC}：逻辑电源端（DC＋5V）。虽然使用的工作电源为DC±12V或DC±15V，但数字量输出及控制信号的逻辑电平仍可直接与TTL兼容。

DGND，AGND：数字地，模拟地。

REFOUT：基准电压源输出端，芯片内部基准电压源为＋10.00V（1±1%）。

REFIN：基准电压源输入端。如果REFOUT通过电阻接至REFIN，则可用来调量程。

$\overline{STS}$：转换结束信号（输出，低电平有效），高电平表示正在转换，低电平表示已转换完毕。

DO_0～DO_{11}：12位输出数据线，三态输出锁存，可与CPU直接相连。

CE：片使能信号（输入，高电平有效）。

$\overline{CS}$：片选信号（输入，低电平有效）。

R/$\overline{C}$：读/转换信号（输入），高电平为读A-D转换数据，低电平为启动A-D转换。

12/$\overline{8}$：数据输出方式选择信号（输入），高电平时输出12位数据，低电平时与A_0信号配合输出高8位和低4位数据。请读者注意，12/$\overline{8}$不能用TTL电平控制，必须直接接至＋5V（引脚1）或数字地（引脚15）。

A_0：字节信号（输入）。在转换状态，A_0为低电平可使AD574A产生12位转换，A_0为高电平可使AD574A产生8位转换。在读数状态，如果12/$\overline{8}$为低电平，当A_0为低电平时，则输出高8位数，而A_0为高电平时，则输出低4位数；如果12/$\overline{8}$为高电平，则A_0的状态不起作用。

上述CE、$\overline{CS}$、R/$\overline{C}$、12/$\overline{8}$、A_0各控制信号的组合作用见表7-3。

表7-3 AD574A控制信号的组合作用

	CE	$\overline{CS}$	$R/\overline{C}$	$12/\overline{8}$	A_0	功 能
转换	1	0	0	×	0	启动12位转换
	1	0	0	×	1	启动8位转换
输出	1	0	1	接+5V	×	输出12位数字
	1	0	1	接地	0	输出高8位数字（DO_{11} ~ DO_4）
	1	0	1	接地	1	输出低4位数字（DO_3 ~ DO_0）
无用	×	1	×	×	×	无作用
	0	×	×	×	×	无作用

（6）A-D转换器与计算机的接口

一般A-D转换器都具有三态数据输出缓冲功能，因此，A-D转换器可以直接与系统总线相连接。为便于或简化接口电路设计，也常通过通用并行接口芯片实现与系统的接口。

CPU读取A-D转换数据的方法有三种：查询法，定时法和中断法。根据A-D转换器与CUP连接方式以及控制系统本身要求的不同，可以选择不同的软件实现方法。

下面以并行接口芯片8255A作为系统与A-D转换器接口为例，讨论A-D转换器的接口方法。

1）ADC0809与PC总线工业控制机接口。图7-17给出了ADC0809通过8255A与PC总线工业控制机接口方法。8255A的A组和B组都工作于方式0，端口A为输入口，端口C上半部分为输入而下半部分为输出口。ADC0809的ALE与START引脚相连接，将PC_0 ~ PC_2输出的3位地址锁存入ADC0809的地址锁存器并启动A-D转换。ADC0809的EOC输出信号端同OE输入控制端相连接，当转换结束时，开放数据输出缓冲器，EOC信号还连接到8255A的C口，CPU通过查询PC_7的状态而控制数据的输入过程。

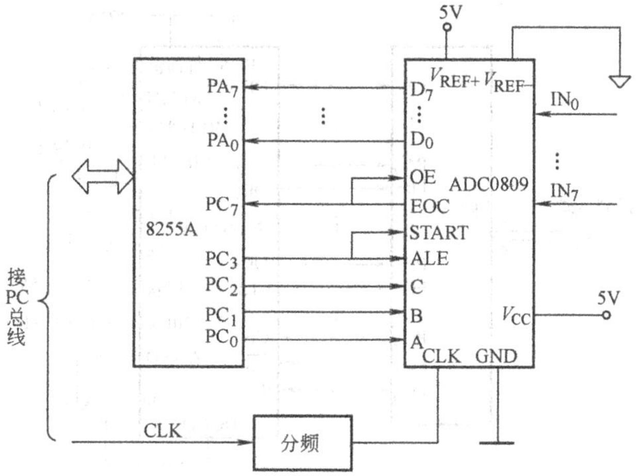

图7-17 ADC0809与PC总线工业控制机接口

图7-18是根据图7-17接口方法，采用查询方式完成8路模拟量数据采集的程序框图（假设在主程序中已完成对8255A的初始化编程）。

2）AD574与PC总线工业控制机接口。12位A-D转换器AD574A的分辨率较高，如果选用的CPU只有8位数据线$D_0 \sim D_7$，那么CPU需要执行两条输入指令，才能将A-D转换数（$DO_0 \sim DO_7$）传送给CPU。CPU首先读低8位（$DO_0 \sim DO_7$），再读高4位（$DO_8 \sim DO_{11}$）。如果选用的CPU有16位数据线$DO_0 \sim DO_{15}$，那么CPU只需要执行一条输入指令，就能将A-D转换数（$DO_0 \sim DO_{15}$）传送给CPU。

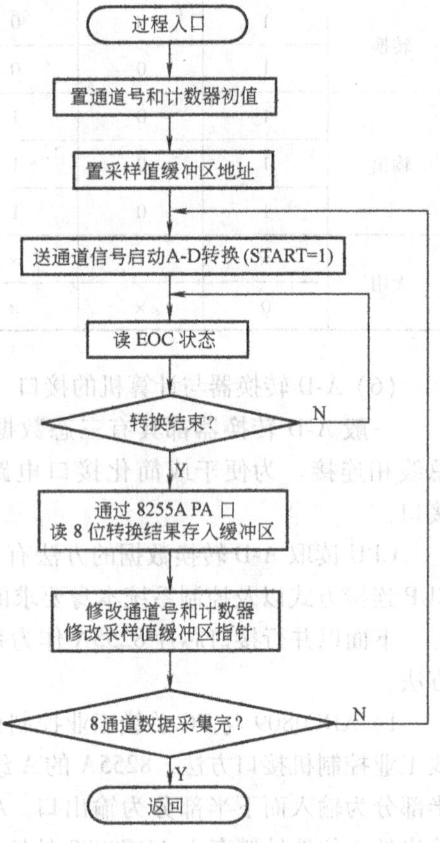

图7-18 用ADC0809实现8路数据采集程序流程图

图7-19给出了12位转换方式的AD574A的接口。由于AD574片内有时钟，故无需外加时钟信号。该电路采用双极性输入方式，可对±5V或±10V模拟信号进行转换。$12/\overline{8}$控制引脚和V_{LOGIC}相连接接+5V，A_0接地，使工作于12位转换和读出方式。CE、$\overline{CS}$和$R/\overline{C}$的控制通过$PC_2 \sim PC_0$输出适当的控制信号实现。8255A的A组和B组都工作于方式0，端口A、B和端口C上半部分规定为输入，端口C的下半部分规定为输出。

图7-20给出通过图7-19硬件接口，在查询方式下启动和读取数据的程序框图。假定已完成对8255A的初始化编程。

（7）CPU和A-D转换电路之间的I/O控制方式

CPU与A-D转换器之间的信息通信可以根据不同的情况，采用不同的I/O控制方式。

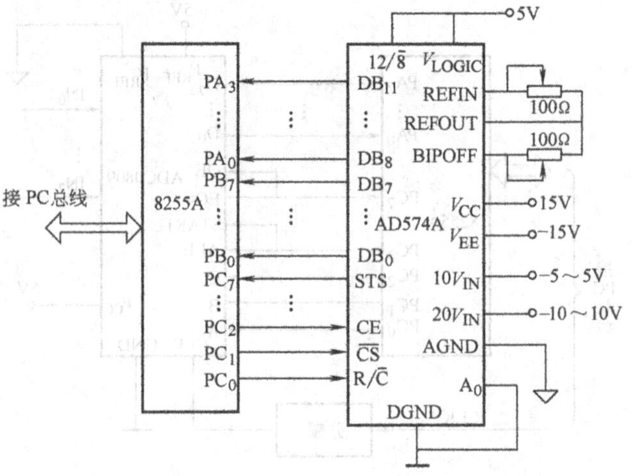

图7-19 AD574A与PC总线工业控制机接口

1）查询方式。查询方式的传送是由 CPU 执行 I/O指令启动并完成的，每次传送数据之前，要先输入 A-D 转换器的状态，经过查询符合条件后才可以进行数据的 I/O。查询传送方式有比较大的灵活性，可以协调好计算机和外设之间的工作节奏，但由于在读写数据端口指令之前先要重复执行多次查询状态的指令，尤其在外设速度比较慢的情况下，会造成 CPU 效率的大大降低。因此，唯有在 CPU 仅执行采集数据和简单的计算外，没有很多工作要做的情况下才适合采用查询方式。

2）中断方式。若要求一旦数据转换完成就及时输入数据或 CPU 同时要处理很多工作的情况下，应采用中断方式。转换完成信号经过中断管理电路发出中断请求，CPU 在中断服务子程序中读入转换结果。中断方式可以省掉重复繁琐的查询，并可及时响应外设的要求。在这种方式下，CPU 和外设基本上实现了并行工作，当然由于增加了中断管理功能，对应的接口电路和程序要比查询方式复杂。

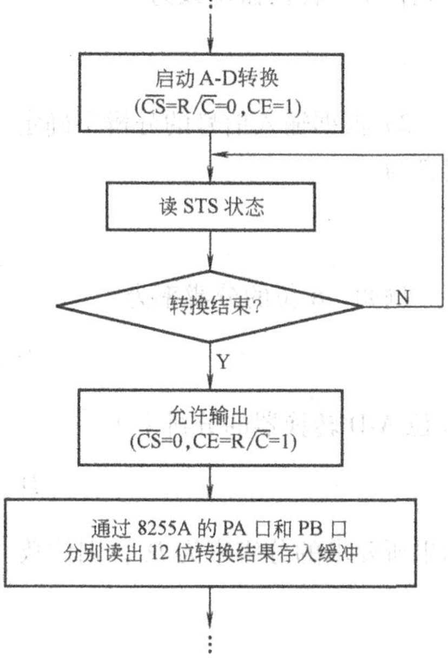

图 7-20　启动和读取 AD574A 数据程序流程图

3）DMA 方式。在高速数据采集系统中，不仅要选用高速 A-D 转换电路，而且传送转换结果也要求非常及时迅速，为此可以考虑选用 DMA 方式。这就需要检查计算机保留的 DMA 通道，连接有关 DMA 请求及应答信号，而且还要修改 DMA 控制电路的初始化编程。

3. 模拟量输入通道设计

在模拟量输入通道的设计中，首先要确定使用对象和性能指标，然后选用 A-D 转换器和接口电路，以及转换通道的构成。在图 7-8 给出的模拟量输入通道的 6 部分构成中，前置放大器和采样保持器可根据需要来选择，如果模拟输入电压已满足 A-D 转换量程要求，就不必再用前置放大器；如果在 A-D 转换期间，模拟输入电压信号变化微小，且在 A-D 转换精度之内，也就不必选用采样保持器。此外，模拟量输入通道应具有通用性，如符合总线标准、用户可以任选接口地址、选单端输入或双端输入、选前置放大器增益等。

对于 A-D 转换器位数的选择主要取决于系统测量精度。通常 A-D 转换器的位数要比信号传感器测量精度要求的最低分辨率高一位，一般工业控制用 8 ~ 12 位，实验室测量用 14 ~ 16 位。确定 A-D 转换器位数的方法有以下两种：

1）根据输入信号的动态范围确定。设输入信号的最大值和最小值分别为

$$\begin{aligned} x_{max} &= (2^n - 1)\lambda \\ x_{min} &= 2^0\lambda \end{aligned} \tag{7-3-6}$$

式中　n——A-D 转换器的位数；

　　λ——转换当量（mV/ bit）。

则动态范围为

$$\frac{x_{max}}{x_{min}} = 2^n - 1 \tag{7-3-7}$$

因此，A-D 转换器位数为

$$n \geqslant \log_2\left[1+\frac{x_{max}}{x_{min}}\right] \tag{7-3-8}$$

2）根据输入信号的分辨率确定。有时对 A-D 转换器的位数要求以分辨率形式给出，其定义为

$$D = \frac{1}{2^n - 1} \tag{7-3-9}$$

例如，8 位的分辨率为

$$D = \frac{1}{2^8 - 1} \approx 0.0039215$$

16 位 A-D 转换器的分辨率为

$$D = \frac{1}{2^{16} - 1} \approx 0.0000152$$

如果所要求的分辨率为 D_0，则位数

$$n \geqslant \log_2\left[1+\frac{1}{D_0}\right] \tag{7-3-10}$$

例如，某温度控制系统的温度范围为 0 ~ 200℃，要求分辨率为 0.005（相当于 1℃），可求出 A-D 转换器的位数

$$n \geqslant \log_2\left[1+\frac{1}{D_0}\right] = \log_2\left[1+\frac{1}{0.005}\right] \approx 7.65$$

因此，取 A-D 转换器的位数 n 为 8 位。

A-D 转换器的转换时间或转换速率的选择取决于使用对象。一般工业控制用中速，如基于逐位逼近式原理的 ADC0809 或 AD574A；实验室测量用低速，数字通信或视频数字信号转换用高速。

采样保持器（S/H）的选用取决于测量信号的变化频率，原则上直流信号或变化缓慢的信号可以不用采样保持器。根据 A-D 转换器的转换时间和分辨率以及测量信号频率决定是否选用采样保持器，如果 A-D 转换时间是 100ms、分辨率是 8 位，无采样保持器时，则允许测量信号变化频率为 0.12Hz；如果是 12 位，则允许频率为 0.0077Hz。如果 A-D 转换时间是 100μs、分辨率是 8 位，无采样保持器时，则允许测量信号的变化频率为 12Hz；如果是 12 位，则允许频率为 0.77Hz。

前置放大器可分为固定增益和可变增益两种，前者适用于信号范围固定的传感器，如 4 ~ 20mA 或 0 ~ 10mA 的压力、流量变送器，后者适用于信号范围不固定的传感器，如热电偶可分为 B、E、J、L、R、S 或 T 等类型，每种热电动势范围不同，相应的放大器增益也不一样。

这里以 PC 总线工业控制机的模拟量输入通道模板设计为例。图 7-21 给出了该模拟量输入通道的电路原理图，它是一种 8 通道模拟输入板，由 12 位 A-D 转换器 AD574A、并行接口 8255A、多路开关 CD4051 和采样保持器 LF398 等芯片组成。

该电路模板的主要技术指标为：

- 8 通道模拟量输入；
- 12 位分辨率；

- 输入量程为单极性0~10V；
- A-D转换时间为25μs；
- 工作方式为程序查询。

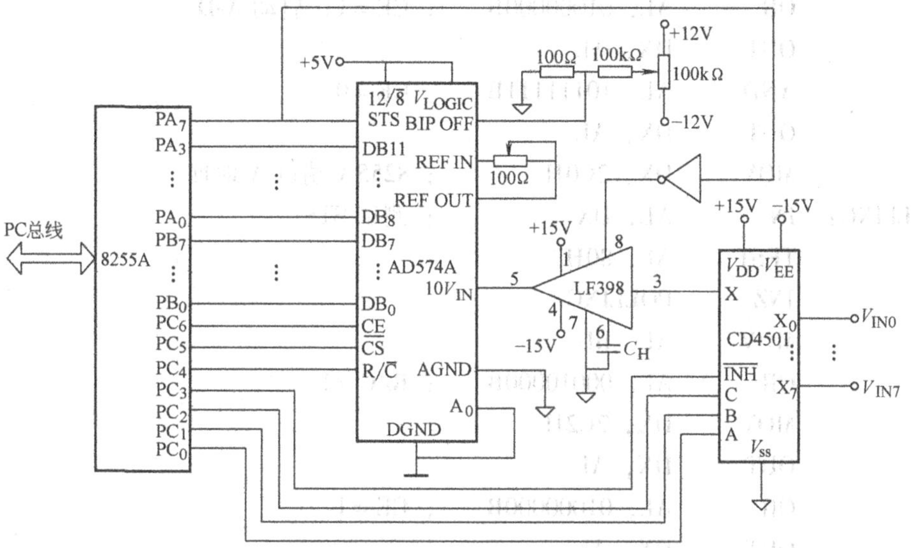

图7-21 8通道12位A-D转换模板

该模板采集一组数据的过程如下：

① 通道选择：将模拟量输入的通道号写入8255A的端口C低4位（PC_0~PC_3），使LF398的工作状态受AD574A的STS控制，AD574A未转换期间STS=0，LF398处于采样状态。

② 启动AD574A进行A-D转换：通过8255A的端口C的PC_4~PC_6输出控制信号启动AD574A。AD574A转换期间，STS=1，LF398处于保持状态。

③ 查询AD574A是否转换结束：读8255A的端口A，了解STS是否已由高电平变为低电平。

④ 读取转换结果：若查询到STS由1变为0，则读8255A的端口A和端口B，便可得到转换结果。

设8255A的地址为2C0H~2C3H，主程序已对8255A初始化，且已装填DS、ES（两者段基值相同），采样值存入数据段中的采样值缓冲区IN_BUF。其8通道数据采集的程序清单如下：

```
AD574A  PROC    NEAR
        CLD
        LEA     DI, IN_BUF
        MOV     BL, 00000000B      ; CE=0, CS=0, R/C=0
        MOV     CX, 8
ADC:    MOV     DX, 2C2H           ; 8255A端口C地址
        MOV     AL, BL
```

```
          OUT     DX, AL          ; 选通多路开关
          NOP                     ; 并开始采样
          NOP
          OR      AL, 01000000B   ; CE =1, 启动 A-D
          OUT     DX, AL
          AND     AL, 10111111B   ; CE =0
          OUT     DX, AL
          MOV     DX, 2C0H        ; 8255A 端口 A 地址
PULLING:  IN      AL, DX          ; 测试 STS
          TEST    AL, 80H
          JNZ     POLLING
          MOV     AL, BL
          OR      AL, 00010000B   ; R/C̄ =1
          MOV     DX, 2C2H
          OUT     DX, AL
          OR      AL, 01000000B   ; CE =1
          OUT     DX, AL
          MOV     DX, 2C0H        ; 读高 4 位
          IN      AL, DX
          AND     AL, OFH
          MOV     AH, AL
          INC     DX              ; 读低 8 位
          IN      AL, DX
          STOSW                   ; 存入内存
          INC     BL
          LOOP    ADC

          MOV     AL, 00111000B   ; CE =0, R/C̄ =1, C̄S̄ =1
          MOV     DX, 2C2H
          OUT     DX, AL
          RET
AD574A    ENDP
```

7.3.3 模拟量输出通道

模拟量输出通道是计算机控制系统实现控制输出的关键，简称 AO 通道。它的任务是把计算机输出的数字量转换成模拟电压或电流信号，以便驱动相应的执行机构，达到控制的目的。

1. 模拟量输出通道的结构形式

模拟量输出通道一般由接口电路、D-A 转换器、V/I 变换等组成。其核心是数/模转换

器，简称 D-A 或 DAC。

模拟量输出通道的结构形式，主要取决于输出保持器的构成方式。输出保持器的作用主要是在新的控制信号来到之前，使本次控制信号维持不变。保持器一般有数字保持方案和模拟保持方案两种。这就决定了模拟量输出通道的两种基本结构形式。

(1) 一个通路设置一个数-模转换器的形式

一个通路一个 D-A 转换器的结构如图 7-22 所示。在这种结构形式下，微处理器和通路之间通过独立的接口缓冲器传送信息，这是一种数字保持的方案。它的优点是转换速度快、工作可靠，即使某一路 D-A 转换器有故障，也不会影响其他通路的工作。缺点是使用了较多的 D-A 转换器。这种方案较易实现。

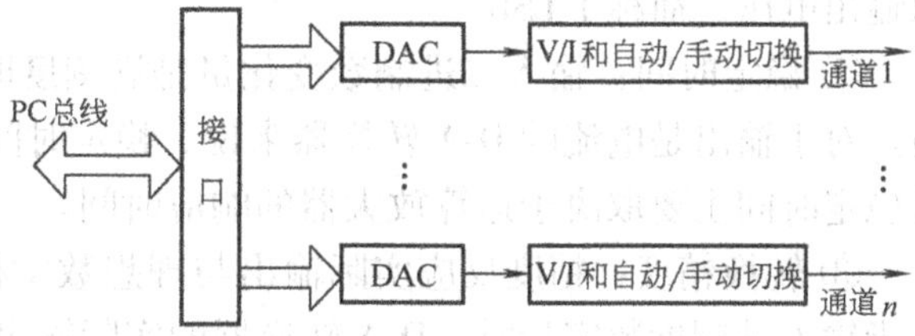

图 7-22 一个通路一个 D-A 转换器的结构

(2) 多个通路共用一个数-模转换器的形式

多个通路共用 D-A 转换器结构如图 7-23 所示。因为共用一个数-模转换器，故它必须在微型机控制下分时工作。即依次把 D-A 转换器转换成的模拟电压（或电流）。通过多路模拟开关传送给输出采样保持器。这种结构形式的优点是节省了数-模转换器，但因为分时工作，只适用于通路数量多且速度要求不高的场合。它还要用多路开关，并且要求输出采样保持器的保持时间与采样时间之比较大。这种方案的可靠性较差。

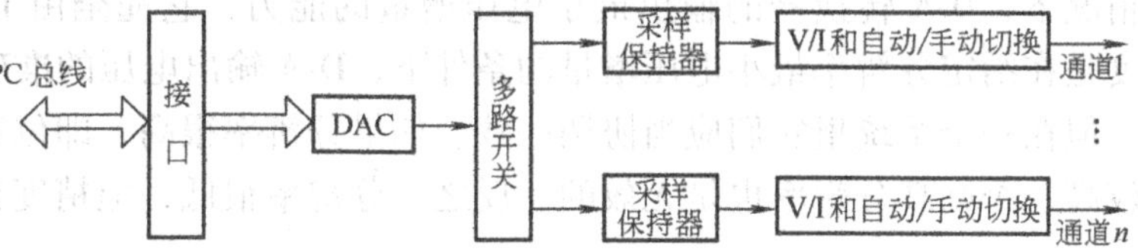

图 7-23 共用 D-A 转换器的结构

2. 模拟量输出通道中常用的器件和电路

(1) D-A 转换器

D-A 转换器的作用是将数字量转换为模拟量，它是模拟量输出通道的核心部件。它的模拟量输出（电流或电压）与参考电压和二进制数成比例。常用的 D-A 转换器的分辨率有 8 位、10 位、12 位等，其结构大同小异，通常都带有两级缓冲寄存器。

1) D-A 转换器工作原理。D-A 转换器主要由四部分组成：R-$2R$ 权电阻网络，位切换开关 BS_i($i=0, 1, \cdots, n-1$)，运算放大器 A 和基准电压 V_{REF}。D-A 转换器输入的二进制数从低位到高位（$D_0 \sim D_{n-1}$）分别控制对应的位切换开关（$BS_0 \sim BS_{n-1}$），它们通过 R-$2R$ 权电阻网络，在各 $2R$ 支路上产生与二进制数各位的权成比例的电流，再经运算放大器 A 相加，并按比例转换成模拟输出电压 V_0。D-A 转换器的输出电压 V_0 与输入二进制数 $D_0 \sim D_{n-1}$ 的关系式

$$V_0 = -\frac{V_{REF}}{2^n}(D_0 2^0 + D_1 2^1 + \cdots + D_{n-1} 2^{n-1}) \tag{7-4-1}$$

其中，$D_i=0$ 或 $1(i=0,\ 1,\ \cdots,\ n-1)$，$n$ 表示 D-A 转换器的位数。

2）D-A 转换器主要技术指标。D-A 转换器的主要性能指标有分辨率、稳定时间、转换精度和线性度等。

① 分辨率：D-A 转换器的分辨串定义为基准电压 V_{REF} 与 2^n 之比值，其中 n 为 D-A 转换器的位数，如 8，10，12，14，16 位等。如果基准电压 V_{REF} 等于 5V，那么 8 位 D-A 的分辨率为 19.60mV，12 位的分辨率为 1.22mV。这就是与输入二进制数最低有效位 LSB 相当的模拟输出电压，简称 1 LSB。

② 稳定时间：输入二进制数变化量是满刻度时，输出达到离终值 ±1/2LSB 时所需的时间。对于输出是电流的 D-A 转换器来说，稳定时间约几微秒。而输出是电压的 D-A 转换器，其稳定时间主要取决于运算放大器的响应时间。

③ 转换精度：精度反应实际输出与理想数学模型输出信号的接近程度。其中绝对精度是指输入满刻度数字量时，D-A 转换器的实际输出值与理论值之间的最大偏差；相对精度是指在满刻度已校准的情况下，整个转换范围内对应于任一输入数据的实际输出值与理论值之间的最大偏差。

例如某二进制数码的理论输出为 2.5V，实际输出值为 2.45V，则该 D-A 转换器的精度为 2%。若已知 D-A 转换精度为 ±0.1%，则理论值输出为 2.5V 时，其实际输出值可在 2.4975～2.5025 之间变化。具体而言，D-A 转换器的精度主要由线性误差、增益误差及偏执误差的大小决定。

应当指出分辨率和精度是两个不同的概念，原理上两者无直接关系。分辨率是指在精度无限高的理想情况下，D-A 转换器的输出最小电压增量的能力，它完全由 D-A 转换器的位数决定的。精度是在给定分辨率最小电压增量的条件下，D-A 输出电压的准确度。虽然二者为不同的概念，但在一个系统里它们应当协调一致。如果分辨率很高，即位数很多，那么精度也应当要求较高，否则高分辨率也是无效的。反之，分辨率很低，但精度很高，也是不合理的。

④ 线性度：理想的 D-A 转换器的输入输出特性应是线性的。在满刻度范围内，实际特性与理想特性的最大偏移称为非线性度，用 LSB 的分数来表示，如 ±1/2 LSB、±1/4 LSB 等。

⑤ 输出电平：不同型号的 D-A 转换器的输出电平相差较大。一般为 5～10V，高压输出型的输出电平为 24～30V。还有一些电流输出型的，低的有 20mA，高的可达 3A。

⑥ 输入代码形式：D-A 转换器单极性输出时，有二进制码、BCD。当双极性输出时，有原码、补码、偏移二进制码等。

3）常用 D-A 转换器芯片

① 8 位 D-A 转换器 DAC0832：DAC0832 的内部结构如图 7-24 所示，它主要由 8 位输入寄存器、8 位 DAC 寄存器、采用 R-$2R$ 电阻网络的 8 位 D-A 转换器、相应的选通控制逻辑等 4 部分组成。由于它有两个可以分别控制的数据寄存器。使用时有较大的灵活性，可根据需要接成不同输入工作方式。另外芯片内部有电阻 R_{fb}，它可用作运算放大器的反馈电阻、以便于芯片直接与运算放大器连接。DAC0832 的分辨率为 8 位，电流输出，稳定时间 1μs。采用 20 脚双列直插式封装。

各引脚功能如下：

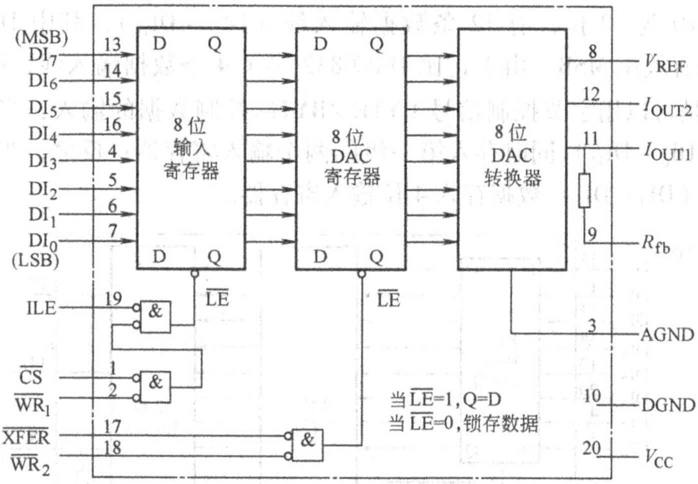

图7-24 DAC0832的内部结构图

$DI_0 \sim DI_7$：数据输入线，其中DI_0为最低有效位LSB，DI_7为最高有效位MSB。

$\overline{CS}$：片选信号，输入线，低电平有效。

$\overline{WR_1}$：写信号1，输入线，低电平有效。

ILE：允许输入锁存信号，输入线，高电平有效。

当ILE、$\overline{CS}$和$\overline{WR_1}$同时有效时，8位输入寄存器D端输入数据被锁存于输出Q端。

$\overline{WR_2}$：写信号2，输入线，低电平有效。

$\overline{XFER}$：传送控制信号，输入线，低电平有效。

当$\overline{WR_2}$和$\overline{XFER}$同时有效时，8位DAC寄存器将第一级8位输入寄存器的输出Q端状态锁存到第二级8位DAC寄存器的输出Q端，以便进行D-A转换。

通常把CPU的写信号$\overline{WR}$作为$\overline{WR_1}$、$\overline{WR_2}$信号，把接口地址译码信号作为$\overline{CS}$信号。如无特殊要求可将ILE接高电位，$\overline{XFER}$接地。

一般情况下把$\overline{WR_2}$和$\overline{XFER}$接地，置成单级输入工作方式、以便简化接口电路。特殊情况下可采用双级输入工作方式，例如要求多个D-A转换器同步工作时，首先将D-A转换数据逐个置入第一级8位输入寄存器，然后用统一信号（$\overline{WR_2}$和$\overline{XFER}$）再置入第二级8位DAC寄存器，以便实现多个D-A转换器同步输出。

I_{OUT1}：DAC电流输出端1，此输出信号作为运算放大器的差动输入信号之一。

I_{OUT2}：DAC电流输出端2，此输出信号作为运算放大器的另一个差动输入信号。

R_{fb}：该电阻可用作外部运算放大器的反馈电阻，接于运算放大器的输出端。

V_{REF}：基准电压源端，输入线，DC $-10 \sim +10$V。

V_{CC}：工作电压源端，输入线，DC $+5 \sim +15$V。

DGND：数字电路地线。

AGND：模拟电路地线。

② 12位D-A转换器DAC1210：图7-25是12位D-A转换器芯片DAC1210的内部原理框

图，其原理和控制信号（$\overline{CS}$、$\overline{WR_1}$、$\overline{WR_2}$、$\overline{XFER}$）功能基本上同 DAC0832，但有两点区别：一是 DAC1210 为 12 位，有 12 条数据输入线（$DI_0 \sim DI_{11}$），其中 DI_0 为最低有效位 LSB，DI_{11} 为最高有效位 MSB。由于它比 DAC0832 多了 4 条数据输入线，故采用 24 脚双列直插式封装；二是可以用字节控制信号 $BYTE_1/\overline{BYTE_2}$ 控制数据的输入，当该信号为高电平时，12 位数据（$DI_0 \sim DI_{11}$）同时存入第一级的两个输入寄存器；反之，当该信号为低电平时，只将低 4 位（$DI_0 \sim DI_3$）数据存入 4 位输入寄存器。

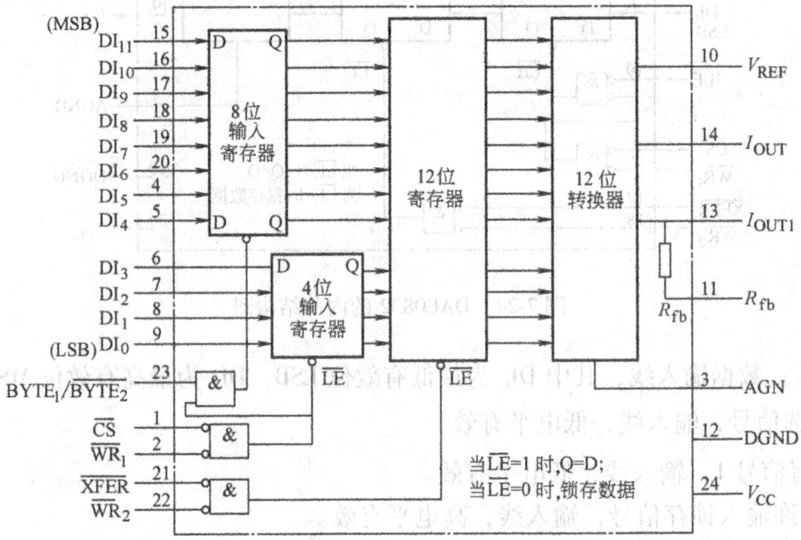

图 7-25 DAC1210 内部原理框图

（2）D-A 转换器与计算机的接口

D-A 转换器与计算机的接口电路的主要功能是接口地址译码、产生片选信号或写信号，如果 D-A 芯片内部无输入寄存器，则要外加寄存器。

1）DAC0832 与 PC 总线工业控制机接口。图 7-26 给出了由 8 位D-A 转换芯片 DAC0832、运算放大器、地址译码电路组成的 D-A 转换器与 PC 总线工业控制机接口的逻辑电路。DAC0832 工作在单缓冲寄存器方式，即当$\overline{CS}$信号来时，$D_7 \sim D_0$ 数据线送来的数据直通进行 D-A 转换，当$\overline{IOW}$变高时，则此数据便被锁存在输入寄存器中，因此 D-A 转换的输出也保持不变。

DAC0832 将输入的数字量转换成差动的电流输出（I_{OUT1} 和 I_{OUT2}），为了使其能变成电压输出，所以又经过运算放大器 A，将形成单极性电压输出 0 ~ +5V（V_{REF} 为 −5V）

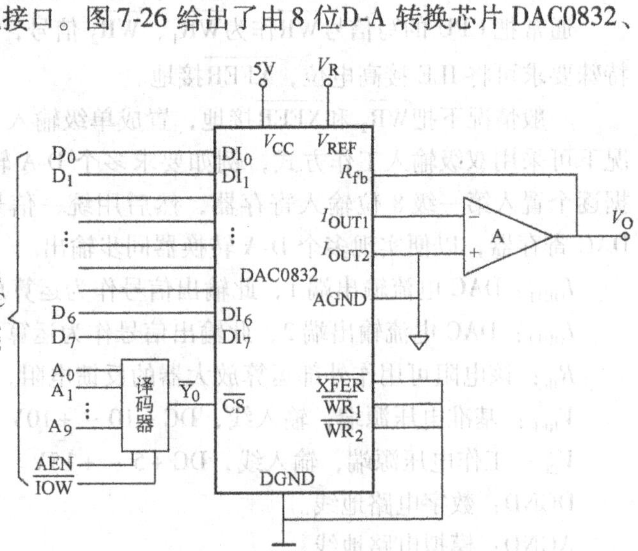

图 7-26 8 位 D-A 转换器与 PC 总线工业控制机接口

或 0 ~ +10V（V_{REF}为 -10V）。若要形成负电压输出，则 V_{REF}需接正的基准电压。为了保证输出电流的线性度，两个电流输出端 I_{OUT1} 和 I_{OUT2} 的电位应尽可能地接近 0 电位，只有这样，将数字量转换后得到的输出电流将通过内部的反馈电阻 R_{fb}（15kΩ）流到放大器的输出端，否则运算放大器两输入端微小的电位差，将导致很大的线性误差。

配合图 7-26 接口硬件，8 位 D-A 转换的程序设计很简单，其框图如图 7-27 所示。

2）12 位 D-A 转换器与 PC 总线工业控制机接口　电路采用 12 位 D-A 转换芯片 DAC1210、输出放大器、地址译码器等电路组成。整个电路逻辑如图 7-28 所示，端口地址译码器译出 $\overline{Y}_0$、$\overline{Y}_1$、$\overline{Y}_2$ 三个口地址，这三个口地址用来控制 DAC1210 工作方式和进行 12 位转换。

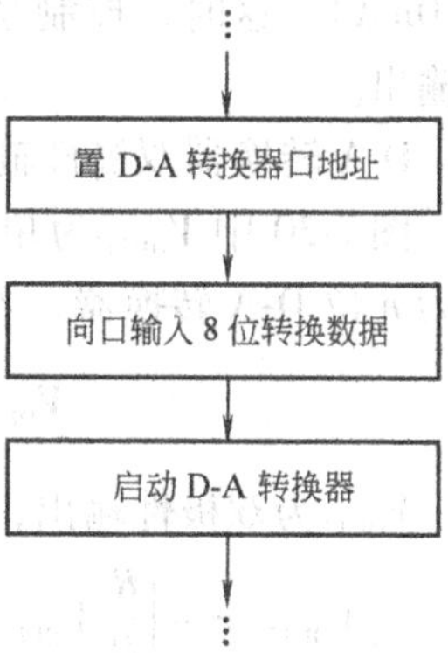

图 7-27　用 DAC0832 实现 8 位 D-A 转换程序框图

从图 7-28 中可以看出，$\overline{CS}$片选信号接地，DAC1210 的低 4 位输入寄存器的数据线接至 PC 总线的 D_7、D_6、D_5、D_4 上。由于 DAC1210 为电流型输出，因此，接运算放大器 A_1，输出为负极性电压信号，再加上运算放大器 A_2 进行极性变换，使之成为正极性电压输出。

该电路的转换过程是：当送出口地址$\overline{Y}_0$ 信号，则 $BYTE_1/\overline{BYTE_2}$为高电平，同时当$\overline{IOW}$信号来时，高 8 位数据被写入 DAC1210 的高 8 位输入寄存器和低 4 位输入寄存器。当又一次$\overline{IOW}$信号来，且口地址$\overline{Y}_1$ 信号来时，由于 $BYTE_1/\overline{BYTE_2}$为低电平，则高 8 位输入数据被锁存，低 4 位数据写入低 4 位输入寄存器，原先写入的内容被冲掉。当$\overline{Y}_2$信号和$\overline{IOW}$信号来时，则 DAC1210 内的 12 位 DAC 寄存器和高 8 位及低 4 位输入寄存器直通，因而这一新的数据由片内的 12 位 D-A 转换器开始转换，当$\overline{IOW}$或$\overline{Y}_2$信号结束时，12 位 DAC 寄存器将锁存这一数据，直到下一次又送入新的数据为止。

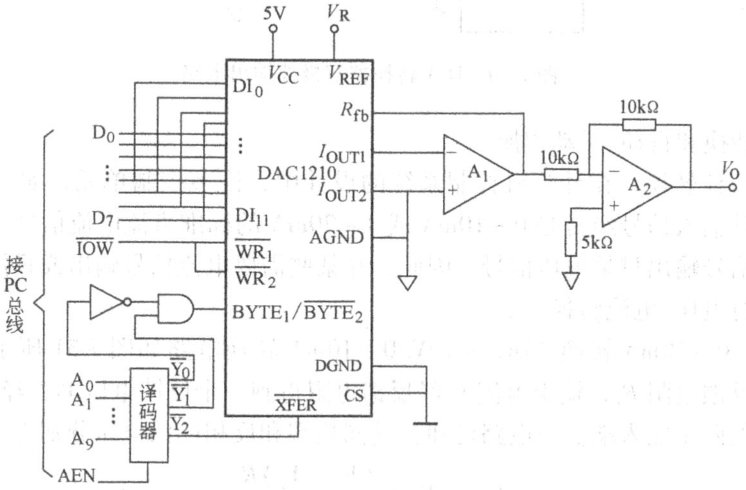

图 7-28　12 位 D-A 转换器与 PC 总线工业控制机接口

以图 7-28 接口为例，其转换接口程序框图如图 7-29 所示。

（3）双极性模拟量输出的实现方法

实时控制系统中被控制的物理量，如温度、压力、流量等，转换成电信号后，一般是单向的，即经传感器和变送器后转换为 0 ~ 10mA 或 4 ~ 20mA。而工业现场执行装置的控制信号有时要求是双极性的电信号（如 ± 5V 或 ± 10mA）。这时，控制系统的模拟量输出通道就必须双极性输出。

D-A 转换器双极性输出的一般原理如图 7-30 所示。

图 7-30 中 V_{OUT1} 为单极性输出，V_{REF} 为基准参考电压，且为 n 位 D-A 转换器，若 D 为输入数字量，则有

$$V_{OUT1} = -V_{REF}\frac{D}{2^n} \tag{7-4-2}$$

V_{OUT2} 为双极性输出，且可推导得到

$$V_{OUT2} = -\left[\frac{R_3}{R_1}V_{REF} + \frac{R_3}{R_2}V_{OUT1}\right] = V_{REF}\left[\frac{D}{2^{n-1}} - 1\right] \tag{7-4-3}$$

这种双极性输出方式，是把最高位当作符号位使用，与单极性输出比较，因而使分辨率降低 1 位。

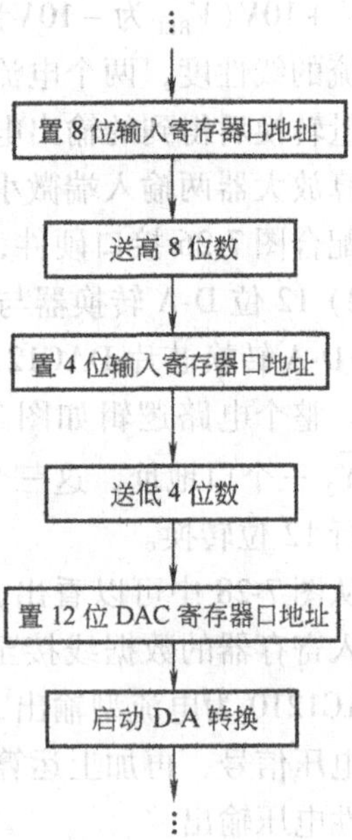

图 7-29 12 位 D-A 转换程序框图

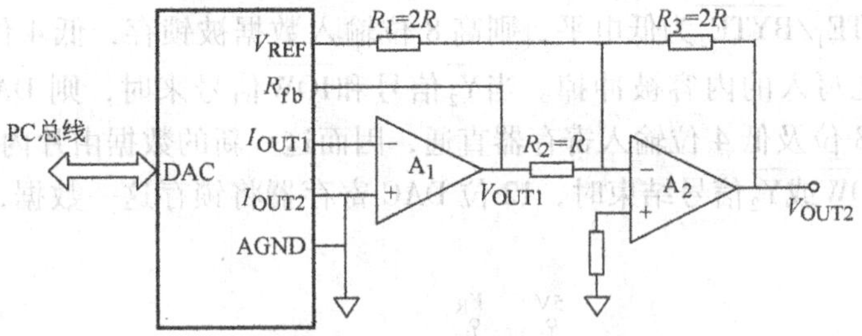

图 7-30 D-A 转换器双极性输出电路

（4）V/I 转换和自动/手动切换

1）电压/电流转换。在计算机控制系统的设计中，许多控制单元，如一些温控器、变频调速器等，其输入信号经常是 0 ~ 10mA 或 4 ~ 20mA 的标准直流电流信号。而一般计算机控制系统模拟信号输出只是电压信号。因此，在某些需要电流信号输出或只提供电流信号的场合，需要进行电压/电流转换。

① 0 ~ 10V/0 ~ 10mA 转换。DC0 ~ 10V/0 ~ 10mA 转换电路如图 7-31 所示。在输出回路中，引入一个反馈电阻 R_f，输出电流 I_o 经反馈电阻得到一个反馈电压 V_f，经电阻 R_3、R_4 加到运算放大器的两个输入端。由电路可知，其同相端和反相端的电压分别为

$$V_N = V_2 + \frac{(V_i - V_2)R_4}{R_1 + R_4} \tag{7-4-4}$$

$$V_P = \frac{V_1 R_2}{R_2 + R_3} \tag{7-4-5}$$

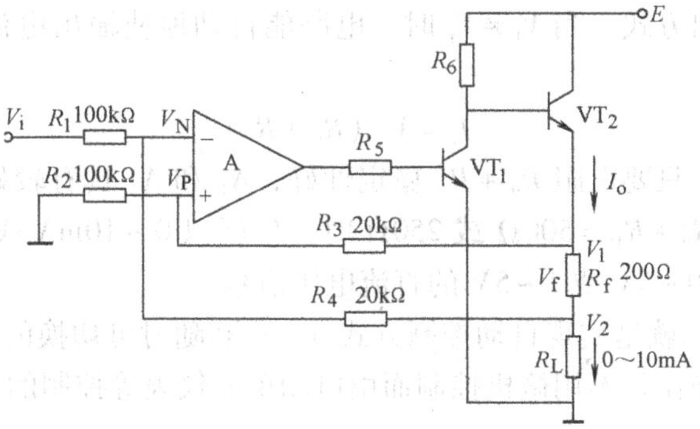

图 7-31　DC0～10V/0～10mA 的转换电路

对于运算放大器，有 $V_N \approx V_P$，故有

$$V_2\left(1-\frac{R_4}{R_1+R_4}\right)+V_i\frac{R_4}{R_1+R_4}=V_1\frac{R_2}{R_2+R_3} \tag{7-4-6}$$

由于 $V_2=V_1-V_f$，则

$$V_1\frac{R_1}{R_1+R_4}+\frac{V_iR_4-V_fR_1}{R_1+R_4}=V_1\frac{R_2}{R_2+R_3} \tag{7-4-7}$$

若令 $R_1=R_2=100\text{k}\Omega$，$R_3=R_4=20\text{k}\Omega$，则有

$$V_f=V_i\frac{R_4}{R_1}=\frac{1}{5}V_i \tag{7-4-8}$$

略去反馈回路的电流，则有

$$I_o=V_f\frac{1}{R_f}=V_i\frac{1}{5R_f} \tag{7-4-9}$$

可见当运算放大器开环增益足够大时，输出电流 I_o 与输入电压 V_i 的关系只与反馈电阻 R_f 有关，因而具有恒流性能。反馈电阻 R_f 的值由组件的量程决定，当 $R_f=200\Omega$ 时，输出电流 I_o 在 DC0～10mA 范围内线性地与 DC0～10V 输入电压对应。

为了增加转换的精度，也可在反馈电压输出端加电压跟随器。

② 0～5V/0～20mA 转换。0～5V/0～20mA 转换电路如图 7-32 所示。

在图 7-32 中，输出电流（单位为 mA）$I=V_{IN}\frac{1}{250}\times1000$

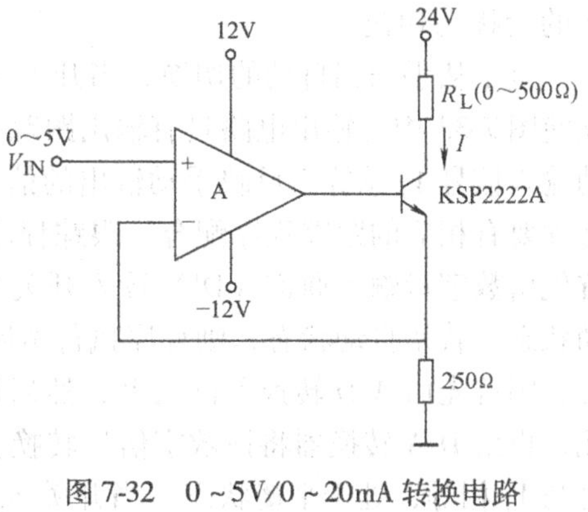

图 7-32　0～5V/0～20mA 转换电路

2）自动/手动切换。在模拟量输出通道中，首先由 D-A 转换器把 CPU 输出的数字量转换为模拟电压，然后根据系统的需要，直接进行 V/I 变换或进行具有自动/手动切换功能的 V/I 变换。直接进行 V/I 变换的方法前面已经介绍，下面只讨论具有自动/手动切换功能的 V/I 变换电路。

图 7-33 为具有自动/切换功能的 V/I 变换电路。其功能之一是把 0～5V 的输入信号 V_i 变为 0～10mA 的直流输出电流 I_L。当开关 S_1 处于自动位置 A 时，它形成一个电压比较型跟

随器，是自动控制输出方式。当 $V_f \neq V_i$ 时，电路能自动地使输出电流增大或减小，最终使 $V_f = V_i$，于是有

$$I_L = V_i/(R_9 + R_P)$$

从上式可以看出，只要电阻 $R_9 + R_P$ 稳定性好，A_1 和 A_2 具有较好的增益，该电路就有较高的线性精度。当 $R_9 + R_P = 500\Omega$ 或 250Ω 时，I_L 就以 0～10mA 或 4～20mA 的直流电流信号线性地对应 V_i 的 0～5V 或 1～5V 的直流电压信号。

图7-33 的功能之二就是实现自动控制方式（A）和随时可切换的手动操作方式（H）之间的无扰切换。手动操作是不用微机控制而由电动单元仪表等控制的方式。

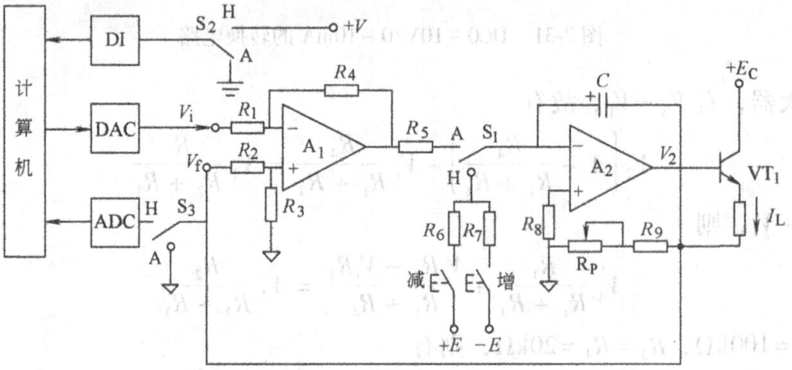

图7-33 带自动/手动切换的 V/I 变换电路

当开关 S_1、S_2 和 S_3 都处于 H 位置时，即为手动操作方式，此时运算放大器 A_1 和 A_2 脱开，A_2 成为一个保持型反相积分器。当按下“增”按钮时，V_2 以一定的速率上升，使 I_L 也以同样的速率上升；当按下“减”按钮时，V_2 以一定的速率下降，I_L 也以同样的速率下降。负载 R_L（一般为电动调节阀）上的输出电流 I_L 的升降速率取决于 R_6、R_7、C 和电源电压 $\pm E$ 的大小。当两按钮都断开时，由于 A_2 为一高输入阻抗保持器，A_2 几乎保持不变，维持输出电流恒定。由图7-33 可见，无论何时，当开关 S_1、S_2 和 S_3 都从自动（A）切换为手动（H）时，A_2 为一保持器。输出电流 I_L 保持不变，实现了自动到手动方向的无扰动切换。

至于从手动到自动的切换，当开关 S_1、S_2 和 S_3 处于手动方式（H），要做到无扰动还必须使图7-33 中的输出电路具有输出跟踪功能，即在手动状态下，来自微机的 D-A 电路的自动输入信号 V_i 总等于反映手动输出的信号 V_f（V_f 与 I_L 总是一一对应的）。要达到这个目的，必须要有相应的跟踪程序配合。跟踪程序的工作过程是这样的：在每个控制周期中，计算机首先由数字量输入通道（DI）读入开关 S_2 的状态，以判断输出电路是处于手动状态还是自动状态。若是自动状态，则程序执行本回路预先规定的控制运算，最终输出 V_i；若为手动状态，则首先由 A-D 转换器读入 V_f，然后原封不动地将该输入数字信号送至调节器的输出单元，再由 D-A 转换器将该数字信号转换为电压信号送至输出电路的输入端 V_i，这样就使 V_i 总与 V_f 相等，处于平衡状态。当开关 S_1 从手动切换到自动切换时，V_1、V_2 和 I_L 都保持不变，从而实现了手动到自动方向的无扰动切换。

3. 模拟量输出通道设计

在模拟量输出通道的设计过程中，首先要确定使用对象和性能指标，然后选用 D-A 转

换器、接口电路和输出电路。

（1）D-A 转换器位数的选择

D-A 转换器位数的选择取决于系统输出精度，通常要比执行机构精度要求的最低分辨率高一位；另外还与使用对象有关，一般工业控制用 8～12 位，实验室用 14～16 位。

D-A 转换器输出一般都通过功率放大器推动执行机构，设执行机构的最大输入值为 U_{max}，灵敏度为 U_{min}，参照式（7-3-8）可得 D-A 转换器的位数

$$n \geqslant \log_2\left[1+\frac{U_{max}}{U_{min}}\right] \tag{7-4-10}$$

即 D-A 转换器的输出应满足执行机构动态范围的要求。一般情况下，可选 D-A 位数小于或等于 A-D 位数。

（2）D-A 转换模板的通用性

为了便于使用，设计 D-A 转换模板应具有通用性，它主要体现在三个方面：符合总线标准，用户可选接口地址和输出方式。

① 符合总线标准：计算机采用内部总线结构，每块电路模板都应符合总线标准，以便灵活组成完整的计算机系统。例如，用于工业 PC 的输入输出模板应符合工业标准体系结构（Industry Standard Architecture，ISA）和外围部件互连（Peripheral Component Interconnection，PCI）总线标准。

② 可选接口地址：D-A 转换器的接口地址由基址和片址组成、其中基址由用户选择。

③ 可选输出方式：D-A 转换器输出方式一般分为电流输出和电压输出两种，其中电流输出又分为 0～10mA DC 和 4～20mA 两种；电压输出又分为单极性和双极性两种。

（3）D-A 转换模扳的设计原则

设计者的任务是根据用户对 DCA 转换通道的技术要求。合理地选样通道的结构，恰当地选择所需 D-A 转换器芯片及有关集成电路芯片，并根据它们的使用说明，正确地设计出符合各项技术要求的 D-A 转换电路。在设计中，一般没有复杂的电路参数计算，但需要掌握各类集成电路芯片的外特性及其功能，以及与 D-A 转换模板连接的 CPU 或计算机总线的功能及其特点。在硬件设计的同时还必须考虑软件的设计，并充分利用 CPU 的软件资源。只有做到硬件与软件的合理结合，才能在较少硬件投资的情况下，设计出功能较强的 D-A 转换模板。

图 7-34 是一种 8 通道的模拟量输出通道的电路原理图。该电路采用 DAC0832 作 8 位 D-A 转换器，通过一个多路开关 CD4051，可由程序控制，将转换结果从 8 通道中的某一通道中送出，送出的结果以电流形式输出。它的工作过程是：由工业控制机 PC 总线送出的数据，通过 OUT 指令，由 DAC0832 进行转换。然后再用 OUT 指令，通过 D_0、D_1、D_2 位打开多路开关的某一通道而送出，其输出端所接的保持器是为了保持 D-A 输出稳定，起到电压保持作用，由 V/I 转换器输出 4～20mA 的电流信号。该电路使用两个口地址，它由译码器译出，设 300H 为 DAC0832 的端口地址，301H 为 CD4051 的端口地址。

设 8 个输出数据存放在内存数据段 OUT_BUF0～OUT_BUF7 这 8 个连续单元中，主程序已填装 DS，输出子程序清单如下：

```
DOUT    PROC    NEAR
        MOV     DX, 300H
```

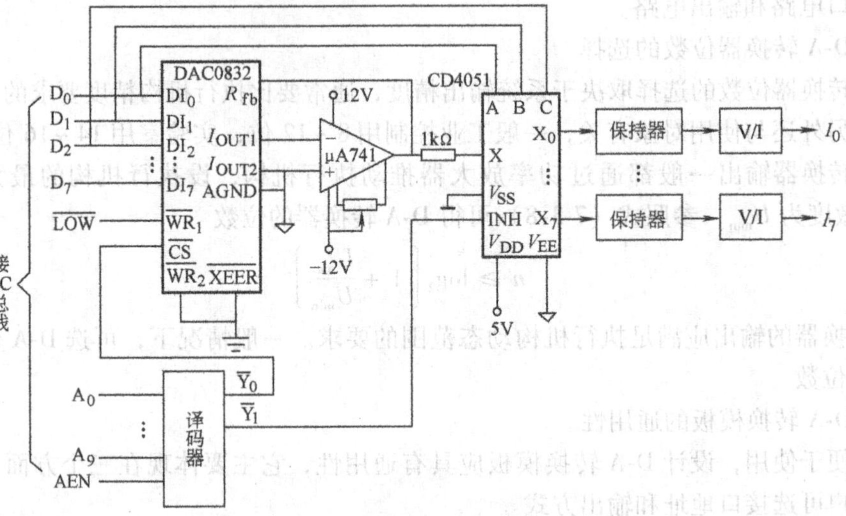

图 7-34 8 通道模拟量输出通道电路图

```
        MOV     CX, 8
        MOV     AH, 0
        MOV     BX, OUT_ BUF0
NEXT:   MOV     AL, 〔BX〕
        OUT     DX, AL
        INC     DX
        MOV     AL, AH
        OUT     DX, AL
        CALL    DELAY
        INC     AH
        DEC     DX
        INC     BX
        LOOP    NEXT
        RET
DOUT    ENDP
```

其中，过程 DELAY 是一段延时程序。

7.4 总线技术

随着微型计算机技术的不断发展，现在已经有多种专用工业控制计算机。这些工业控制计算机大都采用模块式结构，具有通用性强、系统组态灵活等特点，具有广泛的适用性。

在这些工业控制计算机中，除了主机板之外，还有大量用途各异的 I/O 板，如 A-D 和 D-A 转换板、开关量输入输出板、电动机控制板等。为了使这些功能板能有机联系在一起，往往采用标准的总线。

7.4.1　总线的定义及分类

总线是一组信号线的集合，是一种描述电子信号传输线路的结构形式。这些线是系统各插件之间（或插件内部各芯片之间）、各系统之间传送规定信息的公共通道，有时也称为数据公路。通过总线能实现整个系统内部各部件之间的信息传输、交换、共享和逻辑控制等功能。

总线分类的方式很多，如分为外部总线和内部总线，系统总线和非系统总线等。按照数据传输方式，总线分为串行总线和并行总线；按照时钟信号是否独立，可以分为同步总线和异步总线等。

计算机系统常用的接口总线有并行和串行两种。所谓并行总线就是 N 位一次传送的总线，并行总线传送速度快，但需要 N 条传输线，故造价较高，主要用于模块与模块之间的连接。而串行总线只需要一条传输线，所以价格低。但因其传送方式为一位一位地传送，所以传送速度较慢。串行总线主要用于远距离通信。

到目前为止，无论并行总线还是串行总线，都有许多种，这里仅简单介绍目前广泛用于工业控制的 STD 总线、IBM PC/AT 总线、RS-232C 总线和 RS-422 总线。

7.4.2　常用总线介绍

1. STD 总线

STD 总线是国际上流行的一种用于工业控制的标准微机总线，于 1987 年被批准为 IEEE-961 标准，是目前工业控制及工业检测系统中使用最广泛的总线。STD 总线采用公共母板结构，即其总线布置在一块母板（底板）上，板上安装若干个插座，插座对应引脚都连到同一根总线信号线上。它兼容性好，能够支持任何 8 位或 16 位微处理器，成为一种通用标准总线。STD 总线在工业控制中广泛采用，是因为它具有以下特点：

1）小板结构，高度模块化。STD 产品采用小板结构，所有模块的标准尺寸为 161.1mm × 114.3mm，这种小板结构在机械强度、抗断裂、抗振动、抗老化和抗干扰等方面具有很大的优越性。

2）严格的标准化，广泛的兼容性。STD 总线模板设计有严格的标准化，这样有利于产品的广泛兼容。其具备的兼容式总线结构还支持 8 位、16 位甚至 32 位的微处理器，因此，可以很方便地将低位系统通过更换 CPU 板和相应的软件达到升级，而原来的 I/O 模板却不必更换。兼容性的另一方面是软件。STD 产品与 IBM PC 软件环境兼容，故可利用 IBM PC 系列丰富的软件资源。

3）面向 I/O 的开放式设计，适合工业控制应用。STD 总线面向 I/O 设计，一个 STD 底板可插 8、15、20 块模板。在众多功能模板的支持下，用户可以方便地组态。

4）高可靠性。STD 产品平均无故障时间已超过 60 年。通过小板结构、线路设计、印制电路板的布线、元件老化筛选、电源质量、在线测试等一系列措施，以及固化软件 Watchdog、掉电保护等技术来提供保障。使用 STD 总线构成的工业控制计算机可长期工作在恶劣环境中。

STD 是工业应用中十分有前途的通用标准总线。按此标准设计系统，可使系统具有良好的适应性及组装灵活性。目前国内外许多厂家均按 STD 标准来生产系统和插件，因此，对应用者来说，按STD标准来组成自己的应用系统将会大大缩短系统的硬件研制周期。

STD总线定义的插线板为56芯插座，全部引脚均定义，分为逻辑电源总线（6根）、数据总线D0～D7（8根）、地址总线A0～A15（16根）、控制总线（22根）和附加电源线（4根）。

2. IBM PC/AT总线

由于IBM PC有丰富的软、硬件支持，而且其价格低廉，目前已成为国际上广泛使用的微型机。IBM PC的主板上设计了供输入输出用的总线，这些总线引至系统板上的5个或8个62脚的插座上，这些插座成为该扩展插槽。制造商提供的用作扩充PC的选件板有百余种之多，如同步通信控制卡、异步通信控制卡、A-D及D-A转换板、数据采集板、各类存储器扩展板、打印机接口板、网络接口板等。用户可根据需要进行选购，也可根据需要自行设计和开发新的功能板。IBM PC机箱插上基本配置以后，一般只剩下3～5个槽。另外，PC/AT总线对环境要求较高，无法保证在工业现场可靠运行。PC/AT总线都是主要采取将微处理器芯片总线经缓冲直接映射到系统总线上，没有支持总线仲裁的硬件逻辑，因而不支持多主系统。

IBM PC的输入输出总线共62根，包括8位的双向数据总线D0～D7，20位的地址总线，6根中断信号线，3根DMA控制线，4根电源线以及其他各种控制线等。

1984年IBM公司推出了16位微机的PC/AT总线。后来为了统一标准，便将8位和8/16位兼容的AT总线命名为ISA（Industry Standard Architecture）总线。ISA总线是由PC/XT的8位总线发展而来的。在微机主板上ISA插槽一般用黑色标示，其插槽为两段，分别为前62线段和后36线段。

ISA总线是8/16位兼容的总线，当用作8位时，只用其前62个引脚，此时，它是8位数据线、20位地址线；当用作16位时用到全部98个引脚，此时它是16位数据线、24位地址线，可寻址16MB的内存空间。ISA总线有12个中断输入端，可同时接多达12个中断源，另外7个DMA通道。它的数据传输速率在4～8Mbit/s之间，适用于低速外设。

1992年PCI SIG（Peripheral Component Interconnect Special Internet Group）推出PCI总线。这种局部总线的基本构思是让外设与CPU之间建立直接连线，使外设与CPU之间可实现高水平的匹配。PCI总线的数据传输速率可达132Mbit/s。它可以与ISA、EISA及MCA总线兼容，并支持Pentium的64位系统。

目前市面上的微机多采用PCI总线，工控机多采用ISA总线。虽然目前市面上已经推出了具有PCI槽的数模转换卡，但比较成熟以及类型众多的模数转换卡还基本上采用ISA插头。因此在组建计算机控制系统时，需要注意选用的总线应当与选用的模数转换卡的接头相适应。

3. RS-232C串行接口标准总线

RS-232C是使用得最早、最广泛的串行通信总线。RS-232C串行总线是电子工业学会正式公布的串行总线标准（其中RS是Recommended Standard的缩写，232是该标准的标识，C表示最后一次修订），也是微机系统中最常用的串行接口标准，用于实现计算机与计算机之间、计算机与外设之间的同步或异步通信。采用RS-232C作串行通信时，最大通信距离可达15m，传输数据的速率可任意调整，最大可达20Kbit/s。

采用RS-232C总线来连接系统时，有近程通信与远程通信之分。近程通信是指传输距离小于15m的通信，这时可以用RS-232C电缆直接连接。15m以上的长距离通信，需要采用调制解调器（Modem）经电话线进行。图7-35为最常用的采用调制解调器的远程通信连接。

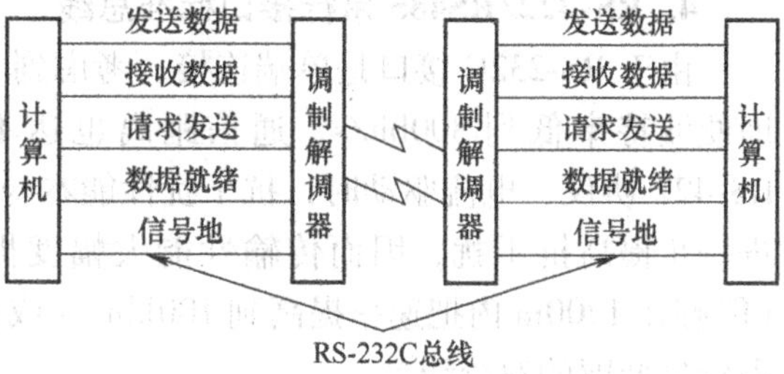

图7-35 计算机与终端的远程连接

完整的RS-232C串行接口标准总线由25根信号线组成，采用25芯的插头座，包括两条信道：主信道和辅助信道。其中辅助信道的速率要比主信道低得多，可以在连接的两设备间传送一些辅助的控制信号，一般很少使用。即使对主信道而言，也不是所有的线都一定要用到，最常用的是8条线。这8条线在25芯插头中的排列次序及信号定义名称见表7-4。其中DTE表示计算机或终端，DCE表示调制解调器或其他通信设备。

表7-4 RS-232C主要线路功能表

针 号	缩 写 符	功 能	信号方向	
			DTE→DCE	DTE←DCE
1		屏蔽（保护）地		
2	TXD	发送数据	√	
3	RXD	接收数据		√
4	RTS	请求发送	√	
5	CTS	清除发送		√
6	DSR	数据设置就绪		√
7	—	信号地		
20	STR	数据终端准备好	√	

RS-232C接口的主要连线如图7-36所示。目前大多数计算机主机和CRT终端上都有可接DCE的RS-232C接口，而且可利用这个接口，在近距离内直接连接计算机和终端，如图7-37所示。

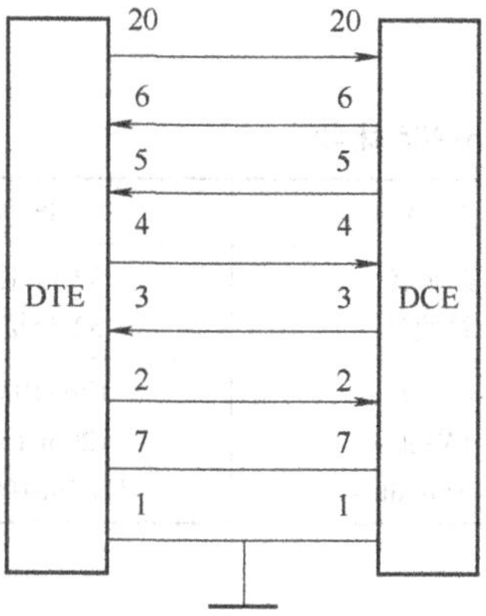

图7-36 RS-232C接口的主要连线

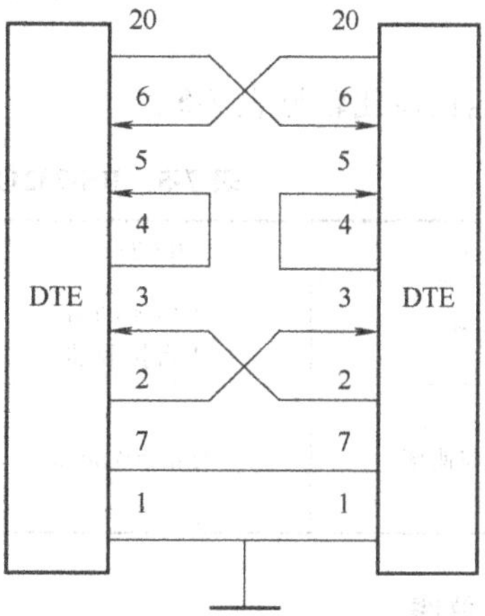

图7-37 计算机与终端间RS-232C对接

4. RS-422/RS485 串行接口标准总线

由于 RS-232C 接口是单端连接，考虑到干扰电平的影响，传输距离和波特率有所限制，即便波特率低到 300bit/s，通信距离也达不到 100m，因而发展了使用差动电流驱动的 RS-422 协议，电流驱动时，抗干扰性能本身远高于电平驱动，加上差动方式可以用双绞线进一步提高抗干扰，因而传输性能大幅度提高，能够在较长距离内明显地提高数据速率（能够在 1200m 内把速率提高到 100kbit/s 或在较短距离内提高到 10Mbit/s），而传输介质仅需价格低廉的双绞线。

RS-485 的电气标准为 RS-422 标准，是 RS-422A 性能的扩展。RS-422A 采用全双工工作方式，两对平衡差分信号线分别用于发送和接收。RS-485 采用半双工工作方式，只有一对平衡差分信号线，不能同时发送和接收。

RS-485 通信接口的信号传输是两根线之间的电压差来表示逻辑 1 和 0 的，因为发送端需要两根传送线，而接收端也需要两根传送线，这样，RS-485 接收端和发送端仅需两根线就完成了信号的传输。由于传输线采用了差动信道，因此它的干扰抑制性极好，又由于它的阻抗低、无接地问题，故传输距离可达 1200m，传输速率可达 1Mbit/s。

由于传统的 RS-232C 应用十分广泛，为了在实际应用中把处于远距离的两台或多台带有 RS-232C 接口的系统连接起来，进行通信或组成分布式系统，这时不能直接应用 RS-232C 连接，但可用 RS-232C/422A 转换环节来解决。在原有的 RS-232C 接口上，附加一个转换装置，两个转换装置之间采用 RS-422A 方式连接，其结构示意图如图 7-38 所示。

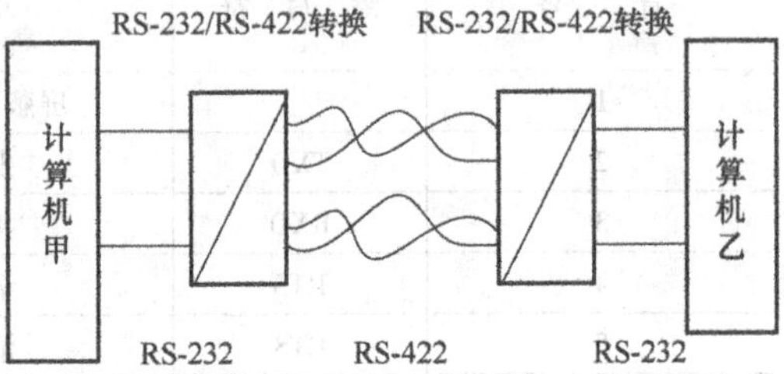

图 7-38 RS-232C/422A 转换传输示意图

在许多工业控制及通信联络系统中，往往有多点互连而不是两点相连，而且大多数情况下，在任一时刻只有一个主控模块（点）发送数据，其他模块（点）处于接收数据的状态，于是产生了主从结构形式的 RS-485 标准。RS-485 用于多点互连时非常方便，可以节省许多信号线。应用 RS-485 可以联网构成分布式系统。

RS-422 和 RS-485 的驱动/接收电路没有多大区别，在许多情况下，RS-422A 可以和 RS-485 互连。

几种通信接口比较见表 7-5。

表 7-5 RS-232C、RS-422A 和 RS-485 比较

接　口	RS-232C	RS-422A	RS-485
连接台数	1 台驱动器 1 台接收器	1 台驱动器 10 台接收器	32 台驱动器 32 台接收器
传送距离与速率	15m-20kbit/s	12m-10Mbit/s 120m-1Mbit/s 1200m-100kbit/s	12m-10Mbit/s 120m-1Mbit/s 1200m-100kbit/s

5. USB 总线

USB（Universal Serial Bus）称为通用串行总线，是由 Compaq、DEC、IBM、Intel、Microsoft、NEC和NT（北方电信）七大公司共同推出的新一代接口标准。它是一种连接外部设备的机外总线。USB的主要性能特点是：

1）具有热插拔功能：USB提供机箱外的热插拔连接，连接外设不必再打开机箱，也不必关闭主机电源。这个特点为用户提供了很大方便。

2）USB采用“级联”方式连接各个外部设备：每个USB设备用一个USB插头连接到前一个外设的USB插座上，而其本身又提供一个USB插座供下一个USB外设连接用。通过这种类似菊花链式的连接，一个USB控制器可以连接多达127个外设，而两个外设间的距离（线缆长度）可达5m。

3）USB统一的4针插头将取代机箱后部众多的串/并口（鼠标、Modem、键盘等）插头。USB能智能识别USB链上外部设备的插入或拆卸，扩充卡、DIP开关、跳线、IRQ、DMA通道、I/O地址都成为过去。

4）适用于低速外设连接：根据USB规范，USB传送速度可达60MB/s，除了可以与键盘、鼠标、Modem等常见外设连接外，还可以与ISDN、电话系统、数字音响、打印机/扫描仪等低速外设连接。

本章小结

计算机控制系统是由硬件和软件组成，硬件是系统的基础。

本章介绍了在计算机控制系统设计中，对计算机主机、过程输入输出通道、软件系统、人机接口以及系统可靠性及可维护性等方面选取的基本要求，重点介绍了过程输入输出通道的基本结构、组成和设计方法。输入通道主要包括模拟量输入通道和数字量（开关量）输入通道两种，用以实现计算机对工业现场运行状态的检测；输出通道也有两种，即模拟量输出通道和数字量输出通道，用以实现计算机对工业现场的控制。工业现场的信号大部分是模拟量信号，这里A-D、D-A转换器是模拟量输入/输出通道的核心部件，用以实现数字系统与模拟系统之间的转换。本章介绍了它们的转换原理、主要技术指标以及与微处理器的接口，并且给出了输入输出过程通道设计举例。为了计算机控制系统各功能部件能有机地联系在一起，往往采用标准的总线技术，在本章的最后介绍了目前广泛应用于工业控制的STD总线、IBM PC/AT总线、RS-232C总线、RS-422总线和USB总线等几种典型通用标准总线的特点和主要应用技术。

习题和思考题

7-1 什么是过程通道？过程通道分为哪些类型？它们各有什么作用？

7-2 多路模拟量输入通道一般应包含哪些环节？各环节有何作用？

7-3 试用CD4051组成16选1的多路开关，并说明其工作原理。

7-4 什么是采样过程？采样保持器有何作用？是否所有的模拟量输入通道中都需要采样保持器？为什么？

7-5 请分别画出一路有源I/V变换电路和一路无源I/V变换电路图，并分别说明各元器件的作用。

7-6 多路模拟量输出通道有哪两种结构形式？各有什么特点？

7-7 简要分析和说明RS-232C、RS-422和RS-485三种标准串行通信接口的性能。

7-8 试设计一个将0~5V电压转换成4~20mA电流的V/I转换电路。

7-9 采用74LS244和74LS273与PC总线工业控制机接口，设计8路数字量（开关量）输入接口和8

路数字量（开关量）输出接口，请画出接口电路原理图，并分别编写数字量输入和数字量输出程序。

7-10 用8位A-D转换器ADC0809通过8255A与PC总线工业控制机接口，实现8路模拟量采集。请画出接口原理图，并设计出8路模拟量的数据采集程序。

7-11 用12位A-D转换器AD574通过8255A与PC总线工业控制机接口，实现模拟量采集。请画出接口电路原理图，并设计出A-D转换程序。

7-12 采用DAC0832和PC总线工业控制机接口，请画出接口电路原理图，并编写D-A转换程序。

7-13 采用DAC1210和PC总线工业控制机接口，请画出接口电路原理图，并编写D-A转换程序。

7-14 请分别画出D-A转换器的单极性和双极性电压输出电路，并分别推导出输出电压与输入数字量之间的关系式。

第8章

计算机网络控制

随着计算机技术的发展、工业生产规模的扩大以及综合监控与管理要求的提高，计算机控制技术的发展主要表现为：控制面向多元化，系统结构面向分散化，这种趋势使得数据通信网络技术被引入控制系统。

图8-1是一个用于工业控制的网络系统示意图。该网络系统是利用通信线路（双绞线、电话线、同轴电缆等）和通信设备（网关、Modem等），把具有独立功能的多台计算机（上位机）和控制设备（下位机、PLC等）连接起来，再配以相应的通信软件，实现整个系统内各节点间的信息交换和全网范围内的协调控制。

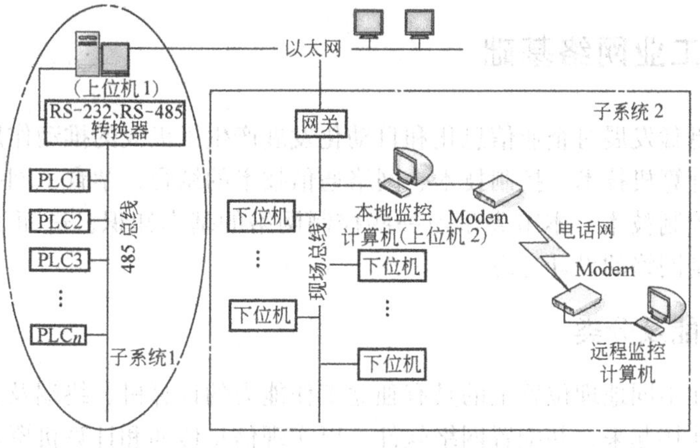

图8-1　一个用于工业控制领域的通信系统示意图

在子系统1中，上位机1通过485总线监控若干PLC模块。在子系统2中，上位机2通过现场总线与若干下位机通信，并且一远程计算机通过Modem与上位机2通信，从而实现对子系统的远程监控。子系统1、2之间通过一个以太网连接，实现了两个子系统间的信息交换。

系统中的PLC和下位机完成对生产过程的直接控制；上位机通过接口、网络通信信道与下位机、PLC相连并相互通信，获得它们的数据，以便控制它们的状态，并采集生产过程运行状态信息，实时指导生产运作。

从图8-1的网络系统可以看出，数据通信技术已融入到了现代化工业生产和过程控制中。在工业生产和过程控制领域中，网络中数据通信的实现方式通常有三种。

（1）通过一些简单的通信接口把计算机和设备连接起来。计算机一般都配有标准、通用的通信接口，如 RS-232C、RS-485 等，通过这些标准通信接口，再加上合适的通信线，很容易把若干台计算机连接起来而实现相互通信。这种方法的优点是实现简单，缺点是连接计算机的数目和距离均受到较多的限制，一般只适用于较简单的通信系统。

（2）通过现场总线把计算机和设备连接起来。现场总线是连接智能现场设备和自动化系统的数字式、双向传输、多分支结构的通信网络。由于其现场装置往往采用模拟信号进行通信联系，因此同时难以实现设备之间及系统与外部之间的信息交换，而现场总线控制系统采用了智能化现场设备，把单个分散的测量控制设备变成网络节点，使之可以相互沟通信息，从而形成了一种新型的全分布式的控制系统结构。

（3）通过以太网把计算机和设备连接起来。这里的以太网包括计算机局域网和公共数据通信网等。由于计算机控制系统在不同层次间传送的信息变得越来越复杂，对工业网络在开放性、互连性、带宽等方面提出的要求更高。因此，在许多控制系统中，将以太网技术用于监控层的数据交换，它们在通信覆盖的范围、可靠性、扩充性以及通信速度方面比前两种方式都有很大的提高。

本章在介绍计算机工业网络基本概念的基础上，重点介绍了集散控制系统、现场总线及其现场总线控制系统和工业以太控制网络系统，最后简要介绍了控制网络与信息网络的集成技术。

8.1 计算机工业网络基础

信息技术的迅猛发展对企业信息化和自动化发展产生了极大的推动作用。在企业信息化和自动化领域，计算机技术、控制技术、网络通信技术的结合，孕育了网络控制技术。为了更好地掌握网络控制技术，本节先学习一些控制网络的基本知识，进而了解控制网络的特点、类型以及控制网络的设计考虑。

8.1.1 网络功能及分类

凡是将分布在不同地理位置上的具有独立工作能力的计算机、终端及其附属设备用通信设备和通信线路连接起来，并配置网络软件，以实现信息传递和计算机资源共享的系统，称为通信网络。网络中的每台计算机称为一个节点。

1. 网络的功能

（1）数据传送。数据传送是通信网络的最基本功能之一，用以实现计算机与终端或计算机之间传送各种信息。利用这一功能，地理位置分散的生产单位、部门可通过网络连接起来，进行集中的控制和管理。

（2）资源共享。利用计算机系统的软硬件资源是组建通信网络的主要目标之一。计算机系统的许多资源是十分昂贵的，如大的计算机中心、应用软件、大容量磁盘等。组建计算机网络后，网络中的用户就可以共享分散在不同地点的各种软硬件资源，为用户提供了极大的方便。

（3）提高计算机的可靠性和可用性。提高可靠性表现在计算机网络中的计算机可以通过网络彼此互为后备机，一旦某台计算机出现故障，故障机的任务就可以由其他计算机代为处理，避免了由于某台计算机出现故障而导致整个系统瘫痪的现象，大大提高了可靠性。提高计算机的可用性是指当网络中某台计算机负担过重时，可通过网络将一部分任务交给网中较空闲的计算机完成，这样就能均衡整个系统的负担，提高了每台计算机的可用性。

2. 网络的类型

通信网络的类型可以按不同的标准进行划分，按网络范围和计算机之间互连的距离可分为广域网（WAN）和局域网（LAN）两种。广域网涉及范围较大，一般可以是几千米至几万千米，因此广域网所包括的范围可以为一个城市、一个省、一个国家，甚至全世界范围。用于通信的传输装置和介质一般由电信部门或大的通信公司提供。局域网由一组相互连接的具有通信能力的个人计算机和设备组成，它一般用于有限距离内计算机之间数据和信息的传递。局域网的地理范围一般在10km以内，属于一个部门或单位组建的小范围。用于计算机控制系统中的通信网络均为局域网。

此外，按网络拓扑结构可分为总线网、环形网、星形网等；按通信介质可分为双绞线网、同轴电缆网、光纤网和无线网等。

8.1.2 网络拓扑结构

就网络而言，所谓拓扑结构是指网络的节点和站实现互连的方式，局域网常见的拓扑结构有星形、环形、总线型及树形等，如图8-2所示。

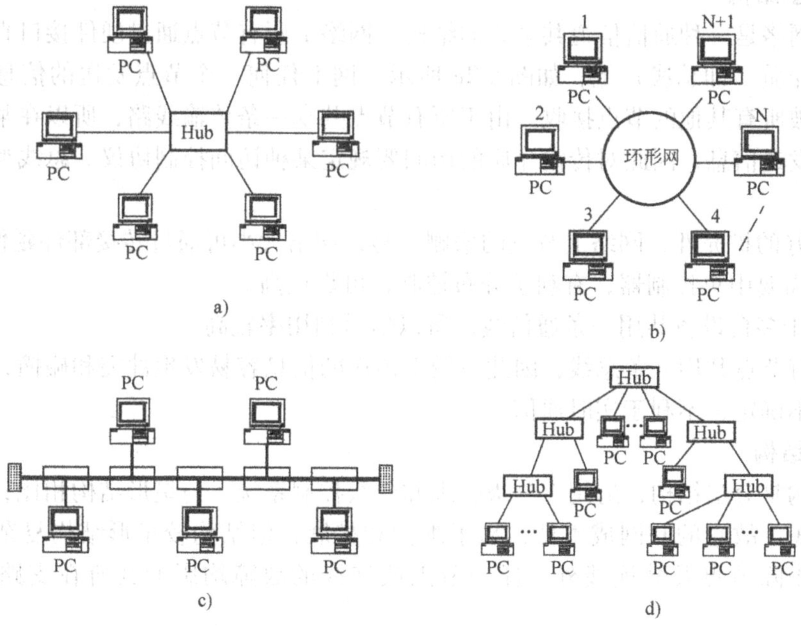

图8-2 局域网的拓扑结构

a）星形 b）环形 c）总线型 d）树形

1. 星形结构

星形结构如图8-2a所示，星形拓扑是一种以中央节点为中心，把若干外围节点连接起来的辐射式互连结构。中央节点作为控制全网工作的开关，通过单独的线路分别与外围节点连接，网络上节点间信息的交换都要通过中央节点。星形结构具有如下特点：

1）结构简单，便于管理。

2）控制简单，建网容易，通信功能简单。

3）网络延迟时间小，传输误差较低。

这种结构中，中央节点是系统可靠工作的关键，中央节点若产生故障，将导致整个系统崩溃，而且中央节点可能是系统工作的“瓶颈”。

2. 环形结构

网络节点被连接成闭合的环路，称为环形结构，如图8-2b所示。在这种结构中，线路上的信息是按点至点方式传输，即由一个节点发出的信息只传送到下一个节点，若该节点不是信息的接收站就再把信息传到下一节点，重复进行该过程直至信息达到目的节点为止。环形结构具有如下特点：

1）在环路上，每个节点的地位是相同的，每个节点都可以获得网络的控制权。

2）不需要进行路径选择，控制比较简单，在环形结构中，信息从源地址到目的地的路径只有一条。由于是公共通信线路，所以不适用于信息流量大的场合。

3）传输信息的延迟时间固定，有利于实时控制。

环形网络的突出问题是如果环路中断，整个系统将不能工作，可靠性较差。因此针对这种情况，在结构上提高可靠性的方法主要是采用双环结构。

3. 总线型结构

总线型网络是一种通信信道共享式的结构，网络上所有节点通过硬件接口直接连接到一条线状传输介质（即总线）上，如图8-2c所示。网上任何一个节点发送的信息都在介质上传播，并能被所有其他的节点接收。由于所有节点共享一条传输线路，所以在某一时刻只能有一个节点发送信息，因此对传输介质的访问要规定某种访问控制协议。总线型网络结构具有如下特点：

（1）较好的扩充性，网络上节点的增删容易，网络大小可通过转接部件延伸和扩展。

（2）不需要中央控制器，有利于分布控制，可靠性高。

（3）由于多台设备共用一条通信线，所以信道利用率较高。

由于所有节点共用一条总线，因此总线上传送的信息容易发生冲突和碰撞，网络上的信息延迟时间不确定，不利于实时通信。

4. 树形结构

树形结构是分层结构，适用于分级管理和分级控制系统。与星形结构相比，由于通信线路总长度较短，故它的联网成本低，易于维护和扩展，但结构较星形结构复杂，如图8-2d所示。网络中除节点及其连线外，任一节点或连线的故障均影响其所在支路网络的正常工作。

上述4种网络结构中，总线型结构是目前使用最广泛的结构，也是一种最传统的主流网络结构，该种结构最适于信息管理系统、办公室自动化系统、教学系统等领域的应用。实际组建网时，其网络的拓扑结构不一定仅限于其中的某一种，通常是几种拓扑结构的综合。

8.1.3 网络传输介质

传输介质又称传输媒体，是通信系统中接收方与发送方之间的物理通道，起了设备互连和传播信息的作用。传输介质可分为两大类：有线介质（如双绞线、同轴电缆、光纤等）

和无线介质（如卫星通信、红外通信、微波通信的载体）。常用的传输介质有：

1. 双绞线

双绞线是一种常用的传输介质，它是将两根绝缘金属导线按一定的规则绞在一起而构成，一根作为信号线而另一根作地线，两根线扭绞在一起可以大大减小外部电磁干扰对传输信号的影响。双绞线既可用于模拟信号传输又可传输数字信号。对于模拟信号，每5～6km要有一个放大器，对于传输数字信号每2～3km需要一个中继器。与光纤等其他介质相比，双绞线在传输距离、信道带宽和传输速率等方面均受一定限制，抗高频干扰能力较弱，但价格低廉。双绞线适合于点对点的通信，不宜直接作分支传输。

2. 同轴电缆

同轴电缆由内外两个导体组成，内导体（中心导体）是一根芯线，外导体是以内导体为轴的金属丝组成的圆柱编织面，又称为外屏蔽导体。内外导体之间用电介质绝缘物隔开，最外层是起保护作用的外绝缘层。同轴电缆可分为基带数字信号传输的基带同轴电缆（如50Ω同轴电缆），以及用于宽带传输的宽带同轴电缆（如公用无线电视CATV系统标准的75Ω同轴电缆）。基带同轴电缆只适用于传输数字信号（即所谓的基带信号），传输速率通常为10Mbit/s。宽带同轴电缆既可传数字信号，还可传模拟信号，当用于数字信号传输时速率可达50Mbit/s。同轴电缆的频率特性比双绞线好，能进行较高速率的传输，而且屏蔽性能好，抗干扰能力较强。

3. 光纤

光纤是一种传输光束的通信介质，一根或多根光纤组合在一起形成光缆。光纤的横截面为圆形，分为纤芯和包层两部分。纤芯的折射率高，包层折射率低，光纤导波的工作原理就是基于在两不同介质交界面上的全发射现象，当光线的入射角足够大，从纤芯射向包层时，光线会反射回纤芯。由于光纤只能传输光信号，要传输电信号时，必须用发光元件把电信号转化为光信号，光信号在光缆中不断反射并向前传播，达到目的地后，再用检光元件把光信号转化为电信号。

光纤具有通信容量大、传输速率高、频带宽、传输距离长、对噪声和电磁干扰有较强的抗干扰能力和保密性强等优点。光纤电缆的传输速率可达几百Mbit/s。但光纤衔接困难，价格较贵。

4. 无线通信

无线通信主要是指微波通信。由于微波沿直线传播，而地球表面是曲面，因此微波在地面传播距离有限，一般为40～60km。当传输距离超过上述范围时就要设中继站，以便信息的中继传递。微波通信具有通信容量大、受外界干扰小、传输质量高、初建费用小等优点，但保密性差。

8.1.4 网络访问控制

通信网络上由于各节点通过公共传输信道传输信息，因此任何一个时刻只能为一个节点服务，这就产生了如何合理使用信道，合理分配信道的问题，也就是各节点既要充分利用信道的空闲时间传送信息，又不至于发生各信息间的相互冲突，网络访问控制（或称介质访问控制）的功能就是合理地解决信道的分配问题。

信息访问控制的方法很多，常用的有：查询、令牌环、令牌总线、CSMA/CD、信息槽等，而且它们与网络拓扑结构密切相关。下面主要介绍前4种方法。

1. 查询

通信网中存在一个主节点，主节点控制从节点对介质的访问。如星形网络中的中央节点或总线网上的主节点，依次询问其他节点是否要通信，查询时先给各节点发送一个询问信息，收到应答后再控制各节点间的通信。如果同时有多个节点要发送信息，主节点或中央节点可根据节点优先级高低安排发送次序。

这种方式的优点是硬件设备简单，缺点是主节点的任何失效将导致整个系统的瘫痪。

2. 令牌环

令牌环的全称是令牌通行环（Token Passing Ring），这种访问控制方法只适用于环形网结构。在该方式中令牌是控制网络的标志，网中只设一张令牌，只有获得令牌的节点才能发送信息，发送完后令牌再传给相邻的另一个节点。令牌传递的方法是：令牌依次沿着环形网中的每个节点传送，使每个节点都有平等发送信息包的机会。当令牌绕环一周，回到发送信息的节点时，说明传送的信息已被其接收节点取走，由发送节点将令牌置为“空”，送上环形网，以便其他节点使用。

令牌环的优点是能提供优先级服务，有较强的实时性。缺点是需要对令牌进行维护，且空闲令牌的丢失将降低环路的利用率，控制电路复杂。

3. 令牌总线

令牌总线控制技术适用于总线型网络。总线上所有节点形成一个逻辑环，即人为地给各节点规定一个顺序（如可按各节点号的大小排列），每个节点都记下其前导节点和后继节点，而且总线上节点的逻辑次序与物理位置无关。令牌总线工作原理与令牌环相似。

4. 带冲突检测的载波侦听多路访问（CSMA/CD）

CSMA/CD技术适用于总线型网络。载波侦听多路访问是指多个网络节点共同使用一条线路，当一节点要发送信息时，先要侦听总线是否空闲，若空闲，则将信息发送到总线上；否则等待一段时间，再侦听，直至总线空闲才开始发送信息。这种方法可以减少发生冲突的可能，有效提高信道的利用率。但由于存在传播时延，冲突还是有可能发生。

CSMA/CD方式在通信管理上比较简单，技术上较易实现，在网络负载不重的情况下有较高的效率，但当网络负载增大时，发送信息的等待时间加长，效率显著降低。这种方法不能完全避免碰撞，冲突检测也比较复杂，对于实时性较高的场合不是很合适。

8.1.5 信息交换技术

信息交换技术是计算机网络实现技术中十分重要和基本的内容，它分为两类：线路交换与存储转发交换。存储转发交换中又分为两种：报文存储转发交换与报文分组存储转发交换。

1. 线路交换方式

采用线路交换（Circuit Switching）方式在两台计算机之间通过网络进行数据交换之前，首先在网络中建立一个实际的物理线路连接，为此次传送专用，传送结束再“拆除”线路。

例如在图8-3中，站S_1要把报文M_1传送给站S_3可以有多条路径，如路径$N_1 \to N_2 \to N_3$或$N_1 \to N_7 \to N_3$等。首先站S_1向节点N_1申请与站S_3通信，按照路径算法（如路径短、等待时间短等），节点N_1选择N_7为下一个节点，节点N_7再选N_3为下一个节点，这样站S_1经节

点 $N_1 \to N_7 \to N_3$ 与站 S_3 建立了一条专用的物理线路。然后，站 S_1 向站 S_3 传送报文，报文传送周期结束，立即“拆除”专用线路 $N_1 \to N_7 \to N_3$，并释放占用的资源。

线路交换方式的通信分三步：建立线路，传送数据，拆除线路。该方式的优点是：通信实时性强，适用于交互式通信。该方式的缺点是：对突发性通信不适应，系统效率低；系统不具有存储数据的能力，也不具备差错控制能力。为此，可采用存储转发交换方式。

2. 存储转发交换方式

存储转发交换方式可以分为两类：报文交换（Message Switching）与报文分组交换（Packet Switching）。

1）报文交换。报文交换不需要在两个站之间建立一条专用线路。若某站想发送一个报文，它把目的站名附加在报文上，然后把报文交给节点传送。传送过程中，节点接收整个报文，并暂存这个报文，然后发送到下一个节点，直到目的站。仍以图 8-3 中站 S_1 要发报文 M_1 给站 S_3 为例，首先站 S_1 把目的站 S_3 的名字附加在报文上，再把报文交给节点 N_1；节点 N_1 存储这个报文，并且决定下一个节点为 N_7，但要在节点 $N_1 \to N_7$ 的线路上传输这个报文，还要进行排队等待；当这段线路可用时，就把报文发送到节点 N_7；节点 N_7 继续仿照上述过程，把报文发送到节点 N_3，最后到达站 S_3。

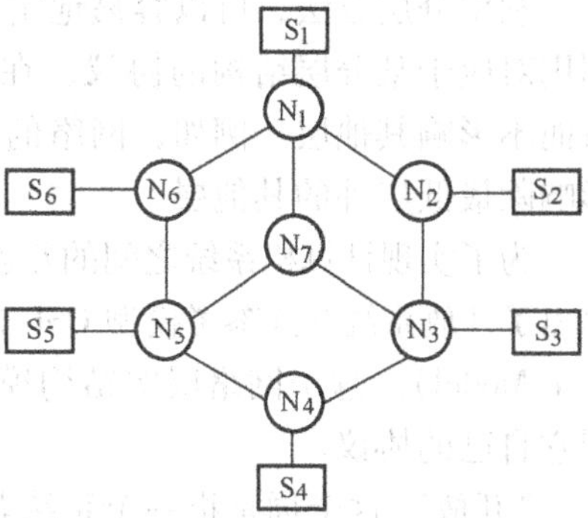

图 8-3　复杂网的信息交换

$S_1 \sim S_6$—站　$N_1 \sim N_7$—节点

报文交换的优点是线路的利用率高，这是因为许多报文可以分时共享一条节点到节点的线路，并且能把一个报文发送到多个目的站，只是目的站名需附加在报文上。由于报文要在节点排队等候，延长了报文到达目的站的时间。

2）报文分组交换。报文分组交换综合了线路交换和报文交换的优点。首先将前面所说的报文分成若干个报文段，并在每个报文段上附加传送时所必需的控制信息，如图 8-4 所示。这些报文段经不同的路径分别传送到目的站后，再拼装成一个完整的报文。对于这些报文段，称为报文分组，它是分组交换中的基本单位。

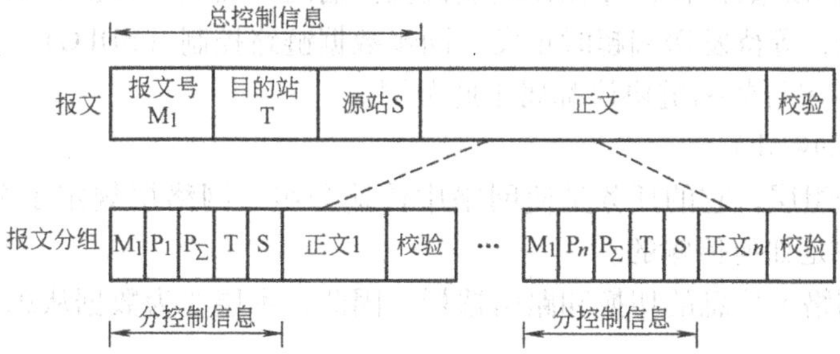

图 8-4　报文分组示例

$P_1 \sim P_n$—报文分组号　P_Σ—报文分组总组数

报文分组交换与报文交换的形式差别在于不是以报文为单位，而是以报文分组为单位进行传送。

8.1.6 网络协议及其层次结构

在通信网络中，对所有的节点来说，它们都要共享网络中的资源或相互之间要进行信息交换，但由于连接到网上的计算机或设备可能出自不同的生产厂家，型号也不尽相同，再加上软硬件的差异，这些都给节点之间的通信带来了困难。因此在通信网络中所有“成员”必须遵循某种相互都能接受的一组规则，以便实现彼此的通信和资源共享。这些规则的集合称为网络协议。在计算机网络中各终端用户之间，用户与资源之间或资源与资源之间的对话与合作必须按照预先规定的协议进行。

利用分层方法，可以容易地实现网际联网、网络配置间的连接。利用对应于某分层结构的协议，在系统的逻辑成分间建立有效的联系而不影响其他层。例如，网络的传输方式可从并行改为串行而不影响除最低层外的其他层。

为了实现计算机系统之间的互连，1977年国际标准化组织（ISO）提出了开放系统互连参考模型OSI（Open System Interconnection/Reference Model）。这个网络层次结构模型规定了7个功能层，每层都使用它自己的协议。

“开放”这个词是指一个系统若符合这些国际标准的话，它将对世界上遵守同样标准的所有系统开放。

OSI层次结构如图8-5所示。下面简单介绍7层的内容。

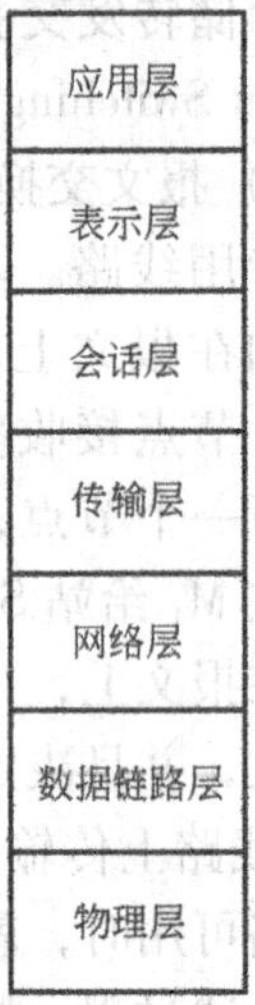

图8-5 OSI模型

1. 物理层（Physical）

物理层在信道上传输未经处理的信息。该层协议涉及通信双方的机械、电气和连接规程，如接插件的型号，每根线的作用，表示1用多少伏，0用多少伏，一位占多宽，传输能否在两个方向同时进行，如何进行初始的连接，如何拆除连接等。该层协议已有国际标准，即CCITT（国际电报电话咨询委员会）1976年提出的X.25建议的第一级。

2. 数据链路层（Data Link）

数据链路层的任务是将可能有差错的物理链路改造成对于网络层来说是无差错的传输线路。它把输入数据组成数据帧，并在接收端检验传输的正确性。若正确则回送确认信息，若不正确则抛弃该帧，等待发送端超时重发。同步数据链路控制（SDLC）、高级数据链路控制（HDLC）以及异步串行数据链协议都属于此范围。

3. 网络层（Network）

网络层也称分组层，它的任务是使网络中传输分组。网络层规定了分组（第三层的信息单位）在网络中是如何传输的。

网络层控制网络上信息的切换和路由选择。因此，本层要为数据从源点到终点建立物理和逻辑的连接。

该层的国际标准化协议是X.25的第三级。

4. 传输层（Transport）

传输层的基本功能是从会话层接收数据，把它们传到网络层并保证这些数据全部正确地到达另一端。

传输层是一真正的源—目的或端—端层。即在源计算机上的程序与目的机上的类似程序使报头和控制报文进行对话。它负责确保高质量的网络服务。它的一个重要功能是控制端到端的数据的完整性。其总目的是作为网络层和会话层的一个接口，确保网络层为会话层和网络的高级功能提供高质量的服务。

5. 会话层（Session）

它控制建立或结束一个通信会话的进程。这一层检查并决定一个正常的通信是否正在发生。如果没有发生，这一层必须在不丢失数据的情况下恢复会话，或根据规定，在会话不能正常发生的情况下终止会话。

用户（即两个表示层进程）之间的连接称为会话。为了建立会话，用户必须提供希望连接的远程地址（会话地址），会话双方首先需要彼此确认，以证明它有权从事会话和接收数据，然后两端必须同意在该会话中的各种选择项（例如半双工或全双工）的确定，在这以后开始数据传输。

6. 表示层（Presentation）

表示层实现不同信息格式和编码之间的转换。常用的转换有：正文压缩，例如将常用的词用缩写字母或特殊数字编码，消去重复的字符和空白等；提供加密、解密；不同计算机间不相容文件格式的转换（文件传输协议），不相容终端输入输出格式的转换（虚拟终端协议）。

7. 应用层（Application）

应用层的内容视对系统的不同要求而定。它规定在不同应用情况下所允许的报文集合和对每个报文所采取的动作。

这一层负责与其他高级功能的通信，如分布式数据库和文件传输。这一层解决了数据传输完整性的问题或与发送/接收设备的速度不匹配的问题。

OSI 层次模型不是标准，它仅仅为标准提供了一种主体框架，供各种标准选择。

8.1.7 网络互连

网络互连是指采用网络互连设备将同一类型的网络或不同类型的网络及其产品相互连接起来组成地理覆盖范围更大，功能更强的网络。网络互连有如下要求：

1）在网络之间通过一条链路，至少需要一条物理和链路控制的通道。

2）为不同网络的计算机间的通信提供路径选择和传递数据。

网络互连可以提高系统可靠性，改进系统的性能，增加系统安全性，扩大网络地理覆盖范围，可增加网内的节点数，并增加了网上共享资源。

网络互连常用设备有中继器、网桥、路由器、网关等。

1）中继器（Repeater）。中继器是网络物理层的一种介质连接设备，是延长网络距离的最简单、最廉价的互连设备。由于信号在网络传输介质中有衰减和噪声，使有用的数据信号变得越来越弱，为了保证有用数据的完整性，并在一定范围内传送，要用中继器把所接收到的弱信号提出，再生放大以保持与原信号相同，因此中继器只能连接使用相同的介质访问控制方法和相同数据传输速率的局域网中。通过中继器连接的网络实际上是逻辑上同一的网络。

2）网桥（Bridge）。当相连的网络具有相同的逻辑链路控制协议（LLC），但采用不同的介质访问控制协议（MAC）时，网间互连不能只采用简单的中继器，而必须使用网桥。网桥又称桥接器，它工作在 OSI 七层协议的数据链路层，实现物理层和数据链路层的协议的转换。网桥与其他高层协议无关，所以它只能连接同类型的网，即网络层以上（包括网络层）各层的通信协议要一致。

网桥的作用是通过“过滤和转发”功能来实现，网络上的各种设备和工作站都有一个“地址”，信息在通信线上传输的过程中，当网桥接收到信息包时，它检查信息包的源地址和目的地址，如果目标设备地址与源设备地址不在同一网段上，则网桥将该信息包“转发”到扩展的另一个网段上；若目标设备地址与源设备在同一网络上，则网桥不转发该信息包，起到了对信息包过滤的作用，因而提高了整个网络的效率。图8-6是网桥的工作原理图。网桥的另一个特点就是能连接各种不同传输介质的网段，例如它可以实现同轴电缆以太网和双绞线以太网之间的连接。

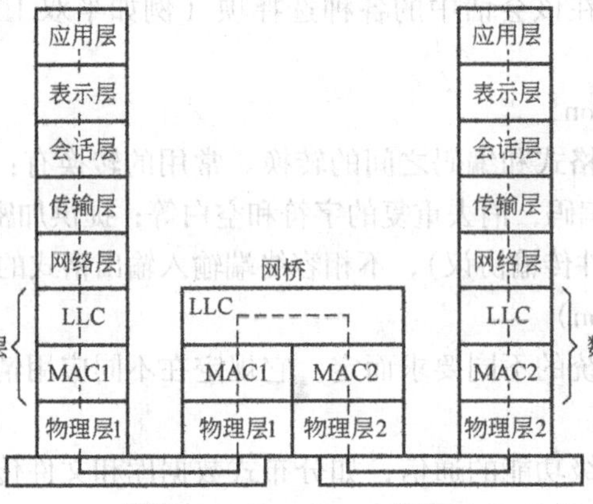

图8-6 网桥工作原理

3）路由器（Router）。路由器属于OSI网络层的一种互连设备，对应于网络层进行数据分组转发，用路由器连接的网络可以使用在数据链路层和物理层互不相同的协议。由于路由器工作在比网桥更高一层的网络层，因此它提供的服务更为完善，但也由于功能的复杂化，它比网桥传送速度要慢。

路由器用于连接多个逻辑上分开的网络。当数据从一个子网传输到另一个子网时，可通过路由器来完成，路由器提供了多个网络和介质之间互连的能力，因此，路由器具有判断网络地址和选择路径的功能，它能在多网络互连环境中建立灵活的连接，可根据传输费用、转换延时、网络拥塞或信源和目的节点间的距离来选择最佳路径。

路由器与网桥的一个重要差别是路由器了解整个网络，了解互连网络的拓扑，了解网络的状态，因而可选择和使用最有效的路径发送数据。图8-7是路由器的工作原理图。它主要完成了数据在网络中的寻址、路由选择、数据编排格式的重新组

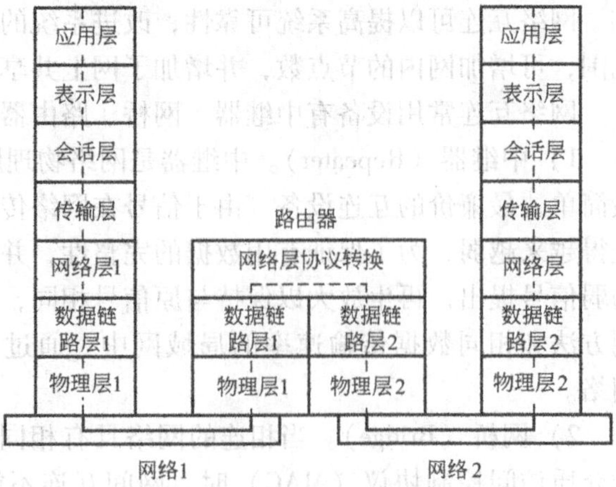

图8-7 路由器工作原理

装。但路由器要求所连接的网络的高层协议（网络层之上的协议）相同。

4）网关（Gateway）。网关又称为网间连接器，要使不同类型（异种网络操作系统）的网络连接在一起，一般要使用网关，它工作在OSI模型的高层（网络层以上各层），不仅具有路由器的全部功能，而且能在网络之间进行不同类型的协议的转换，网关为网络互连双方的高层提供协议转换服务。图8-8是两个异种网络TCP/IP网与IPX/SPX网、TCP/IP与X.25网进行互联的实例。异种网之间由于网络操作系统的不同必须采用网关进行协议转换，才能相互通信。

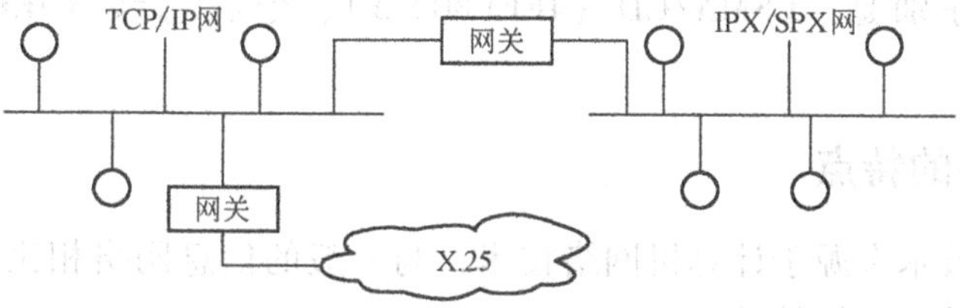

图8-8 网关连接示意图

由于网关工作在OSI模型的高层，它允许应用软件和用户工作在各种不同结构的网络上，并相互通信。网关提供了不同协议之间的转换功能，因此它的效率比较低，透明性不强，而且网关的管理比网桥、路由器更复杂。

8.1.8 IEEE 802标准

电气和电子工程师协会（IEEE）于1980年2月成立了IEEE802委员会，该组于1981年底提出了IEEE802局域网标准。重要的是对OSI参考模型中的数据链路层又划分出两个子层，如图8-9给出了与OSI的对应关系。IEEE 802标准把数据链路分为逻辑链路控制（LLC）子层和介质访问（存取）控制（MAC）子层。逻辑链路控制子层主要提供寻址、排序、差错控制等功能。介质访问（存取）控制子层主要提供传输介质和访问控制方式。IEEE802为局域网络指定的标准包括：

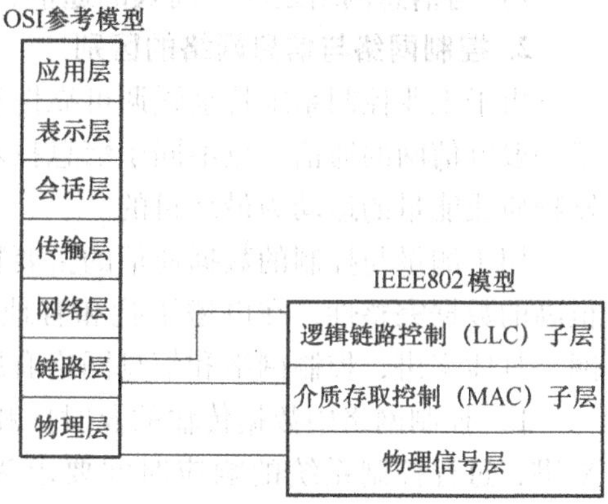

图8-9 OSI模型与IEEE802标准的关系

IEEE802.1 系统结构和网络互连；

IEEE802.2 逻辑链路控制；

IEEE802.3 CSMA/CD总线访问方法和物理层技术规范；

IEEE802.4 Token Passing Bus访问方法和物理层技术规范；

IEEE802.5 Token Passing Ring访问方法和物理层技术规范；

IEEE802.6 城市网络访问方法和物理层技术规范；

IEEE802.7 宽带网络标准；

IEEE802.8 光纤网络标准；

IEEE802.9 集成声音数据网络。

物理信号（PS）层：完成数据的封装/拆装、数据的发送/接收管理等功能，并通过介质存取部件（收发器）收发数据信号。

介质存取控制（MAC）层：支持介质存取，并为逻辑链路控制层提供服务。它支持的介质存取法有：载波检测多路存取/冲突检测（CSMA/CD）、令牌总线（Token Bus）和令牌环（Token Ring）。

逻辑链路控制（LLC）层：支持数据链路功能、数据流控制、命令解释及产生响应等，并规定局部网络逻辑链路控制协议（LNLLC）。

此外，网络层也有变化。在IEEE802标准中，定义了三种主要的局域网络技术，它们的介质访问控制分别是：CSMA/CD（IEEE802.3）、令牌总线（IEEE802.4）、令牌环（IEEE802.5）。

8.1.9 控制网络的特点

工业控制网络技术来源于计算机网络技术，与一般的信息网络相比，有很多的共同点，但也有一些不同之处和独特的地方。

1. 控制网络的技术特点

1）要求有高实时性和良好的时间确定性。

2）传送的信息多为短帧信息，且信息交换频繁。

3）容错能力强，可靠性、安全性好。

4）控制网络协议简单实用，工作效率高。

5）控制网络结构具有高度分散性。

6）控制设备的智能化与控制功能的自治性。

7）与信息网络之间有高效的通信，易于实现与信息网络的集成。

2. 控制网络与信息网络的区别

由于工业控制系统特别强调可靠性和实时性，所以，应用于测量与控制的数据通信不同于一般电信网的通信，也不同于信息技术中一般计算机网络的通信。控制网络数据通信以引发物质或能量的运动为最终目的。

用于测量与控制的数据通信的主要特点是：允许对实时响应的事件进行驱动通信，具有很高的数据完整性，在电磁干扰和有地电位差的情况下能够正常工作，多使用专用的通信网。具体来讲，控制网络和信息网络有以下4点区别：

1）控制网络中数据传输的及时性和系统响应的实时性是控制系统最基本的要求。一般来讲，过程控制系统的响应时间要求为0.01～0.5s，制造自动化系统的响应时间要求为0.5～2.0s，信息网络的响应时间为2.0～6.0s。在信息网络的使用中，实时性是可以忽略的。

2）控制网络强调在恶劣环境下数据传输的完整性、可靠性。控制网络应具有在高温、潮湿、振动、腐蚀环境，特别是在电磁干扰等工业环境中长时间、连续、可靠、完整地传送数据的能力，并能够抗工业电网的浪涌、跌落和尖峰干扰。在可燃和易爆的场合，控制网络还应具有安全性能。

3）在企业自动化系统中，分散的单一用户必须借助控制网络进入系统，所以通信方式多使用广播和组播方式，在信息网络中某个自主系统与另外一个自主系统一般都建立一对一的通信方式。

4）控制网络必须解决多家公司产品和系统在同一网络中相互兼容问题，即互操作性问题。而目前控制网络产品还没有形成像信息网络产品那样的完善的统一规范和标准。

3. 控制网络的类型及其相互关系

从工业自动化与信息化层次模型来说，控制网络可分为面向设备的现场总线控制网络与面向自动化的主干控制网络。在主干控制网络中，现场总线作为主干控制网络的一个接入节点，从发展的角度看，设备层和自动化层也可以合二为一，从而形成一个统一的控制网络层。

从网络的组网技术来分，控制网络通常有两类：共享式控制网络和交换式控制网络。控制网络的类型及其相互关系如图8-10所示。

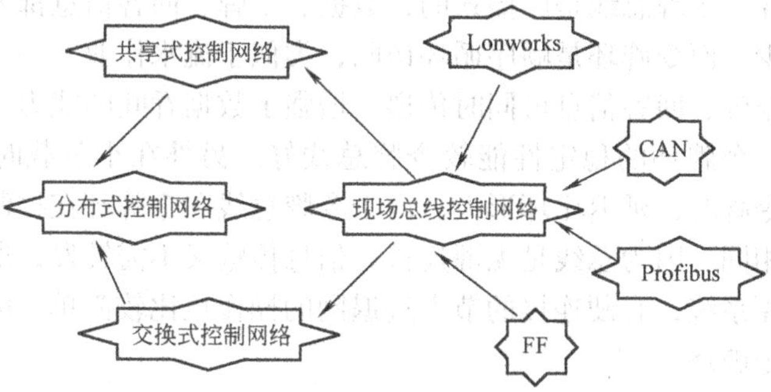

图8-10 控制网络的类型和相互关系

近十几年，现场总线控制网络受到普遍重视，发展很快。从技术上来说，现场总线较好地解决了物理层与数据链路层中媒体访问控制子层以及设备的接入问题。同时，现场总线支持的厂商众多，产品系列较为全面。比较有影响的现场总线有：基金会现场总线FF，Lonworks、Profibus、CAN和HART等，详细介绍见后面章节。

共享总线网络结构既可以用于一般控制网络，也可以应用于现场总线。以太控制网络在共享总线网络结构中应用最为广泛。

与共享总线控制网络相比，交换式控制网络具有组网灵活方便，性能好，便于组建虚拟控制网络等优点，已得到广泛的实际应用，并具有良好的应用前景。交换式控制网络比较适用于组建高层控制网络，交换式控制网络尽管还处于发展阶段，但它是一种具有发展潜力的控制网络技术。而以太控制网络与分布式控制网络是控制网络发展的新技术，代表控制网络发展的方向。

随着计算机网络控制技术的发展，出现了不同的网络控制结构，但比较典型的、有代表性的控制网络技术有集散控制系统、现场总线控制系统和工业以太网络系统。

8.1.10 工业控制网络的选型考虑

下面结合工业控制环境简要讨论工业网络的选型问题。

1. 拓扑结构

目前工业局域网络主要采用星形、环形和总线型拓扑结构。星形结构在办公自动化领域和邮电系统中得到了广泛应用。总线型和环形结构已成为工业局域网的主流拓扑结构，总线型和环形拓扑是最容易实现令牌控制的结构。因为它们是静态互连拓扑中最简单的两种，并且完全对称，也不经过中间节点。对令牌方式来说，总线型和环形的适应性又有所不同。环形是点到点的连接，非相邻节点的信息传输需经过其他节点，只是它可以实现检查转发，不但提高了传输速率，还节省了大量的缓存空间。而总线型是多点连接，是真正的广播介质访问方式，令牌传递不像环形那样在结构上简单一致，它在物理总线上形成了一个逻辑环路。由于这个逻辑环不固定，因此令牌传递和维护的算法要比环形复杂一些。

2. 介质访问方式

从拓扑结构和控制结构的角度，对工业网络的要求和评价准则可归纳为可靠性、确定性、吞吐能力、灵活性和稳定性五个方面。

令牌环数据吞吐能力高于令牌总线，主要原因在于它们控制结构上的差异，其中主要是介质访问方式的差异。令牌总线是广播式的，数据、令牌、回答信息都要独占介质，使传送数据的有效时间减少。而令牌环是顺序循环访问，类似于流水作业，一定条件下有并行工作的特性，其数据、令牌、回答信息可同时传递，增强了数据吞吐的能力。由于同一原因，在负载变化的环境中，令牌环的稳定性能较令牌总线好。另外在小负载时，令牌环空转时间多，而总线在处理令牌时，延迟比环形大。由于令牌总线和令牌环在控制结构的通信方式上一样，因此确定性相同。因为总线是无源连接，信息传输又不需转发，所以特别可靠。它增减节点都无需断开原系统，有硬连接的节点进退网的操作也比较简单。因此令牌总线的可靠性和灵活性均强于令牌环。

3. 工业网络的典型结构模式

工业网络的结构模式必须符合工业控制系统的结构特征和综合要求。

（1）大型系统的工业网络选型

大型系统通常采用集散控制模式，系统分为3级，并采用纵向层次结构。

① 分散过程控制级主要完成自动调节和程序控制，可靠性、实时性要求较高。系统一般按调节回路或设备分布，呈典型递阶控制特性，横向联系少。该级数据量不大，数据包较小，地理分布区域也较小。采用令牌总线、主从总线或星形结构比较合适，从性能价格比考虑，主从总线结构最佳。

② 集中操作监控级，它按照一定的最优化指标规定直接控制组的设定值，有时还要担负系统模型辨识任务。该级数据处理量较大，数据较长且规整，实时性、可靠性、灵活性也较高。系统一般按设备和功能混合分布，横向联系较多。因此该级采用令牌总线较好。

③ 综合信息管理级，它采用综合性管理，其生产控制工作站则根据系统总目标，不断调整监控级的模型结构和控制策略。该级数据多且传输量大，系统按功能横向分布，地域范围广，灵活性要求较低，工作站容量大。因此本级宜采用令牌环结构。

（2）中小型系统的网络选型

对中小型系统，可采用工业大系统中结构模式的部分子集。

主从总线和星形结构兼有简单、易实现、技术成熟、经济等优点。其主要缺陷是由于分布性不良引起的可靠性问题，从根本上影响了它作为主流结构的资格。但在系统的分散过程控制级，控制系统大多呈递阶特性，其特征就是上下级关系的主从性，此缺陷即被覆盖。加之该级分散度越来越高，数据少，距离近，环结构明显不适用。若节点不多，则令牌总线大材小用。因此可选择主从式总线和星形结构。

令牌环是有源的点到点的传输，可覆盖的面积大，适用于大数据量、大范围通信。也由于这点，其可靠性略差。它在增减节点时，要断开原系统，这些性能均不如总线。令牌环和令牌总线的这些特点，正好符合管理级和监控级各自的要求。

对于只有集中操作监控级和分散过程控制级的中小型系统，考虑到结构上的一致性，便于设计和维护，两级同时使用令牌总线也不错。在数据传输量大，节点较少且分散的场合，监控级直接选用令牌环也是较好的结构形式。

8.2 集散控制系统

集散型计算机控制系统又称分散型综合控制系统（Distributed Control System，DCS）。该系统因其本质是采用集中管理和分散控制的设计思想、分而自治和综合协调的设计原则，并采用层次化的体系结构，从而构成了集中分散型控制系统。

由于DCS不仅具有连续控制和逻辑控制功能，而且具有顺序控制和批量控制的功能。因此，DCS既可用于连续过程工业，也可用于连续和离散混合的间隙过程工业。DCS是过程计算机控制领域的主流系统，它随着计算机技术、控制技术、通信技术和屏幕显示技术的发展而不断更新和提高，现已广泛应用于石油、化工、发电、冶金、轻工、制药和建材等工业的自动化。

8.2.1 集散控制系统的产生与发展

采用单一的计算机实现对工业系统的控制，称为集中控制。集中控制要求“控制计算机”速度快、容量大，对计算机及通道的可靠性要求特别苛刻。另外，集中控制的参数越多，危险集中的程度就越大，计算机上的任何故障都会危及整个工业大系统。因此，集中式计算机控制系统已经难以满足大系统控制的实际应用要求。

现代生产的发展对计算机控制系统提出了更高的要求，一方面被控对象和控制工艺越来越复杂、规模越来越大，另一方面不仅要求计算机控制系统有优越的控制性能，同时还需要具备经营管理、调度储运、CAD等多种功能。此外，还希望计算机控制系统的可靠性高、可维护性好，并具有灵活的构成方式。

集散型计算机控制系统是应用于过程控制工程化的分布式计算机控制系统。其结构就是把一个工业大系统划分为若干个子系统，分别由若干台控制器进行控制，经过通信子网将各个局部控制联系起来。为了实现大系统意义上的总体目标最优，还设置上级协调器，实现系统的协调控制。

人们分析比较了集散型控制和集中型控制的优缺点之后，认为有必要吸取两者的优点，并将两者结合起来，即采用分散控制和集中管理的设计思想、分而自治和综合协调的设计原则。

所谓分散控制是用多台微型计算机，分散应用于生产过程控制。每台计算机独立完成信号输入输出和运算控制，并可实现几个或几十个控制回路。这样，一套生产装置需要1台或几台计算机协调工作，从而解决了原有计算机集中控制带来的危险，以及常规模拟仪表控制功能单一的局限性，这是一种将控制功能分散的设计思想。

所谓集中管理是用通信网络技术把多台计算机构成网络系统，除了控制计算机之外，还包括操作管理计算机，形成了全系统信息的集中管理和数据共享，实现控制与管理的信息集成，同时在多台计算机上集中监视、操作和管理。计算机集散控制系统采用了网络技术和数据库技术，一方面每台计算机自成体系，独立完成一部分工作；另一方面各台计算机之间又相互协调，综合完成复杂的工作，从而实现了分而自治和综合协调的设计原则。

目前的集散控制系统是指出现于20世纪70年代中期的以微处理为基础的分散型计算机控制系统。它们的出现就是为了解决集中控制所存在的问题。

DCS的结构原型如图8-11所示。其中控制站（Control Station，CS）进行过程信号输入输出和运算控制，实现直接数字控制功能；运行员站（Operator Station，OS）供操作员对生产过程进行监视、操作和管理；工程师站（Engineer Station，ES）供控制工程师按控制要求设计控制系统，按操作要求设计人机界面（Man-Machine Interface，MMI），并对DCS硬件和软件进行维护和管理；监控计算机站（Supervisory Computer Station，SCS）实现优化控制、自适应控制和预测控制等一系列先进控制算法，完成监督计算机控制（Supervisory Computer Control，SCC）功能；计算机网关（Computer Gateway，CG）完成DCS网络（CNET）与其他网络的连接，实现网络互连与开放。

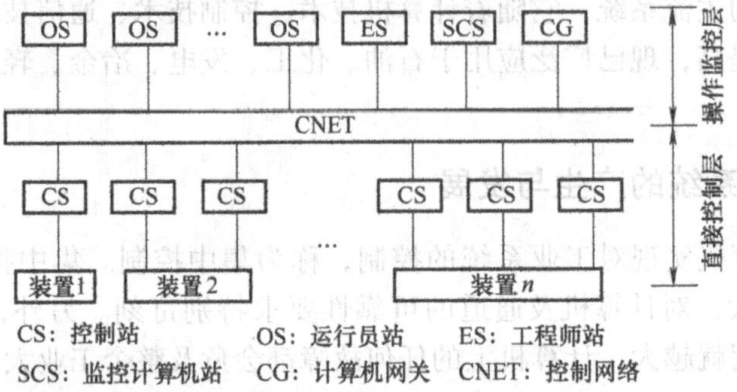

图8-11 DCS结构原型

随着局域网络技术、人工智能技术、超大规模集成电路（VLSI）等技术的发展，集散控制系统的发展出现了以下新的趋势：

1）网络系统的功能增强，而且朝着开放、标准化方向发展。以内联网（Intranet）及现场总线为主干的递阶控制系统也在发展中。

2）中小型集散控制系统有较大发展。现场总线技术的发展和PLC的发展促进了各集散控制系统制造商不断推出中小型集散控制系统。

3）电控、仪表与计算机（Electrical Instrumentation Computer，EIC）“机电一体化”将导致仪表厂、PLC厂和微机厂相互渗透，EIC集成已是大势所趋。

4）软件与人机界面更加丰富。集散系统已经采用实时多用户、多任务操作系统。配备先进控制软件的新型集散系统将可以实现适应控制、解耦控制、优化控制和智能控制。多媒体技术将逐步引入到集散控制系统中。

5）系统集成化。以CIMS为代表的系统集成自动化成为提高企业综合效益的重要途径。CIMS的对象包括了离散制造和连续生产的过程，因此计算控制系统作为CIMS的基础，已经成为其系统集成的主要组成部分。

6）以因特网（Internet）、内联网、局域网、控制网或现场总线为通信网络框架结构的一种更开放、更分散、集成度更高的分布式计算机控制网络正在迅速发展。相应的控制理论和控制方法也将得到新的发展。

8.2.2 集散控制系统的特点

DCS自问世以来，随着计算机、控制、通信和屏幕显示技术的发展而发展，一直处于上升发展状态，广泛地应用于工业控制的各个领域。究其原因是DCS有一系列特点和优点，主要表现在以下6个方面。

（1）分散性和集中性

DCS分散性的含义是广义的，不单是分散控制，还有地域分散、设备分散、功能分散和风险分散的含义。分散的目的是为了使危险分散，进而提高系统的可靠性和安全性。

DCS硬件积木化和软件模块化是分散性的具体体现。因此，可以因地制宜地分散配置系统。DCS纵向分层次结构，可分为直接控制层、操作监控层和生产管理层。DCS横向分子系统结构，实现分散，如直接控制层中一台过程控制站（PCS）可看作一个子系统；操作监控层中的一台运行员站（OS）也可看作一个子系统。

DCS的集中性是指集中监视、集中操作和集中管理。

DCS通信网络和分布式数据库是集中性的具体体现，用通信网络把物理分散的设备构成统一的整体，用分布式数据库实现全系统的信息集成，进而达到信息共享。因此，可以同时在多台操作员站上实现集中监视、集中操作和集中管理。当然，运行员站的地理位置不必强求集中。

（2）自治性和协调性

DCS的自治性是指系统中的各台计算机均可独立地工作，例如，过程控制站能自主地进行信号输入、运算、控制和输出；运行员站能自主地实现监视、操作和管理；工程师站的组态功能更为独立，既可在线组态，也可离线组态，甚至可以在与组态软件兼容的其他计算机上组态，形成组态文件后再装入DCS运行。

DCS的协调性是指系统中的各台计算机用通信网络互连在一起，相互传递信息，相互协调工作，以实现系统的总体功能。

DCS的分散和集中、自治和协调不是互相对立，而是互相补充。DCS的分散是相互协调的分散，各台分散的自主设备是在统一集中管理和协调下各自分散独立地工作，构成统一的有机整体。正因为有了这种分散和集中的设计思想，自治和协调的设计原则，才使DCS获得进一步发展，并得到广泛地应用。

（3）灵活性和扩展性

DCS硬件采用积木式结构，可灵活地配置成小、中、大各类系统。另外，还可根据企业的生产要求，逐步扩展系统，改变系统的配置。

DCS软件采用模块式结构，提供各类功能模块，可灵活地组态构成简单、复杂的各类控制系统。另外，还可根据生产工艺和流程的改变，随时修改控制方案，在系统容量允许范围内，只需通过组态就可以构成新的控制方案，而不需要改变硬件配置。

（4）先进性和继承性

DCS综合了计算机、控制、通信和屏幕显示技术，随着这“4C”技术的发展而发展。也就是说，DCS硬件上采用先进的计算机、通信网络和屏幕显示，软件上采用先进的操作系统、数据库、网络管理和算法语言；算法上采用自适应、预测、推理、优化等先进控制算法，建立生产过程数学模型和专家系统。

DCS自问世以来，更新换代比较快。当出现新型DCS时，老DCS作为新DCS的一个子系统继续工作，新老DCS之间还可互相传递信息。这种DCS的继承性，给用户消除了后顾之忧，不会因为新老DCS之间的不兼容，给用户带来经济上的损失。

(5) 可靠性和适应性

DCS采用高性能的电子器件、先进的生产工艺和各项抗干扰技术。可使DCS能够适应恶劣的工作环境。DCS设备的安装位置可适应生产装置的地理位置，尽可能满足生产的需要。DCS的各项功能可适应现代化大生产的控制和管理需求。

DCS的分散性带来系统的危险分散，提高了系统的可靠性。DCS采用了一系列冗余技术，如控制站主机、I/O接口、通信网络和电源等均可双重化，而且采用热备用工作方式，自动检查故障，一旦出现故障即自动切换。

(6) 友好性和新颖性

DCS为操作人员提供了友好的人机界面（MMI）。运行员站采用彩色CRT和交互式图形画面（常用的画面有总貌、组、点、趋势、报警、操作指导和流程图画面等）。由于采用图形窗口、专用键盘、鼠标器或球标器等，使得操作简便。

DCS的新颖性主要表现在人机界面，采用动态画面、工业电视、合成语音等多媒体技术，图文并茂，形象直观，使操作人员有身临其境之感。

8.2.3 集散控制系统的体系结构

集散控制系统是纵向分层、横向分散的大型综合控制系统。它以多层计算机网络为依托，将分散的各种控制设备和数据处理设备连接在一起，实现各部分的信息共享和协调工作，共同完成各种控制、管理及决策功能。

1. 集散控制系统的功能分层体系

图8-12所示为一个集散控制系统的典型结构。系统中的所有设备分别处于4个层次，自下而上分别是：现场设备级、分散过程控制级、集中操作监控级和综合信息管理级。DCS各级之间的信息传输主要依靠通信网络系统把相应的设备连接在一起。

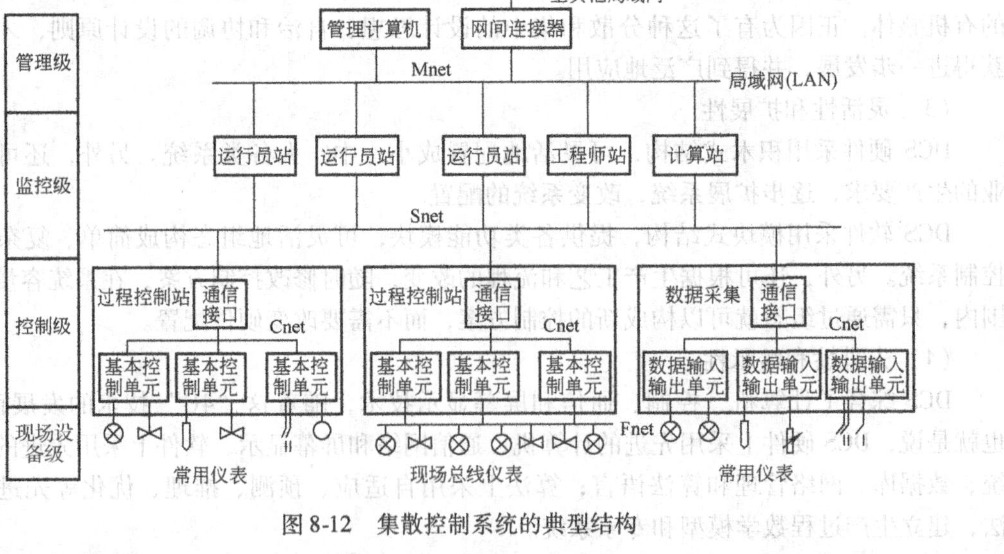

图8-12 集散控制系统的典型结构

(1) 现场设备级

现场设备级一般位于被控生产过程的附近。典型的现场设备包括各类传感器、变送器和执行器，它们将生产过程中的各种物理量转换为电信号。例如 4 ~ 20mA 的电信号（一般变送器）或符合现场总线协议的数字信号（现场总线变送器），送往控制站或数据采集站，或者将控制站输出的控制量（4 ~ 20mA 的电信号或现场总线数字信号）转换成机械位移，带动调节机构，实现对生产过程的控制。

目前现场信息的传递有三种方式，一种是传统的 4 ~ 20mA（或者其他类型的模拟量信号）模拟量传输方式；另一种是现场总线的全数字量传输方式；还有一种是在 4 ~ 20mA 模拟量信号上叠加调制后的数字量信号的混合传输方式。这方面的内容将在现场总线控制系统中介绍。

按照传统观点，现场设备不属于分散控制系统的范畴，但随着现场总线技术的飞速发展，网络技术已经延伸到现场，微处理机已经进入变送器和执行器，现场信息已经成为整个系统信息中不可缺少的一部分。因此，这里将其并入分散控制系统体系结构中。

(2) 控制级

控制级主要由过程控制站和数据采集站构成。一般把过程控制站和数据采集站集中安装在位于主控室后的电子设备室中。过程控制站接收由现场设备（如传感器、变送器等）的信号，按照一定的控制策略计算出所需的控制量，并送回到现场的执行器中去。过程控制站可以同时完成连续控制、顺序控制或逻辑控制功能，也可能仅完成其中的一种控制功能。

数据采集站与过程控制站类似，也接收由现场设备送来的信号，并对其进行一些必要的转换和处理之后送到分散型控制系统中的其他部分，主要是送到监控级设备中去。数据采集站接收大量的过程信息，并通过监控级设备传递给运行人员。数据采集站不直接完成控制功能，这是它与过程控制站的主要区别。

(3) 监控级

监控级的主要设备有运行员站、工程师站和计算站。其中运行员站安装在中央控制室，工程师站和计算站一般安装在电子设备室。

运行员站是运行员与分散型控制系统相互交换信息的人机接口设备。运行人员通过运行员站来监视和控制整个生产过程。运行人员可以在运行员站上观察生产过程的运行情况，读出每一个过程变量的数值和状态，判断每个控制回路是否工作正常，并且可以随时进行手动/自动控制方式的切换，修改给定值，调整控制量，操作现场设备。以实现对生产过程的干预。另外还可以打印各种报表，复制屏幕上的画面和曲线等。

为了实现以上功能，运行员站由一台具有较强图形处理功能的微型机以及相应的外部设备组成，一般配有 CRT 显示器、大屏幕显示装置（选件）、打印机、复印机、键盘、鼠标或球标。

工程师站是为了控制工程师对分散控制系统进行配置、组态、调试、维护所设置的工作站。工程师站的另一个作用是对各种设计文件进行归类和管理，例如，各种图样、表格等。

工程师站一般由 PC 配置一定数量的外部设备组成，例如打印机、绘图机等。计算站的主要任务是实现对生产过程的监督控制，例如机组运行优化和性能计算、先进控制策略的实现等。由于计算站的主要功能是完成复杂的数据处理和运算功能，因此，对它的要求主要是运算能力和运算速度。计算站通常由超级微型机或小型机构成。

（4）管理级

这一级由管理计算机、办公自动化系统、工厂自动化服务系统构成，从而实现整个企业的综合信息管理。DCS的综合信息管理级实际上是一个管理信息系统（Management Information System，MIS），MIS是借助于自动化数据处理手段进行管理的系统。MIS由计算机硬件、软件、数据库、各种规程和人共同组成。

管理级主要包括生产管理和经营管理。它所面向的使用者是行政管理或运行管理人员。在这一级进行市场预测，经济信息分析，原材料库存情况，生产进度，工艺流程及工艺参数生产统计、报表，进行长期性的趋势分析，做出生产和经营决策，确保最大化的经济效益。

2. 集散控制系统的基本组成结构

自1975年DCS诞生以来，随着计算机、通信网络、屏幕显示和控制技术的发展与应用，DCS也不断发展和更新。DCS至今发展了四十多年，按照通用的结构模式，可以分为以下4代产品。

（1）第一代集散控制系统

以1975年由美国霍尼韦尔（Honeywell）公司首先推出的集散控制系统TDC-2000为第一代集散控制系统的标志。这一代集散控制系统主要解决当时过程工业控制应用中采用模拟电动仪表难以解决的有关控制问题，其基本结构由监控计算机、操作站、数据采集装置、过程控制单元及高速数据通道等5部分组成，如图8-13所示。

① 监控计算机，习惯上也称上位机，它综合监控全系统的各工作站，管理系统所有信息，以实现整个系统的管理和控制。

② 操作站（OS）是集散控制系统的人机接口，由CRT、微机、键盘和打印机等组成，其功能可以显示过程信息，对整个系统进行管理。

③ 数据采集装置（Data Acquisition Unit，DAU），它是以微处理器为基础的微型计算机结构，主要用于采集数据、分析数据和将数据送到监控计算机。

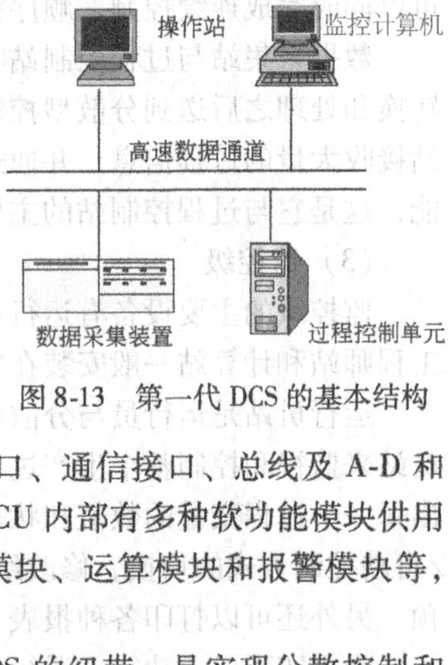

图8-13 第一代DCS的基本结构

④ 过程控制单元由CPU、存储器、多路转换器、I/O接口、通信接口、总线及A-D和D-A等组成。以连续控制为主，允许控制一个或多个回路。PCU内部有多种软功能模块供用户组成控制回路，常用的有输入模块、输出模块、PID控制模块、运算模块和报警模块等，实现分散控制。

⑤ 高速数据通道是串行通信线，是连接PCU、DAU和OS的纽带，是实现分散控制和集中管理的关键。高速数据通道由通信电缆和通信软件组成，采用DCS生产厂自定义的通信协议（即专用协议），传输介质为双绞线，传输速率为几十千位，传输距离为几十米。

当时的DCS产品类型有：Honeywell公司的TDC-2000、Taylor公司的MOD3、横河（YOKOGAMA）公司的CENTUM、西门子公司的TELEPERM等。

（2）第二代集散控制系统

20世纪80年代，随着微机的成熟和局部网络技术的完善，集散系统也发展到第二代。第二代集散控制系统以局域网为核心，系统中各单元可以看作局域网的节点，各节点又可以通过转接器与其他网络相连。其结构如图8-14所示。

第二代集散控制系统由以下几部分组成：

① 局域网（Local Area Network，LAN），它是第二代集散控制系统的通信系统，由传输介质和网络节点组成。

② 节点工作站，指过程控制单元（PCU）。

③ 中央操作站，它是挂接在 LAN 上的节点工作站，负责对全系统的信息进行综合管理，是系统的主操作站。

④ 系统管理站，又称为系统管理模块（System Management Module，SMM）。

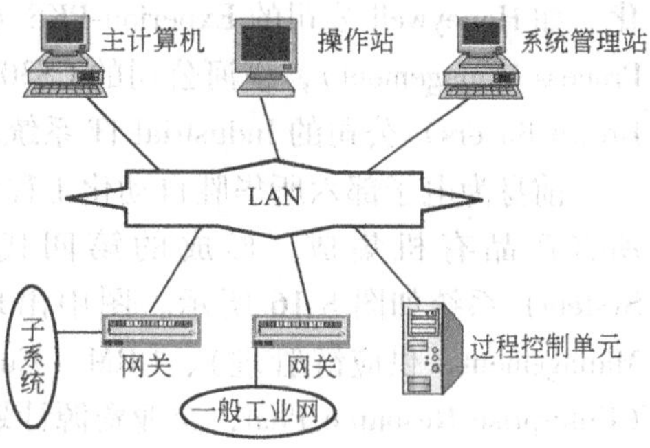

图 8-14 第二代 DCS 的基本结构

⑤ 主计算机，也称管理计算机。

⑥ 网关（Gate Way，GW），也称网间连接器，它是局域网与其他子网络或其他工业网络的接口装置，起着通信系统转接器、协议翻译和系统扩展的作用。

典型的 DCS 产品类型有：Honeywell 公司的 TDC-3000、Taylor 公司的 MOD300、Bailey 公司的 NETWORK-90、西屋公司的 WDPF 等。

（3）第三代集散控制系统

20 世纪 90 年代是 DCS 的更新发展期，无论是硬件还是软件，都采用了一系列高新技术，其局域网采用了制造自动化协议（Manufacturing Automation Protocol，MAP）或者与之兼容的协议，其结构如图 8-15 所示。

制造自动化协议（MAP），是由美国通用汽车公司负责制订的一种工厂系统公用通信标准，目前被广泛采用，已逐步成为一种事实上的工业标准。

第一、二代 DCS 基本上为封闭系统，不同系统之间无法互连，第三代 DCS 局域网（LAN）遵循开放系统互连（Open System Interconnection，OSI）参考模型的 7 层通信协议，符合国际标准，比较容易构成信息集成系统，这是第三代 DCS 的主要特征。

从第三代 DCS 结构来看，由于系统网络通信功能的增强，各不同制造厂商的产品可以进行数据通信，克服了第二代 DCS 在应用过程中出现的自动化孤岛等困难。同时，由于第三方应用软件可以在系统中方便地应用，从而为用户提供了更广阔的应用场所。

图 8-15 第三代 DCS 的基本结构

典型的 DCS 产品类型有：Honeywell 公司的 TDC 3000lPM、横河公司的 Centum-XL、Bailey 公司的 INFI-90 等。

（4）第四代集散控制系统

20 世纪 90 年代末期至 21 世纪初期，由于电子信息产业的发展和现场总线技术的成熟与应用，DCS 厂家进一步提升了系统功能范围，将系统开发的方式由原来完全自主开发变为集成开发，推出了第四代 DCS。其鲜明特性为：全面支持企业信息化、系统构成集成化、混合控制功能兼容，营建进一步分散化、智能化和低成本化，系统平台开放化、应用系统专业化。如 Honeywell 公司的 Experion-PKS（过程知识系统），Emerson 公司的 Plantweb（Emerson Process Management），横河公司的 CS3000-R3（Plant Resource Manager，PRM），ABB（Asea Brown Bovers）公司的 Industrial-IT 系统，以及国内和利时公司的 HOLLiAS 系统。

前身为电子部六所华胜自动化工程事业部的和利时公司，应用其大型集成软件平台，将所有产品有机集成，形成的第四代 DCS——HOLLiAS（HollySys integrated Automation System）系统如图 8-16 所示。图中出现的几个术语的含义分别为：SCM（Supplier Chain Management，供应链管理）、CRM（Customer Resource Management，用户资源管理）、ERP（Enterprise Resource Plan，企业资源计划）。

从图 8-16 可以看出，第四代 DCS 加强和丰富了其各种控制功能，且已超越了控制过程的范围，变成了一套综合控制与信息管理系统，在强调系统体系结构和功能设计的基础上，尽可能采用世界先进技术和成熟产品，从而以最快的速度和最经济的集成方式推出综合平台系统。另外，不再局限于过程控制，而是全面提供连续调节、顺序控制和批处理控制，实现混合控制功能。它还支持各种现场总线规约，包容现场总线控制系统的多种产品，且现场信号处理也开始采用集成方式，实现小型化、智能化、分散化和低成本，从几个不同的系统层面实现了开放，消除了过去的自动化孤岛现象，且各厂家已经开始提升专业化解决方案能力。

3. 集散控制系统的数据通信

集散控制系统是一种多计算机系统，通过通信子网把多个子系统组织在一起，实现递阶控制结构。因此，数据通信为集散控制系统的重要组成部分，必须选择适当的通信网络结构、通信控制方案和通信介质，以保证信息高速、可靠地在网络中传送，才能协调网络内各计算机共同完成给定系统的控制与管理任务。

（1）数据传输的介质。数据传输的介质可以有多种，如双绞线、光纤、同轴电缆等，需要根据实际情况进行选择，但都必须满足使用要求，而且维护方便、强度要好。

（2）数据传输方式。集散控制系统中的数据传输方式基本上可分为两种：基带传输方式和频带传输方式。基带传输不需要调制解调器，但远距离传送时信号有衰减，而且通道数目比较少，可在较小范围的数据传输中使用；频带传输是一种采用调制解调技术的传输形式，可以将通信信道以不同载波分成若干个信道，因此同一信道可以传输多个通信信号。载波调制使信号的传播性好，但成本比较高。

（3）数据通信网络的拓扑结构。考虑到各种网络拓扑结构所具有的特点，结合实际的过程应用需求，目前集散控制系统采用的网络结构主要有总线型和环形两种。

（4）网络的访问控制方法。信息存取控制方式是计算机局部网络中的通信控制与管理的关键技术。集散控制系统采用的信息存取控制方式主要为：CSMA/CD（带有冲突检测的载波侦听多路存取）、令牌环法和令牌总线 3 种。

4. 集散控制系统的组态功能

DCS 是集计算机技术、控制技术、网络通信技术和图形显示技术于一体的系统，其对应产品都提供大量的功能模块和算法模块。所谓“组态（Configuration）”就是用 DCS 所提供的功能模块或算法组成所需的系统结构，使计算机或软件按照预先的设置，自动执行特定任务，达到所要求的目的。为了完成某些特定功能，采用 DCS 提供的组态语言编写有关程序也属于组态范围。组态性是 DCS 的一个重要使用指标，它与 DCS 本身所具有的组态语言、高级控制算法的特点、采用的共享数据库的性能、系统程序、应用程序和运算速度有关。

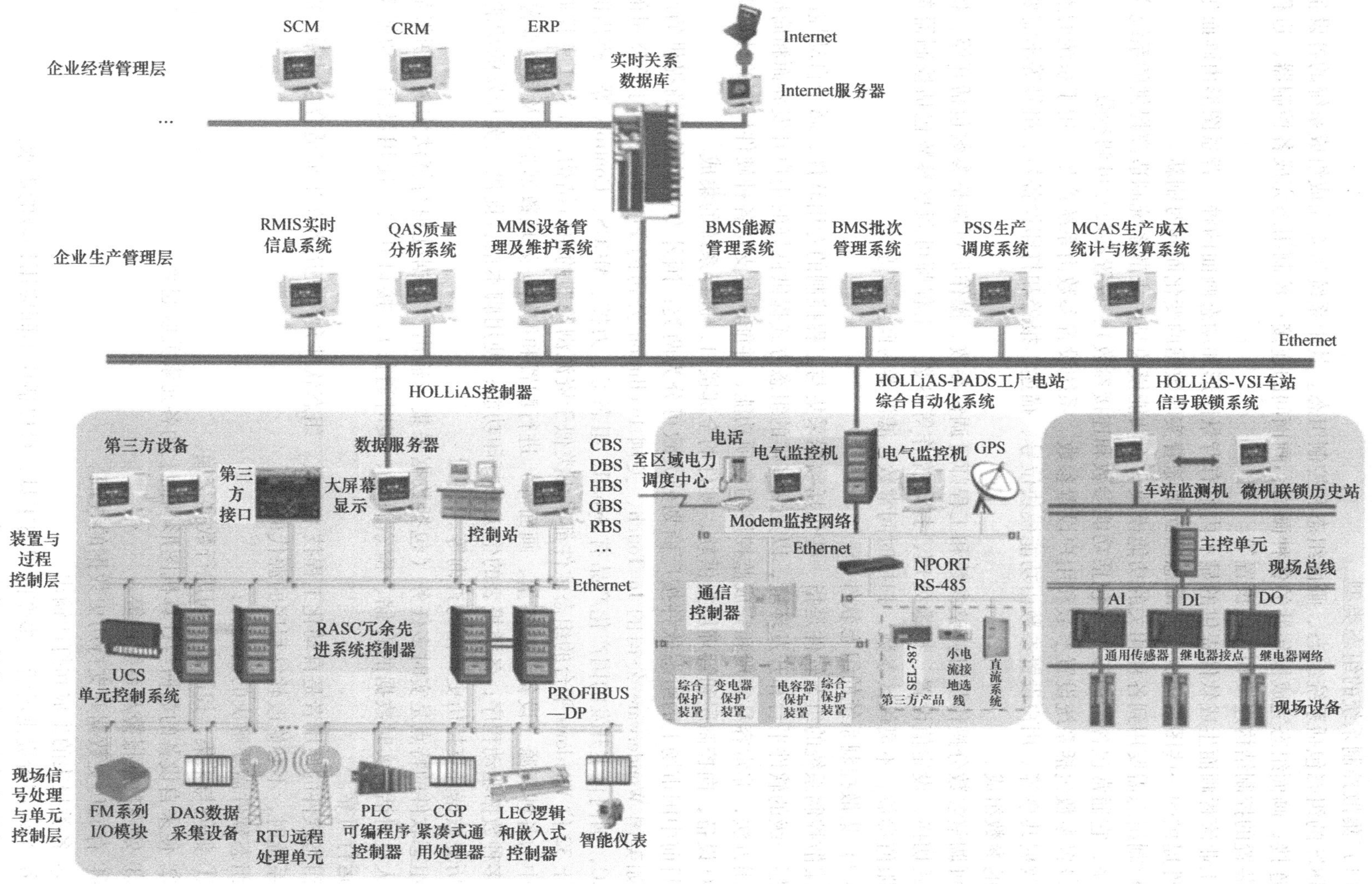

图 8-16　和利时第四代 DCS 体系结构

（1）集散控制系统的组态类型

DCS的组态包括系统组态、画面组态和控制组态。其中系统组态完成组成系统的各设备间的连接；画面组态完成操作站的各种画面、画面间的连接；控制组态完成各控制器、过程控制装置的控制结构连接和参数设置等。

工业流程画面生成软件提供的显示内容有背景图形和动态画面两种。背景图形由画面生成软件提供的一些图素构成，而动态画面则随着实时数据的变化而同时刷新。

控制组态需要用到各种相关的功能模块。而功能模块是由集散系统制造商提供的系统应用程序，它通常包含结构参数（包括功能参数和连接参数）、设置参数和可调参数。

设置参数包括系统设置参数和用户设置参数。系统设置参数由系统产生，用于系统的连接、数据共享等。用户设置参数由功能模块位号、描述、报警和打印设备号、组号等不需要调整的参数组成。

可调整参数分操作员可调整参数和工程师可调整参数。操作员可调整参数包括开停、控制方式切换、设定值设置、报警处理、打印操作等参数。工程师可调整参数包括控制器参数、限值参数、不灵敏区参数、扫描时间常数、滤波器时间常数等。

（2）集散控制系统的组态软件

集散控制系统的组态软件是指一些包括数据采集与工程控制的专用软件，属于自动控制监控层一级的软件平台和开发环境，以灵活多样的组态方式提供良好的用户开发界面和简捷的使用方法，非常容易实现和完成监控层的各项功能，并能同时支持各种硬件厂家的计算机和I/O设备，向控制层和管理层提供软、硬件的全部接口，进行系统的集成。

目前中国市场上的组态软件按厂商划分大致可分为两类：国外专业软件厂商提供的产品，如美国Wonderware公司的In Touch、美国Intellution公司的FIX以及西门子公司的WinCC，国内自主开发的国产化产品有Synall、组态王、力控、MCGS、Controlx等。推出的运行于32位Windows平台的组态软件都采用类似于资源浏览器的窗口结构，并对工业控制系统中的各种资源（设备、标签量、画面等）进行配置和编辑；处理数据报警及系统报警；提供多种数据驱动程序；各类报表的生成和打印功能；使用脚本语言提供二次开发的功能；存储历史数据并支持历史数据的查询等。

组态软件的特点是实时多任务（包括数据采集与输出、数据处理与算法实现、图形显示及人机对话、实时数据的存储、检索管理、实时通信）、接口开放、使用灵活、功能多样、运行可靠。

组态软件的使用者是自动化工程技术人员。组态软件允许使用者在生成适合自己需要的应用系统时，不必修改软件程序的源代码。

组态软件需要解决的问题有：

① 如何与采集、控制设备间进行数据交换。

② 使来自设备的数据与计算机图形画面上的各元素关联起来。

③ 处理数据报警及系统报警。

④ 存储历史数据并支持历史数据的查询。

⑤ 各类报表的生成和打印输出。

⑥ 为使用者提供灵活、多变的组态工具，可以适应不同应用领域的需求。

⑦ 最终生成的应用系统运行稳定可靠。

⑧ 具有与第 3 方程序的接口，方便数据共享。

使用者在组态软件中，只需要填写一些事先设计的表格，再利用组态软件的图形功能就可以将被控对象（如反应罐、温度计、锅炉、趋势曲线、报表等）形象地画出，通过内部数据连接，将被控对象的属性与 I/O 设备的实时数据进行逻辑连接。当由组态软件生成的应用系统投入运行后，与被控对象相连的 I/O 设备数据发生变化会直接带动被控对象的属性变化。若要对应用系统进行修改，也十分方便。

利用组态软件，很容易得到某工厂集散控制系统的组态画面，如图 8-17 所示。

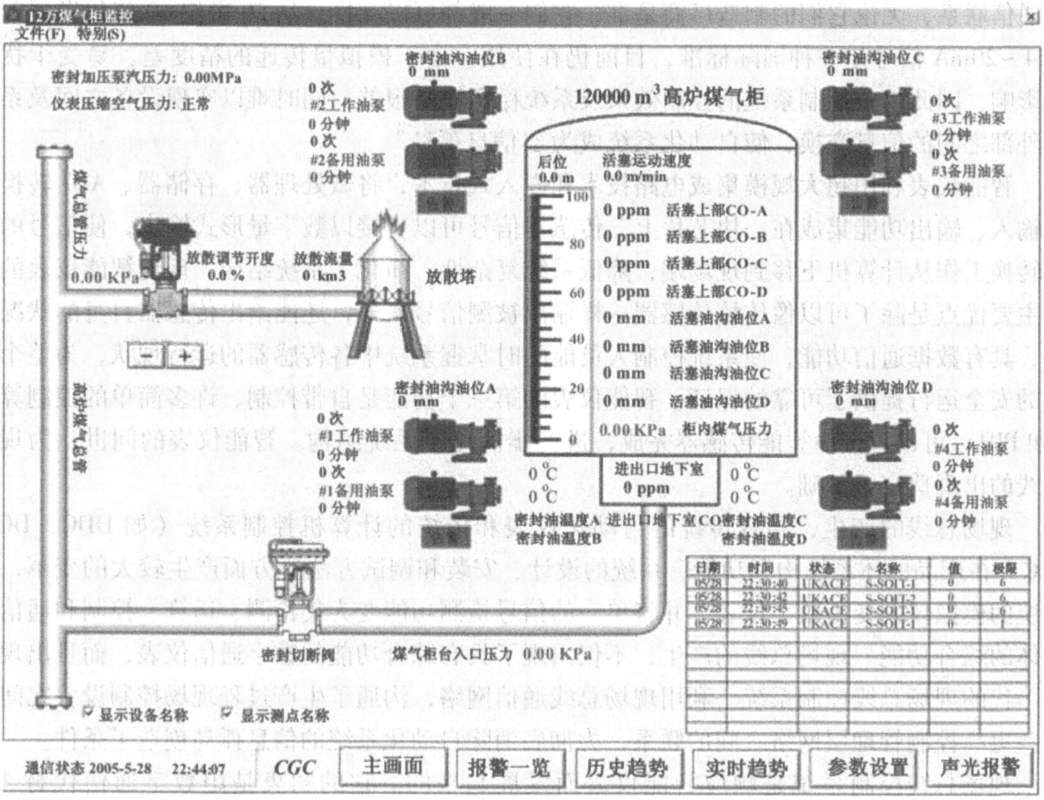

图 8-17　集散控制系统的组态画面

8.3　现场总线控制系统

根据国际电工委员会（International Electrotechnical Commission，IEC）标准和现场总线基金会（Fieldbus Foundation，FF）的定义：现场总线（Fieldbus）是连接智能现场设备和自动化系统的数字式、双向传输、多分支结构的通信网络。被称为开放式、数字化、多点通信的底层控制网络。

现场总线控制系统（Fieldbus Control System，FCS）是一种以现场总线为基础的分布式网络自动化系统，它既是现场通信网络系统，也是现场自动化系统。

传统的 DCS 系统具有集中监控、分散控制、操作方便的特点，但是在实际应用中发现

DCS 的结构存在一些不足之处。如控制不能做到彻底分散，危险仍然相对集中；由于系统的不开放，不同厂家的产品不能互换、互联，限制了用户的选择范围。利用现场总线技术，开发 FCS 系统的目标是针对现存的 DCS 的某些不足，改进控制系统的结构，提高其性能和通用性。

8.3.1 现场总线控制系统的产生与发展

在控制系统中，变送器、控制器、执行器等现场装置往往采用 4 ~ 20mA 的模拟信号进行通信联系，无论它们的制造厂商是谁，它们一般都可以互换。从 20 世纪 60 年代发展起来的 4 ~ 20mA 信号是一种国际标准，目前仍在使用。由于模拟量传递的精度差，易受干扰信号影响，因此整个控制系统的控制效果及系统稳定性都很差，同时难以实现设备之间及系统与外部之间的信息交换，使自动化系统成为“信息孤岛”。

智能仪表利用超大规模集成电路技术和嵌入式技术，将微处理器、存储器、A-D 转换器和输入、输出功能集成在一块芯片上，传感器信号可以直接以数字量形式输出，使信号的模数转换工作从计算机下移到现场端，降低系统复杂性，简化了系统结构。现代智能仪表的一个主要优点是除了可以像传统传感器一样输出被测信号量外，还能给出传感器自身的状况信息，具有数据通信功能，使系统控制人员能随时掌握系统中各传感器的运行现状，为整个系统的安全运行提供了可靠的保证。智能仪表的第三个功能是自带控制，许多简单的控制算法（如 PID）可以直接由智能传感器完成，进一步简化了系统结构。智能仪表的问世，为现场总线的出现奠定了基础。

现场总线的产生，导致传统的自动化仪表和传统的计算机控制系统（如 DDC、DCS、PLC）在产品的体系结构和功能、系统的设计、安装和调试方法等方面产生较大的变革，将传统的模拟仪表变为数字仪表，并将单一的信号检测功能变为集检测、运算、控制和通信于一体的综合功能。现场总线的产生，不仅出现了具有综合功能的数字通信仪表，而且出现了新一代的现场总线控制系统。利用现场总线通信网络，沟通了生产过程现场控制设备之间及其与更高控制管理层网络之间的联系，为彻底消除自动化系统的信息孤岛创造了条件。

现场总线控制系统是顺应智能仪表而发展起来的。它的初衷是用数字通信代替 4 ~ 20mA 模拟传输技术，但随着现场总线技术与智能仪表管控一体化（仪表调校、控制组态、诊断、报警、记录）的发展，在控制领域内引起了一场前所未有的革命。

美国仪表协会（ISA）于 1984 年开始制定现场总线标准。1994 年 6 月 WorldFIP 和 ISP 联合成立了现场总线基金会，它包括了世界上几乎所有的著名控制仪表厂商在内的 100 多个成员单位，致力于 IEC 的现场总线控制系统国际化工作，制定了基金会现场总线。与此同时，不同行业陆续派生出一些有影响的总线标准，它们大都在公司标准的基础上逐渐形成，并得到其他公司、厂商以至于国际组织的支持。如德国的控制局域网络 CAN、法国的 FIP、美国局部操作网络 LonWorks、德国的过程现场总线 PROFIBUS 和 HART 协议等。但是，总线标准的制定工作并非一帆风顺，由于行业与地域发展等历史原因，加上各公司和企业集团受自身利益的驱使，致使现场总线的国际化标准工作进展缓慢。预计在今后一段时期内，会出现几种现场总线标准共存、同一生产现场有几种异构网络互连通信的局面。但是不论如何，制定单一的开放国际现场总线标准，真正形成开放互连系统是发展的必然。

8.3.2　现场总线控制系统的特点

现场总线控制系统是新型的自动化系统，又是低带宽的底层控制网络。它可以与互联网（Internet）、企业内部网（Intranet）相连，且位于生产控制和网络结构的底层，因此，有人称之为底层设备控制网络（Infranet）。它作为网络系统最显著的特征是具有开放统一的通信协议，肩负生产运行一线测量控制的特殊任务。FCS 打破了传统的模拟仪表控制系统、传统的计算机控制系统的结构形式，具有独特的特点和优点。主要表现在以下 7 个方面。

（1）系统的分散性

现场总线仪表具有信号输入和输出、运算和控制功能，并有相应的功能模块，利用现场总线仪表的互操作性，不同仪表内的功能块可以统一组态，构成所需的控制回路。通过现场总线共享功能块及其信息，在生产现场直接构成多个分散的控制回路，实现彻底的分散控制。

而传统的计算机控制系统（DDC、DCS）必须有控制站，生产现场的模拟仪表与控制站的信号输入输出卡相连接，控制站具有信号输入和输出、运算和控制功能，并有相应的功能块，用这些功能块在控制站内构成控制回路。也就是说，传统的 DDC 或 DCS 只有分散的控制站，没有分散的控制回路。

（2）系统的开放性

现场总线已形成国际标准。系统的开放性是指它可以与世界上任何一个遵守相同标准的其他设备或系统连接，开放是指通信协议的公开。为了保证系统的开放性，一方面现场总线的开发商应严格遵守通信协议标准，保证产品的一致性；另一方面现场总线的国际组织应对开发商的产品进行一致性和互操作性测试，严格认证注册程序，最终发布产品合格证。

现场总线的操作站可以选用一般的 PC 或工业 PC，PC 中有相应的现场总线网卡。由于现场总线的相应软件基于 PC 的 Windows 软件平台，与 Windows 配套的软件非常丰富，因此为现场总线控制系统的开放提供了十分便利的环境。

（3）产品的互操作性

现场总线的开发商严格遵守通信协议标准，现场总线的国际组织对开发商的产品进行严格认证注册，这样就保证了产品的一致性、互换性和互操作性。产品的一致性满足了用户对不同制造商产品的互换要求，而且互换是基本要求。产品的互操作性满足了用户在现场总线上可以自由集成不同制造商产品的要求。只有实现互操作性，用户才能在现场总线上共享功能块，自由地用不同现场总线仪表内的功能块统一组态，在现场总线上灵活地构成所需的控制回路。

（4）环境的适应性

现场总线控制系统的基础是现场总线及其仪表。由于它们直接安装在生产现场，工作环境十分恶劣，对于易燃易爆场所，还必须保证总线供电安全。现场总线仪表是专为这样的恶劣环境和苛刻要求而设计的，采用高性能的集成电路芯片和专用的微处理器，具有较强的抗干扰能力，并可满足安全防爆要求。

（5）使用的经济性

现场总线设备的接线十分简单，双绞线上可以挂接多台设备。这样一方面减少接线设计的工作量，另一方面可以节省电缆、端子、线盒和桥架等。一般采用总线型和树形拓扑结构，电缆的敷设采用主干和分支相结合的方式，并采用专用的集线器。因而安装现场仪表或现场设备十分方便，即使中途需要增加设备，也无需增加电缆，只需就近连接。这样既减少了安装工作量，缩短了工程周期，也提高了现场施工和维护的灵活性。

现场仪表具有信号输入和输出、运算和控制的综合功能，并具有互操作性，可以共享功能块，在现场总线上构成控制回路。这样可以减少变送器、运算器和控制器的数量，也不再需要控制站及输入输出单元，还可以用工业 PC 作为操作站。因而节省了硬件投资，并可以减小控制室的面积。

（6）维护的简易性

现场仪表具有自校验功能，可自动校正零点漂移和量程。由于量程较宽，操作人员在控制室通过操作站就可以随时修改仪表的测量量程，因而维护简单方便。另外现场仪表安装接线简单，并采用专用的集线器，因而减少了维护工作量。现场仪表也具有自诊断功能，并将相关诊断信息送往操作站，操作人员在控制室可以随时了解现场仪表的工作状态，以便早期分析故障并快速排除，缩短了维护时间。某些仪表还能存储工作历史，如调节阀的往复次数及其行程，供维护人员做出是否检修或更换的判断。这样既减少了维修工作量，又节省了维修经费。

（7）系统的可靠性

由于现场总线和现场总线控制系统（FCS）具有上述一系列的特点和优点，因而提高了系统的测量与控制的精度，提高了系统整体可靠性。例如，在现场总线上直接构成控制回路，减少了一系列的中间环节，如接线端子、输入输出单元和控制站等，因而大大降低了设备故障率。现场安装接线简单，维护方便，并具有自校验和自诊断功能，这样不仅减少了维护时间，而且可以在线检修，避免系统停运。

8.3.3 现场总线控制系统的体系结构

FCS 变革了 DCS 的结构模式。传统模拟控制系统（如 DCS）采用“操作站—控制站—现场设备”三层结构，设备连接为一对一的模式，即位于现场的测量变送器与位于控制室的控制器之间，控制器与位于现场的执行器、开关、电动机之间均为一对一的物理连接，现场设备之间不能直接进行信息交换。而现场总线由于采用“操作站—智能现场仪表”两层式结构，现场设备均为智能数字仪表，能够把原先 DCS 系统中处于中央控制室的控制模块、输入输出模块内置到现场设备，加上现场设备之间具有互通信能力，现场的测量变送仪表可以与阀门、开关等执行机构直接传送信号，因而控制系统功能能够不依赖控制室的主控计算机而直接在现场完成，实现了彻底的分散控制。图 8-18 是现场总线控制系统与传统控制系统的比较示意图。

FCS 的体系结构主要表现在以下 5 个方面：

1）现场通信网络。现场总线将通信一直延伸到生产现场或生产设备。

2）现场设备互连。现场设备或现场仪表指遵循一定现场总线协议的变送器、执行器、服务器和网桥、辅助设备、监控设备等。这些设备通过一对传输线（如双绞线、同轴电缆、光纤和电源线等）互连。

这里的变送器具有常规变送器的检测和变送功能，同时还具有补偿、PID 运算功能。其中的服务器通过现场总线 H_1 连接现场装置，其向上还可以连接局域网，网桥充当不同现场总线的连接桥。辅助设备有 H_1/气压转换器、H_1/电流转换器、安全栅、总线电源等。辅助设备有提供现场总线控制系统组态的工程师站、供工艺操作与监视的运行员站、用于优化控制和建模的计算机站。

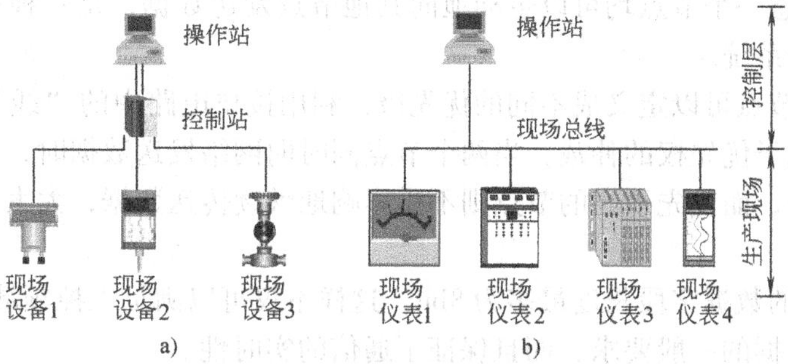

图 8-18 传统 DCS 和 FCS 的结构比较

a) 传统 DCS 的结构示意图 b) FCS 的结构示意图

3) 控制功能分散。现场总线控制系统将输入/输出单元和控制站的部分功能分散给现场智能仪表，从而构成虚拟控制站。

4) 通信线供电。通信线供电方式允许现场仪表直接从通信线上获取能量，这种方式提供本质安全环境下的低功耗现场仪表，与其配套的还有安全栅（由于生产现场有可燃性物资，所有现场设备必须严格遵守安全防爆标准）。

5) 开放式互连网络。现场总线为开放式互连网络，它既可以与同层网络互连，又可以与不同层的网络互连，同时还体现在网络数据库共享，通过网络对现场设备和功能块统一组态，使不同厂商的网络和设备融为一体，构成统一的现场总线控制系统。

8.3.4 几种典型的现场总线

FCS 的基础是现场总线，从技术上来说，现场总线较好地解决了物理层与数据链路层中媒体访问控制子层以及设备的接入问题。自 20 世纪 80 年代末以来，有几种类型的现场总线技术已经发展成熟并且广泛地应用于特定的领域。这些现场总线技术各具特点，有的已经逐渐形成自己的产品系列，占有相当大的市场份额。以下介绍几种有影响的现场总线。

1. CAN（控制器局域网络）

CAN 是德国 Bosch 公司从 20 世纪 80 年代初为解决现代汽车中众多的控制与测试仪器之间的数据交换而开发的一种串行数据通信协议。1991 年 9 月 PHILIPS 公司制定并颁布了 CAN 技术规范（Version2.0），包括 2.0A 和 2.0B 两个版本，2.0A 给出了曾在 CAN 技术规范版本 1.2 中定义的 CAN 报文格式，2.0B 定义了标准的和扩展的两种报文格式。1993 年 11 月国际标准化组织（ISO）正式颁布了关于 CAN 总线的 ISO11898 标准，为 CAN 总线的标准化、规范化应用铺平了道路。

CAN 属于总线式通信网络，与一般通信总线相比，具有突出的可靠性、实时性和灵活性。其特点可以概括为：

1) 通信介质可以是双绞线、同轴电缆和光纤，通信距离最大可达 10km（5kbit/s），最高速率可达 1Mbit/s（40m）。

2）用数据块编码方式代替传统的站地址编码方式，用一个11位或29位二进制数组成的标识码来定义211或1129个不同的数据块，让各节点通过滤波的方法分别接收指定标识码的数据，这种编码方式使得系统配置非常灵活。

3）网络上任意一个节点均可以主动地向其他节点发送数据，是一种多主总线，可以方便地构成多机备份系统。

4）网络上的节点可以定义成不同的优先级，利用接口电路中的“线与”功能，巧妙地实现无破坏性的基于优先权的仲裁，当两个节点同时向网络发送数据时，优先级低的节点会主动停止数据发送，而优先级高的节点则不受影响地继续传送数据，大大节省了总线冲突裁决时间。

5）数据帧中的数据字段长度最多为8bit，这样不仅可以满足工控领域中传送控制命令、工作状态和测量数据的一般要求，而且保证了通信的实时性。

6）在每一个帧中都有CRC校验及其他检错措施，数据差错率低。

7）网络上的节点在错误严重的情况下，具有自动关闭总线的功能，退出网络通信，保证总线上的其他操作不受影响。

CAN总线是开放系统，但没有严格遵循ISO开放系统互联的7层参考模型（OSI），出于对实时性和降低成本等因素的考虑，CAN总线只采用了其中最关键的两层，即物理层和数据链路层。

在CAN2.0中对物理层的部分内容做出了规定，而在ISO11898标准中的内容更加具体，但没有指明通信介质的材料，因此用户可以根据需要选择双绞线、同轴电线或光纤。物理层规定了CAN总线的电平为两种状态：“高电平”（表示逻辑1）和“低电平”（表示逻辑0）；而且还规定了通过特定的电路在逻辑上实现“线与”的功能。

CAN总线的数据链路层包括逻辑控制（LLC）子层和媒体访问控制（MAC）子层。其中MAC子层的主要功能是传输规则，它是CAN协议的核心，主要包括控制帧的结构、传输时的非归零（None Return to Zero，NRZ）编码方式（检测到连续5个数值相同位流后自动插入一个补码位）、执行仲裁、错误检测、出错标定和故障界定，同时还要确定总线是否空闲（出现连续7个以上的“0”位）或者能否马上接收数据（检测同步信号）。LLC子层的主要功能是报文的滤波（根据数据块的编码地址进行选择性接收）和报文的处理。

CAN总线的物理层和数据链路层的功能在CAN控制器中完成。

CAN总线网络传输中就像邮电系统一样，它并不关心每封信的内容，而只注重传输规则。CAN通信协议规定有4种帧格式，即数据帧、远程帧、错误帧和超载帧。

CAN总线是一种有效支持分布式控制或实时控制的串行通信网络。CAN可实现全分布式多机系统，且无主、从机之分；CAN可以用点对点、一点对多点及全局广播几种方式传送和接收数据。CAN总线的突出优点使其在各个领域的应用得到迅速发展。许多器件厂商竞相推出各种CAN总线器件产品，并已逐步形成系列。丰富廉价的CAN总线器件又进一步促进了CAN总线应用的迅速推广。CAN不仅是应用于某些领域的标准现场总线，而且正在成为微控制器的系统扩展及多机通信的接口。目前，支持CAN协议的有Intel、Motorola、PHILIPS、Siemens、NEC、SILIONI和Honeywell等百余家国际著名大公司。

2. LonWorks（局域操作网络）

LonWorks是由美国Echelon公司推出并由它与摩托罗拉和东芝公司共同倡导，于1990

年正式公布而形成的。它采用国际标准化组织ISO定义的开放系统互连OSI的全部7层协议结构。LonWorks技术的核心是具备通信和控制功能的Neuron神经网络芯片。Neuron芯片实现LonWorks所采用的LonTalk通信协议，Neuron芯片上集成有三个8位CPU：一个CPU完成OSI模型第一和第二层的功能，称为介质访问处理器；另一个CPU是应用处理器，运行操作系统服务与用户代码；还有一个CPU为网络处理器，作为前两者的中介，进行网络变量寻址、更新、路径选择、网络通信管理等。由神经芯片构成的节点之间可以进行对等通信。LonWorks支持双绞线、光纤、红外线、电力线等多种物理介质并支持多种拓扑结构，组网方式灵活，被誉为通用控制网络。

LonWorks控制节点有两大类：① 以神经元芯片为核心的控制节点；② 采用MIP结构的控制节点。神经元芯片是一组复杂的VLSI器件，通过独具特色的硬件、固件结合的技术，使一个神经元芯片几乎可以包含一个现场节点的大部分功能模块——应用CPU、I/O处理单元、通信处理器。因此，一个神经元芯片加上收发器便可以构成一个典型的现场控制节点。

对于一些复杂的控制，以神经元芯片为核心的控制节点就显得力不从心，必须采用Host Base结构来解决这一问题，即将神经元芯片作为通信协处理器，用高级主机的资源来完成复杂的测控功能。

LonWorks技术中的一个重要特色是采用路由器。正是路由器的采用，使得LonWorks总线可以突破传统现场总线的限制——不受通信介质、通信距离、通信速率的限制。LonWorks总线与其他总线不同的地方是需要一个网络管理工具，以便进行网络的安装、维护和监控。通过节点、路由器和网络管理这三部分的有机结合，就可以构成一个带有多介质、完整的网络系统。一些资料称LonWorks不再是现场总线而是现场网络。

LonWorks应用范围主要包括楼宇自动化、工业控制等，在组建分布式监控网络方面有较优越的性能，在开发智能通信接口、智能传感器方面，其神经元芯片也具有独特的优势。

3. FF（基金会现场总线）

基金会现场总线（Foundation Field bus，FF）是在过程自动化领域得到广泛支持和具有良好发展前景的一种技术。基金会现场总线前身是以美国Fisher-Rosemount公司为首，联合Foxboro、横河、ABB、西门子等80家公司制定的ISP和以Honeywell公司为首，联合欧洲等地150家公司制定的World FIP。这两大集团于1994年9月合并，成立了现场总线基金会，致力于开发出国际上统一的现场总线协议。由于参与该基金会的公司是该领域自控设备的主要供应商，对工业底层网络的功能了解比较透彻，也具备足以左右该领域现场自控设备发展方向的能力，所以由该基金会颁布的现场总线规范具有一定的权威性。

基金会现场总线以ISO/OSI开放系统互连模型为基础，取其物理层、数据链路层、应用层为FF通信模型的相应层次，隐去了其中的3～6层，并在应用层上增加了用户层。

基金会现场总线开发了两种互补的现场总线：擅长过程控制应用的H1、面向高性能应用和子系统集成的HSE。

H1的传输速率为31.25Kbit/s，通信距离可达1.9km，可支持总线供电和本质安全防爆环境。物理传输介质可为双绞线、光纤和无线，其传输信号采用曼彻斯特编码。HSE采用了基于Ethernet和TCP/IP六层协议结构的通信模型。HSE充分利用了低成本和成熟可用的以太网技术，以太网作为高速主干网，传输速率为100Mbit/s到1Gbit/s，或以更高的速度运行，主要用于复杂控制、子系统集成、数据服务器的组网等。HSE和H1两种网络都符合

IEC61158 标准（用于测量和控制的数据通信——工业控制系统使用的现场总线标准），HSE 支持所有的 H1 总线的功能，支持 H1 设备对点通信，一个链接上的 H1 设备还可以直接与另一个链接上的 H1 设备通信，无需主机的干扰。

FF 现场总线保留了 4 ~ 20mA 模拟系统的许多理想特征，比如线缆的标准物理接口、单根线缆上的总线供电设备、复杂的安全选择。它也部分地继承了 HART 协议行之有效的技术，如设备描述技术。除此之外，它还有许多其他的优点：

1）设备互操作性。在具有互操作性条件下，同一现场总线网络中一个设备可以被不同供应商的具有增强功能的相似设备所取代，而仍保持规定的操作，这就允许用户“混合和搭配”不同供应商的现场设备和主系统。

2）改善的过程数据。在 FF 现场总线上，从每个设备得到的多个参数可以传至车间控制系统，它们可被用作数据存档、趋势分析、过程优化研究和生成报表，其目的是增加产量和减少停工时间。

3）对进程更多的了解。采用强大的、基于微控制器的通信功能的现场总线设备，可以更快、更准确地识别过程错误。

4）提高现场设备安全性能，满足日益严格的控制设备安全要求。

5）提供预测性维护能力。

6）FF 现场总线大大减少了网络安装费用，构建和运行启动时间大大减少，可以利用总线设备中的软件控制模块简化编程和控制功能。

FF 截至 2004 年 10 月为止，已经应用于 5000 个系统，共超过 30 万节点，且每年的增长约为 12.5 万节点，每年的增长率达到 50%。

4. Profibus（过程现场总线）

Profibus 是过程现场总线（Process Field Bus）的缩写。它是德国国家标准 DIN19245 和欧洲标准 EN50170 所规定的现场总线标准。

Profibus 是一种不依赖厂家的开放式现场总线标准，采用 Profibus 的标准系统后，不同厂商所生产的设备不需对其接口进行特别调整就可通信。Profibus 为多主从结构，可方便地构成集中式、集散式和分布式控制系统。针对不同的应用场合，它分为 3 个系列。

1）Profibus—DP（Distributed Periphery，分布式外设）它用于传感器和执行器级的高速数据传输。它的设计旨在用于设备一级的高速数据传送。在这一级，中央控制器（如 PLC/PC）通过高速串行线与分散的现场设备（如 I/O、驱动器、阀门等）进行通信。

2）Profibus—PA（Process Automation，过程自动化）它是 Profibus 的过程自动化解决方案。PA 将自动化系统和过程控制系统与现场设备如压力、温度和液位变送器等连接起来，代替了 4 ~ 20mA 模拟信号传输技术，在现场设备的规划、敷设电缆、调试、投入运行和维修成本等方面可节约 40%，并大大提高了系统功能和安全可靠性，因此 PA 尤其适用于化工、石油、冶金等行业的过程自动化控制系统。

3）Profibus—FMS（Field bus Message Specification，现场总线报文）它的设计是为解决车间一级通用性通信任务的。FMS 提供大量的通信服务，用以完成以中等传输速度进行的循环和非循环的通信任务。常用于纺织工业、楼宇自动化、电气传动、传感器和执行器、PLC、低压开关设备等一般自动化控制。

Profibus 是根据 ISO7498 国际标准以开放式系统互联网络（OSI）作为参考模型的。

Profibus-DP使用第一层、第二层和用户接口。这种结构确保了数据传输的快速性和有效性，直接数据链路映像（DDLM）为用户接口提供第二层功能映像，用户接口规定了用户及系统以及不同设备可以调用的应用功能，并详细说明了各种Profibus—DP设备的设备行为。Profibus—PA使用Profibus-DP的基本功能来传送测量值和状态，并用扩展的Profibus—DP功能来设定现场设备的参数和进行设备操作。另外它使用了描述现场设备行为的PA行规。Profibus—FMS对OSI的第1、2和7层均加以定义，其中应用层包括了现场总线信息规格和底层接口。FMS向用户提供了广泛的通信服务功能，LLI则向FMS提供了不依赖设备访问第2层（现场总线数据链路层）的能力，第2层主要完成总线访问控制和保持数据的可靠性。FMS服务是ISO9506MMS服务项目的子集，这些服务项目在现场总线应用中被优化，而且还加上了通信目标和网络管理功能。Profibus-DP和Profibus-FMS系统使用了同样的传输技术和统一的总线访问协议，因而这两套系统可在同一根电缆上同时操作。

5. Modbus协议

Modbus是一种工业通信和分布式控制系统协议，由美国著名的可编程序控制器制造商莫迪康公司（Modicon Inc.）出品，现已被众多的硬件生产厂商所支持并广泛应用。Modbus是一种主从网络，允许一个主计算机和一个或多个从机通信，以完成编程、数据传送、程序上装/下装及其主机操作。Modbus协议主要包括寄存器读写、开关量I/O等命令。采用命令/应答方式，每一种命令报文都对应着一种应答报文，命令报文从主站发出，当从站收到后，就发出相应的应答报文进行响应。每个从机必须分配给一个唯一的地址，只有被访问的从机会反应包含它的地址的查询。也可采用广播式命令，在广播式的报文中使用地址0，所有的从机把它当作一个指令并进行响应，但不发回应答报文。在Modbus系统中有两种有效的传送模式，即ASCII（美国标准信息交换码）和RTU（远程终端装置）。

8.4 以太控制网络系统

局域网（LAN）的概念产生于20世纪60年代末。IEEE于1980年成立的局域网标准委员会制定了802标准。尽管严格意义上说，以太网与IEEE802.3标准并不完全相同，但人们通常都认为后者是以太网标准，目前它是国际上最流行的局域网标准之一。近年来，随着互联网技术的普及与推广，以太网也得到了飞速发展，并应用于工业控制系统构成工业以太控制网络系统。

8.4.1 工业以太网概述

以太网是当今现有局域网采用的最通用的通信协议标准。在以太网中，所有计算机被连接在一条同轴电缆上，采用具有冲突检测的载波监听多路访问（CSMA/CD）技术、采用竞争机制和总线拓扑结构。以太网由共享传输媒体，如双绞线电缆和多端口集线器、网桥或交换机构成。在星形或总线型配置结构中，集线器/交换机/网桥通过电缆将计算机、打印机和工作站彼此之间相互连接。

工业以太网是应用于工业自动化领域的以太网技术，最初是为办公自动化发展起来的。这种商用主流的通信技术发展至今已有应用广泛、价格低廉、传输速率高、软硬件资源丰富等技术优势，与一般的以太网技术相比，除了通信的吞吐量要求高以外，由于其工业控制现场环境的特殊性，对工业以太网的实时性、可靠性、网络生存性、安全性等均有很高的要求。近年来，随着以太网技术飞速发展，特别是以太网通信速率的提高、交换技术的发展，给解决以太网的非确定性问题带来了新的契机：首先，以太网速率的大幅提高意味着在相同通信量的条件下，网络负荷的减轻和碰撞的减少，也就意味着提高确定性；其次，以太网交换机为连接在其端口上的每个网络提供了独立的带宽，连接在同一个交换机上面的不同设备不存在资源争夺，这就相当于每个设备独占一个网段；最后，全双工通信技术又为每一个通信设备与交换机端口之间提供了发送与接收的专用通道，使不同以太设备之间的冲突大大降低或完全避免。因此，以太网成为确定网络，从而为它应用于工业自动化控制消除了障碍。

8.4.2 以太控制网络系统的特点

以太控制网络系统有以下特点：

1）以太控制网络以交换式集线器或网络交换机为中心，采用星形结构。以太控制网络系统中包括数据库服务器、文件服务器。以太网络交换机有多种宽带接口，以满足工业PC、PLC、嵌入式控制器、工作站等频繁访问服务器时对网络带宽的要求。

2）监视工作站用于监视控制网络的工作状态。

3）控制设备可以是一般的工业控制计算机系统（通过以太网卡接入网络交换机或交换式集线器）、现场总线控制网络（通过数据网关与以太控制网络互联）、PLC（带以太网卡的PLC通过以太网卡接入网络交换机或交换式集线器，不带以太网卡的PLC将通过RS-485/RS-232转换或工业控制计算机接入网络交换机或交换式集线器）、嵌入式控制系统（通过自带的以太网卡接入网络交换机或交换式集线器）。

4）当控制网络规模较大时，可采用分段结构，连成更大的网络，每一个交换式集线器及控制设备构成相对独立的控制子网。若干个控制子网互联组成规模较大的控制网络。

5）以太控制网络的底层协议为IEEE 802.3（定义了CSMA/CD总线介质访问控制子层与物理层规范）、基本通信协议采用TCP/IP，高级应用协议为CORBA（Common Object Request Broker Architecture，公用对象代理体系结构）或DCOM（Distributed Component Object Model，分布式组件对象模型），网络操作系统为Windows、Linux或UNIX。

6）实时控制网络软件是集实时控制、数据处理、信息传输、信息共享、网络管理于一体的庞大而复杂的软件工程。针对其实时性的要求，实时应用软件通常由若干个分系统和若干个进程组成，这些进程必须严格协调工作，因此要求有高性能、实时的控制网络操作系统支持。这类实时控制网络操作系统必须提供固定优先级调度策略、文件同步、剥夺型内核、异步输入输出、存储保护等实时特性，满足实时应用的要求。可供以太控制网络采用的实时操作系统有RT-Linux、Windows NT及Digital UNIX等。

8.4.3 以太控制网络系统的组成结构

由于以太控制网络的成本低、传输速率高（10Mbit/s、100Mbit/s、1000Mbit/s），加上其技术成熟、应用广泛，又有丰富的软硬件资源和广大工程技术人员的支持，因此以太控制网络在工业自动化和过程控制方面的应用迅速增加。以太网络是目前应用最广泛的局域网技术，其开放性、低成本和广泛应用的软硬件支持，促使其成为很有发展前景的控制网络。

以太控制网络最典型应用形式为顶层采用 Ethernet，网络层和传输层采用国际标准 TCP/IP。嵌入式控制器、智能现场测控仪表和传感器可以很方便地接入以太控制网，以太控制网也容易与信息网络集成，组建起统一的企业网络。

另外很重要的一点是，如果采用以太网作为控制网络的总线，可以避免现场总线技术游离于计算机网络技术之外，使现场总线技术和一般的网络技术很好地融合起来，从而打破任何总线技术的垄断，实现网络控制系统的彻底开放。图 8-19 为以太控制网络系统组成结构图。

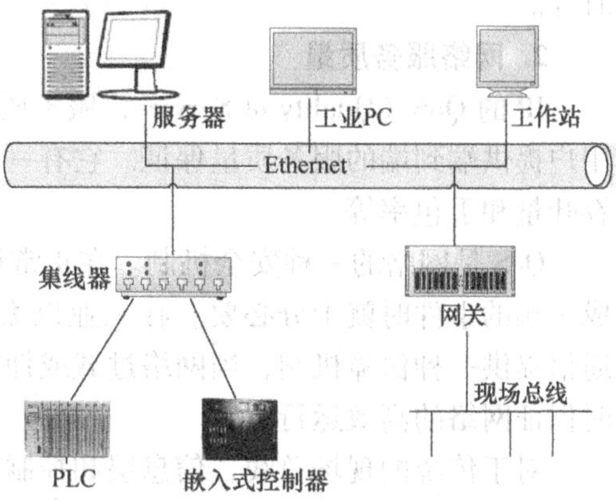

图 8-19 以太控制网络系统组成结构

8.4.4 以太网用于工业现场的关键技术

为满足工业控制需要，工业以太网需要解决的问题包括：通信实时性、网络生存性、网络安全、现场设备的总线供电、本质安全、远距离通信、可互操作性等。

1. 实时性

对于控制系统而言，“实时”成为系统的基本要求。由于传统以太网采用总线型拓扑结构且信息存取控制方式为 CSMA/CD，在实时性要求较高的场合下，重要数据的传输过程会产生传输延滞，这被称为以太网的“不确定性”。一般认为它不能满足控制系统的实时性要求。

研究表明，商业以太网在工业应用中的传输延滞在 2 ~ 30ms 之间，这是影响以太网长期无法进入过程控制领域的重要原因之一。

目前在工业控制领域的以太网应用中，通过限制总线上的站点数目、控制网络流量，使总线保持在轻负荷工作条件下，可以满足控制的实时性要求。实际使用中，控制系统的最底层是对实时性要求最严格的部分，传输数据要求速度快，但数量并不大，且不包括大量的图形信息，以 10Mbit/s 带宽为例，实际碰撞率已经很低，而且实际碰撞率还会随着交换式以太网技术的进一步发展更趋下降。目前以太网的通信速率一再提高，从 10Mbit/s 发展到 100Mbit/s，目前 1000Mbit/s 以太网已经在局域网、城域网中普遍应用，万兆以太网也已投放应用。正是快速以太网与交换式以太网技术的发展，给解决以太网通信的非确定性带来了希望，使这一应用成为可能。

在全双工交换式以太网上，交换机将网络切分为多个网段，交换机之间通过主干网络进行连接。在网段分配合理的情况下，由于网段上多数的数据不需要经过主干网传输，因此交换机能够过滤掉这些数据，使这些数据只在本地网络传输。这种方法使本地的数据传输不占用其他网段的带宽，从而降低了所有网段和主干网络的负荷。

在一个用 5 类双绞线来连接的全双工交换式以太网中，若一对线用于发送数据，另外一对线用于接收数据，则一个 100Mbit/s 的网络提供给每个设备的带宽就有 200Mbit/s，这样交换式双工以太网就消除了冲突的可能，有条件达到确定性网络的要求。

由此可以得到以下的结论：通过全双工以太网交换技术可以完全避免 CSMA/CD 碰撞，通过半双工以太网交换技术可以极大降低碰撞的可能性，并提高网络带宽的利用率和实时性。

2. 网络服务质量

IP的QoS（Quality of Service，服务质量）是指IP数据通过网络时的性能。其目的是向用户提供端到端的服务质量保证。它有一套度量指标，包括业务可用性、延迟、可变延迟、吞吐量和丢包率等。

QoS是网络的一种安全机制。在正常情况下并不需要，但当出现对精心设计的网络能造成影响的事件时就十分必要。在工业以太网中采用QoS技术，可以为工业控制数据的实时通信提供一种保障机制，当网络过载或拥塞时，它能确保重要数据传输不受延迟或丢弃，同时保证网络的高效运行。

对于传统的现场总线，信息层和控制层、设备层充分隔离，底层网络承载的数据不会与信息层数据竞争；同时底层网络的数据量小，故无需使用QoS。工业以太网的出现，很重要的一点就是要实现从信息层到设备层的“无缝”集成，满足ERP、SCM等应用对管理信息层直接访问现场设备能力的需求。此时，控制域数据必须比其他数据先得到服务，才能保证工业控制的实时性。

拥有QoS的网络是一种智能网络，它可以区分实时与非实时数据。在工业以太网中，可以使用它识别来自控制层的拥有较高优先级的采样数据和控制数据优先得到处理。而其他拥有较低优先级的数据，如管理层的应用类通信，则相对被延后。智能网络还有能力制止对网络的非法使用，例如非法访问控制层现场控制单元和监控单元的终端等，这对于工业以太网的安全性提升有重要作用。

3. 网络生存性

若系统中的某个部件发生故障，会导致系统瘫痪，则说明系统的网络生存能力较低。为使网络正常运行事件最大化，需要可靠的技术来保证在网络维护和改进时，系统不发生中断。

生存性包括：可靠性、可恢复性和可管理性。

以太网的可恢复性指在以太网系统中，当任一设备或网段发生故障而不能正常工作时，系统可以依靠事先设计的自动恢复程序将断开的网络重新连接起来，并将故障进行隔离，以使任一局部故障不会影响整个系统的正常运行，也不会影响生产装置的正常生产。同时，它能自动定位故障，以使故障能够得到及时修复。可管理性则指通过对系统和网络的在线管理，可以及时发现紧急情况，并使得故障得到及时的处理。

4. 网络安全性

工业以太网的应用，不但可以降低系统的建设和维护成本，还可实现工厂自上而下更紧密的集成，并有利于更大范围的信息共享和企业综合管理，但同时也带来网络安全方面的隐患。以太网和TCP/IP的优势在于其商业网络的广泛应用以及良好的开放性，可是与传统的专用工业网络相比，也更容易受到自身技术缺点和人为的攻击。对于工业以太网的安全功能需要满足：

1）防范来自外部网络的恶意攻击，限制外部网络非信任终端对内部网络资源的访问。

2）防止来自内部网络的攻击以及对控制域资源的非授权访问。

3）提供工程人员和设备供应商远程故障诊断和技术支持的保障机制。

采用的基本安全技术有3方面：

1）加密技术——采用常规的密钥密码体系。

2）鉴别交换技术——通过交换信息的方式来确认。

3）访问控制技术——具体体现为一种常用的防火墙技术。

5. 总线供电与安全防爆技术

总线供电，指连接到现场设备的线缆不仅传送数据信号，还能给现场设备提供工作电源。

可以采取以下方法：

1）在目前 Ethernet 标准基础上，适当修改物理层的技术规范，将以太网的曼彻斯特信号调制到一个直流或低频交流电源上，在现场设备端再将这两路信号分离出来。这种方法实现了与现场总线所采用的“总线供电法”相一致，做到“一线二用”。但由于在物理介质上传输的信号在形式上已不一致，因此，这种基于修改后的以太网设备与传统的以太网设备不能直接互连，必须增加额外的转接设备。

2）通过连接电缆中的空闲线缆为现场设备提供工作电源。

6. 可互操作性和远距离传输

要解决基于以太网的工业现场设备之间的互操作性问题，唯一有效的方法就是在以太网 + TCP（UDP）/IP 的基础上，制定统一并适用于工业现场控制的应用技术规范，同时可参考 IEC（国际电工委员会）的有关标准，在应用层上增加用户层，将工业控制中的功能块进行标准化，通过规定它们各自的输入、输出、算法、事件、参数，并把它们组成为可在某个现场设备中执行的应用程序，便于实现不同制造商设备的混合组态与调用。这样，不同自动化制造商的工控产品共同遵守标准化的应用层和用户层，这些产品再经过一致性和互操作性测试，就能实现它们之间的互可操作。

考虑到信号沿总线传播时的衰减与失真等因素，Ethernet 协议对传输系统的要求做了详细的规定，如每段双绞线（10Base-T）的长度不得超过 100m，使用细同轴电缆（10Base-2）时每段的最大长度为 185m，粗同轴电缆（Base-5）每段最大长度为 500m，对于距离较长的终端设备，可使用中继器（但不超过 4 个）或者光纤通信介质进行连接。

目前许多有影响的现场总线都在致力于发展与互联网的结合，并在保护已有的技术和投资条件下拓宽自己的生存空间，这些研究工作的进展为以太网进入 FCS（或向 FCS 现场级延伸）提供了可行性。必须指出，工业以太网 FCS 中，其现场级总线的传输速度并不理想，这是因为工业以太网还只是在上层控制网络中应用，而许多厂商出于安全考虑，在许多技术问题没有解决之前，现场级尚未使用工业以太网，所以 FCS 总体的传输速度没有什么质的飞跃。为了实现以太网向现场级的延伸，除了改进以太网的通信协议之外，还需要解决网络的安全、现场设备的冗余和通过以太网向现场仪表供电等技术问题。

工业以太网的介入为 FCS 的发展注入了新的活力，随着 FCS 国际标准的推出以及有关技术问题的突破性进展，在保留 FCS 特色的基础上解决上述问题后，将使工业以太网具有强大的生命力。

8.5 控制网络与信息网络的集成技术

在计算机网络技术的推动下，控制系统要满足开放系统的要求，必然要走网络化的发展道路，因而控制网络应运而生。将信息网络与控制网络进行集成主要是实现信息交换和资源共享，给企业提供一个更完善的信息资源共享环境，加强企业同外界的信息交流，提高企业的经济效益。

图 8-20 给出了目前控制网络与信息网络集成的几种主要集成技术。

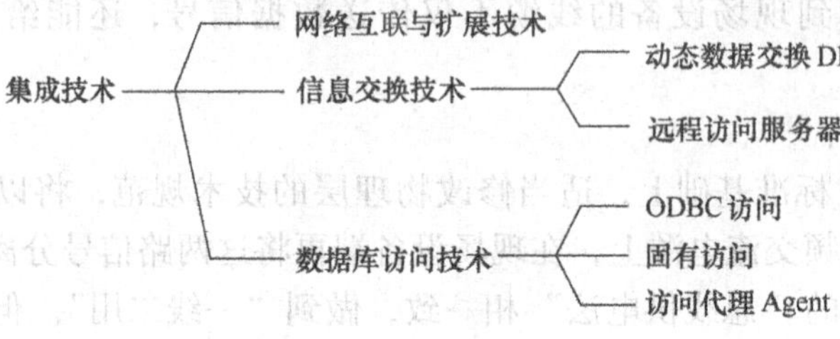

图 8-20 控制网络与信息网络的主要集成技术

网络互联技术是实现控制网络与信息网络集成的基本技术之一。当控制网络与信息网络在地理上相距较远时，远程通信技术是实现网络集成的有效方法之一。当控制网络与信息网络有一共享工作站或通信处理机时，可以通过动态数据交换技术实现控制网络中实时数据与信息网络中数据库数据的动态交换，从而实现控制网络与信息网络的集成。信息网络一般采用开放数据库，通过数据库访问技术也可以实现控制网络与信息网络的集成。控制网络与信息网络集成的最终目的，就是实现管理与控制的一体化。以一个高效而统一的企业网络支持企业实现高效率、高效益、高柔性。

8.5.1 网络互联技术

网络互联是指将分布在不同地理位置的网络、设备相连接，构成更大的互联网络系统。控制网络有局域网、城域网和广域网，信息网络也一样。因此，控制网络与信息网络互联的类型有局域网—局域网、局域网—城域网、局域网—广域网、广域网—广域网互联等。

由于网络协议的分层，网络互联也是分层进行的。根据网络的层次结构模型，网络互联的层次可以分为以下 3 类：

1）数据链路层互联。数据链路层通过网桥互联，网桥在互联中起到数据接收、地址过滤与数据转发的作用，用来实现多个网络系统之间的数据交换。用网桥实现数据链路层互联时，允许互联网络的数据链路层与物理层协议是不相同的，数据链路层以上的协议必须是相同的。

2）网络层互联。网络层通过路由器互连。网络层互联主要解决路由选择、拥塞控制、差错处理与分段技术等问题。用路由器互联时，允许互联网络的网络层及以下各层协议不相同，而网络层以上的协议必须相同。

3）高层互联。传输层及以上各层的互联属于高层互联。高层互联通过网关实现。此时允许两个网络的应用层及以下各层的网络协议不同。

对于不同类型的控制网络与信息网络有不同的互联技术，相应也有不同的互联产品。下面介绍几种典型的控制网络与信息网络互联技术。

1. 现场总线控制网络与信息网络互联

现场总线控制网络与信息网络的高层协议不同，必须通过网关互联。LonWorks 网络与

Intranet 企业网的互联如图 8-21 所示。

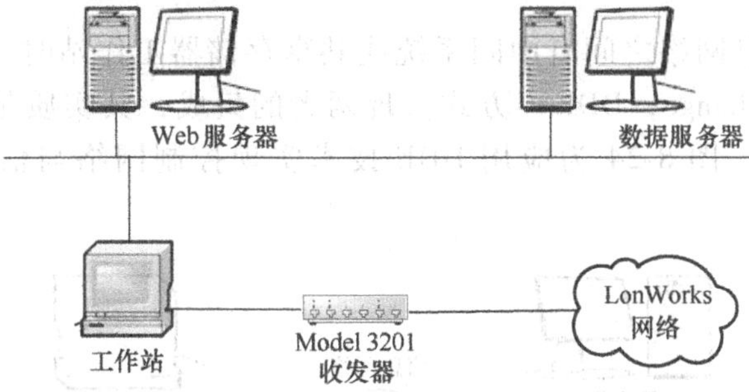

图 8-21 LonWorks 网络与 Intranet 互联

2. 共享式控制网络与信息网络的互联

共享式控制网络与信息网络的网络层以上协议是不同的，两者可以通过网关互联。如果共享式控制网络与信息网络的网络层以上协议是相同的，比如说，都是以太网结构，那么就可以通过网桥互联。通过网桥互联实现共享式控制网络与信息网络互联的结构如图 8-22 所示。

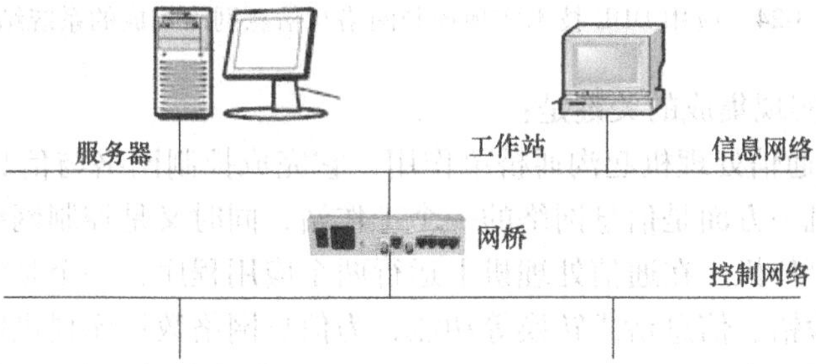

图 8-22 利用网桥实现共享式控制网络与信息网络的互联

3. 交换式控制网络与信息网络的互联

交换式控制网络与信息网络可应用外部路由器互联，如图 8-23 所示。

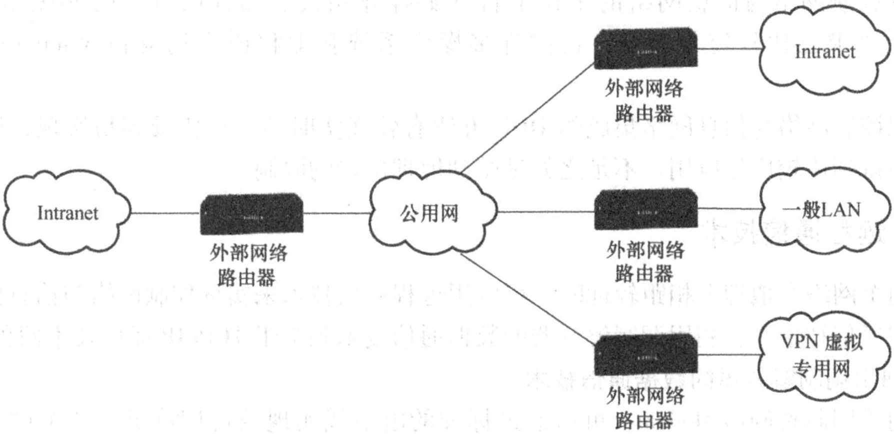

图 8-23 外部路由器实现的交换式控制网络与信息网络互联

8.5.2 动态数据交换技术

当控制网络与信息网络之间有中间系统或共享存储器工作站时，可采用动态数据交换（Dynamic Data Exchange，DDE）方式实现两者的集成，其实质是各应用程序间通过共享内存来交换信息。图 8-24 为应用 DDE 技术实现控制网络与信息网络集成的系统结构。

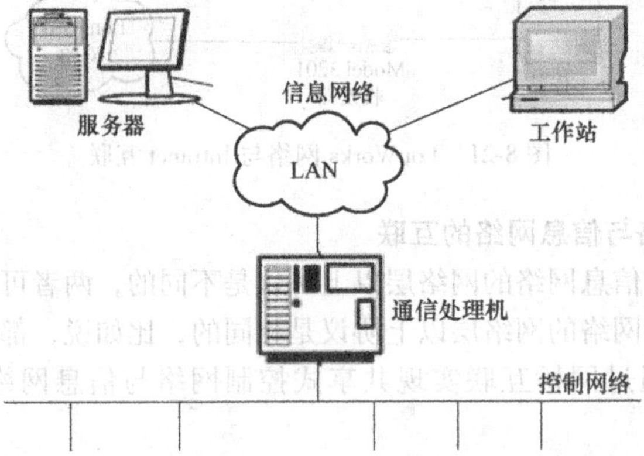

图 8-24 应用 DDE 技术实现控制网络与信息网络集成的系统结构

基于 DDE 方法实现集成的关键是：

1）中间系统的通信处理机起沟通桥梁作用，它完成控制网络与信息网络动态数据交换的任务。通信处理机一方面是信息网络的一个工作站，同时又是控制网络中的一个工作站或分布式控制系统的上位机。在通信处理机上运行两个应用程序，一个是实时通信程序，实现实时信息的接收、检错、信息格式转换等功能，为信息网络数据库提供实时数据信息。另一个是数据库访问应用程序接口，它接收 DDE 服务器送来的实时数据并写到数据库服务器中，供信息网络实现信息处理、统计、分析、管理等功能。

2）Windows 的动态数据交换系统实际上是一种协议，DDE 协议使用共享内存在应用程序之间传输数据。因此要求控制网络与信息网络必须支持 Windows 的 DDE 功能，这一点在选择控制网络与信息网络的工作平台（如操作系统、编程语言）时必须给予考虑。不过这个要求已比较容易实现，目前许多操作系统和编程语言均支持 Windows 的 DDE 功能。

实现控制网络与信息网络集成的 DDE 方法有较强实时性，且比较容易实现，因此在实际系统中得到比较广泛应用。不足之处是受到地理位置的限制。

8.5.3 远程通信技术

当两个网络在地理上相距较远时，可应用远程通信技术来实现控制网络与信息网络的集成。远程通信技术有：利用调制解调器的数据通信技术和基于 TCP/IP 通信技术两种。

1. 利用调制解调器的数据通信技术

借助于调制解调器 Modem，可以通过标准的电话线实现两台计算机或两个设备之间的高速数据通信。调制是将接收的数字信息转化为能在标准电话线上传输的模拟信息，解调是将从标准电话线接段的模拟信息转换为可以被计算机接收的数字信息。

利用调制解调器实现的数据通信，是通过计算机的串行口（COM port 或 RS-232C）来实现的。RS-232C 是电子工业协会定义的一种标准，这个标准定义了异步通信口的工作方式。

利用 Modem 数据通信实现控制网络与信息网络集成的应用实例如图 8-25 所示。图中控制网络工作站与信息网络工作站通过调制解调器、公用交换电话网（PSTN）进行数据通信，实现控制网络与信息网络的集成。

图 8-25 应用调制解调器实现控制网络与信息网络集成

2. 基于 TCP/IP 通信技术

（1）基于 TCP/IP 的通信程序设计

Winsock（Windows Socket）是 Windows 操作系统下通用的 TCP/IP 应用程序的网络编程接口。目前 Windows 下的 Internet 软件均为基于 Winsock 开发的。设置 Socket 编程接口的目的是解决网间网的进程间通信的问题。程序员可以将 Socket 看成一个文件指针，只要向指针对应的文件读写数据，就可以实现网络通信。一个应用程序可以同时申请多个 Socket，即可以同时与多个应用程序通信。

利用 Socket 进行的通信有两种主要方式：流方式（又称面向连接的方式，它采用 TCP）和数据报方式（又称无连接方式，它使用 UDP）。Winsock 编程也相应地分为面向连接和面向无连接两种。

在 TCP/IP 网间网中，最重要的进程间相互作用的模型是客户机/服务器（Client/Server，C/S）模型，它将网络应用程序分为两部分：客户和服务器。实际上，C/S 并不是一种物理结构，即客户和服务器不一定是两台机器，它们可能位于同一台机器上，其地位甚至可以互换，对 C/S 的理解应当是应用程序间相互作用的一种模型。客户机程序（进程）发送请求给服务器程序（进程），服务器进程对客户机的请求做出响应，并返回结果。在 C/S 模型下，客户机为主动方，即请求方；服务器为被动方，接收并处理请求。

采用 C/S 模型主要是为了实现网络资源共享，为网间通信进程连接的建立、数据交换的同步提供一种机制。

（2）文件传输协议（File Transfer Protocol，FTP）

文件传输是 TCP/IP 中使用最广泛的应用之一，它实现主机间的文件传输。FTP 使用两个 TCP 连接来完成文件的传送操作。一个连接用于命令传送，一个连接用于数据传送。当客户端用户使用登录命令连接到服务器后，双方便建立起连接，此连接称为控制连接，用于传输控制信息。一旦建立控制连接，双方进入交互式会话状态。然后客户端每调用一个数据传输命令，双方再建立一个数据连接以进行数据传输。该命令执行完毕后，再回到交互式会话状态，可继续执行别的数据传输命令。最后，用户发出退出命令，FTP 会话终止，控制连接释放。FTP 的 C/S 模型如图 8-26 所示。

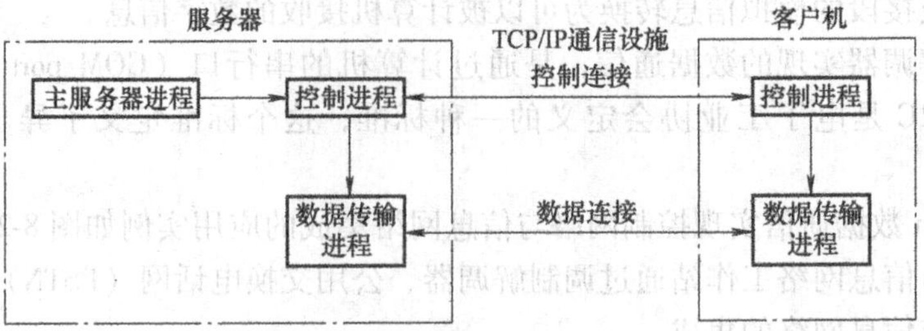

图 8-26 FTP 的 C/S 模型

8.5.4 数据库访问技术

当控制网络采用以太局域网时，控制网络的工作站可以采用 Windows 操作系统平台，一般的信息网络采用开放式数据库系统，这样就可以方便地通过数据库访问技术来实现控制网络与信息网络的集成。信息网络的一个浏览器接入控制网络，通过 Web 技术，该浏览器可与信息网络数据库进行动态的、交互式的信息交换。

根据编程语言的不同，常用的访问数据库应用编程接口 API 主要有三种：ODBC（Open Database Connectivity，开放数据库互联）API、固有连接 API、JDBC（Java Database Connectivity，Java 数据库连接）API。

ODBC API 是一种建立数据库驱动程序的开放标准。建立这个标准的目的是为了能够以统一的方式访问不同的数据库系统。访问数据库的过程就是调用 ODBC API，通过 ODBC API 驱动程序管理器，然后由驱动器驱动数据源。ODBC API 的显著特点是用它生成的程序与数据库系统无关。

固有连接 API 一般包括一个特定的应用程序开发包，根据特定的数据库进行固有连接编程，它只适合于某种数据库系统，无互操作性，优点是访问速度很快。

JDBC API 是面向 Java 语言的，应用 JDBC 设计既能保证查询语句的简洁性，又能保证需要是提供一些高级功能。应用 JDBC 可以实现数据库与应用程序之间双向、全动态、实时的数据交换。

本章小结

工业控制系统已跨入网络化控制的新阶段，网络化工业控制系统已成为制造业控制、过程控制和测控技术等领域中的重要研究方向。在本章里，首先介绍了计算机网络控制的基础知识，然后重点介绍了集散控制系统（DCS）的基本组成、特点、层次化体系结构以及基本组态功能；介绍了现场总线及现场总线控制系统（FCS）的基本组成特点、体系结构，并介绍了在工业控制中常用的几种现场总线；介绍了工业以太控制网络系统的基本概念、特点和组成结构，讨论了以太网用于工业现场需要解决的一些关键技术问题；最后简要地介绍了目前控制网络与信息网络进行集成的几种主要集成技术。

集散控制系统是由现场设备、分散过程控制级、集中操作监控级和综合信息管理级组成的以通信网络为纽带的多级计算机控制系统。集散控制系统的集中性是指集中监视、集中操作和集中管理；其分散性除了强调控制分散，还包括地域分散、设备分散和功能分散。但是集散控制系统的现场设备多采用模拟信号进行信号传递，因此控制不能做到彻底分散。

现场总线是连接智能现场设备和自动化系统的数字式、双向传输、多分支结构的底层控制网络。现场总线控制系统是一种以现场总线为基础的分布式网络自动化系统。开发 FCS 系统的目标是针对现存的 DCS 的某些不足，改进控制系统的结构，提高其性能和通用性。现场总线采用“操作站—智能现场仪表”两层式结构，现场设备均为智能数字仪表，因此控制实现了彻底分散。

以太网络的成本低、传输速率高，技术很成熟、应用非常广泛，将以太网络应用于工业自动化和过程控制方面则构成工业以太控制网络。采用以太网作为控制网络的总线，可以避免现场总线技术游离于计算机网络技术之外，使现场总线技术和一般的网络技术很好地融合起来，从而打破任何总线技术的垄断，实现网络控制系统的彻底开放。

将信息网络与控制网络进行集成主要是实现信息交换和资源共享，目前常用的信息网络与控制网络集成技术主要包括：网桥互联技术、信息交换技术和数据库访问技术等。在熟悉两种不同网络的特点、组成结构的基础上，实现网络的集成，将会给企业提供一个更完善的信息资源共享环境，为企业综合自动化 CIPA 与企业信息化创造有利的条件。

习题和思考题

8-1 简述计算机控制网络的特点以及控制网络与信息网络的区别。

8-2 集散控制系统的主要特点有哪些？简述集散控制系统的体系结构。

8-3 什么是现场总线？依据其通信模型和特点，简述几种典型的现场总线。

8-4 现场总线控制系统的主要特点有哪些？简述现场总线控制系统的体系结构。

8-5 试比较现场总线控制系统与集散控制系统的区别。

8-6 简述以太控制网络系统的组成结构和主要特点。

8-7 控制网络和信息网络的集成主要通过哪些方式或技术实现？

第9章

计算机控制系统的软件设计

计算机控制系统的硬件是完成控制任务的设备基础，同时必须有相应的软件才能构成完整的控制系统。对同一个硬件电路，配以不同的软件所实现的功能也就不同，而且有些硬件电路功能常可以用软件来实现。计算机控制系统的软件程序不仅决定其硬件功能的发挥，而且也决定了控制系统的控制品质和操作管理水平。一个复杂的计算机控制系统设计，软件设计的工作量和难度往往大于硬件，因此，设计人员必须掌握软件设计的基本方法和编程技术。

本章主要介绍计算机控制系统软件的概念及特点，介绍控制软件的体系结构，重点介绍控制算法的不同编排结构和控制应用软件系统中各种数据处理方法。最后简要介绍计算机控制系统实现采样频率对系统的影响和采样频率选取的经验规则。

9.1 计算机控制系统的软件概念

计算机控制系统软件是指完成各种功能的计算机程序的总和，如操作、管理、控制、计算和自诊断等，它是计算机系统的神经中枢。整个系统的动作都是在软件指挥下协调工作的。计算机控制系统是一个实时控制系统，因此这种实时控制软件的主要特点是：实时性和针对性强、灵活性与通用性好，可靠性和容错性高，多种输入输出功能强等。

若按功能分类，计算机控制系统中的软件分为系统软件、应用软件。系统软件一般是由计算机厂家提供的，用来管理计算机本身的资源，方便用户使用计算机。它主要包括操作系统、各种编译软件和监控管理软件等。这些软件一般不需要用户自己设计，它们是开发应用软件的工具。应用软件是用户为解决实时控制问题、完成特定功能而设计编写的各种程序的总称。如A-D、D-A转换程序、数据采集程序、数字滤波程序、标度变换程序、控制量计算程序等。应用软件大都由用户自己根据实际需要进行开发，与具体控制对象的性能要求和工作特点密切相关，应用场合不同，对应的应用程序也就不一样。应用软件的优劣，将给控制系统的功能、精度和效率带来很大的影响。

9.1.1 控制软件的特点

在新的软件思想框架下，传统的工业控制软件开发已经发生了巨大的变化，要开发一个成功的面向工业应用的软件体系需要很规范的软件工程的指导。但由于这类软件的特殊性，它们必须完成工业控制中的特殊要求，其中最为重要的就是必须保证被控系统的可靠运行。围绕着系统可靠性的要求，计算机控制系统的软件设计应具有如下特点。

1. 模块化结构程序设计

因为软件故障具有与硬件故障不同的特点，软件在运行中新产生的故障是次要的，而一开始就存在于程序内的“错误”则是主要的，因此软件的可靠性设计是以减少“错误”及检测“错误”为中心。模块程序设计方法是解决软件故障的重要对策 。所谓模块化程序设计方法，就是把一个大的复杂的程序分解成为许多相互连接的小程序块，即所谓“模块”。每个模块有着相对独立的功能，有明确的规格，能够单独地进行调试，使故障能尽量在测试阶段得到解决。

2. 偶然故障的自动恢复

因某种偶然因素造成计算机程序跳出正常运行区域或使得程序进入死循环，均将导致严重后果。因此计算机控制系统软件要有能发现程序异常执行的功能，使得当程序动作异常时，能迅速恢复程序的正常执行，保证整个系统的安全，如设置watchdog软件等。

3. 对模拟量及不合理数据的处理

由于工业现场条件恶劣，因此计算机控制系统软件对模拟量的输入都要采用数字滤波等方式消去瞬间干扰，以保证输入模拟量的可靠性及整个系统的安全。如果由于某种原因产生一些不合理的数据，特别是不合理输出数据，将会对生产过程产生很不利的影响，因此在进行软件设计过程中，还应考虑这些不合理数据的处理方法。譬如计算处理中遇到不合理数据时，则需剔出（如用输出限幅），以避免过程的不稳定。对于采样输入，如重复出现不合理数据，则预示某种异常情况发生，就必须提醒操作人员注意，进行“报警”等操作。

4. 程序的实时性

工业控制现场对计算机的响应速度要求极高。某些危险信号如不能及时处理就会产生严重后果。这样，在计算机控制系统的程序设计中，要充分考虑到现场的实时性要求。

9.1.2 控制应用软件的体系结构

1. 基本型结构

典型的工业过程计算机控制系统的软件也可以分为系统软件和应用软件两大部分。这里的系统软件指的是计算机控制系统应用软件开发平台和操作平台，而应用软件又可按软件用途划分为监控平台软件、基本控制软件、先进控制软件、约束控制软件、操作优化软件、最优调度软件和企业计划决策软件等。

计算机控制系统要完成控制与优化任务，最基本的应用软件应由直接控制程序、规范服务性程序和辅助程序等部分组成。直接程序是指与控制过程或采样控制设备直接有关的程序。这类程序参与系统的实际控制过程，完成与各类I/O模板直接相关的信号采集、处理和各类控制信号的输出任务，是系统设计中难度较高、应重视的重要部分；规范服务性程序是指完成系统运行中的一些规范性服务功能的程序，如报表打印输出、报警输出、算法运行、各种画面显示等。这类程序虽然在控制系统中只起到一种支撑的作用，但却与完成整个控制任务有密切的关系；辅助程序包括接口驱动程序、检验程序等。

2. 两层式（客户机/服务器）结构

随着网络技术和通信技术的发展，一个控制系统应用程序的体系结构也发生了一些变化，当前的很多应用程序都是两层式（或者说是客户机/服务器式）的应用程序。在一个两层式体系结构中，一个客户机负责应用程序的数据处理和演示部分。数据存储在集中管理的服务器机器上。客户机直接连接到它们所需要的服务器上，这种连接往往持续存在于应用程序的整个生存期内。

3. 三层式结构

客户机/服务器应用程序在那些可人为控制的环境中工作得很不错。在这样的环境中，用户的数目可估算出来，并且可以管理用户数目，而资源可依据用户的数目进行分配。然而，当用户数目未知或者非常大时，客户机/服务器体系结构就无能为力了。为此，可以做一些小的改进，即把数据处理部分，亦即所谓“商业逻辑”转移到数据服务器上进行。这种体系结构有时被称为两层半式的体系结构。依据这种模型构造的应用程序规模是可变的，但其可变性仍未达到满足高分布式应用程序的需要。此外，这种情况下的重复使用机会也有限。于是通过在应用程序体系结构中引入第三层，应用程序规模的可变性和重复使用性就都可以得到相当大的改进。在这种三层式模型中，用户层、商业层和数据访问层在逻辑上是彼此分离的，如图9-1所示。用户层向用户提供数据，并有选择地允许用户编辑数据；商业层用来强制实施商业规则和数据规则；数据访问服务层执行具体的检索和存储数据的任务。

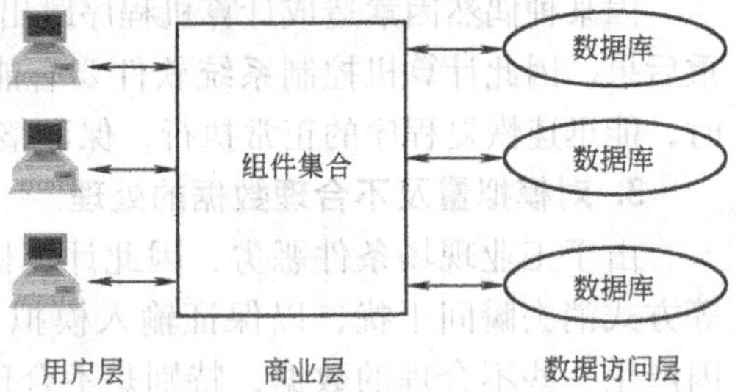

图9-1 三层式应用软件体系结构

近年来，低价计算机得到了广泛应用，而且在全球范围内访问信息也变成现实可行，传统的应用程序体系结构已不能再满足应用程序的需求，这就迫切需要一种新型应用程序，这种新型应用程序就是高分布式应用程序。高分布式应用程序被全球范围内极其广泛地使用，如微软公司的分布式网间应用程序体系结构（DNA）代表了微软用以创建高分布式应用程序的方法。其应用程序体系采用的是一种逻辑上3层的、基于组件的体系结构。DNA的目标是使PC、客户机/服务器和基于Web的应用程序围绕这一公共的应用程序体系结构合为一体。

9.1.3 控制软件设计语言的选用

编写应用程序前首先面临的一个问题，是选用什么语言设计程序，一般来说，可以选用机器语言、汇编语言或高级语言（如Basic、Pascal、PL/M、C等）来编写程序。

1. 机器语言（即机器指令）

用机器语言编程十分麻烦，效率很低。所编出的程序不易检查和修改。优点是它能具体描述计算机过程，紧凑地使用内存单元，对内存的分配比较清楚。

2. 汇编语言

汇编语言是一种用助记符编写的语言。汇编程序比机器语言程序易读、易记、易检查修改。它具有与机器语言程序相同的灵活性，能发挥计算机硬件的特性，编出的程序运行所需的时间较短，所以在实时控制中还经常采用。用汇编语言编制应用程序比较烦琐，工作量大、开发周期长，通用性差，有一定的局限性，不利于交流推广。

3. 高级语言

高级语言用于计算机控制系统编程有许多优点，如不必了解计算机的指令系统的具体实现，不用考虑内部寄存器和存储器单元的安排，程序易修改，编程工作量小，程序易读等。对于I/O端口的访问，Microsoft C/C++7.0通常有库函数，允许直接访问I/O端口，头文件(conio.h)中定义了I/O端口例程。

用高级语言编程控制存在的主要问题是编写出的源程序经编译后得到的目标代码，比用汇编程序经编译后所得的目标代码要长得多，因而执行程序所花的时间也要长得多，也就是实时性差，往往难以满足快速性控制要求，所以对一般计算机控制系统，以及系统频带较宽(动态响应较快)、实时性要求较严的系统，还是多数采用汇编语言。而对实时性要求不太严格的控制系统，多采用高级语言。

4. 高级语言和汇编语言的混合使用

一般情况下，当控制规律比较复杂时，用汇编语言对控制算法的编程则相当烦琐。而高级语言与硬件接口的处理比较复杂，但描述的计算算式与数学公式相近，并具有丰富的子程序库。若混合应用这两类语言得当，就可各取所长。例如，在硬件管理及不常改动的中断管理和输入输出程序等实时管理方面可以采用汇编语言来编制，在程序中的复杂计算、调整算法以及图形绘制、显示、打印等方面采用高级语言来编制。目前许多微机系统基本上就允许用户在Basic、C语言编制的程序中调用汇编语言的子程序。

另一种高级语言调用汇编函数的方法是：编制出独立的高级语言和汇编语言的源程序模块，分别使用高级语言的编译器和汇编语言的汇编程序，对源程序进行编译和汇编，然后得到各自的目标模块(obj文件)，使用连接程序进行连接，最后得到可执行的exe文件。

实际上与实时性关系最大的是实现平台与操作系统的问题。一般的DOS操作系统或实时操作系统的内核比较小，因此在其平台上运行的程序的实时性基本能够得到保证。但比较高级的操作系统（例如微软的Windows操作系统），可以运行比较丰富的系统软件，可采用多种高级语言，但也因为其内核比较大，实时性难以得到保证，因此对于实时性要求比较高的控制系统就不能基于这种操作系统平台进行。对于实时操作系统，由于其软件功能可裁减，也可采用高级语言（如C语言），为系统的开发带来很大的便利。

至于用户采用哪一种语言来编写应用程序，则主要取决于控制系统硬件组成、相应软件配置的情况和整个系统的要求。

9.1.4 实时控制软件的设计

对于用计算机进行的实时控制，实时控制软件包括：实时管理软件和过程监视和控制算法计算软件两大部分。

1. 实时管理软件

实时管理软件是对整个控制系统进行管理用的程序，包括对应用控制程序的调度、I/O管理、中断处理、实时管理等，相当于整个计算机控制系统的主程序，其主要功能为：

1）完成实时时钟管理，并向各分系统提供真实时间依据，使计算机系统以确定的时间周期重复进行采样、计算、输出。

2）输入/输出信息管理，以完成数据的采集与输出。

3）比较完善的中断管理功能，以便分别处理不同的中断请求。

4）完成对各分系统程序运行顺序的管理，即进行任务调度。

5）完成人机联系。

6）设置系统的初始值。

2. 过程监视及控制算法计算软件

过程监视及控制算法计算软件主要是根据采集的信息、输入的指令以及所设计的控制算法，产生不同的控制指令的计算程序。主要包括：

1）数据变换处理程序（如数字滤波、单位换算、数据合理性检查、数据误差校正等）。

2）控制指令生产程序（如控制器算法计算、系统状态控制、控制指令输出等）。

3）信息管理程序（如数据存储、输出、打印、显示以及文件管理等）。

实际上，除了上述两种程序外，控制应用程序中还包括一些公共服务程序，如基本运算程序、码制格式转换程序等。

9.2 控制算法的编排实现

根据生产工艺及控制性能要求设计相应的控制器算法，在设计得到控制器算法 $D(z)$ 后，就需要将控制器算法进行编排，以便计算机编程实现。

9.2.1 控制算法的编排结构

一般的控制器算法可以采用 z 域传递函数或离散状态方程式表达，常用的传递函数算法编排基本上可以分成直接型、串联型和并联型三种结构形式。

1. 直接型结构

控制器由下述脉冲函数表示：

$$D(z)=\frac{U(z)}{E(z)}=\frac{b_0+b_1z^{-1}+\cdots+b_mz^{-m}}{1+a_1z^{-1}+\cdots+a_nz^{-n}},\quad m\leqslant n \tag{9-2-1}$$

直接型结构是直接按高阶 z 传递函数的分子、分母多项式系数进行编排。若按零点（分子）在前，极点（分母）在后的形式编排，则可得到如图 9-2a、b 所示的零极型编排结构。若按极点（分母）在前，零点（分子）在后的形式编排，则可得到图 9-2c 所示的极零型编排结构。

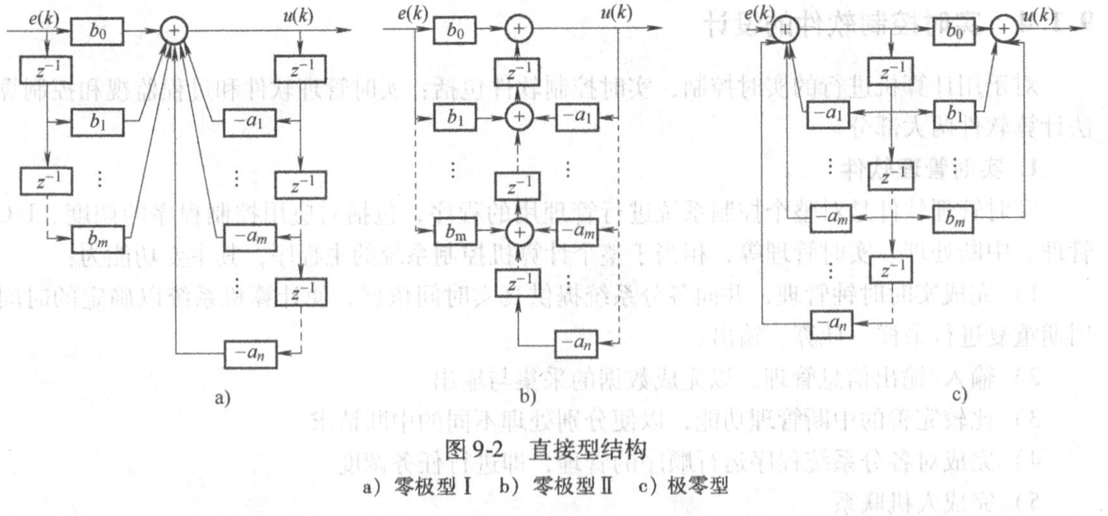

图 9-2　直接型结构

a）零极型Ⅰ　b）零极型Ⅱ　c）极零型

直接型结构的实现比较简单，不需要做任何变换，但存在严重的缺陷，如果控制器中任一系数存在误差，则将使控制器所有的零极点产生相应的变化。

2. 串联型结构

将 $D(z)$ 的分子分母因式分解，得一阶或二阶的环节乘积如下：

$$D(z)=\frac{U(z)}{E(z)}=b_0D_1D_2\cdots D_l \tag{9-2-2}$$

其中的 $D_i(i=1,2,\cdots,l)$ 可能为 $\frac{1+\beta_i z^{-1}}{1+\alpha_i z^{-1}}$ 或 $\frac{1+\beta_{i1}z^{-1}+\beta_{i2}z^{-2}}{1+\alpha_{i1}z^{-1}+\alpha_{i2}z^{-2}}$。

$D(z)$ 可以用这些低阶环节的编排结构（采用直接型编排实现）进行串联而得。图 9-3 即为一个四阶系统的串联型编排结构图（图中每个小环节均采用零极型结构）。

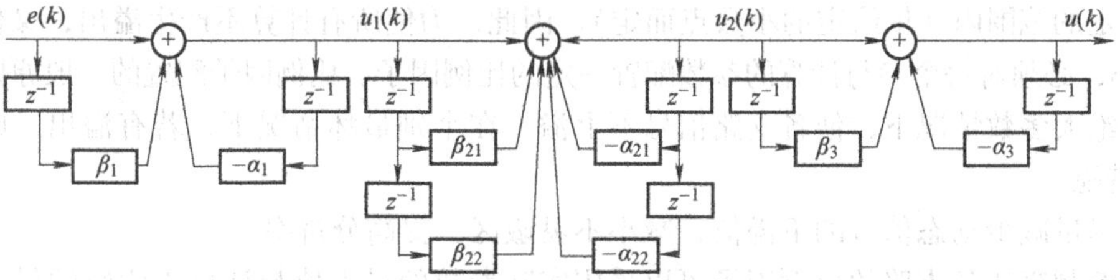

图 9-3 串联型编排结构图

串联型结构有一定的优点：如果控制器中某一系数产生误差，只能使其相应环节的零点或极点发生变化，对其他环节的零极点没有影响。由于某一存储器中的系数与相应环节的零点或极点相对应，实验调试时，将非常直观方便。

3. 并联型结构

利用部分分式展开法，$D(z)$ 可以表示成一阶或二阶环节之和：

$$D(z)=\frac{U(z)}{E(z)}=\gamma_0+D_1+D_2\cdots+D_l \tag{9-2-3}$$

其中的 $D_i(i=1,2,\cdots,l)$ 可能为 $\frac{\gamma_i}{1+\alpha_i z^{-1}}$ 或 $\frac{\gamma_{i0}+\gamma_{i1}z^{-1}}{1+\alpha_{i1}z^{-1}+\alpha_{i2}z^{-2}}$。

$D(z)$ 可以用这些低阶环节的编排结构（采用直接型编排实现）进行并联而得，图 9-4 即为一个三阶系统的并联型编排结构图（图中每个小环节均采用零极型结构）。

并联型结构有较大的优点：各个通道彼此独立，一个环节的运算误差，只影响本环节的输出，对其他环节的输出没有影响。某一系数产生的误差，只影响相应环节的零点或极点，对其他环节没有影响。

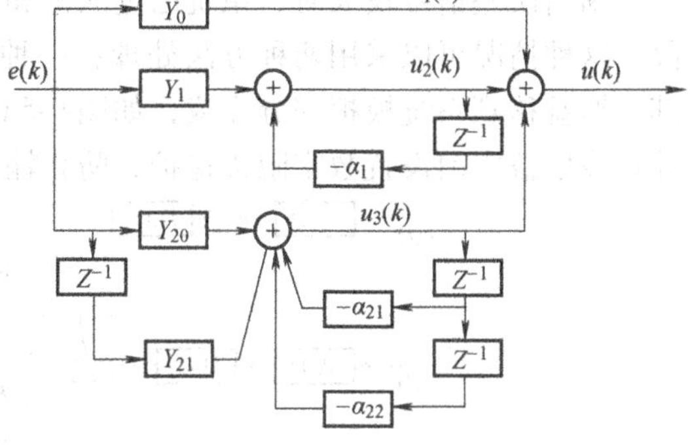

图 9-4 并联型编排结构图

不管采用哪种编排结构，从控制理论角度来看，它们在静态及动态上都是有效的，但是考虑到在有限字长的计算机上具体实现时，由于量化效应的缘故，它们在动态及静态特性上是不等价的，并各有特点。分析研究表明，并联实现时，由有限字长所引起的量化误差较小，而直接编排所产生的量化误差最大。直接编排对控制器参数变化的灵敏度较高。另外，从以下的例子还可以看到，直接编排实现简单、直接，不像串联型或并联型结构那样要求进行分解和展开处理。同时不同编排方法对计算机运算速度及内存容量的要求也不同。对于给定的一个控制算法，究竟采用哪种编排结构，设计者应从以下两个方面综合考虑确定：首先应考虑算法编排实现时，计算机有限字长幅值量化对系统性能的影响。其次还应考虑实现时对计算机速度及内存容量的要求。对于简单的一阶或二阶复根的环节，由于它们本身不能做进一步分解，直接编排结构是最基本的编排方法。

9.2.2 比例因子的配置

如果实时控制计算机采用定点数运算，则要求参加计算的数据及所得结果的绝对值均小于1或在给定的范围内（依给定的小数点而定）。因此，为使所有计算不产生溢出，又使量化误差足够小，必须对每个参与计算的参数配置一定的比例因子。比例因子配置的一般原则如下：

1）绝大多数情况下，使各支路信号不上溢。在个别最坏情况下，若有溢出，则采用溢出保护措施。

2）尽量减少动态信号的下溢值，减小不灵敏区，提高分辨率。

3）控制算法各支路的比例因子可以采用实际参数的最大值与计算机代码的最大值之比来确定。为提高运算速度，应尽量采用2的整次幂来放大或缩小信号幅值。

4）要保证配置比例因子前后，支路的增益与总的传递特性保持不变。

5）要特别注意对A-D和D-A比例因子的计算。

前面提到，为充分发挥A-D的分辨率，一般通过调理环节使待转换信号的变化范围充满量程，也就是使A-D转换器输入的最大物理量 $u_{i\max}$ 对应A-D输出数字量为1。这时可将该A-D视为具有传递系数 $K_{AD}=1/u_{i\max}$。类似理由得知，数字量最大值1对应D-A转换器输出的最大物理量 $u_{o\max}$ 则可看成该D-A具有传递系数 $K_{DA}=u_{o\max}$。

注意到，在进行控制律设计时，为了简化问题，通常不考虑A-D和D-A的传递系数，也就是认为当控制律 $D(z)=1$ 时，D-A的模拟输出就等于A-D的模拟输入，即此时信号从A-D前到D-A后的传递关系为1。在此，为了不改变信号的这种传递关系，又要兼顾A-D和D-A的量程关系，就要在计算机内配置相应的反比例因子 $1/K_{AD}$ 和 $1/K_{DA}$。

当控制器增益大于1，即有

$$D(z)=K|D_1(z)|>1, K>1 \text{ 且 } |D_1(z)|<1$$

则当误差信号较大时，系统已进入饱和区，只是在误差信号较小时，系统才工作在线性段。这种情况可以采用两种方法处理：一种方法是计算机实现增益小于1的控制器 $D_1(z)$，其余增益移到系统模拟部分完成，如图9-5a所示；另一种方法是将大于1的增益放到最后，并在该增益之前设置数字限幅保护，防止输入信号较大时发生上溢，如图9-5b所示。

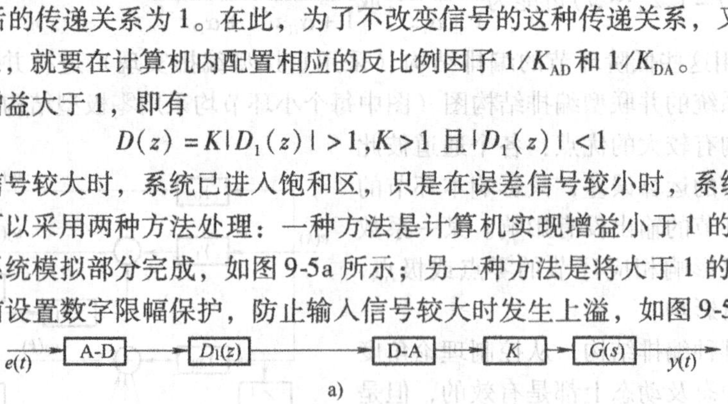

图9-5 数字控制系统控制器增益的分配

例 9-1 已知控制器函数 $D(z)=\frac{U(z)}{E(z)}=\frac{2(z-0.7)(z-0.8)}{(z-0.9)(z-0.2)}=\frac{2-3z^{-1}+1.12z^{-2}}{1-1.1z^{-1}+0.18z^{-2}}$，控制器在系统中的连接如图 9-6 所示，试画出实现该控制器的结构编排图。设实现控制律的主机采用定点小数的补码来表示数据，进行适当的比例因子配置，写出对应算法的差分方程，给出相应的算法实现流程图。

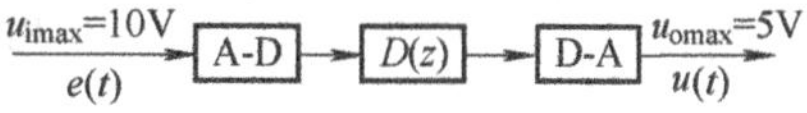

图 9-6 某控制器接口图

解 (1) 直接编排实现

从所给的控制器函数可得

$$u(k)=2e(k)-3e(k-1)+1.12e(k-2)+1.1u(k-1)-0.18u(k-2)$$

采用直接型结构中如图 9-2b 的零极型结构编排，得到实现结构如图 9-7 所示。

按比例因子配置的 5 条原则，结合考虑控制器的接口关系，可以对图 9-7 所编排的控制律进行如下的配置：

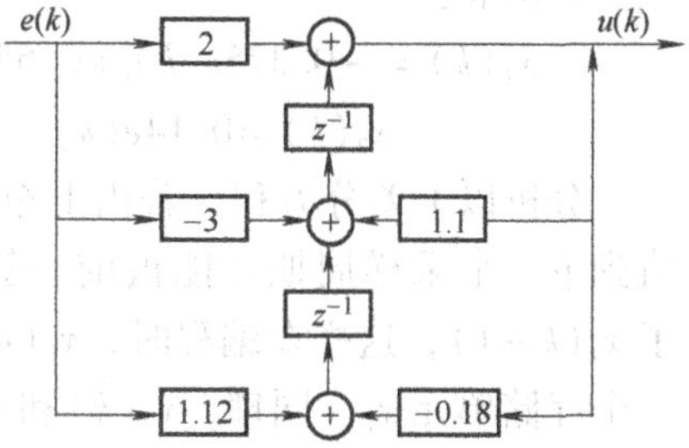

图 9-7 控制算法编排结构图

1）考虑系数的情况。由于主机用定点小数的补码来表示数据，大于 1 的数据无法在计算机内表示出来，而 $a_1=1.1$。因此必须乘以比例因子 2^{-1}，为使其所在回路增益保持不变，正向回路必须乘以比例因子 2。为使从头至尾的稳态增益不变，输入必须乘以 2^{-1}。其余支路和回路做相应调整。

2）确定控制器中间变量的最大值，对整个环节进行配置。该控制器稳态增益 $D(z)\Big|_{\substack{z\to1\\(t\to\infty)}}=1.5>1$，高频增益 $D(z)\Big|_{\substack{z\to-1\\(t\to\infty)}}=2.6842>1$，故应对整个大环节进行比例因子配置。选择比例因子 $2^2=4>3$。整个环节前面乘以 2^{-2}，环节最后乘以 2^2，以保持整个系统的增益不变。其中的乘法 2^2 通过左移实现，并且在其前面加入限幅保护。

3）考虑 A-D 和 D-A 的量程。由于 A-D 的量程为 10V，相当于具有比例因子 1/10；D-A 的量程为 5V，相当于具有比例因子 5。为保证当控制律取 1 时，信号从 A-D 前到 D-A 后为 1 的传递关系，则需要在 D-A 之前增加一个比例因子 2（注意不要忘记其前面需要加入的限幅保护）。

稍加整理，得配置好比例因子的结构编排图如图 9-8 所示。

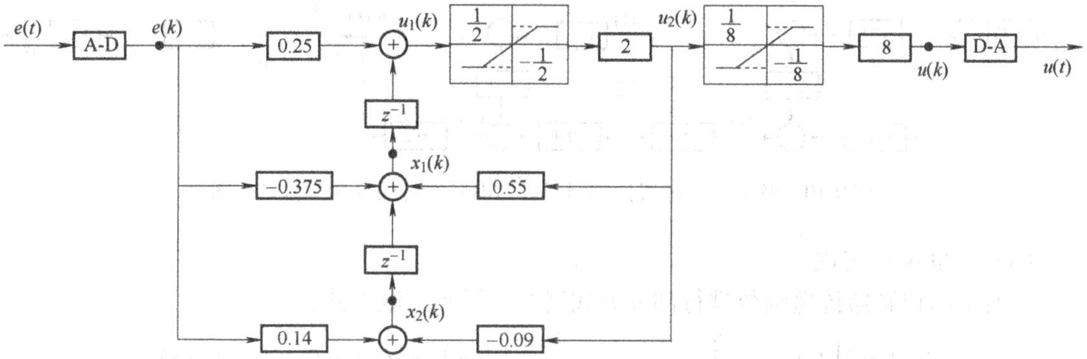

图 9-8 整个环节配置比例因子后的直接编排算法结构图

根据图 9-8 可以写出算法的差分方程。

算法Ⅰ:

$$u_1(k)=0.25e(k)-x_1(k-1)$$

$$u_2(k)=\begin{cases}-1 & ,u_1(k)<-0.5\\ 2u_1(k) & ,|u_1(k)|\leqslant 0.5\\ 1 & ,u_1(k)>0.5\end{cases}$$

$$u(k)=\begin{cases}-1 & ,u_2(k)<-0.125\\ 8u_2(k) & ,|u_2(k)|\leqslant 0.125\\ 1 & ,u_2(k)>0.125\end{cases}$$

算法Ⅱ:

$$x_1(k)=-0.375e(k)+0.55u_2(k)+x_2(k-1)$$

$$x_2(k)=0.14e(k)-0.09u_2(k)$$

分析以上差分方程，若由上至下顺序计算，则 $x_1(k)$ 的值到下一个采样周期才能被前一算式利用，因而它自然成了 $x_1(k-1)$，这样在编程时，$x_1(k)$ 和 $x_1(k-1)$ 就可以共用一个存储单元 x_1。同理，$x_2(k)$ 和 $x_2(k-1)$ 可以共用一个存储单元 x_2。取初值 $x_1=x_2=0$，则可得该差分方程的算法对应的流程图如图 9-9 所示。

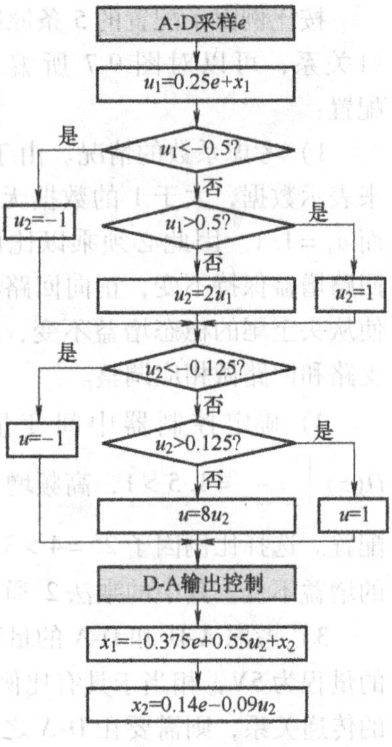

图 9-9 算法流程图

图 9-9 的特点是无需进行数据传送，而是依靠计算的先后顺序，间接得到 $e(k)$ 和 $u(k)$ 的历次值。

(2) 串联编排实现

将所给的控制器传递函数因式分解，得到串联形式:

$$D(z)=\frac{0.25z-0.175}{z-0.9}\cdot\frac{0.5z-0.4}{z-0.2}\cdot 8=D_1(z)D_2(z)D_3(z)$$

按照前面的编排方法以及对比例因子进行配置的原则，可以得到如图 9-10 所示的串联实现的算法编排结构图（注意，串联环节中的每个环节都需要进行相应的检查并进行比例因子配置，还要考虑 A-D 和 D-A 的量程）。

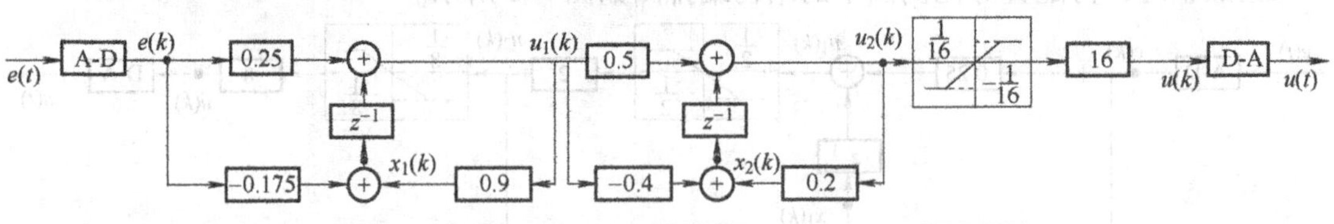

图 9-10 整个环节配置比例因子后的串联实现的算法编排结构图

(3) 并联编排实现

将所给的控制器传递函数进行部分分式展开，得到并联形式:

$$D(z)=2\left[1+\frac{2}{70(z-0.9)}-\frac{3}{7(z-0.2)}\right]=2[D_1(z)+D_2(z)+D_3(z)]$$

按照前面的编排方法以及对比例因子进行配置的原则，可以得到如图9-11所示的并联实现的算法编排结构图（注意，并联环节中的每个环节都需要进行相应检查并进行比例因子配置，还要考虑A-D和D-A的量程，综合点A的溢出情况也需要考虑）。

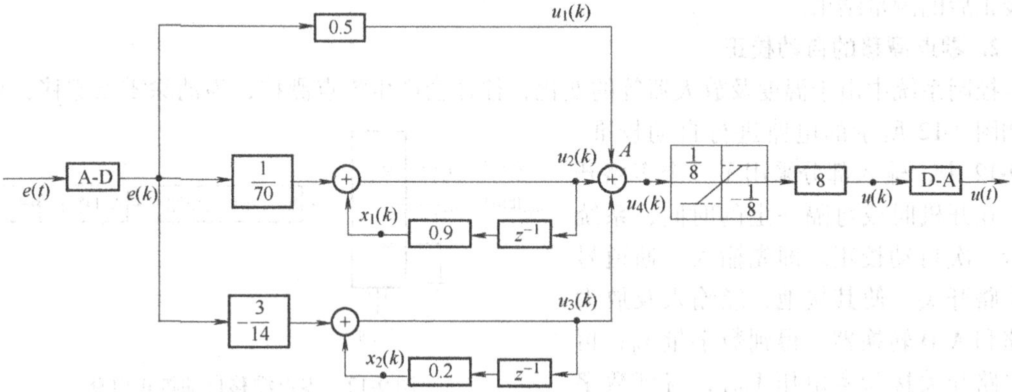

图9-11 整个环节配置比例因子后的并联实现的算法编排结构图

依据串联和并联实现的算法编排结构图，类似可以写出算法的差分方程和相应的实现流程图。

从本例可以看到，同一环节可以得到不同的计算机编排方式，不同编排所需的计算机内存及计算量亦不同，当环节的阶次较高时，差别将是很明显的。

9.3 数据处理技术

计算机控制系统中的数据处理从一般意义上说应包括三方面内容：一是对传感器输出的信号进行放大、滤波、I/V转换等处理，通常称为信号调理；二是对采集到计算机中的信号数据进行一些处理，如进行系统误差校正、数字滤波，逻辑判断、标度变换等处理，通常称为一次处理；三是对经过前两步得到的测量数据进行分析，寻找规律，判断事物性质，生成所需要的控制信号，称为二次处理。信号调理都是由硬件完成，而一次和二次处理一般由软件实现。通常所说的数据处理多指上述的一次处理。一次处理的主要任务是提高检测数据的可靠性，并使数据格式化、标准化，以便运算、显示、打印或记录。

9.3.1 系统误差的校正

系统误差是指在相同条件下，经过多次测量，误差的数值（包括大小和符号）保持恒定，或按某种已知的规律变化的误差。这种误差的特点是，在一定的测量条件下，其变化规律是可以掌握的，产生误差的原因一般也是知道的，因此，原则上讲，系统误差是可以通过适当的技术途径确定并加以校正的。

在系统的测量输入通道中，一般均存在零点偏移和漂移，产生放大电路的增益误差和器件参数的不稳定等现象，它们会影响系统数据的准确性，这些误差都属于系统误差。有时必须对系统误差进行校正。

1. 直流零位的校正

在计算机控制系统中，普遍采用的消除系统误差的方法是先测量短路时的零位电压 x_0，并将测得的数据存储起来。正常测量时，从每次测量结果 x 中减去零位电压 x_0，即可得到零位校正后的测量结果。

2. 零点漂移的自动校正

控制系统中由于温度及放大器等的变化，往往会产生零点漂移，为消除零点漂移，可采用如图 9-12 所示的电路进行自动校准。图 9-12 中，输入部分采用了一个多路开关，在开机时或每隔一定的时间，系统进行一次自动校正。即先输入一通道号到多路开关，使其接地，经输入及放大电路和 A-D 转换器，得到数字量 x_0；再使多路开关接参考电压 V_{REF}，得到数字量 x_R。将 x_0 和 x_R 存储起来。正式测量时，若测得的被测量 V 对应的数字量为 x，则按下式进行修正，即可得到准确值

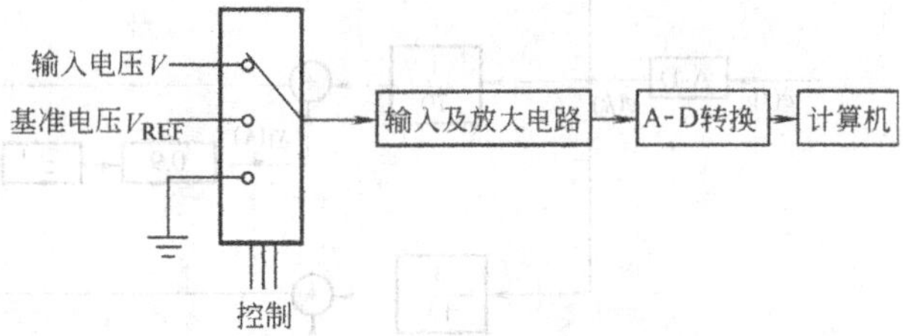

图 9-12 零点漂移自动校正电路

$$V = \frac{x - x_0}{x_R - x_0} V_{REF} \tag{9-3-1}$$

采用这种方法计算出的模拟量 V 与零点漂移及增益的变化无关，从而大大提高了测量精度。

9.3.2 数字滤波

数字滤波实质上是一种程序滤波。数字滤波就是用某种计算方法对输入的信号进行数学处理，以减少干扰信号在有用信号中的比例，提高信号的真实性。与模拟 RC 滤波器相比，数字滤波主要有以下优点：

(1) 数字滤波用程序实现，且数字滤波可以多通道“共用”一个滤波程序，要改变滤波方法只需改变程序，而不需改变硬件设备，使用灵活方便。

(2) 由于不需要增加硬件设备，因此系统可靠性高、稳定性好，各回路之间不存在阻抗匹配问题。

(3) 可以对频率很低（如 0.01Hz）的信号实现滤波，而模拟滤波器由于电容器容量的限制，频率不可能太低，因此数字滤波克服了模拟滤波器的限制。

数字滤波在计算机控制系统中应用广泛，数字滤波方法有很多种，不同的方法各有不同的特点，下面主要介绍常用的几种数字滤波方法。

1. 算术平均值滤波

算术平均值滤波是要寻找一个 y，使该值与各采样值 x_k 间误差的二次方和为最小，即

$$E = \min\left[\sum_{k=1}^{N} e_k^2\right] = \min\left\{\sum_{k=1}^{N}[y - x_k]^2\right\} \tag{9-3-2}$$

式中 y——N 个采样值的算术平均值；

x_k——第 k 次采样值；

N——采样次数。

由一元函数求极值原理，得

$$y = \frac{1}{N}\sum_{k=1}^{N} x_k \tag{9-3-3}$$

式（9-3-3）便是算术平均值数字滤波公式。由此可见，算术平均值滤波是将一个采样周期内 N 次采样值相加，再除以采样次数 N，就得到该周期的采样值。

算术平均值滤波主要适用于对压力、流量等周期脉动的采样值进行平滑加工，但对于脉冲性干扰信号的平滑效果欠佳。算术平均值滤波对信号的平滑度和灵敏度完全取决于采样次数 N，随 N 值的增大，平滑度提高，但灵敏度降低。通常对流量信号 N 取 10；对压力信号 N 取 5；对温度参数等慢变信号 N 取 2，甚至可不平均。

2. 加权平均值滤波

式（9-3-3）中所示的算术平均滤波法对 N 次采样值给出的加权系数是相同的，即 $1/N$。但有时为了提高滤波效果，将各采样值取不同的比例，然后再相加，这样的方法称为加权平均值滤波。一个 N 项加权平均式为

$$y = \sum_{k=1}^{N} c_k x_{N-k} \tag{9-3-4}$$

式中　$c_k(k=1,2,\cdots,N)$——各次采样值的加权系数，为常数项，$0 \leqslant c_k \leqslant 1$，且满足 $\sum_{k=1}^{N} c_k = 1$。

加权系数 c_k（$k=1$，2，…，N）体现了各次采样值在平均值中所占的比例，可根据具体情况确定取值。一般采样次数越靠后，取的比例越大，这样可增加新的采样值在平均值中的比例。这种滤波方法可以根据需要突出信号中的某一部分，抑制信号中的另一部分。

3. 中位值滤波

中值滤波的原理是对被测参数连续采样 m 次（$m \geqslant 3$，且 $m=3k$，一般 k 取奇数），并按大小顺序排列，然后将首尾部分各截去 1/3 个数据，保留中间 1/3 个数据进行平均，作为本次采样的有效数据。中位值滤波对脉冲干扰信号有良好的滤波效果。

4. 限幅滤波

由于大的随机干扰或采样器的不稳定，使得采样数据偏离实际值太远，为此，可以采用上、下限限幅，即

$$\begin{cases} x_k \geqslant x_H, & y_k = x_H \\ x_k \leqslant x_L, & y_k = x_L \\ x_L < x_k < x_H, & y_k = x_k \end{cases} \tag{9-3-5}$$

式中　x_k——第 k 次采样值；

y_k——第 k 次滤波结果输出值；

x_H、x_L——采样值允许的上限值、下限值。

而且采用限速（限制变化率），即

$$\begin{cases} |x_k - x_{k-1}| \leqslant \Delta X, & y_k = x_k \\ |x_k - x_{k-1}| > \Delta X, & y_k = x_{k-1} \end{cases} \tag{9-3-6}$$

式中　x_k、x_{k-1}——第 k、第 $k-1$ 次采样值；

y_k——第 k 次滤波结果输出值；

ΔX——相邻两次采样值所允许的最大增量。

ΔX 值的选取，取决于采样周期 T 及被测参数 x 的正常变化率。因此，一定要按照实际

情况来确定 ΔX、x_H 和 x_L，否则，非但达不到滤波效果，反而会降低控制品质。

5. 惯性滤波

前面介绍的几种滤波方法基本上属于静态滤波，主要适用于变化过程比较快的参数，如压力、流量等，但对于慢速变化的随机变量，采用短时间内连续采样求平均值的方法，其滤波效果往往不够理想。

在模拟量输入通道中，常采用一阶低通 RC 模拟滤波器（见图 9-13）来削弱干扰。由图 9-13 不难写出一阶模拟低通滤波器的传递函数，即

$$G(s)=\frac{Y(s)}{X(s)}=\frac{1}{\tau s+1} \tag{9-3-7}$$

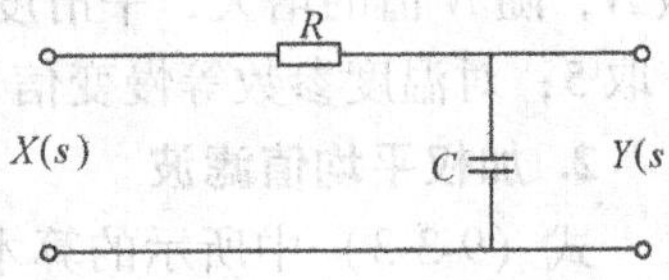

图 9-13 RC 低通滤波器

式中 τ——RC 滤波器的时间常数，$\tau=RC$。

一阶低通滤波器也称为惯性滤波器，用这种方法实现对低频干扰的滤波时，困难在于大时间常数和高精度的 RC 网络难以制作与实现，因为时间常数 τ 越大，必然要求电容 C 越大，其漏电流也随之增大，从而使 RC 网络的误差增大和设备体积增大。用数字形式实现惯性滤波器的动态滤波，能很好地克服上述缺点，在滤波常数要求大的场合，这种方法尤其实用。

将式（9-3-7）写成差分方程

$$\tau\frac{y_k-y_{k-1}}{T}+y_k=x_k \tag{9-3-8}$$

稍加整理得

$$y_k=\frac{T}{\tau+T}x_k+\frac{\tau}{\tau+T}y_{k-1}=(1-\alpha)x_k+\alpha y_{k-1} \tag{9-3-9}$$

式中 x_k——第 k 次采样值；

y_k、y_{k-1}——第 k 和第 $k-1$ 次滤波结果输出值；

T——采样周期；

α——滤波系数，$\alpha=\frac{\tau}{\tau+T}$，且 $0<\alpha<1$。

根据惯性滤波器的频率特性，滤波系数 α 值越大，则带宽越窄，滤波频率也越低。因此，需要根据实际情况，适当选取 α 值，使得被测参数既不出现明显波纹，反应又不太延迟。

上面介绍了五种数字滤波方法，实际应用中，究竟选取哪一种数字滤波方法，应视具体情况而定。算术平均值滤波法适用于周期性干扰，中位值滤波法和限幅滤波法适用于偶然的脉冲干扰，惯性滤波法适用于高频及低频干扰信号，加权平均值滤波法适用于纯迟延较大的被控对象。如果同时采用几种滤波方法，一般先用中位值滤波或限幅滤波，然后再用平均值滤波法。如果应用不恰当，非但达不到滤波效果，反而会降低控制品质。

9.3.3 非线性处理

实际应用中，许多传感器具有非线性转换特性。例如，用热电偶测温度，热电动势与温度不成线性关系；在流量测量中，流体的压差信号与流量成平方根关系。因此，所测量的模

拟信号与被测参数不是线性关系。许多传感器测量关系的转换特性是通过实验测得的数据经过处理后得到的。为描述这些非线性特性的转换关系，通常有查表法、拟合函数法、折线近似与线性插值法三种方法。

1. 查表法

查表法是一种较精确的非线性处理方法。设有非线性关系的两个参数 A 和 B，现要根据参数 A 取参数 B 的数值，可通过以下步骤实现：

（1）造表。根据需要确定参数 A 的起始值 A_0 和等差变化值 N，则有

$$A_i = A_0 \pm N \times i (i = 1,2,\cdots,n) \tag{9-3-10}$$

确定一块连续存储区，设其地址为 AD_0、AD_1、…、AD_n，AD_i 与 AD_{i+1} 的关系可按某些规律算法确定，为方便程序设计，通常采用按顺序递增或递减的关系，即 $AD_{i+1} = AD_i + M$，M 是参数 B 在计算机中存储值的字节数。

（2）查表。设有待查参数 A_m，由 $i = (A_m - A_0)/N$，有

$$T_i = AD_0 \pm Mi \tag{9-3-11}$$

从存储地址 T_i 处连续取 M 个字节数据，即为对应参数 A_m 的 B_m 值。

查表法的优点是迅速准确，但如果参数变化范围较大或变化剧烈时，要求参数 A_i 的数量将会很大，表会变得很大，表的生成和维护将变得困难。

2. 拟合函数法

各种热电偶的温度与热电动势的关系都可以用高次多项式描述

$$T = a_0 + a_1 E + a_1 E^2 + \cdots + a_n E^n \tag{9-3-12}$$

式中 T——温度；

E——热电偶的测量热电动势；

a_0、a_1、…、a_n——系数。

实际应用时，方程所取项数和系数取决于热电偶的类型和测量范围，一般取 $n \leqslant 4$。以 $n=4$ 为例，对高次多项式可做如下处理

$$T = \{[(a_4 E + a_3)E + a_2]E + a_1\}E + a_0 \tag{9-3-13}$$

按上式计算多项式，可有利于程序的设计。

3. 折线近似与线性插值法

上述非线性参数关系可用数学表达式表示，除了上述情况外，在工程实际中还有许多非线性规律是经过数理统计分析后得到的，对于这种很难用公式来表示的各种非线性参数，常采用折线近似与线性插值逼近方法来解决。

以温度—热电动势函数曲线为例。图 9-14 是某热电偶温度（T）与热电动势（E）的关系曲线。折线近似法的原理是，将该曲线按一定要求分成若干段，然后把相邻分段点用折线连接起来，用此折线拟合该段曲线，在此折线内的关系用直线方程来表示

$$T_x = T_{n-1} + (E_x - E_{n-1})\frac{T_n - T_{n-1}}{E_n - E_{n-1}} \tag{9-3-14}$$

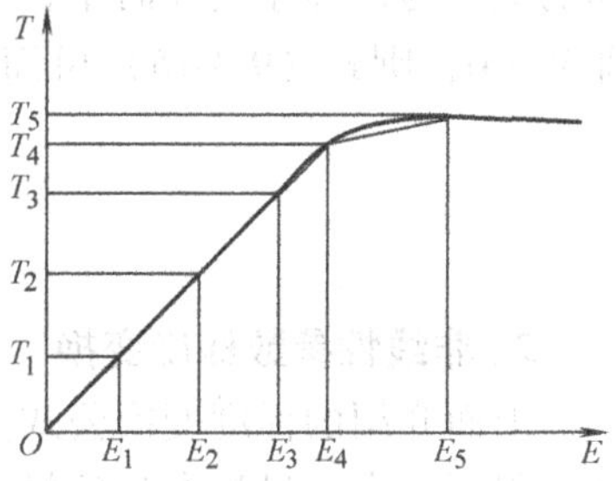

图 9-14 热电偶 T-E 关系曲线

式中 E_x——测量的热电动势；

T——由 E_x 换算所得的温度；

E_{n-1}、E_n——E_x 所在的折线段两端的热电动势；
T_{n-1}、T_n——E_x 所在的折线段两端的温度值。

实际应用中，由测量值 E_x 的大小选择折线段，由该线段两端的温度和热电动势值和 E_x，可由上式计算出相应的温度 T_x。

将曲线分段的方法主要有两种：

1）等距分段法。等距分段法就是沿 X 轴或 Y 轴等距离选取分段点。等距分段法的主要优点是使公式中的 E_{n-1}、E_n 和 T_{n-1}、T_n 为常数，从而使计算简化，节省存储区。但该方法的缺点是当函数的曲率和斜率变化较大时，将会产生一定的误差；否则必须把基点分得很细，这样势必占用较多存储单元，并使计算时间加长。

2）不等距分段法。这种方法的特点是分段点间不是等距的，而是根据函数曲线的形状及其变化率来修正插值间的距离。曲率变化大，插值间距取得小一点；反之，可将插值距离增大一点。这种方法的优点是可以提高精度，但非等距插值点的选取比较麻烦。

上述插值采用线性插值法，线性插值法计算简单、快捷，如果精度要求较高且计算时间允许的话，完全可以采用二次曲线插值法来拟合曲线段。

9.3.4 标度变换方法

不同的过程参数有不同的量纲，但所有的过程参数经模拟量输入通道输入后均为无量纲的数字量。这些数字量仅反映过程参数值的大小，并不一定等于原来带有量纲的参数值。为了运算、显示或打印输出，必须把这些数字量转换成操作人员所熟悉的工程量，即转换为带有原工程量纲的数值。这种转换称为工程量转换，也称为标度变换。

1. 线性参数标度变换

线性标度变换的前提条件是被测参数值与 A-D 转换结果之间呈线性关系。线性标度变换公式如下

$$A_x = A_0 + (A_m - A_0)\frac{N_x - N_0}{N_m - N_0} \tag{9-3-15}$$

式中 A_0、A_m——一次测量仪表的下限值、上限值；
A_x——实际测量值（工程量）；
N_0、N_m——仪表下限、上限所对应的数字量；
N_x——测量值所对应的数字量。

其中，A_0、A_m、N_0 和 N_m 对于某一固定的被测参数而言是常数，对于不同的参数则有不同的值。为使程序设计简单，一般把一次测量仪表的下限 A_0 所对应的 A-D 转换值置为 0，即 $N_0=0$，则式（9-3-15）可简化为

$$A_x = A_0 + (A_m - A_0)\frac{N_x}{N_m} \tag{9-3-16}$$

2. 非线性参数标度变换

上面介绍的标度变换公式只适用于具有线性变化特征的参量，但有时计算机从模拟输入通道得到的有关过程参数信号与该信号所代表的物理量不一定呈线性关系，则标度变换应根据具体情况具体分析。

以差压变送器测量流量为例，由于差压与流量的二次方成正比，故有

$$Q = K\sqrt{\Delta P} \tag{9-3-17}$$

式中　Q——流量；

K——比例系数；

ΔP——节流装置的压差。

可见，流体的流量与被测流体流过节流装置前后产生的压差的二次方根成正比，于是可得测量流量的标度变换公式为

$$\frac{Q_x - Q_0}{Q_m - Q_0} = \frac{K\sqrt{N_x} - K\sqrt{N_0}}{K\sqrt{N_m} - K\sqrt{N_0}} \tag{9-3-18}$$

$$Q_x = Q_0 + (Q_m - Q_0)\frac{\sqrt{N_x} - \sqrt{N_0}}{\sqrt{N_m} - \sqrt{N_0}} \tag{9-3-19}$$

式中　Q_0、Q_m——流量仪表的下限值、上限值；

Q_x——差压变送器所测得的差压值；

N_0、N_m——差压变送器上限值、下限值所对应的数字量；

N_x——差压变送器所测得的差压值对应的数字量。

对于流量测量仪表，一般下限 $Q_0=0$，则 $N_0=0$，式（9-3-19）可简化为

$$Q_x = Q_m\frac{\sqrt{N_x}}{\sqrt{N_m}} \tag{9-3-20}$$

3. 其他标度变换法

许多非线性传感器并不像上面讲的传感器那样可以直接写出解析式，或者虽然能够写出，但计算相当困难，这时可采用多项式插值法，也可以用线性插值法或查表法进行标度变化。

9.3.5　越限报警处理

由采样读入的数据或经计算机处理后的数据是否超出工艺参数范围，计算机要加以判别，如果超越了规定数值，就需要通知操作人员采取相应的措施，确保生产的安全。

越限报警是工业控制过程常见而又实用的一种报警形式，分为上限报警、下限报警及上下限报警。如果需要判断的报警参数是 x_n，该参数的上下限约束分别是 x_{max} 和 x_{min}，则上下限报警的物理意义如下：

（1）上限报警。若 $x_n > x_{max}$，则上限报警，否则继续执行原定操作。

（2）下限报警。若 $x_n < x_{min}$，则下限报警，否则继续执行原定操作。

（3）上下限报警。若 $x_n > x_{max}$，则上限报警，否则对下式做判别：$x_n < x_{min}$？若是则下限报警，否则继续原定操作。

根据上述规定，程序可以实现对被控参数、偏差以及控制量进行上下限检查。

9.4　采样频率的选择

采样周期 T 或采样频率 ω_s 是计算机控制系统的重要参数，在系统设计时就应选择一个

合适的采样周期。当采样周期取得大些时，在计算工作量一定的条件下，对计算机运行速度、A-D及D-A的转换速度的要求就可以低些，从而降低系统的成本；从另一方面看，也可以有较充裕的时间允许系统采用更复杂的算法，从这个角度上来看，采样周期应取得大些。但通过参数的量化误差分析也得知，过大的采样周期又会使系统的性能降低。因此，设计者必须考虑各种不同的因素，选取一个合适的采样周期。以下将简要地总结和讨论一下采样周期对系统性能的影响，并给出确定采样周期的一些经验规则。

9.4.1 采样频率对系统性能的影响

1. 对系统稳定性能的影响

在计算机控制系统里，采样周期 T 是系统的一个重要参数，对闭环系统的稳定性和性能有很大影响。当系统参数一定时，可以确定系统稳定的最大采样周期 T_{max}。由于最大采样周期是临界的采样周期，实际应用时，所选用的采样周期应比上述采样周期要小。

2. 丢失采样信息的影响

为使系统的输出能准确复现系统的输入信号，就要求采样信号应能准确地包含原连续信号的信息，才可形成正确的偏差去控制输出信号。假定输出及反馈信号的最大频率为 ω_{max}，依采样定理，采样频率 ω_s 应当满足 $\omega_s \geqslant 2\omega_{max}$。然而对于一个实际控制系统，信号的最大频率 ω_{max} 很难确定（特别像阶跃信号等许多信号所含的频率就很高）。

在计算机控制系统里，被控对象的输出信号必是被采样的信号，其特性由被控对象的特征根决定。因此，可以认为系统输出中所含的最高频率分量由被控对象特征根中的最高频率决定的。考虑到被控对象建模时的不准确，为了减少频率混叠现象，常常要求采样频率满足

$$\omega_s \geqslant (4 \sim 10)\omega_{Rmax}$$

式中 ω_{Rmax}——被控对象全部特征根中的最高频率。

另外，一个闭环控制系统的频带是有限的。当被控对象输出中某个分量的频率高于系统闭环频带时，它的模值将被衰减，在整个输出信号中所占的比例很小。所以，采样频率还可以依系统的闭环频带来确定，即把闭环频带看作是信号的最高频率，故采样频率应高于闭环频带两倍以上。与前述理由类似，工业应用时，考虑到高于闭环频带的信号分量对低频分量的影响，为减少混叠现象，常应选用

$$\omega_s \geqslant (4 \sim 10)\omega_b$$

式中 ω_b——系统闭环频带。

3. 采样周期与系统抑制干扰能力的关系

系统除了受指令信号控制外，还经常受到各种不同类型干扰的影响。抑制干扰的影响是控制系统的重要任务。通常，计算机控制系统抑制干扰的能力不如连续系统，主要的原因是，信号采样使系统丢失了采样间隔之间干扰变化的信息。在极端情况下，若采样开关动作速度比干扰变化的速度慢得多，即采样间隔过长，那么系统对干扰就犹如完全没有控制作用一样（因为在采样间隔内控制作用不变）。所以，在选择系统的采样频率时，还必须要考虑系统可能受到的干扰以及系统对抑制干扰的要求。

若干扰是变化的，且具有一定的频率，并要求像连续系统那样对干扰进行控制，那就必须依干扰信号中的最高频率 ω_{fmax} 来选择采样频率 ω_s。

$$\omega_s \geqslant 2\omega_{fmax}$$

通常，作用于系统上的干扰的频率较高，依上式来确定 ω_s，势必使 ω_s 取得过高，以致工程实现较为困难。因此，工程应用中比较常用的方法类似于图 9-15 所示方法。

图 9-15 为某系统受到随机干扰时，输出方差与采样周期 T 的关系曲线。当 T 增大时，输出方差增加。若给定系统输出方差 $\overline{\sigma}_x^2$ 的最大允许值，依图即可确定最大采样周期 $T_{允}$。

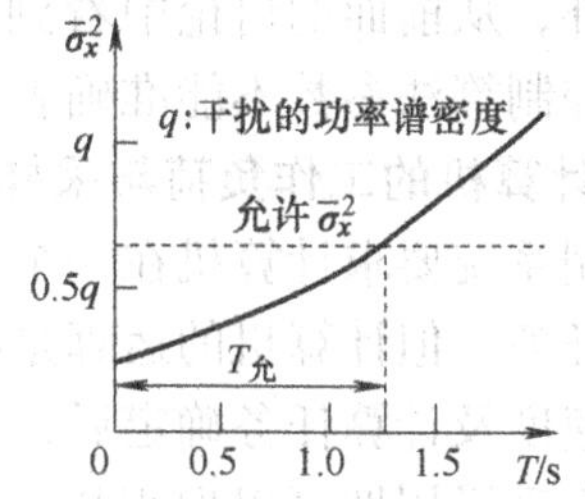

图 9-15 采样周期与输出方差关系图

4. 系统输出平滑性与采样周期

计算机产生的指令信号是通过零阶保持器输出的，因此为一组阶梯信号。在这组阶梯信号作用下，被控过程的输出是一组彼此相连的阶跃响应，如图 9-16 所示，由于信号阶梯的大小与采样周期成正比，在采样周期较大时，信号阶梯增大，使被控对象的输出响应不平滑，产生不允许的高频波动。

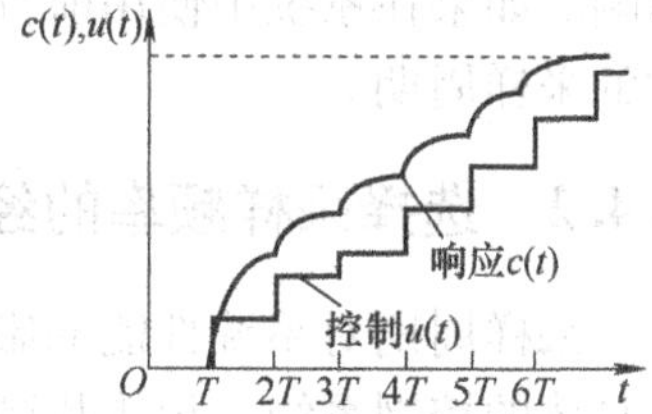

图 9-16 输出响应的不平滑性

为了减小这种波动，采样周期应取得小些为好，以保证在响应过程中有足够多的采样点数。经验规则是：

（1）若系统的阶跃响应是非周期形状，一般要求在阶跃响应的升起时间 T_r 内的采样点数 N_r 为

$$N_r = \frac{T_r}{T} \geqslant (5 \sim 10)$$

（2）若系统的阶跃响应是振荡的形状，要求在一个振荡周期 T_d 内的采样点数 N_r 为

$$N_r = \frac{T_d}{T} \geqslant (10 \sim 20)$$

零阶保持器不仅引起输出响应的不平滑，而且它所引入的相位延迟也是降低系统稳定性的重要原因。为了保证系统有足够的相稳定裕度，要求零阶保持器在系统开环截止频率 ω_c 附近引入的相位迟后不能过大。零阶保持器的相位迟后 $\phi = \omega T/2$。通常，希望在系统开环截止频率 ω_c 处，由零阶保持器引入的相位迟后不大（5° ~ 10°），这样可以保证对原系统的相稳定裕度的影响不会太大。由此可以确定采样周期

$$T \leqslant \frac{2(5° \sim 10°)}{57.3\omega_c} = \frac{0.17 \sim 0.35}{\omega_c}$$

从以上几个方面来看，为了获得较好的系统性能，希望将采样周期取得小些较好，但也并不是越小越好，过小的采样周期也会带来一些欠缺和问题。

5. 计算机字长与采样周期

当采样周期趋于无限小时，由于计算机运算部件、A-D 及 D-A 变换器的字长有限，计算机控制系统并不趋近连续系统，且由于字长有限所产生的量化误差反而会增大。例如对于微分控制算法，就需要用前后两次采样值的差。当 T 太小时，相邻的两个采样信号将有相近的幅值，在计算机中就仅作为零处理而失去调节作用。为此，就必须要减小量化单位 q，即增加字长或者增大采样周期。

此外，从前面的讨论中看到，采样周期过小时，将会增大控制算法对参数变化的灵敏度，使控制算法参数不能准确表示，从而使控制算法的特性变化较大。

6. 计算机的工作负荷与采样周期

控制系统要求计算机在一个采样周期内应完成必要的系统管理、输入、输出、控制算法计算等任务。但计算机的运算是串行的，各项任务的计算都要占用一定的时间，所以，当计算机的速度及计算任务确定后，采样间隔就要受到一定限制，现代计算机的运算速度越来越快，似乎采样周期可以取得更小，但也应看到，现代计算机控制系统的控制算法越来越复杂，这又加大了计算机工作量，因此也限制采样周期的降低。

最后，还应指出，在计算机控制系统中是否使用前置滤波器对采样周期的选取也有很大影响。如果在系统中使用前置滤波器，通常可以放宽对采样周期的限制，即允许选用相对较大的采样周期。

9.4.2 选择采样频率的经验规则

采样周期对系统性能的影响是多方面的，并且许多不同因素的影响又是矛盾的，对于一个具体的控制系统，很难找到最优采样周期的定量计算方法。实际经验为工程应用选取采样周期提供了一些有价值的经验规则，可以作为应用时的参考。

(1) 对一个闭环控制系统，如果被控过程的主导极点的时间常数为 T_d，那么采样周期 T 应取

$$T < \frac{T_d}{10}$$

上述规则较广泛地用于实际控制系统的设计，但如果被控过程的开环特性较差（即主导极点的 T_d 较大），而要得到一个较高性能的闭环特性时，采样周期应取得更小些为好。

(2) 如果被控过程具有纯延滞时间 τ，且占有一定的重要地位，采样周期 T 应比延滞时间 τ 小一定的倍数，通常要求

$$T < (1/4 \sim 1/10)\tau$$

(3) 如果闭环系统要求有下述特性：稳态调节时间为 t_s，闭环自然频率为 ω_n，那么采样周期或采样频率可取为

$$T < t_s/10$$

$$\omega_s > 10\omega_n$$

多数工业过程控制系统常用的采样周期为几秒到几十秒，表 9-1 给出了工业过程控制典型变量的采样周期。快速的机电控制系统，要求取较短的采样周期，通常取几毫秒或几十毫秒。

计算机控制系统的采样周期对系统性能及效率影响很大，设计者应综合考虑各种因素，精心地选取一个合理的采样周期。总的原则是：在能满足系统性能要求的前提下，应尽量选取较大的采样周期（即较低的采样频率）以降低系统的成本。

表 9-1 工业过程控制典型变量的采样周期

控制变量	流量	压力	液面	温度
采样周期/s	1	5	10	20

9.4.3　多采样频率配置

为了充分发挥计算机的作用，一台计算机经常要同时控制多个系统或同一系统中多个变量，而这些系统或变量的特性或控制要求是不同的，如果采用一个相同的采样频率已不能满足多个系统或变量的控制要求，选择合适的不同采样速率，形成多采样速率系统。

1. 多采样速率系统的主要好处

1）可以有效地减小计算机的运算量，从而降低对计算机速度的要求。

2）对宽频带回路的快变信号选择相应高的采样速率，可以减少高频控制器数字化带来的动态误差；根据低频带回路的慢变信号选择相应低的采样速率，可以减少低频控制器数字化带来的量化误差。

多采样速率配置的原则是根据每个回路或变量特性，按前面讨论的原则进行配置。就单个回路而言，采样频率的选择与单速率系统是相同的。为使多采样速率在计算机中实现简单，除保证同步采样的要求外，采样速率之比通常取整数倍，如采样速率比 $n=2$，$n=4$ 等。

在一个复杂的计算机控制系统中，需要运行很多任务（如控制任务、管理任务等）。依据不同任务对时间紧迫程度要求的不同，可采用多速率运行，为此，需要将不同的任务分配到不同的运算模块中，以不同的速率实现。为了节省机时，充分发挥计算机的功效，应把所有的运算任务，划分成若干个所需机时大体相当的子功能模块，并按不同的速率要求，将它们分配到不同的小循环周期里。

2. 在划分模块时应注意的几点

1）子模块不能划分过细和过粗，应当适中。过粗会影响计算机计算负荷的均衡，过细又过分烦琐。

2）各子模块不应过分集中在某一循环周期内，应适当分在不同的循环内。

3）采用同一速率且有因果关系的子模块应分在同一循环周期内，否则会产生延迟等待。

在计算机实现多速率采样和运算时，是按从小周期到大周期（高速率到低速率）的顺序进行的，定时中断周期取最小的周期。这样，高速率部分在每个小周期内均运算1次，中间速率部分隔几个小周期运算1次，低速率部分只需一个大周期运算一次。低速率运算结果存放于数字保持器（即存储器）内，直到下一次采样数据产生，对存储数据进行更新。高速率信号的获得，只需按相应的小采样周期从存储器多次取数即可。

本章小结

计算机控制系统软件是指完成各种功能的计算机程序的总和，是计算机系统的神经中枢。计算机控制系统软件包含控制计算软件和实时管理软件。

本章介绍了计算机控制系统的软件设计，简要介绍了控制软件的特点、体系结构和控制软件设计语言的选用。重点介绍了控制器算法 $D(z)$ 在进行计算机编程实现时的编排结构，主要介绍了直接型、串联型和并联型三种常用的传递函数算法编排结构形式和特点。为避免计算机出现溢出现象，进行比例因子配置和限幅保护。

在计算机控制系统中，需要对生产过程的各种信号进行测量，然后用A-D转换器把模拟信号变成数字信号，读入计算机中。对于这样得到的数据一般要进行数据处理，本章主要介绍了滤波处理、线性化处理、标度变换和系统误差的自动校准等。

采样周期是计算机控制系统的重要参数，选取不当会造成系统控制品质的下降，甚至导致系统失控，本章简要地讨论了采样周期对系统性能的影响和采样周期选择的原则以及经验规则。

习题和思考题

9-1 计算机控制系统软件的设计与普通软件的设计有何异同？

9-2 控制软件程序设计为什么需考虑实时性？

9-3 要构成完整的计算机控制系统，需考虑哪几方面软件设计？

9-4 常用的数字滤波方法有哪些？并说明各自主要适用哪类干扰信号。

9-5 控制器算法在编程实现时的编排结构有哪几种？简要说明各自的特点。

9-6 已知控制器的传递函数为

$$G(s)=\frac{s+1}{s+0.2}=\frac{U(s)}{E(s)},T=0.5\text{s}$$

（1）试用一阶向后差分变换将其离散，求 $G(z)$。

（2）将 $G(z)$ 用第二种直接程序法编排实现，试求 $u(k)$ 表达式，并画出结构图。

（3）将该算法分成算法1和算法2，并画出编程的流程图。

9-7 数字惯性滤波器是 RC 模拟滤波器数字化，

$$G_{\text{f}}(s)=\frac{1}{T_{\text{f}}s+1}=\frac{U(s)}{E(s)},T_{\text{f}}=RC$$

（1）试用一阶向后差分变换将其离散（采样周期 $T=0.1\text{s}$），求 $G_{\text{f}}(z)$。

（2）将 $G_{\text{f}}(z)$ 用直接程序法编排实现，试求 $u(k)$ 表达式，并画出实现结构图。

（3）将该算法分成算法1和算法2，并画出编程的流程图。

9-8 请画出算术平均值滤波和中位值滤波的程序流程图。

9-9 有一可调滑线变阻器，其正端接+5V直流电源，负端接地，如图9-17所示。设某时刻经计算机采样滤波后的数字量为BCH，试计算此时抽头的电压值 U_0 为多少（设A-D为8位且仪表是线性的）？

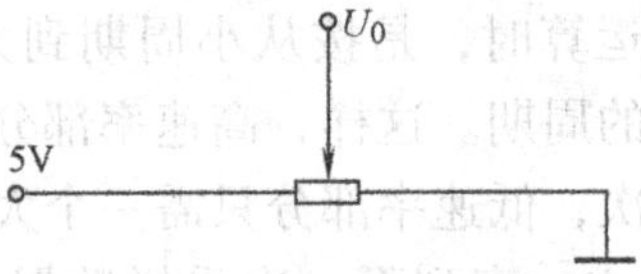

图9-17 可调滑线变阻器

9-10 系统温度范围为-20～+50℃，温度变送器为1～5V电压，送至12位A-D转换器AD574（0～5V），计算：

（1）若AD574的转换结果为800H时，对应的系统温度为多少？

（2）若系统的温度是30℃，此时系统温度变送器和A-D转换器的输出值分别为多少？

9-11 某热处理炉的温度变化范围是0～1500℃，要求分辨率为3℃，温度变送器输出范围为0～5V，则A-D转换器的字长 N 应为多少？如果字长 N 不变，现通过变送器零点迁移将信号零点迁移到600℃，此时系统对炉温变换的分辨率是多少？

9-12 某执行机构的输入变化范围为4～20mA，灵敏度为0.05mA，则D-A转换器的字长为多少？

第 10 章

计算机控制系统的设计与工程实现

在前 9 章中，我们从计算机控制系统的基本概念入手，较详细地介绍了计算机控制系统各部分的工作原理、硬件和软件技术以及控制算法的原理与设计等，基本上具备了设计计算机控制系统的条件。

本章主要介绍计算机控制系统的基本设计方法，并用一节的篇幅介绍计算机控制系统在工程实现中的抗干扰技术。最后结合实际科研项目，给出计算机控制系统的应用实例。

10.1 计算机控制系统设计的原则与步骤

由于控制对象是多种多样的，系统的控制功能和控制方案也是千差万别的，因而计算机控制系统的设计与构成方法灵活性很大，很难找到一种一成不变的规则。但是在计算机控制系统的设计与实现过程中，所应遵守的设计原则与设计步骤大致是相同的。

10.1.1 系统设计的原则

从工业现场的实际应用角度来讲，控制系统设计应遵守以下原则：

1. 安全可靠

工业控制系统的设计应该把安全可靠放在首位。这是因为工业现场的环境比较恶劣，周围存在着各种干扰，随时威胁着系统的正常运行，一旦控制系统出现故障，将造成整个生产过程的混乱，引起严重后果。特别是对 CPU 的可靠性要求应更加严格。

首先要选用高性能的控制计算机，保证在恶劣的工业环境下，仍能正常运行。其次是设计可靠的控制方案，并具有各种安全保护措施，如报警、事故预测、事故处理、不间断电源等。

为了预防计算机故障，还常设计后备装置，对于一般的控制回路，选用手动操作为后备；对于重要的控制回路，选用常规控制仪表作为后备。这样，一旦计算机出现故障，就把后备装置切换到控制回路中去，维持生产过程的正常运行。对于特殊的控制对象，设计两台计算机，互为备用执行任务，构成双机系统。

2. 实时性强

针对工业控制的实时要求，所选择的控制计算机应能对内部和外部事件及时地响应，并做出相应的处理，不丢失信息，不延误操作。计算机处理的事件一般分为两类：一类是定时事件，如数据的定时采集，运算控制等；另一类是随机事件，如事故、报警等。对于定时事件，系统设置时钟，保证定时处理。对于随机事件，系统设置中断，并根据故障的轻重缓急，预先分配中断级别，一旦事故发生，保证优先处理紧急故障。

3. 操作维护方便

操作方便表现在操作简单、直观形象、便于掌握，并不强求操作工要掌握计算机知识才能操作。既要体现操作的先进性，又要兼顾原有的操作习惯。在硬件配置方面应考虑使系统的控制开关不能太多、太复杂，而且操作顺序要简单；在软件方面，应尽可能采用汇编语言，并配有高级语言，以使用户便于掌握。

维修方便体现在易于查找故障，易于排除故障。采用标准的功能模板式结构，便于更换故障模板，在功能模板上安装工作状态指示灯和监测点，便于维修人员检查。另外从软件的角度考虑，应配置差错程序或诊断程序，一旦故障发生，通过程序来查找故障发生的部位，从而缩短排除故障的时间。

4. 通用性好、便于扩充

尽管计算机控制对象多种多样，但从控制功能来分析归类，仍然有共性。比如，过程控制对象的输入、输出信号统一为DC0 ~ 10mA或DC4 ~ 20mA，可以采用单回路、串级、前馈等常规PID控制。因此，系统设计时应考虑能适应各种不同设备和各种不同控制对象，并采用积木式结构，按照控制要求灵活构成系统。这就要求系统的通用性要好。在系统设计时，各设计指标要留有充分的裕量，使系统在必要时，能灵活地进行扩充。

5. 系统开放性

系统开放性体现在硬件和软件两个方面。硬件提供各类标准的通信接口，如RS-232、RS-422、RS-485和以太网接口等。软件支持各类数据交换技术，如动态数据交换（Dynamic Data Exchange，DDE）、对象连接嵌入（Object Link Embedding，OLE）、用于过程控制的OLE（OLE for Process Control，OPC）和开放的数据库连接（Open Data Base Connectivity，ODBC）等。这样构成的开放式系统，既可以从外部获取信息，也可以向外部提供信息，实现信息共享和集成。

6. 经济效益高

计算机控制应该带来高的经济效益，系统设计时要考虑性能价格比，要有市场竞争意识。经济效益表现在两个方面：一是系统设计的性能价格比要尽可能的高；二是投入产出比要尽可能的低。

10.1.2 系统设计的步骤

计算机控制系统的设计分为开发设计和应用设计。开发设计是生产最终用户所需的硬件和软件；应用设计是选择和开发控制对象所需的硬件和软件。

1. 开发设计

开发者的任务是生产出满足用户所需的硬件和软件。首先要进行充分地市场调查，了解用户的需求；然后进行系统设计，落实具体的技术指标；最后进行制造调试，检验合格，市场销售。

开发设计应遵循标准化、模板化、模块化和系列化的原则。

所谓标准化是指硬件和软件要符合国际和行业标准或规范。模板化是针对系统硬件设计，按功能把硬件分成若干个模板，即计算机配置采用积木式结构，硬件模板化又称为硬件结构化。模块化则强调系统软件的设计，将系统应用软件功能分成若干个功能模块，每个模块之间既互相独立又互相联系，若干个模块组合成功能更齐全的模块组。软件模块化又称软件结构化，而系列化是指构成系统的硬件和软件要配套。例如，配置一台工业 PC，除了一系列的硬件模板外，还要有安装硬件模板的机箱或机架，另外还有配套的硬盘、软盘、光盘、CRT 显示器、键盘、鼠标和打印机等外部设备。软件除了操作系统及其配套软件外，还要有配套的用于工业控制的应用软件或监控组态软件。

开发者为用户提供通用的初级制造（Originai Equipment Manufacture，OEM）产品，这种开发设计被称为“一次开发”。用户按被控对象的要求选择所需的 OEM 产品，并组装成计算机控制系统，对生产过程实施控制，这种应用设计被称为“二次开发”。

2. 应用设计

应用设计者的任务是选择和开发满足控制对象所需的硬件和软件，设计控制方案，并根据系统性能指标要求设计系统硬件和软件，以实现系统功能。

应用设计或工程设计按顺序可分为以下 5 个阶段：

（1）可行性研究。根据生产工艺和设备的控制要求，统计输入/输出信号数量和控制回路数量，进行市场询价或估算投资，写出可行性研究报告，方案设计时把握的尺度是能清楚地反映出三大关键问题：技术难点、经费概算和工期。并聘请专家论证，审查系统方案，确定系统规模。

（2）系统总体方案设计。根据可行性研究报告的方案和系统规模，详细统计输入输出信号种类和数量，控制回路数量和控制功能，主要包括传感器、变送器和执行器等现场仪表的种类和数量。在此基础上，确定控制计算机的配置，包括控制计算机中控制单元、输入输出单元和操作显示单元的配置，系统软件和应用软件的配置。主要考虑：

1）依照系统要求选择微处理器。一般应考虑计算机的字长、寻址范围和寻址方式、指令种类和数量、内部寄存器的种类和数量、微处理器的速度以及中断处理能力等。同时还要考虑微处理器 LSI 外围电路的配套、器件的来源、软件的支持等。

2）要根据控制对象的不同特性和要求，选择合适的控制算法。

3）根据控制对象所要求的输入输出参数的个数，来确定系统输入输出通道数、操作方式以及通道字长的位数。

（3）硬件和软件的细化设计。此步骤在总体方案评审后进行。所谓细化设计就是将框图中的方框画到最底层，然后进行底层块内的结构细化设计。

对于硬件设计来说，就是配合工艺、设备、电气等专业进行详细设计，完成设计图样和文件，主要内容包括：设计说明书、管道仪表设备（PID）图、现场仪表数据表、输入/输出信号分类设计表、控制回路原理图、现场仪表供电图、现场仪表位置图、现场仪表供电或供气图、现场仪表电缆布置图、现场仪表安装材料表、控制室布置图、控制室供电图。按照设计，选购模板以及设计制作专用模板；对软件设计来说，就是根据详细设计图样文件和控制回路功能，将一个个模块编成一条条计算机可执行的程序。

硬件和软件的设计是互相有机联系的。有些用硬件完成的功能也可以用软件来完成。若多用硬件完成一些功能，可以改善性能，加快工作速度，但增加了硬件成本。若用软件代替硬件功能，虽可减少元件数，但系统工作速度相应降低。所以在设计一个新的控制系统时，必须在硬件和软件之间相互权衡。

目前，在控制系统设计中应用组态软件大大缩短了系统的研制周期。组态设计主要包括输入模块表、输出模块表、控制模块表、运算模块表、操作显示画面、打印报表。利用监控组态软件，将组态设计图样文件构成可以在控制计算机上实际运行的控制回路、操作显示画面和打印报表，即将组态图样文件变成组态运行文件。

（4）系统调试。硬件细化设计和软件细化设计后，分别进行调试。对于硬件调试通常是按模块进行的，所有模块单独调好后，再进行硬件联调。这样做可使问题局限在一个模块内，便于及时发现和解决。软件调试包括软件模块调试和软件联调；软件模块调试一般是借助与目标系统同机种的高中档微机系统或专用微机开发系统作为工具，独立于硬件进行。软件联调既可以在与实际环境尽可能相近的开发机所提供的环境中进行，也可以在硬件联调全部通过的基础上进行。总的原则是尽量把可能暴露的大部分问题局限在软件的范围以内，以避免软、硬件中的问题交叉，降低调试难度和减少工作量。

硬件、软件的单独联调通过后，在现场总装前还应在实验室再进行一次系统的硬、软件结合仿真联调。

需引起重视的是，在实验室仿真联调中，为了保证仿真结果的真实性或向现场的可移植性，不仅要模拟实际装置做功能试验，还必须模拟实际干扰环境做可靠性与抗干扰性试验。

（5）现场安装、投运。经过以上设计过程，便可进行现场安装。根据详细设计图纸文件，首先进行现场仪表安装和信号电缆布置，再进行控制室计算机及其设备安装。硬件安装完毕并能正常通电后，安装系统软件和应用软件，然后调试输入点、输出点、控制回路、操作显示画面和打印报表等。检查正确后，即可进行系统的投运和参数的整定。投运时应先切入手动，待系统运行接近于给定值时再切入自动。使控制计算机在线运行，边生产边调试，逐步完善各项功能，最终达到设计要求，保证生产装置长期稳定运行。

控制系统设计示意图，如图10-1所示。

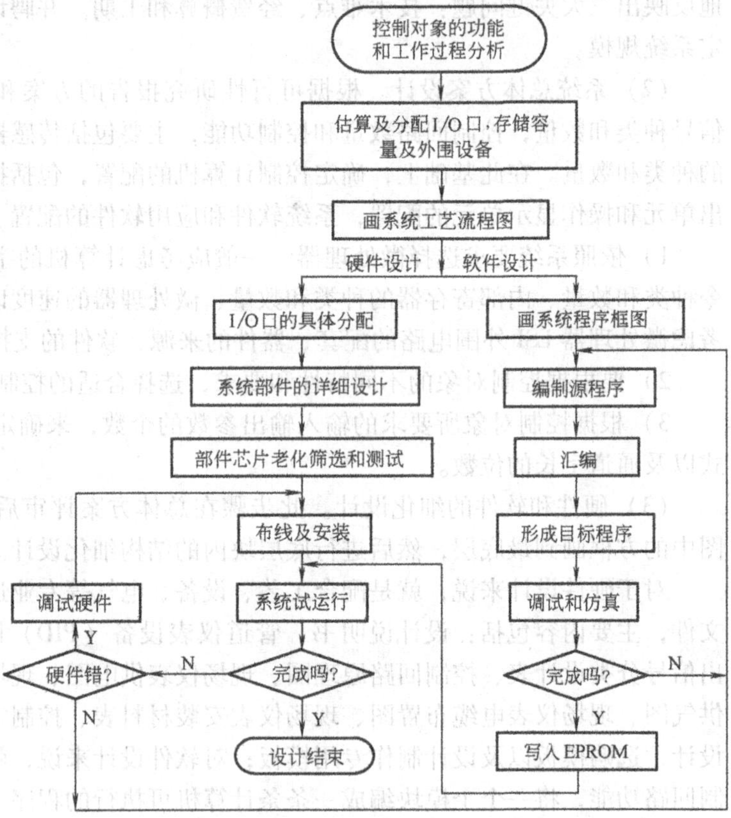

图10-1 控制系统设计示意图

10.2 计算机控制系统抗干扰技术

干扰是造成计算机控制系统不能可靠工作的重要原因，也是设计人员在应用系统的研制中不可忽视的一个重要内容。干扰的产生往往是多种因素决定的，干扰的抑制也是一个复杂的理论和技术问题，实践性较强。

在控制系统抗干扰技术中，有硬件措施，有软件措施，也有软硬结合的措施。硬件措施如果得当，可将绝大多数干扰拒之门外，但仍然有少数干扰窜入计算机系统而引起不良后果，所以软件抗干扰措施作为第二道防线是必不可少的。因此，一个成功的抗干扰系统是由硬件和软件相结合构成的。硬件抗干扰效率高，但会增加系统的投资和设备的体积；软件抗干扰投资低，但会降低系统的工作效率。

本节主要介绍产生干扰的原因、干扰的种类以及抑制和消除干扰的一些主要的抗干扰技术。

10.2.1 干扰的来源与种类

干扰来自于干扰源，工业现场的干扰源各式各样。在计算机控制系统中，现场参数检测点往往分布在不同的地方，计算机与它们之间可能有相当长的距离，这都为干扰进入控制系统提供了机会。按干扰的来源，可以把干扰分成外部干扰和内部干扰。

1. 外部干扰

外部干扰是指那些与系统结构无关，由使用条件和外界环境因素所决定的干扰。它主要来自自然界以及周围的电气设备。

自然干扰来自自然界的自然现象，如闪电、雷击、宇宙辐射、太阳黑子活动等，它们主要来自天空，因此，自然干扰主要对通信设备、导航设备有较大影响。

各种电气设备所产生的干扰有电磁场、电火花、电弧焊接、高频加热、晶闸管整流等强电系统所造成的干扰。这些干扰主要通过供电电源对计算机控制系统产生影响。在大功率供电系统中，大电流输电线周围所产生的交变电磁场，对计算机控制系统也会产生干扰。此外，地磁场的影响及来自电源的高频干扰也可视为外部干扰。

2. 内部干扰

内部干扰是指计算机控制系统内部的各种元器件引起的各种干扰，它又包括固定干扰和过渡干扰。过渡干扰是电路在动态工作时引起的干扰。固定干扰包括电阻中随机性的电子热运动引起的热噪声；半导体及电子管内载流子的随机运动引起的散粒噪声；由于两种导电材料之间的不完全接触，接触面的电导率的不一致而产生的接触噪声，如继电器的动静触头接触时产生的噪声等；因布线不合理、寄生参数、泄漏电阻等耦合形成寄生反馈电流所造成的干扰；多点接地造成的电位差引起的干扰；寄生振荡引起的干扰；热骚动噪声干扰等。

干扰按其特性来分，又可分为直流干扰、交流干扰和随机干扰三类。

1）直流干扰。以直流电压或直流电流的形式出现，一般由热电效应和电化学效应引起。如铜导线直接焊接在干簧继电器的磁铁片上就会产生热电动势，而铜线接到镀锌接地螺钉上时，在有腐蚀性气体的空气中，就会产生伏打电池效应。

2）交流干扰。这是最易出现的一种干扰，由交流电感应引起，因为过程通道往往处于杂散电场和磁场分布甚多的场所，当信号馈线与动力线在电缆槽中平行布线时，经耦合进入通道的干扰尤为明显。

3）随机干扰。这种干扰一般是瞬变的，为尖峰或脉冲形式，多由电感负载的间断工作引起，如各种电源整流器和电动工具的电火花都是这种干扰的来源。这种干扰的时间短、幅度大，会给系统带来很大的危害。

10.2.2 硬件抗干扰技术

1. 电源系统抗干扰方法

电源引起的干扰是计算机控制系统的主要干扰，抑制这种干扰的主要措施有以下几个方面：

（1）采用低通滤波器。采用低通滤波器抑制电网侵入的外部高频干扰是常用的一种方案。低通滤波器可让50Hz的工频几乎无衰减地通过，而滤去高于50Hz的高次谐波。电源滤波用的低通滤波器，种类很多且有产品出售。图10-2是一种双π形低通滤波器的线路图。

（2）采用隔离变压器。当同一电网上有许多大功率设备时，在控制系统与供电电源之间加入一个三相隔离变压器，用以隔离强电设备对计算机控制系统的干扰和接地电流，如图10-3所示。变压器的一次侧采用三角形联结，二次侧采用星形联结，这样有利于抑制工频的3次以上谐波对控制系统的干扰。

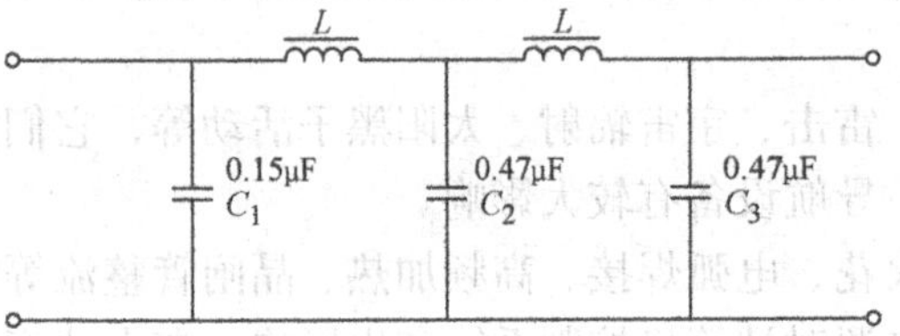

图10-2 双π形低通滤波器

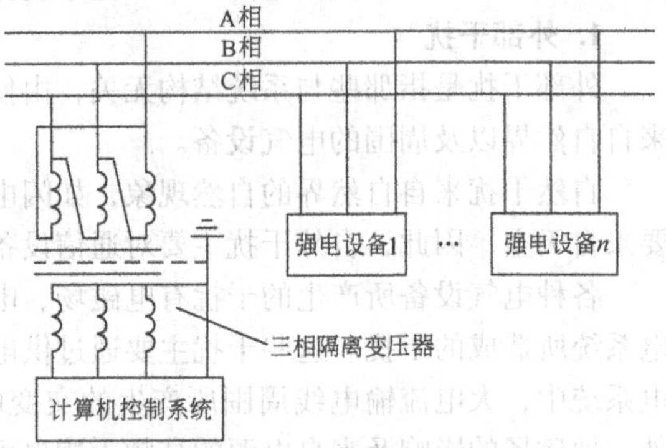

图10-3 三相隔离变压器抑制电源干扰

为克服电网电压的波动和电源的异常，抑制电源引入的噪声，计算机应用系统的供电系统一般可采用图10-4所表示的结构。

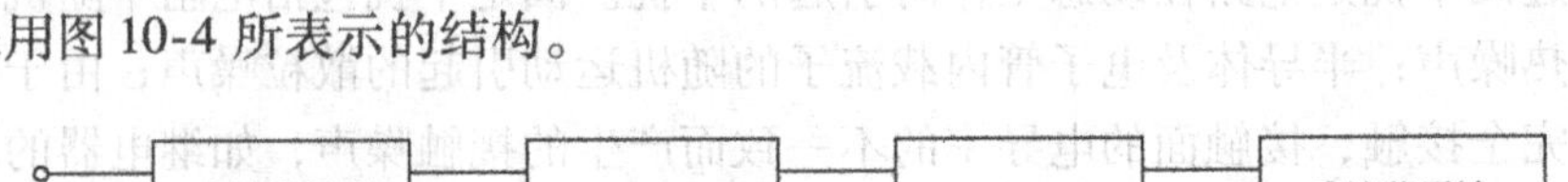

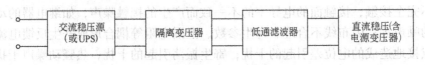

图10-4 计算机应用系统电源的一般结构

（3）采用能抑制交流电源干扰的计算机系统电源，如图10-5所示。图中，电抗器用来抑制交流电源线上引入的高频干扰；变阻二极管用来抑制进入交流电源线上的瞬时干扰（或者大幅值的尖脉冲干扰）；隔离变压器的一次侧、二次侧之间加有静电屏蔽层，从而进一步减小进入电源的各种干扰。这样，使送入整流器的交流电压预先经过滤波、限幅、隔离等处理，把交流干扰抑制到最小。该交流电压再通过整流、滤波和直流电子稳压后，干扰进一步得到了抑制。

（4）采用电源分组供电。将输入通道电源和其他设备电源分开，以防止设备间的干扰，如图10-6所示。

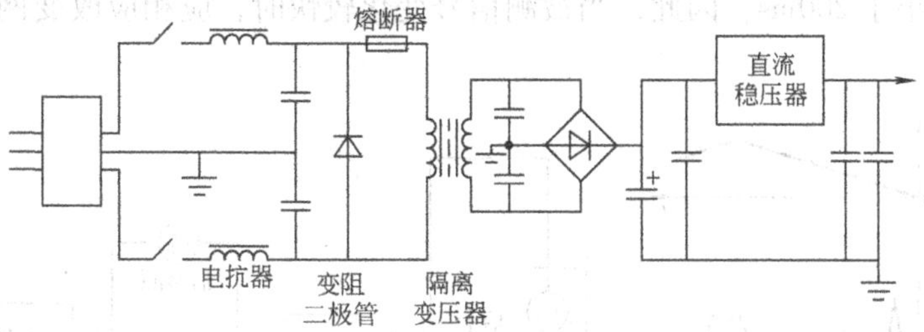

图 10-5 计算机系统电源

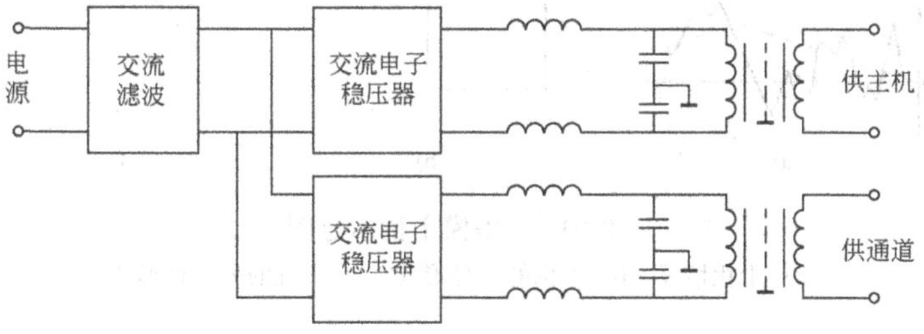

图 10-6 电源分组供电

（5）采用直流电源的抗干扰措施。系统内部各插件都与直流电源直接连接，各插件性质又不完全相同，所以直流电源一般带有各种频率的信号。为消除这种干扰，每块集成芯片的电源与地线引入端应接一片 0.01 ~0.1μF 的无感瓷片电容器。若一个装置中有多块逻辑印制电路板时，一般应在每块板的电源和地线的引入处并接一个 10 ~ 100μF 的电解电容器和一个 0.01 ~0.1μF 的无感瓷片电容器，以防止板间的相互干扰。最好是每块板都装一片或几片稳压块（如 7815、LM317、7805），形成独立的供电系统，这样能较好地防止板间的相互干扰。逻辑电路板上的直流电源线与地线也要注意合理布线，不要使电源形成环路。

2. 过程通道抗干扰方法

（1）串模干扰及其抑制方法

1）串模干扰。串模干扰是指叠加在被测信号上的干扰噪声。这里的被测信号是指有用的直流信号或缓慢变化的交变信号，而干扰噪声是指无用的变化较快的杂乱交变信号。串模干扰和被测信号在回路中所处的地位是相同的，总是以两者之和作为输入信号。串模干扰也称为常态干扰，如图 10-7 所示。

在图 10-7 中，U_s 是被测信号的理想波形；U_n 是串模干扰信号波形；U_a 是实际测得的信号波形。

2）串模干扰的抑制方法。串模干扰的抑制方法应从干扰信号的特性和来源入手，分别对不同情况采取相应的措施。

① 如果串模干扰频率比被测信号频率高，则采用输入低通滤波器来抑制高频率串模干扰；如果串模干扰频率比被测信号频率低，则采用高通滤波器来抑制低频串模干扰；如果串模干扰频率落在被测信号频谱的两侧，则应用带通滤波器。

一般情况下，串模干扰均比被测信号变化快，故常用二级阻容低通滤波网络作为 A-D 转换器的输入滤波器，如图 10-8 所示，它可使 50Hz 的串模干扰信号衰减 600 倍左右。该滤波器的时间常数小于200ms，因此，当被测信号变化较快时，应相应改变网络参数，以适当减小时间常数。

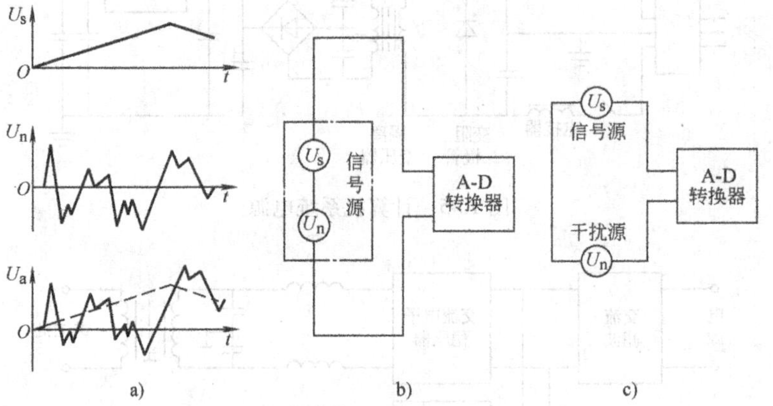

图 10-7 串模干扰示意图

a）干扰情况 b）干扰的一种形式 c）干扰的另一种形式

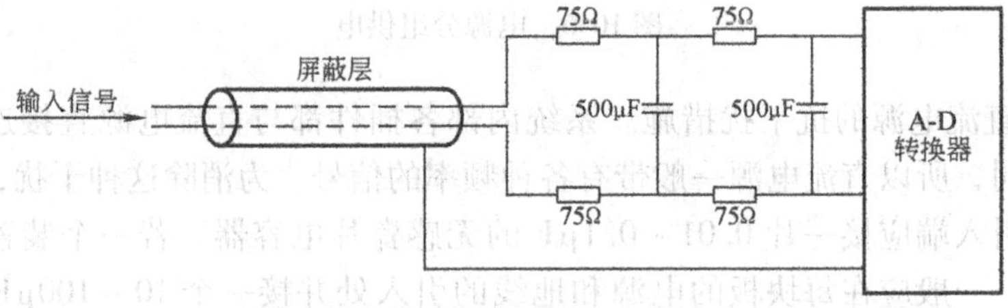

图 10-8 二级阻容滤波网络

② 当尖峰型串模干扰成为主要干扰源时，用双积分式 A-D 转换器可以削弱串模干扰的影响。因为此类转换器对输入信号的平均值而不是瞬时值进行转换，所以对尖峰干扰具有抑制能力。如果取积分周期等于主要串模干扰的周期或为整数倍，则通过积分比较变换后，对串模干扰有更好的抑制效果。

③ 对于串模干扰主要来自电磁感应的情况下，对被测信号应尽可能早地进行前置放大，从而达到提高回路中的信号噪声比的目的；或者尽可能早地完成 A-D 转换或采取隔离和屏蔽等措施。

④ 对于主要由所选用的元器件内部的热扰动产生的随机噪声所形成的串模干扰，或在数字信号的传送过程中夹带的低噪声或窄脉冲干扰时，可采用高抗扰度逻辑器件，通过高阈值电平来抑制低噪声的干扰；或采用低速逻辑器件来抑制高频干扰；还可以人为地通过附加电容器，以降低某个逻辑电路的工作速度来抑制高频干扰。

⑤ 采用双绞线作信号引线减少电磁感应，并且使各个小环路的感应电动势互相呈反向抵消。对于测量仪表到计算机的信号选用带有屏蔽的双绞线或同轴电缆，且有良好接地，并对测量仪表进行电磁屏蔽，从根本上阻止串模干扰的入侵。

（2）共模干扰及其抑制方法

1）共模干扰。共模干扰是指 A-D 转换器两个输入端上共有的干扰电压。这种干扰可能是直流电压，也可能是交流电压，其幅值可达几伏甚至更高，取决于现场产生干扰的环境条件和计算机等设备的接地情况。共模干扰也称为共态干扰。

因为在计算机控制生产过程时，被控制和被测试的参量可能很多，并且是分散在生产现场的各个地方，一般都用很长的导线把计算机发出的控制信号传送到现场中的某个控制对象，或者把安装在某个装置中的传感器所产生的被测信号传送到计算机的 A-D 转换器。因此，被测信号 U_s 的参考接地点和计算机输入信号的参考接地点之间往往存在着一定的电位差 U_{cm}，如图 10-9 所示。对于 A-D 转换器的两个输入端来说，分别有 U_s+U_{cm} 和 U_{cm} 两个输入信号。U_{cm} 即是共模干扰电压。

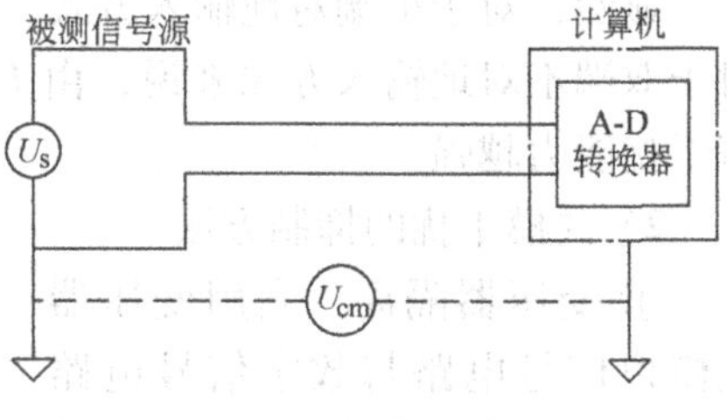

图 10-9 共模干扰示意图

在计算机控制系统中，被测信号有单端对地输入和双端不对地输入两种输入方式，如图 10-10 所示。对于存在共模干扰的场合，不能采用单端对地输入方式，因为此时的共模干扰电压将全部成为串模干扰电压，如图 10-10a 所示。所以必须采用双端不对地输入方式，如图 10-10b 所示。

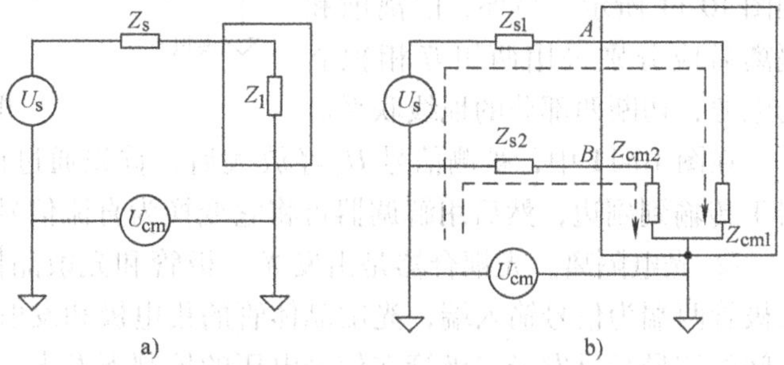

图 10-10 被测信号的输入方式

a）单端对地 b）双端不对地

图 10-10 中，Z_s、Z_{s1}、Z_{s2} 为信号源 U_s 的内阻抗，Z_1、Z_{cm1}、Z_{cm2} 为输入电路的输入阻抗。由图 10-10b 可见，共模干扰电压 U_{cm} 对两个输入端形成两个电流回路，每个输入端 A 和 B 的共模电压分别为

$$U_A = \frac{U_{cm}}{Z_{s1}+Z_{cm1}}\times Z_{cm1} \tag{10-2-1}$$

$$U_B = \frac{U_{cm}}{Z_{s2}+Z_{cm2}}\times Z_{cm2} \tag{10-2-2}$$

两个输入端之间的共模电压为

$$U_{AB} = U_A - U_B = \left[\frac{Z_{cm1}}{Z_{s1}+Z_{cm1}} - \frac{Z_{cm2}}{Z_{s2}+Z_{cm2}}\right]U_{cm} \tag{10-2-3}$$

如果此时 $Z_{s1}=Z_{s2}$、$Z_{cm1}=Z_{cm2}$，那么 $U_{AB}=0$ 表示不会引入共模干扰，但上述条件实际上无法满足，只能做到 Z_{s1} 接近于 Z_{s2}，Z_{cm1} 接近于 Z_{cm2}，因此有 $U_{AB}\neq 0$。也就是说，实际上总存在一定的共模干扰电压。显然，当 Z_{s1} 和 Z_{s2} 越小，Z_{cm1} 和 Z_{cm2} 越大，并且 Z_{cm1} 与 Z_{cm2} 越接近时，共模干扰的影响就越小。一般情况下，共模干扰电压 U_{cm} 总是转化成一定的串模干扰 U_n 出现在两个输入端之间。

为了衡量一个输入电路抑制共模干扰的能力，常用共模抑制比（Common Mode Rejection Ratio，CMRR）来表示，即

$$\mathrm{CMRR} = 20\lg\frac{U_{cm}}{U_n} \tag{10-2-4}$$

式中 U_{cm}——共模干扰电压；

U_n——由 U_{cm} 转化成的串模干扰电压。

显然，对于单端对地输入方式，由于 $U_n=U_{cm}$，所以 CMRR = 0，说明无共模抑制能力。对于双端不对地输入方式来说，由 U_{cm} 引入的串模干扰 U_n 越小，CMRR 就越大，所以抗共模干扰能力越强。

2）共模干扰的抑制方法

① 变压器隔离。利用变压器把模拟信号电路与数字信号电路隔离开来，也就是把模拟地与数字地断开，以使共模干扰电压 U_{cm} 不成回路，从而抑制共模干扰，如图 10-11 所示。另外，隔离前和隔离后应分别采用两组互相独立的电源，切断两部分的地线联系。

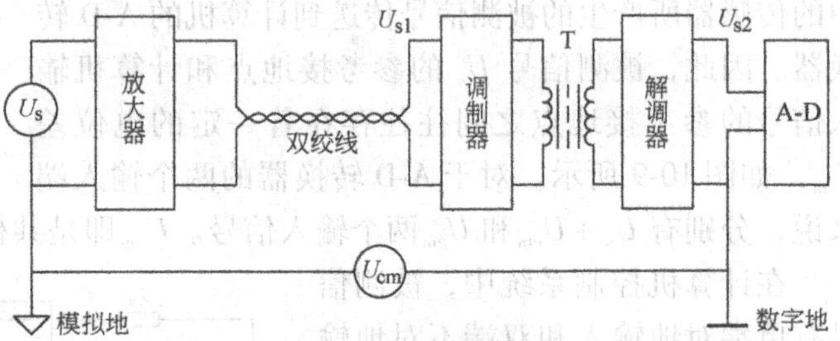

图 10-11 变压器隔离

在图 10-11 中，被测信号 U_s 经放大后，首先通过调制器变换成交流信号，经隔离变压器 T 传输到副边，然后用解调器再将它变换为直流信号 U_{s2}，再对 U_{s2} 进行 A-D 变换。

② 光电隔离。光耦合器是由发光二极管和光敏晶体管封装在一个管壳内组成的，发光二极管两端为信号输入端，光敏晶体管的集电极和发射极分别作为光耦合器的输出端，它们之间的信号是靠发光二极管在信号电压的控制下发光，传给光敏晶体管来完成的。

在图 10-12 中，模拟信号 U_s 经放大后，再利用光耦合器的线性区，直接对模拟信号进行光电耦合传送。由于光耦合器的线性区一般只能在某一特定的范围内，因此，应保证被传信号的变化范围始终在线性区内。为保证线性耦合，既要严格挑选光耦合器，又要采取相应的非线性校正措施，否则将产生较大的误差。另外，光电隔离前后两部分电路应分别采用两组独立的电源。

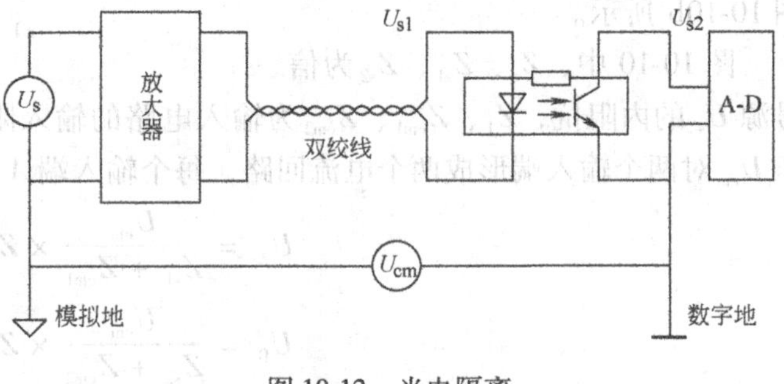

图 10-12 光电隔离

光电隔离与变压器隔离相比，实现起来比较容易，成本低，体积也小，因此在计算机控制系统中光电隔离得到了广泛的应用。

③ 浮地屏蔽。采用浮地输入双层屏蔽放大器来抑制共模干扰，如图 10-13 所示。这是利用屏蔽方法使输入信号的“模拟地”浮空，从而达到抑制共模干扰的目的。

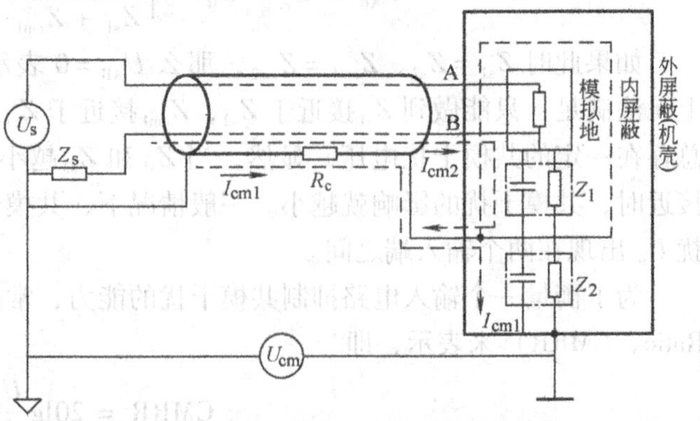

图 10-13 浮地输入双层屏蔽放大器

图 10-13 中 Z_1 和 Z_2 分别为模拟

地与内屏蔽盒之间和内屏蔽盒与外屏蔽层（机壳）之间的绝缘阻抗，它们由漏电阻和分布电容组成，所以此阻抗值很大。图中，用于传送信号的屏蔽线的屏蔽层和 Z_2 为共模电压 U_{cm} 提供了共模电流 I_{cm1} 的通路，但此电流不会产生串模干扰，因为此时模拟地与内屏蔽盒是隔离的。由于屏蔽线的屏蔽层存在电阻 R_c，因此共模电压 U_{cm} 在 R_c 电阻上会产生较小的共模信号，它将在模拟量输入回路中产生共模电流 I_{cm2}，此 I_{cm2} 在模拟量输入回路中产生串模干扰电压。显然，由于 $R_c \leqslant Z_2$，$Z_s \leqslant Z_1$，故由 U_{cm} 引入的串模干扰电压是非常微弱的。所以这是一种十分有效的共模抑制措施。

④ 采用仪表放大器提高共模抑制比。仪表放大器具有共模抑制能力强、输入阻抗高、漂移低、增益可调等优点，是一种专门用来分离共模干扰与有用信号的器件。

抑制共模干扰还有其他方法，这里不一一说明。

3. 长线传输抗干扰方法

（1）长线传输干扰。计算机控制系统中，从生产现场到计算机的传输线往往长达几十米，甚至几百米。即使在中央控制室内，各种传输线也有几米到十几米。当所传输的信号波长可与传输线的长度相比拟时，或当传输线长度远远超过传输信号波长时，就构成长线传输。如果处理不当，长线传输就会引起较严重的干扰。

在长线传输中，传输线路对于有用信号有下列几种不利的作用：

① 信号滞后作用。信号经过线路传输后的滞后时间为：

架空单线：3.3ns/m；

双绞线：5ns/m；

同轴电缆：6ns/m。

② 波形畸变衰减作用。

③ 外界电磁波、电磁场、静电场和其他传输线的干扰作用。

④ 由于分布电容和分布电感的影响，线路中存在着前向电压波和前向电流波，当线路终端阻抗不匹配时，有用信号还会产生反射波，当线路始端阻抗不匹配时，反射信号会再次产生反射波。反射信号与有用信号叠加在一起，使有用信号波形变坏，这就是一般所说的“长线效应”。

（2）长线传输干扰的抑制方法。长线传输一般选用同轴电缆或双绞线，不宜选用一般平行导线。同轴电缆对于电场干扰有较好的抑制作用，双绞线对于磁场干扰有较好的抑制作用，而且绞距越短，效果越好。同轴电缆的工作频率较高，接近1GHz，而双绞线只能达到1MHz。双绞线的线间分布电容较大，对于电场干扰几乎没有抑制能力，而且当绞距小于5mm时，对于磁场干扰抑制的改善效果便不显著了。因此，在电场干扰较强时可采用屏蔽双绞线。

采用终端阻抗匹配或始端阻抗匹配，可以消除长线传输中的波反射或者把它抑制到最低限度。

1）终端匹配。为了进行阻抗匹配，必须事先知道传输线的波阻抗 R_P，波阻抗的测量如图10-14所示。调节可变电阻 R，并用示波器观察门A的波形，当达到完全匹配时，即 $R=R_P$

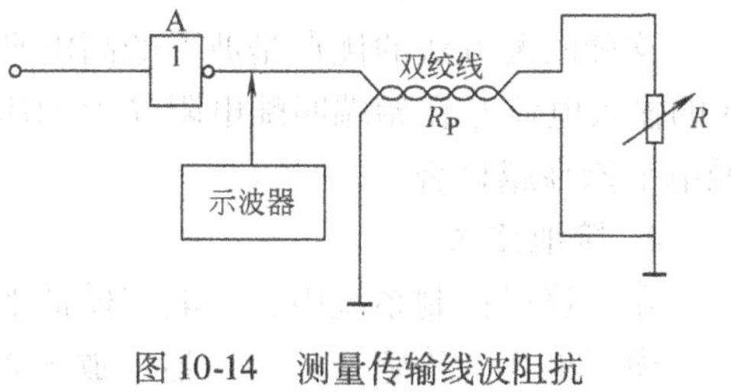

图10-14 测量传输线波阻抗

时，门 A 输出的波形不畸变，反射波完全消失，这时的 R 值就是该传输线的波阻抗。

双绞线的波阻抗一般在 100～200Ω 之间，绞花越密，波阻抗越低。同轴电缆的波阻抗范围为 50～100Ω。根据传输线的基本理论，无损耗导线的波阻抗 R_P 为

$$R_P = \sqrt{\frac{L_0}{C_0}} \tag{10-2-5}$$

式中 L_0——单位长度的电感（H）；

C_0——单位长度的电容（F）。

最简单的终端匹配方法如图 10-15a 所示，如果传输线的波阻抗是 R_P，那么当 $R = R_P$ 时，便实现了终端匹配，消除了波反射。此时终端波形和始端波形的形状相一致，只是时间上迟后。由于终端电阻变低，则加大负载，使波形的高电平下降，从而降低了高电平的抗干扰能力，但对波形的低电平没有影响。

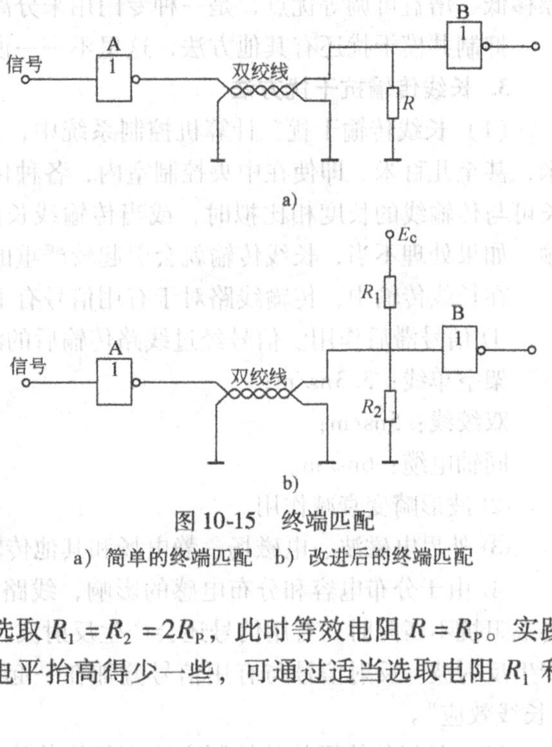

图 10-15 终端匹配

a）简单的终端匹配 b）改进后的终端匹配

为了克服上述匹配方法的缺点，可采用图 10-15b 所示的终端匹配方法。其等效电阻 R 为

$$R = \frac{R_1 R_2}{R_1 + R_2}$$

适当调整 R_1 和 R_2 的阻值，可使 $R = R_P$。这种匹配方法也能消除波反射，优点是波形的高电平下降较少，缺点是低电平抬高，从而降低了低电平的抗干扰能力。为了同时兼顾高电平和低电平两种情况，可选取 $R_1 = R_2 = 2R_P$，此时等效电阻 $R = R_P$。实践中，宁可使高电平降低得稍多一些，而让低电平抬高得少一些，可通过适当选取电阻 R_1 和 R_2，使 $R_1 > R_2$，还要保证等效电阻 $R = R_P$。

2）始端匹配。在传输线始端串入电阻 R，如图 10-16 所示，也能基本上消除反射，达到改善波形的目的。一般选择始端匹配电阻 R 为

$$R = R_P - R_{sc}$$

式中 R_{sc}——门 A 输出低电平时的输出阻抗。

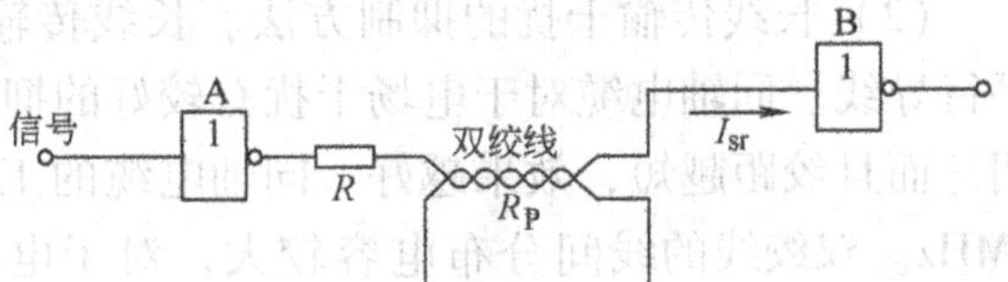

图 10-16 始端匹配

这种匹配方法的优点是波形的高电平不变，缺点是波形低电平会抬高。其原因是终端门 B 的输入电流 I_{sr} 在始端匹配电阻 R 上的压降所造成的。显然，终端所带负载门个数越多，则低电平抬高越显著。

4. 接地技术

在计算机控制系统中，一般有模拟地、数字地、安全地、系统地、交流地等地线。

模拟地作为传感器、变送器、放大器、A-D 和 D-A 转换器中模拟电路的零电位。模拟

信号有精度要求，有时信号比较小，而且与生产现场连接。因此，必须认真地对待模拟地。

数字地作为计算机中各种数字电路的零电位，应该与模拟地分开，避免模拟信号受数字脉冲的干扰。

安全地的目的是使设备机壳与大地等电位，以避免机壳带电而影响人身及设备安全。通常安全地又称为保护地或机壳地。机壳包括机架、外壳、屏蔽罩等。

系统地就是上述几种地的最终回流点，直接与大地相连，如图10-17所示。众所周知，地球是导体而且体积非常大，因而其静电容量也非常大，电位比较恒定，所以人们把它的电位作为基准电位，也就是零电位。

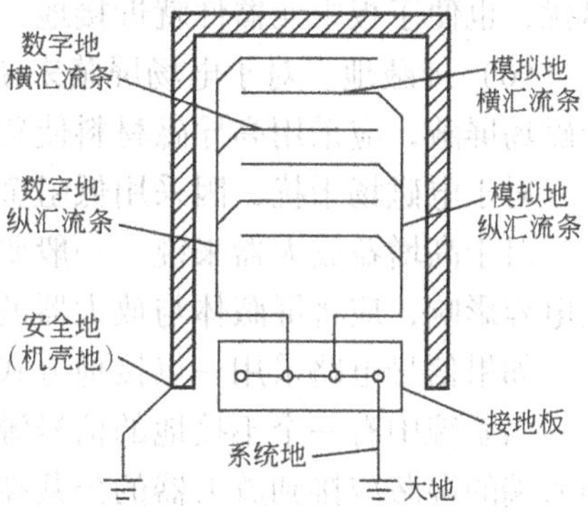

图10-17 分别汇流法接地示意图

交流地是计算机交流供电电源地，即动力线地。它的地电位很不稳定。在交流地上任意两点之间，往往很容易就有几伏至几十伏的电位差存在。另外，交流地也很容易带来各种干扰。因此，交流地绝对不允许分别与上述几种地相连，而且交流电源变压器的绝缘性能要好，绝对避免漏电现象。

不同的地线有不同的处理技术，下面介绍几种常用的接地处理原则及技术。

（1）接地方式。“安全接地”一般均采用一点接地方式。“工作接地”依工作电流频率不同而有一点接地和多点接地两种。低频时，因地线上的分布电感并不严重，故往往采用一点接地；高频情况下，由于电感分量大，为减少引线电感，故采用多点接地。频带很宽时，常采用一点接地和多点接地相结合的混合接地方式。计算机控制系统的工作频率较低，对它起作用的干扰频率也大都在1MHz以下，故宜采用一点接地。

（2）浮地系统和接地系统。浮地系统是指设备的整个地线系统和大地之间无导体连接，它是以悬浮的地作为系统的参考电平。

浮地系统的优点是不受大地电流的影响，系统的参考电平随着高电压的感应而相应提高，机内器件不会因高压感应而击穿。其应用实例较多，如飞机、军舰和宇宙飞船上的电子设备都是浮地的。

浮地系统的缺点是：对设备与地的绝缘电阻较高，一般要求大于50MΩ，否则会导致击穿。另外，当附近有高压设备时，通过寄生电容耦合，外壳带电，不安全。而且外壳会将外界干扰传输到设备内部，降低系统抗干扰性能。

接地系统是指设备的整个地线系统和大地通过导体直接连接。由于机壳接地，为感应的高频干扰电压提供了泄放的通道，对人员比较安全，也有利于抗干扰。但由于机内器件参考电压不会随感应电压升高而升高，可能会导致器件被击穿。

（3）交流地与直流地分开。交流地与直流地分开后，可以避免由于地电阻把交流电力线引进的干扰传输到装置的内部，保证装置内的器件安全和电路工作的可靠性、稳定性。值得注意的是，有的系统中各个设备并不是都能做到交直流分开，补救的办法是加隔离变压器等措施。

（4）模拟地与数字地分开。由于数字地悬浮于机柜，增加了对有模拟量放大器的干扰感应，同时为避免脉冲逻辑电路工作时的突变电流通过地线对模拟量的共模干扰，应将模拟电路的地和数字电路的地分开，接在各自的地线汇流排上，然后再将模拟地的汇流排通过2～4μF的电容器在一点接到安全地的接地点。

（5）印制电路板的地线安排。在安排印制电路板地线时，首先要尽可能加宽地线，以降低地线阻抗。其次，要充分利用地线的屏蔽作用。在印制电路板边缘用较粗的印制地线环包整块板子，并作为地线干线，自板边向板中延伸，用其隔离信号线，这样既可减少信号间串扰，也便于板中元器件就近接地。

（6）屏蔽地。对于电场屏蔽来说，由于主要是解决分布电容问题，所以应接大地。对于磁场屏蔽，应采用高导磁材料使磁路闭合，且应接大地。

对于电磁场干扰，因采用低阻金属材料制成屏蔽体，屏蔽体以接大地为宜。

对于高增益放大器来说，一般要用金属罩屏蔽起来。为了消除放大器与屏蔽层之间的寄生电容影响，应将屏蔽体与放大器的公共端连接起来。

如果信号电路采用一点接地方式，则低频电缆的屏蔽层也应一点接地。

当系统中有一个不接地的信号源和一个接地的（不管是否真正接大地）放大器相连时，输入端的屏蔽应接到放大器的公共端。反之，当接地的信号源与不接地的放大器相连时，应把放大器的输入端接到信号源的公共端。

图10-18给出了在计算机控制系统中采用公共接地点（SGP）系统示意图。在系统中选中一点作为系统接地点（SGP），把系统中的各个参考接地点均与SGP点连接起来，从而防止接地回路的形成。为了达到较好的效果，常把铜网埋入地面深处，然后用铜排接到SGP点上。

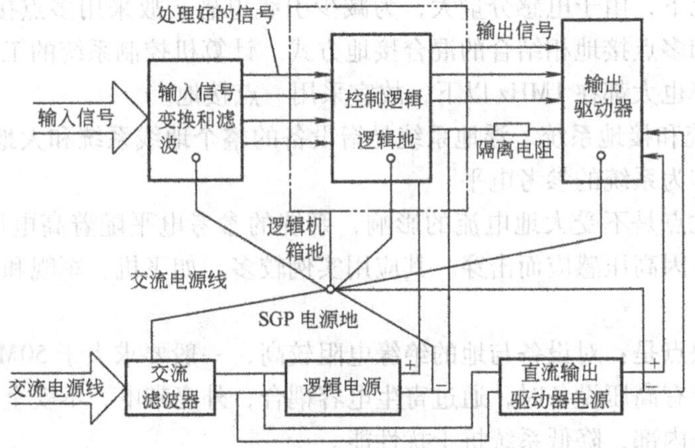

图10-18 SGP接地系统示意图

10.2.3 软件抗干扰技术

软件抗干扰常用的方法有以下几种：

1. 数字滤波

数字滤波技术是在干扰通过输入通道进入计算机后的一种软件抗干扰的补救办法。根据不同的系统需要，选用不同的数字滤波方法，对于滤除干扰信号能收到较好的效果。在本书的第9章中已做了详细介绍，这里不再赘述。

2. 设立软件陷阱

计算机控制系统的程序是一步一步进行操作的，有时会出现“程序失控”现象。所谓程序失控，是指系统偏离预定的执行过程，从而使程序无法完成原设定任务。这种情况对系统来说，比某个数据出错造成的危害要严重得多。后者只涉及某个功能不能实现或者产生偏差，而前者则会使整个系统造成瘫痪。造成程序失控的原因并非程序本身的设计问题，而是由于外部的干扰或机器内部硬件瞬间故障，使得程序计数器偏离了原定的值。例如，当执行完一条指令时，程序计数器 PC 应加 3，但由于上述某种原因，使 PC 实际加 2，这样，程序将会把操作码和操作数混淆起来，造成后边一系列的错误。

为了防止上述情况发生，在软件设计时，可以采用设立陷阱的方法加以克服。其具体作法是：在 ROM 或 RAM 中，每隔一些指令（通常为十几条指令即可），把连续的几个单元置成“空操作”。这样，当出现程序失控时，只要失控的微机进入这众多的软件陷阱中的任何一个，都会被捕获。执行这些空操作后，程序自动恢复正常，继续执行后面的程序。这种方法虽然浪费一些内存单元，但可以保持程序不会飞掉。这种方法对用户是不透明的，即用户根本感觉不到程序是否发生错误操作。

3. 时间监视器

在控制系统中采用上述设立软件陷阱的办法只能在一定程度上解决程序失控的问题，并非任何时候都有效。因为只有当失控的程序撞上这些陷阱才能被捕获。但是，失控的程序并不总是会进入陷阱区的，比如程序的死循环就是如此。所谓的死循环，就是由于某种原因使程序陷入某个应用程序或中断服务程序中做无休止的循环。这样，CPU 及其他系统资源被其占用而使别的任务程序都无法执行，但它不会使程序控制转入陷阱区（陷阱区都是系统未使用的内存区），因而软件陷阱无法捕获到它。

为了防止上述现象，经常采用一种时间监视器 Watchdog（看门狗电路），用以监视程序的正常运行。采用这种技术的前提是在干扰的作用下，硬件不会损坏，同时 RAM/ROM 区也不会被破坏。一般 Watchdog 采用外加定时器对计算机控制系统周期性地发出复位信号。如果系统工作正常，则计算机控制系统在外加定时器对其复位前先主动使定时器的时间常数清零并重新定时，因此如果计算机控制系统工作正常，则定时器永远无法复位计算机。一旦计算机受干扰出现程序“跑飞”，通过定时器对其复位时根据 RAM 中记录的当前工作状态，计算机将自动返回到原工作点继续工作。当然，计算机系统还需许多软件的配合工作。图 10-19 为一种由可重触发单稳态电路 74LS123 构成的看门狗及软件复位

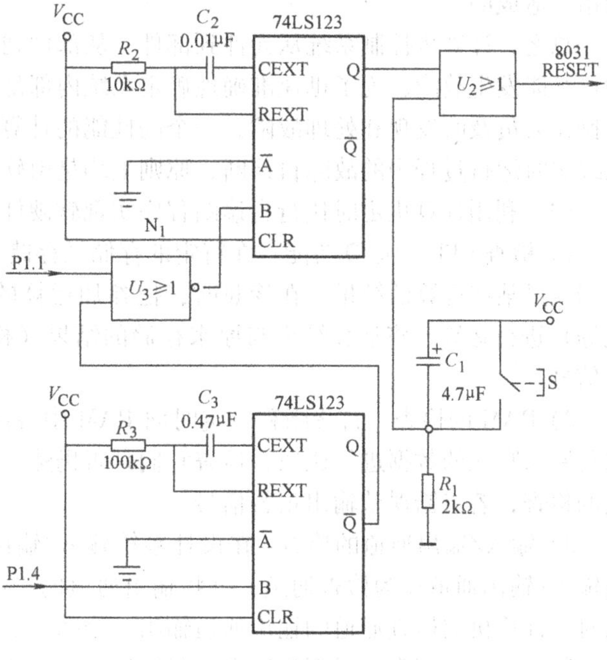

图 10-19　看门狗及软件复位电路

电路。它具有看门狗、软件复位、上电复位和开关复位等功能，R_1、C_1决定上电复位时间常数，R_3、C_3决定看门狗电路的检测时间，R_2、C_2决定复位脉冲（高电平）的宽度，P1.1为软件复位输入端，P1.4为看门狗电路监测输入端。

4. 故障自诊断技术

一个系统即将发生故障或正发生故障时，若能及时自动地检测出，以便能够及时排除故障，将故障对生产的影响减少到最小，那么该系统的性能将大大提高。这种技术称为故障自诊断技术。

（1）从用户的角度出发，故障自诊断系统应具有以下功能。

1）故障报警。当发现故障或发现故障隐患时，能够及时发出报警信号（如声、光报警），以通知用户并指示故障部位。

2）后援设备。当确认系统确实不能再继续运行时，及时告诉用户，同时自动地把控制切换到后援手段上去。

3）自动纠错。当用户误操作发生时，能自动进行保护或纠错，以免发生故障。

在计算机控制系统中，这种保护是非常重要的。

（2）对于一个控制系统来说，故障大体可分为系统故障、硬件故障和软件故障。

1）系统故障。指影响系统运行的全局性故障。若系统发生故障后，可重新启动使系统恢复正常，则认为是偶然性故障；反之，若不能恢复而需要更换硬件或软件后，方可恢复正常，则称为固定性故障。

2）硬件故障。这种故障主要是指系统的物理器件的工作参数偏离其正常值，或者完全损坏而造成的故障，如组件的损坏，器件的电气参数因温度、湿度等临时因素影响而偏离其标称值太多引起的故障。

3）软件故障。这类故障是因软件本身所蕴含的错误引起的故障。它是由软件设计和执行错误造成的。

总之，计算机控制系统从元件到部件，从部件到整机，从主机到外围设备在运行的过程中均可能发生故障，为了迅速准确地确定系统内部是否发生故障，以及故障发生的部位，指导操作人员及时发现和处理故障，一个高性能的计算机控制系统必须具有故障自诊断功能。在线实时运行过程中的故障自诊断，原则上均是由软件实现的。

（3）利用计算机定时执行自诊断程序实现软硬件故障部位诊断，通常有如下一些做法：

1）检查CPU的运算功能。在特定的存储区存储一组确定的数据，其中一个数据是其余数据经过某些运算的结果。在诊断时，把参加运算的数据按预定的运算规律（如相加、异或等）进行运算，将运算结果与原来存储的结果（检查和）进行比较，如有差错就输出报警信号。

2）RAM的检查。自诊断程序定时向RAM中各区域分别写入一个随机数，然后又读出来与原来写入的数据进行比较，检查它们是否仍然一致，将该数求反再进行一次存、取、比较的检查，若有错误就输出报警信号。

3）输入/输出通道的检查。在设计系统输入/输出通道时，通常给每一通道模板留下一对输入/输出通道作为检查通道，并将输出通道的输出端与输入通道的输入端连接起来。诊断时，计算机向检查通道的输出通道输出一个随机数，再从输入通道读取回来，然后对输出输入数做比较，正常情况下对于数字量通道，这两个数应完全一致，对于模拟量通道，两数的误差应在精度允许的范围内，否则就输出通道错的报警信号。

4）控制软件及寄存器检查。编制一个软件和寄存器检查程序，对计算机内部应用程序逐条指令和逐个寄存器进行检查，发现错误，立即停机并显示故障点。

5）对计算机集散控制系统，给每个直接控制器设置一个监视定时器。正常工作时，由它定时向上位机发出一个脉冲，当某直接控制器的CPU出现故障或断电时，便会停止发出定时脉冲。由上位机通过检查各下位机的“脉搏”，来判断它的工作正常与否，一旦发现某一控制器的“脉搏”停止，上位机立即发出报警。

6）数据的有效性检查。由输入通道采集的数据及运算结果的数据，总是在一个有限的范围以内，通过检查这些数据是否超限，便可判断相关部分的硬件是否出现故障。例如给12位A-D转换器送来数据的最大值为0FFFH，但一般所采集数据的上限不应达到此值，如果实际所得数据已达到此值，说明是检测或通道部分出故障了。

7）设定软件模块出入口标志。当程序执行某一模块时，便在某存储单元存入该模块的标志，该模块执行完毕，读取该模块的出口标志并与原存入的入口标志进行比较，若不相符，说明程序执行过程发生了某些故障。

8）程序存储区的写保护。程序存储区在正常情况下是只允许读不允许写的，如果发生向这部分存储单元写入的操作，就说明出现了不正常的运行状态。所以在编制用户程序时，凡遇到对存储器的写操作，可先检查所写单元地址是否属于合法地址，只有正确无误才进行写操作，否则报警停机。

当执行自诊断程序发现异常情况时，便将其故障部位和类型编成代码显示报警，必要时还可以执行自动切换功能，使故障设备脱离运行状态，投入备用设备或其他后援方式。

对脱离运行状态的有故障的设备进行检查时，同样可以采用软件诊断的方法，更可辅以硬件诊断的手段。总的来说，应根据故障的表现，先分析故障的原因，然后排除故障，防止故障的扩大与蔓延。

10.3 计算机控制系统设计实例

10.3.1 铁路车站全电子信号控制系统设计

车站信号设备是火车进入及驶出车站的基础设备，在应用计算机控制之前，信号控制主要以继电器为主来控制道岔、信号灯的动作。继电器连线复杂、接点容易老化粘连、维修不方便，采用计算机对车站信号进行全电子的控制，则很好地解决了以上问题，并为铁路信号的联网信息化提供了方便。

1. 铁路车站信号控制要求

铁路车站信号主要包括道岔、信号灯、轨道电路等，通过它们列车进入火车站空闲的股道或者由股道开出火车站。道岔、信号灯动作的正确与否直接关系到列车的安全运行，而众多道岔、信号灯和轨道的控制必须遵循一定的联锁关系，只有联锁关系满足的前提下，即道岔搬到正确的位置以及前方没有其他火车通过（道岔利用电动转辙机搬动，火车的具体位置信息由轨道电路来测量），才能使信号灯开放，火车允许开行。

对于铁路车站信号的控制，大部分控制信号均为开关量，其控制算法的实现并不复杂，但是对于可靠性的要求却非常高。因此，对于计算机联锁全电子控制系统的设计有以下控制要求：

1）控制采用三层结构，即用户界面层、联锁运算层、执行层。

2）用高可靠计算机完成联锁运算，运算采用故障导向安全的策略，即系统出现故障时，输出是安全的，有故障但不会引起事故发生。

3）联锁运算结果经过现场总线CAN总线发送给各个智能执行单元，每个道岔、信号灯、轨道是一个执行单元，执行单元接收命令并判断无误后执行命令，并将执行单元的状态上传给联锁机。

4）系统能记录运行信息、报警信息，并能再现运行状况和报警。

2. 系统总体方案设计

计算机联锁全电子信号控制系统结构如图10-20所示。包括用户界面交互的控显机、联锁关系运算的联锁机，以及记录系统运行状况的维修机和各种类型的执行单元。

（1）联锁机由高可靠计算机、智能通信板组成。联锁软件根据联锁条件，对操作信息和状态信息以及联锁程序当前内部信息进行处理，改变内部状态，产生相关的输出信息，即信号控制命令和道岔控制命令，交付执行单元予以执行。

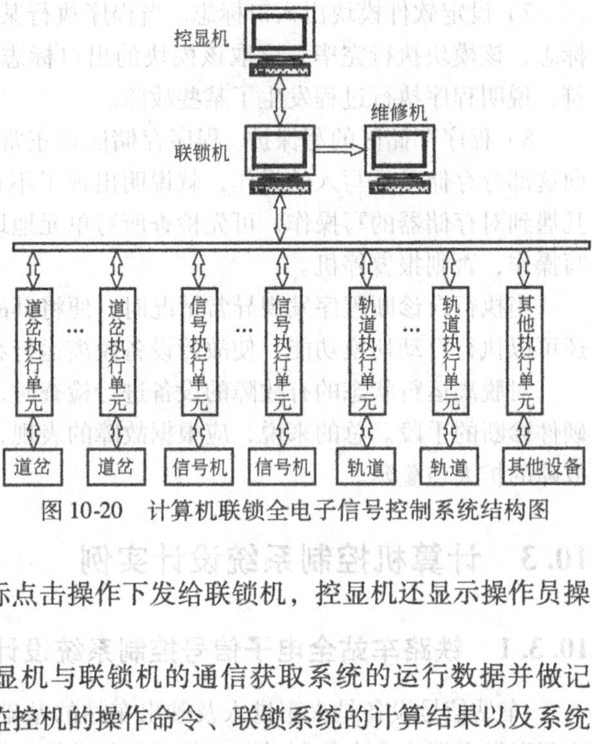

图10-20 计算机联锁全电子信号控制系统结构图

（2）控显机采用工控机，完成车站信号的完全真实表示及操作命令的下发，监控机和联锁机建立以太网连接后，从联锁机接收站场信息，然后按照数据协议设置每一个设备状态，实时刷新站场图。另外，操作员的信号控制命令通过鼠标点击操作下发给联锁机，控显机还显示操作员操作信息、系统时间显示等。

（3）维修机采用工控机，通过监听控显机与联锁机的通信获取系统的运行数据并做记录，利用监听数据实时刷新界面显示，将监控机的操作命令、联锁系统的计算结果以及系统的通信情况实时地记录在数据库中。另外，维修机的功能还有：提供多种形式的记录查询，站场图形回放重现等。

（4）执行单元是基于CAN总线的智能执行单元，包括道岔执行单元、信号灯执行单元、轨道执行单元等，采用高性能单片机Atmel128作为CPU，它片内有128KB可重复编程Flash、4KB的EEPROM、4KB的内部SRAM、4个定时器/计数器、8通道的10位A-D转换、4通道PWM等功能。通信电路部分，CAN总线的总线控制器是SJA1000，总线收发器是TJA1050。

3. 系统硬件和软件的设计

（1）控显机硬件组成及软件设计。采用研华工控机，主板型号6006LV，CPU为奔腾4处理器（2.4MHz），256MB内存，80GB硬盘。操作系统是Windows2000，Windows2000是基于 NT 系统内核，运行稳定可靠，适合工业控制。开发语言选择 Visual C ++. Net，相比其他语言，开发更加高效、灵活，但初期掌握比较慢。控显机程序主流程如图 10-21 所示，控显机主要功能是站场图的列车运行实时显示，接收操作人员的操作及和联锁机通信。

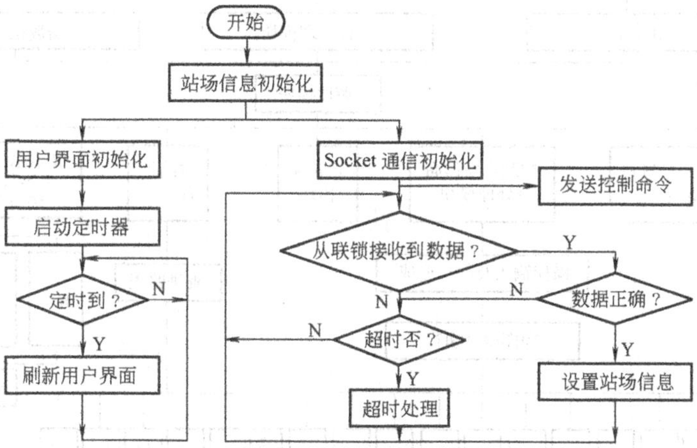

图 10-21　控显机程序主流程图

（2）联锁机硬件组成及软件设计。联锁机采用研华 CPCI 高可靠工业计算机，奔腾Ⅲ处理器 850Hz，40GB 硬盘和 256MB CF 卡。操作系统采用 VxWorks 实时操作系统，该操作系统可靠性高、实时性好，由美国风河系统公司研制，曾成功应用在火星探测器勇敢号和机遇号上以及飞机和其他航空器上。联锁软件采用 VxWorks 专用的 C 语言。

联锁软件采用故障—安全的原则进行设计，主要有：

1）充分利用设计继电联锁的经验，把继电联锁系统已经实现的功能或技术条件进行周密而详细地归纳，作为设计联锁程序的基本依据；在此基础上，结合计算机技术的特点，补充和改善联锁程序应实现的功能或技术条件。而后将技术条件转换成概念性方案，例如分成哪些功能模块，采用怎样的逻辑顺序，采用什么形式的数据结构，遇到异常情况如何处理等。然后把功能模块的具体内容变换成计算机可识别的处理程序。最后还利用车站模拟系统对程序进行周密的验证。

2）提高联锁程序的标准化程度，使它尽可能不随车站结构和规模的更改而修改，这就避免了因修改联锁程序而可能引入的错误。

3）安全性数据采取特殊编码，以便出错时能被识别。存储器和寄存器中的逻辑量是独立地被读写的。为提高它们独立存在的可靠性和安全性必须采用多个码元编码。为了避免串行传输数据出错，采用了数据校验技术。

4）编制自诊断程序，周期性地自诊断检查，如果出现错误则联锁程序报错，并采取应急处理消除故障可能带来的危险。

5）250ms 一个循环周期，数据每周期刷新一次，发现问题及时导向安全。

6）执行机单元在收到错误命令或通信中断时，控制导向安全侧。

根据故障—安全原理编制的联锁软件程序流程如图 10-22 所示。

（3）铁路信号执行单元硬件组成及软件设计。信号设备执行单元是基于 CAN 总线的智能执行单元，包括道岔执行单元、信号灯执行单元、轨道执行单元等，下面就道岔执行单元做一个详细介绍，其他执行单元设计类似。

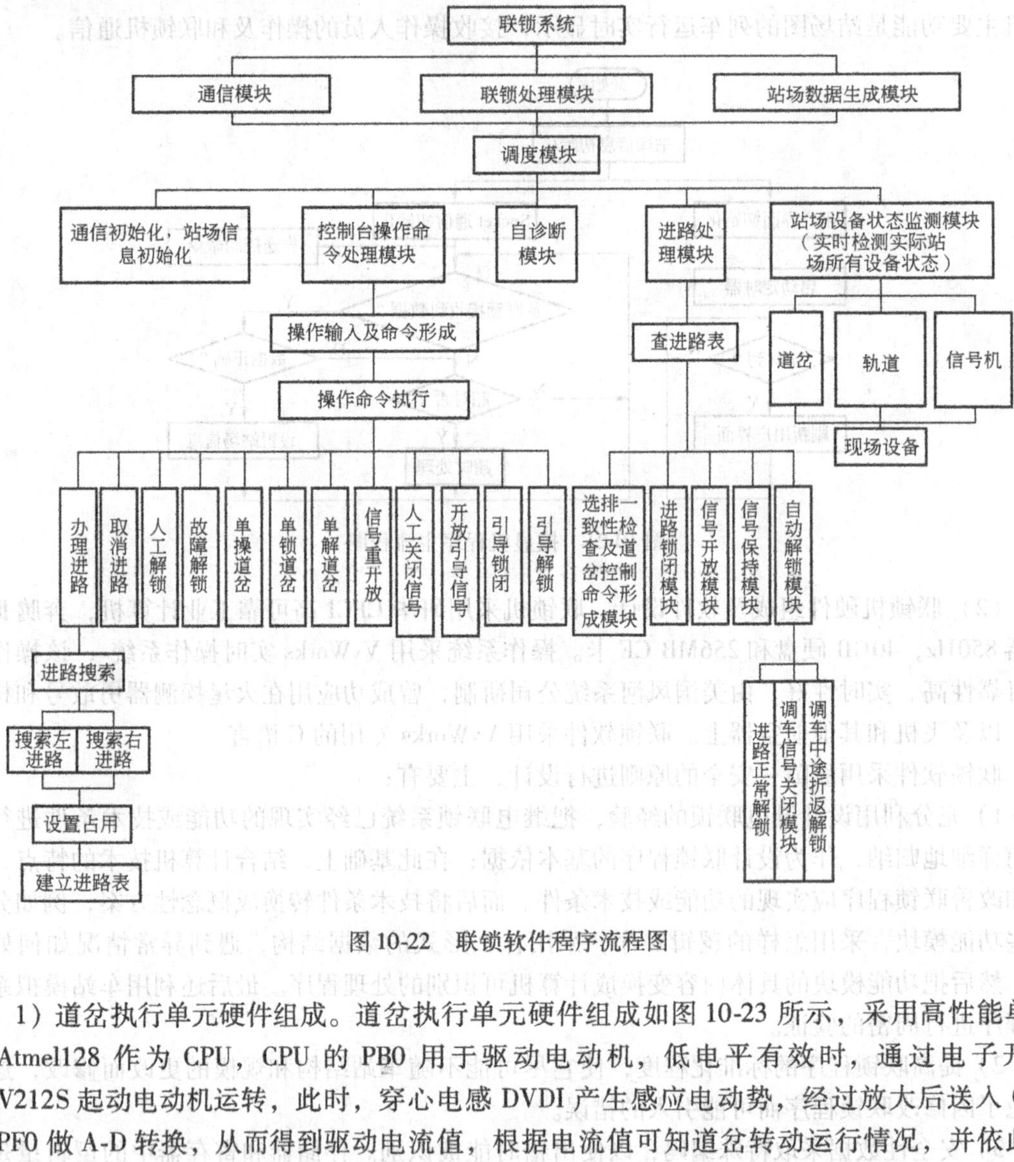

图 10-22 联锁软件程序流程图

1）道岔执行单元硬件组成。道岔执行单元硬件组成如图 10-23 所示，采用高性能单片机 Atmel128 作为 CPU，CPU 的 PB0 用于驱动电动机，低电平有效时，通过电子开关 AQV212S 起动电动机运转，此时，穿心电感 DVDI 产生感应电动势，经过放大后送入 CPU 的 PF0 做 A-D 转换，从而得到驱动电流值，根据电流值可知道岔转动运行情况，并依此做出处理，如道岔被一个硬物卡住，电流值大大超过正常值，此时立即切断电源，以免电动机损坏。

通信电路部分中，CAN 总线的总线控制器是 SJA1000，总线收发器是 TJA1050。总线收发器直接和总线相连，完成和联锁机之间的通信，SJA1000 的 8 位数据线和 CPU 的 PA 口相连，ALE、RD、WR 分别和 CPU 的 PG2、PG1、PG0 相连。中断申请信号线 INT 和 PE7 相连。

2）道岔执行单元软件设计。道岔执行单元软件采用模块化结构，主要有：自检模块、初始化模块（包括端口初始化、CAN 初始化、时钟等）、道岔命令处理模块、A-D 采样模块等。整个程序分主程序和中断处理程序。中断处理程序有两个：一个是 CAN 通信中断处理程序；一个是转动电流中断采集程序。道岔执行单元主程序流程如图 10-24 所示。

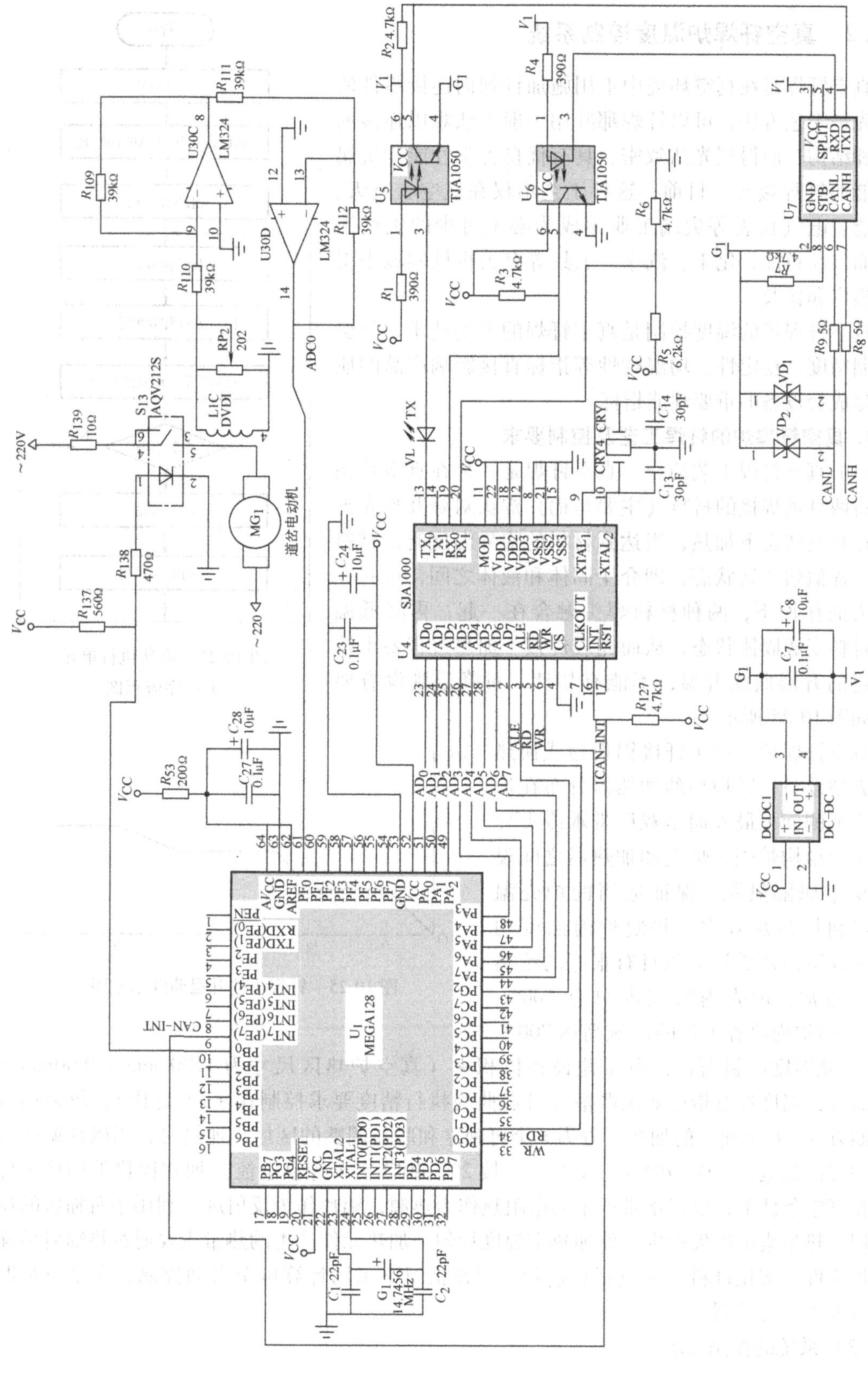

图10-23 道岔执行单元硬件组成

10.3.2 真空钎焊炉温度控制系统

真空钎焊是在真空环境中不用施加钎剂而连接零件的一种先进工艺方法，可以钎焊那些用一般方法难以连接的材料和结构，而得到光洁致密、具有优良力学性能和抗腐蚀性能的钎焊接头。目前，这种工艺不仅在航空、航天、原子能、电气仪表等尖端工业中成为必不可少的生产手段，而且在石油、化工、汽车、工具等有关机械领域中得到了推广和普及。

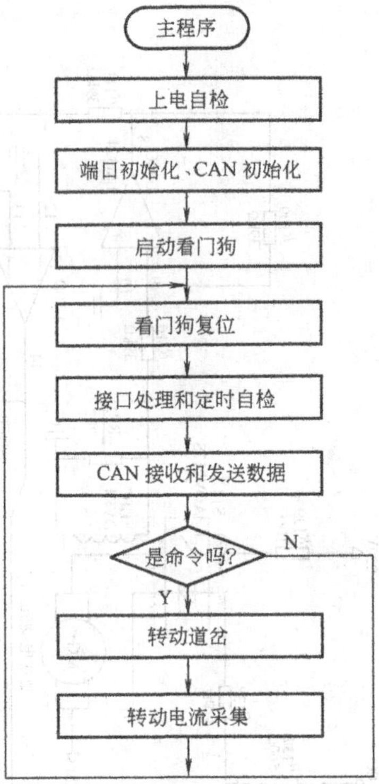

图 10-24 道岔执行单元主程序流程图

真空钎焊炉的温度控制是真空钎焊的关键技术，其温度控制精度、稳定性、均温特性等指标直接影响产品的质量，是成套设备的重要性能指标。

1. 真空钎焊炉的钎焊工艺及控制要求

（1）真空钎焊工艺简介。真空钎焊是一种在真空状态下，将两种被焊接的材料（主要是铝）焊头对好并预先夹紧，在真空状态下加热，当达到材料的临界温度时，材料处于一种似熔非熔状态，即介于固体和液体之间，这时在夹紧力的作用下，两种材料焊头融合在一起，再降低温度，材料变成固体状态，从而完成焊接。加热过程要求按照规定的升温曲线升温，不能有超调，对降温则没有要求，如图 10-25 所示。

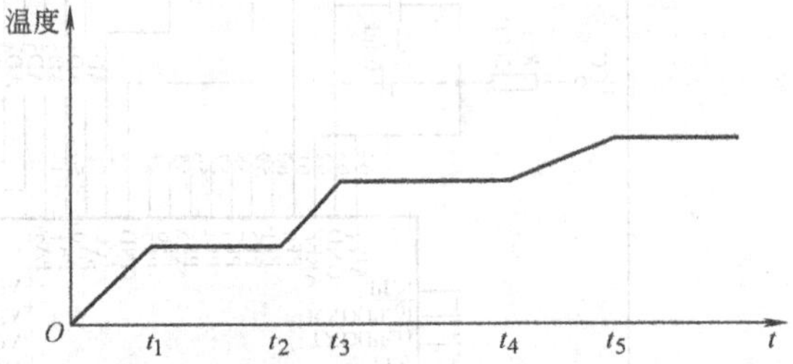

图 10-25 钎焊工艺升温曲线示意图

真空钎焊炉是用于钎接铝板翅式换热器的大型设备，钎焊炉的加热器分布在炉体的六个侧面，最外面是双层带水冷夹套的圆筒形结构炉壳，炉壳和加热器之间设有多层金属隔热瓶，保证适当的炉壳温度，以利提高热效率，并使炉内温度均匀，这种结构使受控对象具有很好的绝热性能，通常，炉壳内壁温度只有 100～200℃，而炉内放置工件的区域高达 700～800℃。就温度控制而言，由于此设备体积大（真空炉热区尺寸为 1100 mm×1600mm×2500mm），温度控制指标要求严格（升温曲线执行精度要求控制在±3℃之内），故采用分区控制方式。6 个面上的加热区分为 8 个可独立和联合调整的区域。加热时，用磁性调压器提供的交流低电压（0～70V）、大电流（按 20～40kV · A 计算电流）加在镍铬带加热元件上，在真空条件下，以镍铬带产生的电阻热作为热源，铝片作为反射屏，利用铝对辐射的反射作用，热量集中损失较少，使加热室温度均匀，加热元件产生的热量主要通过热辐射传递给钎焊零件，熔化钎料，完成钎焊过程。通常情况下采用计算机全自动控制，在紧急情况下，可人工参与控制。

（2）系统的控制要求

1）真空钎焊炉升温过程中，要求炉内热区温度严格按照工艺要求设定的升温曲线升温，炉温由室温升至650℃，控温精度为±3℃。特别是在升温工艺曲线的最后一个转折点不能产生超调。

2）炉室分为8个加热区，每个区的温度经本区热电偶检测，转化为热电动势信号，送计算机处理。执行机构主要由触发器、晶闸管放大器和磁性调压器构成，加热器总功率为450kV·A。另外在工件上安装8支工件热电偶，用以检测大型工件的不同部位的温度。

3）要求热区内温度均匀，温差不超过±3℃，这对大型工件尤为重要。

4）系统具有自动控制、手动控制两种方式。

5）系统具有表格、图形、曲线等显示和打印功能。

2. 温度控制系统结构设计

控制系统主要由上位管理机、控制机、大功率电力电子器件、磁性调压器、热电偶和数据采集等组成。整个真空钎焊炉自动控制系统的结构如图10-26所示。

真空钎焊炉的热传递主要是热辐射及工件内部的热传导。由于工件的几何结构、装载方式及装填量的不同，对系统数学模型的参数影响较大，因此，要求控制算法要有较强的适应性。本系统将炉内热区分为8个温度控制大区，16个温度检测小区。采用分区进行温度控制的方法。各温度控制区执行同一条升温工艺曲线，各温度控制区的输出，各区实际的炉温必须满足前述控制精度和温度均匀性的要求。

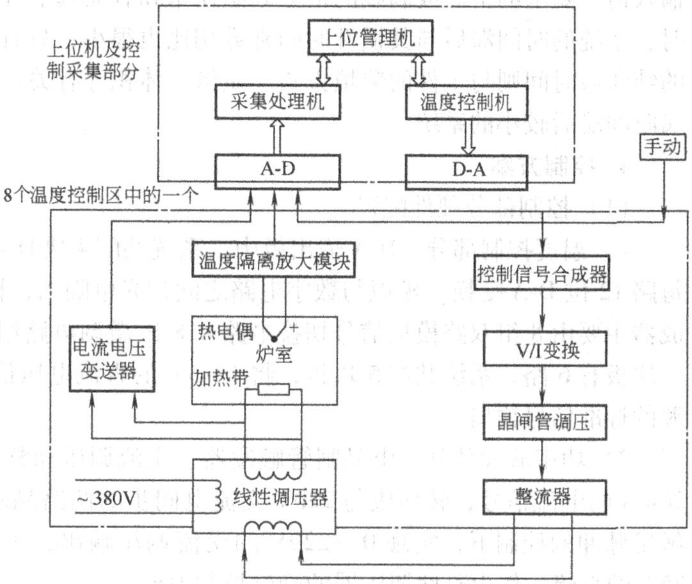

图10-26　真空钎焊炉温度控制系统框图

3. 建立系统数学模型

对于系统可以采用实验的方法在微型计算机上进行开环离线辨识。辨识算法可选用最小二乘算法、辅助变量算法或模型参考自适应辨识算法。参考文献［34］给出了采用以上三种辨识方法，分别编制递推算法程序。这是为了适应现场复杂、多变的实际情况，在事先难以确定待辨识过程的噪声特性的情况下，可用三种辨识方法交叉对比应用，提高辨识的准确性，由此得到较准确的系统数学模型。由于其内容不在本书范围内，这里不作详细介绍。由于该系统模型并不复杂，因此，也可以通过对真空钎焊炉进行机理分析建立较粗的数学模型，再用计算机仿真的方法设计数字调节器。

本系统采用铠装镍铬-镍硅热电偶作温度检测元件。热电动势信号经弱信号采集处理机转换成对应的温度值。其转换速度快，精度高。由此构成的反馈环节为单位反馈。

真空炉内的热损失主要包括以下三部分；升温过程中炉内零部件所消耗的热量；加热器引出电极、隔热屏支架等因“热短路”而产生的热损；炉壳和隔热屏间的热辐射损失。

系统受控量是炉内热区的温度，其惯性时间常数与晶闸管放大器、磁性调压器和电阻式加热器的时间常数相比要大得多。因此，当工作在线性区时，后者可简化成比例环节。从而真空钎焊炉温控系统的数学模型（开环）可用下式来描述：

$$\frac{K}{1+Ts}e^{-\tau s}$$

此数学模型的阶跃响应与系统建立后测得的阶跃响应曲线比较一致。而用辅助变量法对系统进行离线辨识取得的开环数学模型具有如下形式：

$$\frac{K(1+T_1 s)^2}{(1+T_2 s)(1+T_3 s)}e^{-\tau s}$$

其中 T_1、T_3 均小于 T_2 的百分之一，故可忽略不计。

数学模型中的放大倍数 K 和时间常数 T 可根据系统的最高工作温度及对应的控制电流输入值、要求的空炉或满载的最大升温速率和有关真空钎焊炉的热工计算值进行估算。空炉时，系统的时间滞后与其惯性时间常数相比也很小，只有 1～2min，也可忽略不计。满载时的纯滞后时间则与工件的装填方式、质量、体积等有关，但与此时对应的时间常数相比，仍属时间滞后较小的系统。

4. 控制方案

（1）控制部分硬件配置

1）温度控制部分。D-A 输出板中，系统共配 4 块 D-A 输出板，每块有独立的 8 路输出，每路 12 位 D-A 变换，模拟与数字电路之间带光电隔离，输出 1～5V 直流信号；控制信号合成器主要由 8 组双路模拟信号切换电路和 8 组微调电路组成；高精度线性 V/I 变换电路中，一块板有 6 路，系统共配 5 块板，将 1～5V 的直流电压信号线性的转换为 4～20mA 的恒流源的标准信号输出。

2）功率放大部分。由晶闸管触发器、交流调压和整流器组成。晶闸管触发器接收 4～20mA 的电流信号，转换成与 220V 交流电同步的两路晶闸管移相触发脉冲，交流调压器在触发脉冲的控制下，实现 0～220V 的交流调压输出，再经过整流器转换为 0～100V、0～25A 的直流，作为磁性调压器的励磁控制电流。

3）执行元件。配备了功率 40kV · A 的磁性调压器，磁性调压器兼有变压和调压作用，是饱和电抗器和变压器的有机结合，它是通过控制直流电流改变电抗器铁心的磁导率来调节输出电压的，是一种自动控制系统中的新型执行元件。系统将输入的交流 380V 变换成 7～70V 连续可调的低压大电流，给室体的加热带进行加热。

4）信号变换与采集部分

① 温度信号检测。由 K 分度号热电偶完成温度信号检测，具体在 8 个热区安装了 8 支双联热电偶（每支双联偶分为主偶和辅偶），另外，还配备有 8 支工件热电偶，用以检测大型工件的不同部位的温度。由热电偶输出的是直流毫伏信号，K 分度信号幅度约为 40μV/度。

② 温度信号变换。16 路热电偶的毫伏弱信号经过信号变换，转换为 0～5V 的标准信号，选择了隔离放大模块 PCLD-7701，也可选择高精度温度变送器。

③ 加热电流、电压信号变换。磁性调节器的电压和电流分别经过电压电流变送器转换为 4～20mA 的电流，再经过 I/V 变换，转换为 1～5V 的标准信号进入 A-D 板。

④ A-D 转换通道。温度信号的 A-D 转换用 14 位高精度 A-D 转换卡 PCL-814，前端是

PCLD-770 调理板。PCL-814 板是高速逐次逼近式 14 位 A-D 板，转换后的数据因随机干扰波动较大，采用数字滤波后进行运算处理。

（2）控制算法选择。通过实验和分析，合理设计炉室结构和配置加热器，正确划分温度控制区，从结构上保证炉内热区温度的均匀性；精心设计工件夹具，适当安置必要的屏蔽和正确的工件装载方式，可使钎焊过程中，由于工件、夹具、屏蔽层的屏蔽、反射和传导作用，各温度控制区之间的温度耦合现象大大降低，这样即使不用解耦的方法，系统也可正常运行。此时，各温度控制区作为独立的回路进行控制，来自其他各区的温度变化的影响，可作为对本区输出的扰动来处理，从而使控制变得十分简单。当个别温度检测小区温度不符合要求时，尚可利用各小区的执行机构对其温度进行微调。这时，对这种典型的"一阶惯性+纯滞后"工业控制对象，当纯滞后时间较小时，PI 调节器即可获得较好的控制效果。

为了确保在升温工艺曲线的拐角处不产生超调，针对被控对象在升温和降温过程中产生的非线性特性，对调节器的控制输出增量 $\Delta u_i(k)$ 增加一修正值 $u_{im}(k)$，并对修正后的 $\Delta u_i(k)$ 予以限幅，构成非线性数字 PI 调节器。$u_{im}(k)$ 的大小根据该温度控制区所呈现的非线性特性的强弱而定。此时，第 i 温度控制区调节器控制输出增量 $\Delta u_i(k)$ 为

$$\Delta u_i(k)=\begin{cases} d_{i1}e_i(k)+d_{i2}e_i(k-1)+u_{im}(k) & |\Delta u_i(k)<\Delta u_{i\max}| \\ \Delta u_{i\max} & \Delta u_i(k)\geqslant \Delta u_{i\max} \\ -\Delta u_{i\max} & \Delta u_i(k)\leqslant -\Delta u_{i\max} \end{cases}$$

式中　$e_i(k),e_i(k-1)$——第 i 温度控制区给定值与该区实际温度本次、上次值偏差；

$d_{i1}(k),d_{i2}(k)$——第 i 温度控制区 PI 调节器参数；

$\Delta u_{i\max}$——第 i 温度控制区调节器控制输出增量限幅值。

第 i 温度控制区调节器控制输出 $u_i(k)$ 则为

$$u_i(k)=\begin{cases} \Delta u_i(k)+u_i(k-1) & 0<u_i(k)<u_{\max} \\ 0 & u_i(k)\leqslant 0 \\ u_{\max} & u_i(k)\geqslant u_{\max} \end{cases}$$

式中　$u_i(k-1)$——第 i 温度控制区调节器上次控制输出；

$u_{\max}$——系统执行机构允许最大输入值。

在 MATLAB 环境下进行仿真，可求出 PI 调节器参数，将此参数用于本系统炉温控制，通过对有四个不同升温速率（分别为 11℃/min，6℃/min，5℃/min，10℃/min）的升温段和四个保温段的给定升温曲线的执行，考查系统的温度控制性能，开始时各大区间有 20℃ 的温差。在执行该曲线的全过程中，各温度控制区恒温时温度控制精度为 0～±1℃，升温时，不超过 ±2℃。仿真曲线如图 10-27 所示。

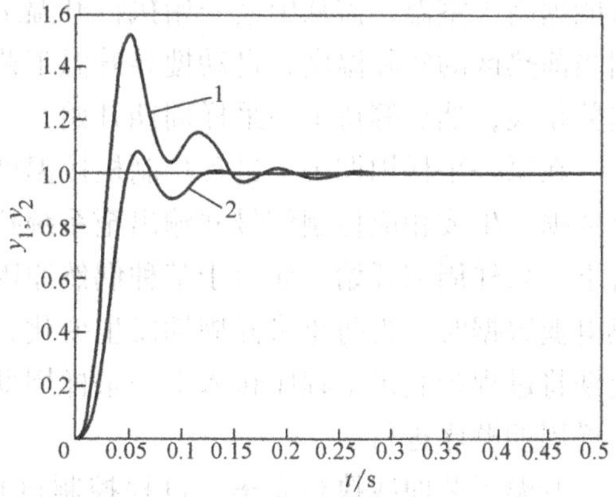

图 10-27　钎焊炉温控制仿真曲线

1—基本 PID 方法仿真曲线　2—PI 算法仿真曲线

图 10-28 给出了真空钎焊炉温度控制系统控制主程序流程图。

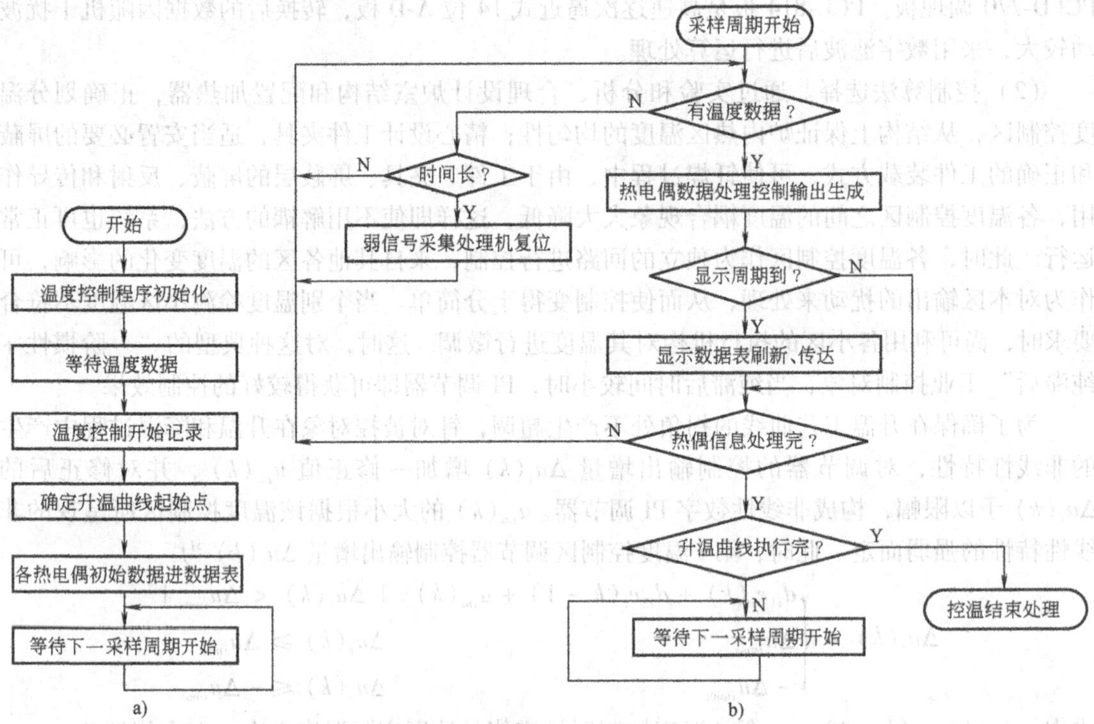

图 10-28 真空钎焊炉温度控制系统控制主程序流程图

a）系统主程序流程图 b）中断服务程序流程图

每一支热电偶的温度数据，通过中断方式由采集处理机进入过程控制机。该热电偶代号、温度数据及采集时刻按序存入温度数据表中，每一支热电偶的数据处理，采用巡测方式进行。

当系统开始执行升温工艺曲线时，过程控制机自动启动温度控制程序。此时，热区温度可能远高于室温，需从中途开始执行升温工艺曲线。因此，程序在进行必要的初始化后，根据当前热区的实际温度，自动搜寻升温工艺曲线的起始执行点，并将有关初始数据选入热电偶数据表，然后等待下一采样周期开始。

在每一采样周期中，过程控制机按温度数据表中数据存放顺序，依次处理各热电偶的温度数据，生成相应控制信号并输出至系统执行机构。本周期中各热电偶数据处理完毕，则等待下一采样周期开始。如由于某种偶然原因，在预定的采样周期内无法处理完全部应处理的热电偶数据时，为防止采样周期发生变化，利用过程控制机内产生的时钟信号，用中断方式定期将过程控制机主程序转入下一采样周期开始处执行。从而保证温度控制严格按照预定的采样周期顺序进行。

升温工艺曲线执行完毕，过程控制机自动结束温度控制程序，将各执行机构的输入清零，转入对各开关量和温度值进行检测的程序。

10.3.3 基于二乘二取二的分布式安全计算机联锁系统

分布式联锁系统是高可靠、高安全的分布式数据采集和监控系统，它具有集散控制系统的特点，即“控制地域广阔、控制点分散”的特点，另外由于是铁路信号的控制，同时具有铁路的“故障安全”的特性，即设备故障的时候，也要保证输出能导向安全侧输出，保证铁路行车安全。

二乘二取二的分布式安全计算机联锁系统是新型的联锁系统，它是以前双机热备全电子联锁系统的升级设备，系统加入了安全计算机技术完成了二乘二取二安全联锁计算机的设计，系统在以前的基础上加入了安全通信网络，在现代通信技术、光网络技术和实时安全通信协议等技术基础上，实现了分布实时网络控制。在控制末端采用现场总线（CAN 总线），针对 CAN 总线自带协议的不足，加入了安全通信协议，实现了现场设备的安全控制。这种控制模式是网络控制和现场总线控制的良好结合，发挥了各自的特点，将网络的便携性、广泛性和现场总线的实时性结合起来，实现了工业现场的实时安全控制。

1. 分布式联锁系统控制过程简介

铁路车站一般一个车站设置一套联锁设备，用于调度控制列车的进站、出站和场内车辆调车作业。当一段铁路线路上有一个大型车站，其他周围车站均为小规模车站时，为每个车站都设置一套联锁系统，配置一组操作维护人员显得不太经济，此时可以采用如图 10-29 所示的分布式联锁控制系统，在大型车站设置一套集中联锁机和执行系统，在周围小站只设置执行系统，小站的执行系统通过光纤和联锁机进行通信，接受联锁机的控制，从而实现多个车站的集中控制。

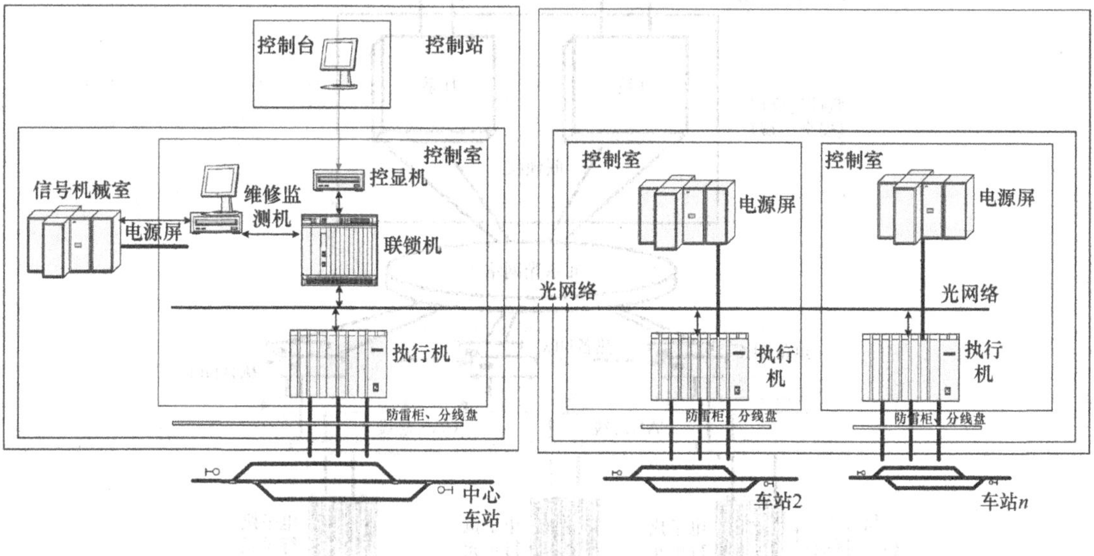

图 10-29 分布式联锁控制系统示意图

每个车站设有一套电源屏，给本站的各种设备提供相应电源，有 380V 的三相交流电提供给交流转辙机，轨道电路电源、信号机点灯电源、场间联系电源等各种电源都经过隔离稳压，保证了供电精度，且相互没有干扰。

每个车站设置一套全电子执行机，经过分线盘和室外设备相连，控制室外设备动作，如控制转辙机搬动道岔、开放信号灯等，并采集室外的状态，实时传送给中心车站的联锁机。

在中心车站设置一套联锁机，由它通过光网络控制多个车站，实时监督各个车站设备的状态，完成列车的进出站控制，当发现危险状态时，及时关闭信号，保证列车的安全。

在中心站设置控制台，在一个控制台上完成多个车站的控制、监督和监测。由于采取集中控制，所以多个车站只需要一组车务控制人员、一组电务维修人员，节约大量的人力资源。

2. 二乘二取二计算机联锁系统总体结构

全电子安全计算机联锁系统总体结构如图10-30所示。系统结构分为3层：操作表示层、安全联锁逻辑层、全电子执行层。操作表示层的人机接口主要实现整个系统的操作、显示和维护，安全联锁逻辑层基于二乘二取二安全联锁计算机实现各种联锁逻辑运算、同步和控制，全电子执行层中的各种智能电子单元实现对底层信号基础设备的控制和监测。操作表示层和安全联锁逻辑层之间通过双路工业以太网进行通信，安全联锁逻辑层和全电子执行层之间通过环形光网络进行通信，全电子执行层采用冗余CAN（Controller Area Network）总线通信。从安全性角度考虑，整个系统分为安全区域和非安全区域，其中操作表示层为非安全区域，而安全联锁逻辑层和全电子执行层属于安全区域。

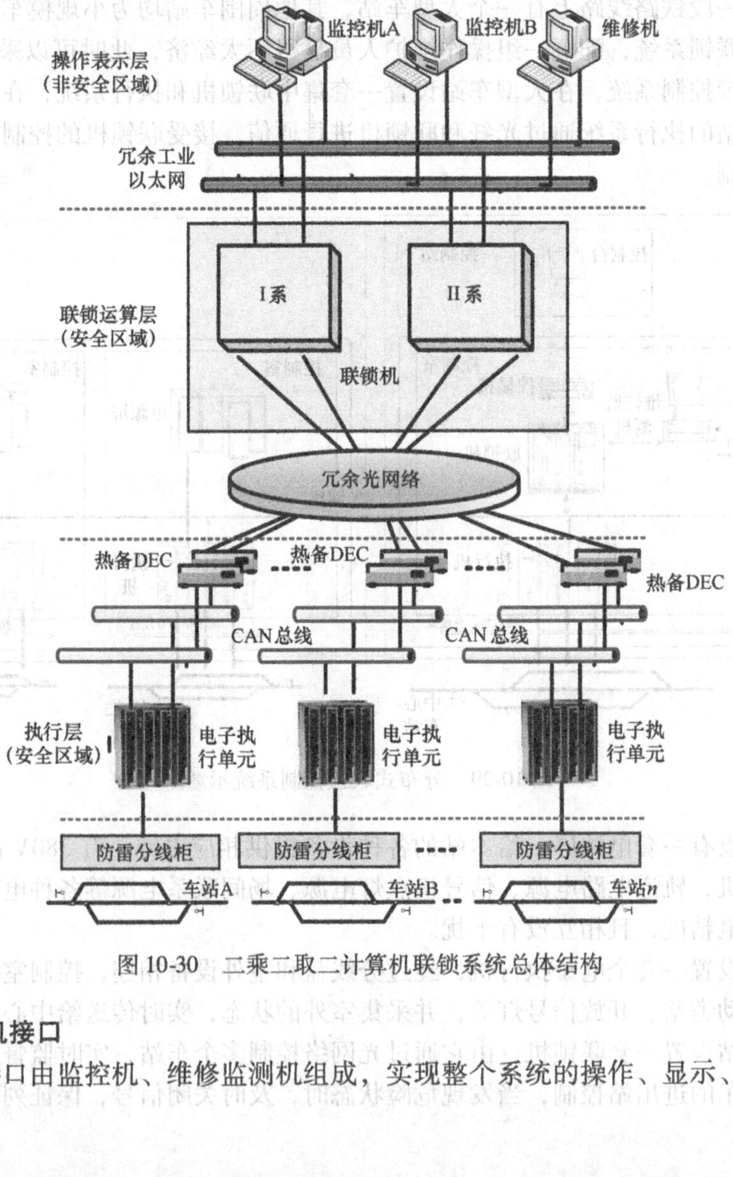

图10-30 二乘二取二计算机联锁系统总体结构

3. 系统人机接口

系统人机接口由监控机、维修监测机组成，实现整个系统的操作、显示、维护及与车站其他系统间的通信。监控机由冗余热备的工业控制计算机A和B组成，通过双路工业以太网与联锁机通信。两套监控机同时工作，物理上相互独立，都具有人工操作（如办理进路）功能，通过双路工业以太网向安全联锁逻辑层中的二乘二取二联锁机发送操作命令，并接收来自联锁机的命令执行情况以及站场中各信号设备的表示信息，完成值班员的各种执行任务，并将执行结果实时显示在控制台或显示屏上。

维修监控机实现车站站场显示和设备维修记录及查询，通过双路工业以太网与监控机通信。监听监控机的操作命令、联锁机的命令执行情况，记录值班员操作命令、站场变化信息、系统错误，同时通过监测CAN总线与全电子执行单元通信，采集信号设备和执行单元的状态信息，实现记录的存储、打印、再现等功能。维修监控机具有将电务维修机和微机监测系统二合一功能，为电务维修提供方便。

4. 二乘二取二联锁机

二乘二取二联锁机是系统的核心，负责整个系统的控制运算。根据从全电子执行层采集的现场实时状态，进行联锁逻辑运算，同时将运算结果发送到全电子执行系统和系统监控机。

（1）二乘二取二联锁机结构

为了保证联锁运算的准确性，联锁运算采用二取二的模式，即两套CPU同时运算相同的任务，运算的结果经过比较一致后，形成命令给执行单元。但为了避免两套系统出现同样的错误，也就是在相同的编译环境下，同一个程序如果运行在两套CPU中，在极端情况下隐含的错误可能同时出现，为了检测出这样的错误（编译器可能隐含的错误和联锁程序可能隐含的错误等），需要两种不同的编译器，两组联锁软件编写人员，经过两套不一样的、完全异构的系统，这样可以减轻或避免经过大量测试，仍然可能有缺陷的软件产生。这种异构的思想，贯穿在联锁系统设计的各个部分。

如果一台二乘二联锁机出了问题，为了保证系统还能正常运行，需要热备一套二乘二联锁机，这样的联锁系统俗称就是二乘二取二联锁系统。

二乘二取二联锁机主要由Ⅰ系、Ⅱ系两套联锁主机、联锁背板、冗余电源和联锁机笼组成。每个系由联锁主板、执行单元光通信板和对外接口以太网通信板组成。

每系联锁主机有两套完全独立的CPU运算系统，形成二取二的运算格局，分别独立运行不同编译环境里编译的联锁程序。监控机的操作命令通过冗余热备的工业以太网同时下发给两系联锁主机中4套CPU处理系统进行运算处理。为了确保输入信息的可靠和系统运算的同步，两系联锁主机通过冗余同步高速光通道交换信息，通过两系联锁主机间的同步机制，同时进行运算处理，通过冗余的环形（或星形）光通信网络将比较结果发送给冗余热备的执行单元通信板（DEC），主DEC通过双路CAN现场总线将控制命令发送给执行单元模块，备DEC处于热备，当主DEC故障后，自动切换到备DEC控制输出，以确保系统传输通道的冗余工作。当两系联锁主机均为正常工作时，则安全联锁计算机以冗余热备方式工作；若任一系联锁主机失效，则系统自动切换。失效的联锁主机修复后，经过系间主动跟踪同步机制，快速与正常工作的联锁主机同步，重新参与在线运算，使系统的各种状态始终保持一致。整个系统自上而下采用多重冗余交叉结构，确保不会因单点故障而导致整个系统的非正常工作，将集中式控制带来的风险分散，既能够协同工作，又使系统满足更高的安全性和可用性。

(2) 安全型CPU主板的设计

为了保证系统的安全性和可靠性，联锁主机CPU主板采用专门设计的硬件电路板，主板上集成了两套独立的CPU处理器。CPU处理器采用32位低功耗嵌入式处理器，在CPU主板电路中增加了故障自检电路、总线硬件比较控制器、硬件同步控制器、具有故障-安全特性的I/ F（控制输入输出接口）控制部件和光通信接口等。由于总线硬件比较控制器对整个系统的可靠性和安全性起着至关重要的作用，因此采用百万门级的大规模FPGA（Field Programmable Gate Array，现场可编程序门阵列）设计实现总线硬件比较控制器芯片。RCU（主机通信板）也采用专门设计的冗余通信电路和通信安全协议，以保证通信链路具有故障-安全性能。CPU处理系统采用实时嵌入式操作系统VxWorks，通过对操作系统内核代码的裁剪和驱动代码的开发，开发出与CPU主板硬件紧密结合的专用操作系统，进一步增强系统的安全性、可靠性和实时性。1系安全联锁机架构如图10-31所示。

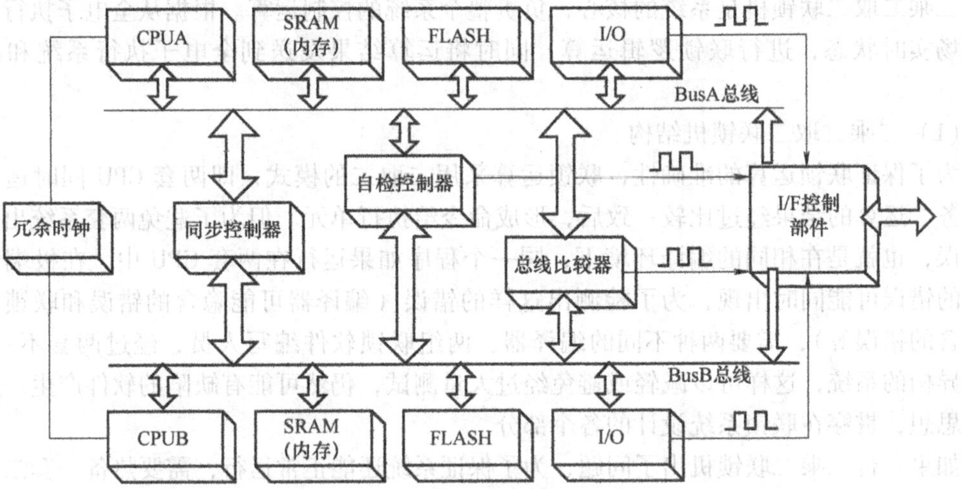

图10-31 1系安全联锁机架构

CPU主板由两路CPU（CPUA和CPUB）处理器、总线硬件比较控制器、硬件自检控制器、硬件同步控制器、I/ F控制部件、全局冗余时钟、FLASH、SRAM和必要的接口电路组成。两路CPU系统使用全局冗余时钟，CPU处理系统中有两套独立的总线BUSA和BUSB，分别与CPUA和CPUB连接。自检控制器对系统电路进行实时自检，如果主板电路工作电压正常，读写访问未发生溢出、超界或异常，接口电路通信正常，Watchdog电路未超时，则由其内部动态信号产生电路输出动态信号给I/F控制部件，否则停止输出该动态信号。在每个总线运算比较周期内，由总线硬件比较控制器对双微处理器的运算结果进行总线校核比较。总线硬件比较控制器在正常情况下，由其内部动态信号激励电路产生动态信号，该动态信号和比较一致的运算结果输出给I/F控制部件。如果比较器故障或比较结果不一致，则不产生动态信号，并将总线控制器状态信息反馈给CPU系统。两路CPU系统工作正常，通过各自的I/O接口输出动态信号给I/F控制部件，当系统软件死机或硬件自检异常时，立即停止工作，切断系统总线输出的允许信号。

(3) 输入输出控制（I/F）部件

I/F控制部件是主板的输入/输出接口，只有当两路CPU系统的I/O、自检控制器和总线硬件比较控制器都工作正常且输出动态信号时，I/F控制部件才将总线硬件比较控制器比较一致的结果输出给冗余热备的DEC，否则，任何1个输入信号异常都将导致I/F控制部件停止输出。I/F控制部件同时接收从冗余热备的DEC传送来的信号基础设备的状态，并分别输出给两路CPU系统。I/F控制部件具有两路独立的控制输出接口和两路独立的系统间同步接口，当任何一路接口故障，系统自动切换到另一路通信接口进行输入输出。为提高系统接口的可靠性和安全性，通信接口均设计成光通信接口，以便于实现远程控制和区域联锁控制。

(4) 同步机制

目前，处理器同步机制主要有两种方式：一种是时钟同步，两路CPU处理器共用1个时钟，通过系统时钟实现CPU同步工作和比较；另一种是任务级同步，通过软件任务点的同步保证系统同步。时钟同步方式下，系统的容错和安全管理功能由硬件完成，控制软件与单机系统一致，通过时钟同步实现控制输出数据的总线硬件比较，安全性高，但其共模错误抑制能力较低，而且还需要考虑时钟偏移和故障。由于目前处理器的运算速率越来越快，尽管共用同一个时钟，软件代码一致，也不能保证两路CPU处理器运算过程是完全同步的，同时还需要考虑逻辑门时延的影响和时钟的偏移及失效，同步电路设计会非常复杂。相对于时钟同步，采用任务级同步时，两路CPU处理器运行不绝对同步，构成松散耦合冗余结构，硬件结构相对简单，不需要考虑时钟的容错设计，对共模错误的抑制能力高，但因为系统的容错和安全管理功能由软件完成，需要将应用程序分成若干任务，分别在每个任务之后通过通道内同步总线交换同步信息，进行状态数据和控制输出数据的二取二表决，所以控制效率不高，增加了软件复杂度。

考虑到两种同步方式的优点和不足，在CPU主板设计时，通过采取硬件同步控制器、总线硬件比较控制器和软件时间点同步相结合的方式实现1种新的同步机制。对于运算逻辑输出，由总线硬件比较控制器对总线输出进行比较，对于各级任务时间点同步，则通过硬件同步控制器同步触发机制实现任务同步，从而实现硬件和软件结合的准时钟任务级同步机制。硬件同步控制器由系内同步（两路CPU处理器之间）控制逻辑和系间同步（两套联锁主机之间）控制逻辑组成。系内同步控制逻辑通过设置多级时间同步窗口，软件进入到任务同步窗口，输出同步码给系内同步控制逻辑，不需要等待系内另一路CPU处理器的响应，可继续处理其他运算任务，当系内同步控制逻辑判断出两路CPU处理器分别运行的子任务进入同一任务类型的同步窗口时，立即触发同步中断给两路CPU处理器，实现两路CPU处理器的任务点实时同步。当系内同步控制逻辑判断两路CPU处理器进入数据比较输出窗口时，启动总线输出时钟电路，实现两路CPU处理器数据输出总线的数据位对齐，由总线硬件比较控制器对两路CPU处理器数据输出总线的数据流进行位比较。如果数据流中任何一位的比较结果不一致，则停止输出总线的数据流的位比较，同时将比较结果反馈给两路CPU处理器进行后续处理。通过这种方式，实现了两路CPU处理器数据输出总线数据流的二取二硬件表决，保证了数据输出的安全性，同时通过多级任务同步窗口，避免了CPU处理器的同步等待，减小了同步时间偏差，使系统始终保持在确定的同步偏差范围内，不会造成时偏的积累，提高了运算效率。系内同步控制逻辑同时实现了两路CPU处理器之间的中间状态信息交换。硬件同步控制器的系间同步控制逻辑实现了两套联锁主机之间的同步，可保证互为主备的联锁主机状态保持一致，并监测对方系的工作状态。为提高系统的可用性，系间同步控制逻辑通过冗余同步通道传送同步信息，并将对方系的数据信息同时传送给本系的两路CPU处理器。

5. 二乘二取二联锁系统中高安全、高可靠通信设计

在实时性、安全性要求很高的系统中，通信的安全性和实时性是一项关键的环节，通信的质量好坏往往制约了整个系统的性能。在二乘二取二联锁系统中，系统各个环节的通信也是系统各个环节设计的重要组成部分，系统中的主要通信有联锁机和监控机控制台的通信、联锁机和执行机通信板的通信、执行机通信板和执行单元的通信，下面就这三种通信模式做一个详细介绍。

（1）联锁机和监控机（控制台）的通信

采用工业以太网通信，但一般工业以太网的协议还不能满足铁路高安全的需要，根据铁道部的标准《RSSP-I铁路信号安全通信协议》，联锁机和监控机的通信采用此标准中的协议，满足了高安全的需要。

1)《RSSP-I铁路信号安全通信协议》简介

在一个系统中如果连接的设备数量固定或最大数量固定，有已知的固定的传输系统，这样的系统可以忽略非法访问的风险，这样的网络称作封闭式网络。在封闭式网络里，通信主要的问题有数据帧重复、数据帧丢失、数据插入、数据帧次序混乱、数据错误、数据传输超时等6种错误，这些错误在安全系统通信中必须加以防范，在《RSSP-I铁路信号安全通信协议》中规定了可以采取的措施，包括序列号、时间戳、超时、源标识、反馈报文、双重校验等，有些措施一种可以防范几种通信错误，有些措施只防范一种，防范表如图10-32所示。图10-32中有√的代表这种措施可以防范横坐标的错误。二乘二取二联锁系统是典型的封闭式网络。

危害	防御措施						
	序列号	时间戳	超时	通信源标识	反馈消息	身份识别	双重校验
重复	√	√					
删除	√						
插入	√			√	√	√	
乱序	√	√					
损坏							√
延迟		√	√				

图10-32 防范措施和通信错误对照表

2）联锁机和监控机的通信硬件连接

联锁机与监控机之间采用以太网接口连接，设备与通信网络均按冗余配置。联锁机每系的每个CPU提供两路通道与监控机通信，如图10-33所示，每系有两个CPU，每个CPU两个网口，联锁机一共出8个通信口和工业以太网交换机相连。两者之间的数据传输采用UDP方式。

联锁机每系的两个CPU的每个通道与监控机双机的对应通道（监控机双机的通道1与联锁机双系通道1，监控机双机的通道2与联锁机双系通道2）均建立通信任务。

发送数据的设备分别通过通道1和通道2两个物理通道发送相同的应用数据，实现通道冗余。

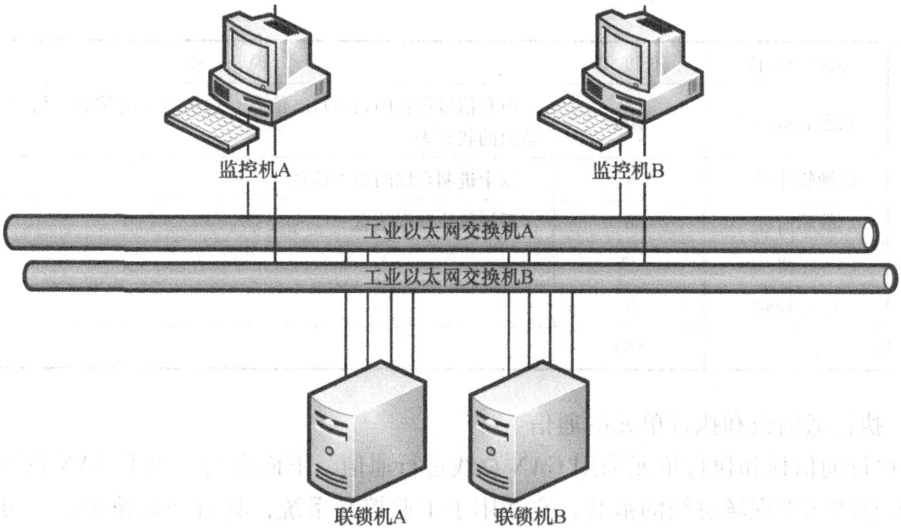

图10-33 联锁机与监控机连接示意图

本地的主、备两系均向外部设备的主、备系发送应用数据消息。

每套联锁机的两系同步运行，发生两系切换时，保证主备交替后发送数据的连续性。

3）联锁机和监控机的通信报文

联锁机和监控机的报文采用《RSSP-I 铁路信号安全通信协议》中规定的报文格式，见表10-1。

表10-1 通用通信报文格式

报文头	安全校验域	用户数据包	报文尾 CRC16

安全通信报文有三种报文：一个是正常通信报文；两个是通信时序校正报文，用于校正通信时序，见表10-2。

表10-2 通用通信报文类型

名　称	用　途	长　度
实时安全数据（RSD）	传送安全用户数据包	总长度小于546
时序校正请求（SSE）	当发生接收时序错误时，接收端向发送端发起的时序请求	20（无用户数据包）
时序校正答复	发送端对来自接收端的时序请求，进行回复	25（无用户数据包）

联锁机向监控机发送数据包格式见表10-3，发送的数据长度是550B，包含了设备状态信息、故障信息、软件版本、CRC校验等信息。

表10-3 联锁机向监控机发送数据包格式

序　号	数据块名称	长度/B	说　明
1	站号	2	具体车站编号，0～65535
2	工作状态	1	联锁机工作模式信息（主用：0x5A，备用：0xA5，其他：0x55）

（续）

序 号	数据块名称	长度/B	说 明
3	状态表示信息	500	所有信号设备的表示状态信息，包括道岔的位置、信号灯的状态、轨道的状态等
4	联锁软件版本	4	以十进制存储的版本信息
5	故障信息	8	系统故障数据信息
6	保留	33	
7	CRC 校验	2	
统 计		550	

（2）执行通信板和执行单元的通信

1）执行通信板和执行单元采用 CAN 总线进行通信，下面先简介以下 CAN 总线。

CAN 总线属于现场总线的范畴，它适用于工业控制系统，具有通信速率高、可靠性强、连接方便、性能价格比高等诸多特点。由此构成的控制器局域网（CAN）是一种有效支持分布式控制或实时控制的串行通信网络，CAN 通信协议是在充分考虑了工业现场环境的背景下制定的，它采用了国际标准化组织的开放系统互连模型中七层中的三层，即物理层、数据链路层和应用层，是 OSI 的一种简化网络结构。

CAN 协议对数据通信提供如下保证：

① 数据通信的可靠性：采用 CRC 校验以及独特的数据信号表示方式，并具有错误识别及自动重发功能。

② 数据通信的实时性：采用面向数据块的通信方式，每帧数据量为 8B，数据传输速率最大为 1Mbit/s，优先级高的数据享有占用总线的优先权。

③ 数据通信的灵活性：采用多主站总线结构，支持多个 CPU 互连，各总线节点间可直接通信，通信介质可为双绞线、同轴电缆或光纤。CAN 卓越的特性、极高的可靠性和独特的设计，特别适合于工业过程监控设备的互连。

2）高安全情况下的 CAN 通信设计

CAN 总线应用于一般的工业现场，但对于像铁路这样的高安全领域，安全性还不足，需要在 CAN 的协议中加入一些措施来满足高安全要求。CAN 硬件有 CRC 校验，根据《RSSP－I 铁路信号安全通信协议》必须要双重校验，所以在数据字节还要加入一级 CRC 校验。另外在协议中还需要加入序列号和超时处理。

① 执行通信板和执行单元 CAN 协议规范及格式

• CAN 总线采用兼容 PeliCAN 模式的 CAN2.0B 协议，CAN 总线的网络访问周期≤250 ms。

• 通信策略：

执行通信板和执行单元通过两路 CAN 总线进行通信，对于执行通信板下发的控制命令，只有当控制命令的两通道都通过安全校核并且一致，执行单元才认为该控制命令有效，执行联锁机的控制命令；

当执行单元返回的两路 CAN 通道状态数据一致，就可作为有效状态，如果执行单元返回的两路 CAN 通道状态数据连续 2s 内比较不一致，则不一致的数据导向安全状态。

- 总线通信采用呼叫应答方式，执行通信板为主叫方，执行单元被动应答返回状态数据帧。
- 执行通信板下发的联锁控制命令1次有效。
- 超时处理策略：

执行单元在连续3s的通信周期内接收不到执行通信板下发的任何有效控制命令帧，则执行单元自动实现故障-安全控制输出；

执行通信板在连续5s内接收不到执行单元上传的任何有效状态数据帧，则自动对该电子执行单元实现故障-安全控制输出命令。

- 在执行单元发生故障时，执行单元会故障-安全输出，同时通过执行通信板向联锁机报警，联锁机接收到执行单元的报警信息后，进行相应的安全控制处理。

② 通信报文格式定义

PeliCAN模式的CAN2.0B协议中地址有29bit，数据8B，29bit地址中模块地址占8bit，其他21bit用于其他用途。数据8B中1B用于序列号，两B是CRC，5B供传输正常数据，具体如表10-4所示。

表10-4 执行单元通信报文

报文格式	字段名称	大小/B	取值	备注	地址
报文头	执行模块地址	1	通信节点的唯一地址	执行模块地址	占用CAN扩展帧中的ID.28 ~ ID.21
	地址扩展码低位	1			占用CAN扩展帧中的ID.20 ~ ID.13
	地址扩展码高位	1			占用CAN扩展帧中的ID.12 ~ ID.5
	报文类型	1		帧类型，是命令帧还是状态帧等	占用CAN扩展帧中的ID.4 ~ ID.0
安全数据域	序列号	1	顺序编号 0 ~ 255		占用CAN帧8个用户数据字节中的第1个字节
	安全应用数据	5	需传输的应用编码数据		占用CAN帧8个用户数据字节中的第2 ~ 6个字节
报文CRC	CRC16	2		CRC校验码	占用CAN帧8个用户数据字节中的第7 ~ 8个字节

6. 高可靠、高安全的执行单元设计

全电子执行单元系统是整个系统的执行控制核心，负责整个系统底层信号基础设备的控制和状态采集，它是否安全可靠对整个系统的安全性和可靠性有着非常重要的影响。全电子执行单元根据车站信号基础设备的类型，由道岔模块、信号模块、轨道模块、电码化模块、零散模块和其他接口模块等全电子执行单元构成。全电子执行单元按照“控制、监测、监督”一体化的设计思想，实现“二取二”逻辑控制和闭环检测，通过双路冗余CAN总线分别接收联锁运算结果，进行“与”逻辑控制输出，并实时采集设备状态反馈给联锁主机。执行单元通过监测CAN总线将设备各种状态参数传送给维修监测机。执行单元将新型电力电子器件作为开关元件，采用全电子电路替代传统的安全型继电器，以实现铁路车站信号系统的无触点全电子控制，并通过各种故障-安全机制实现控制的安全。

全电子执行单元负责执行安全联锁逻辑层下发的控制命令，同时向联锁计算机传送现场信号设备的实时状态。全电子执行单元采用“二取二”与逻辑控制结构，具有自检功能、容错功能、动态冗余功能。全电子执行单元硬件组成框图如图10-34所示。

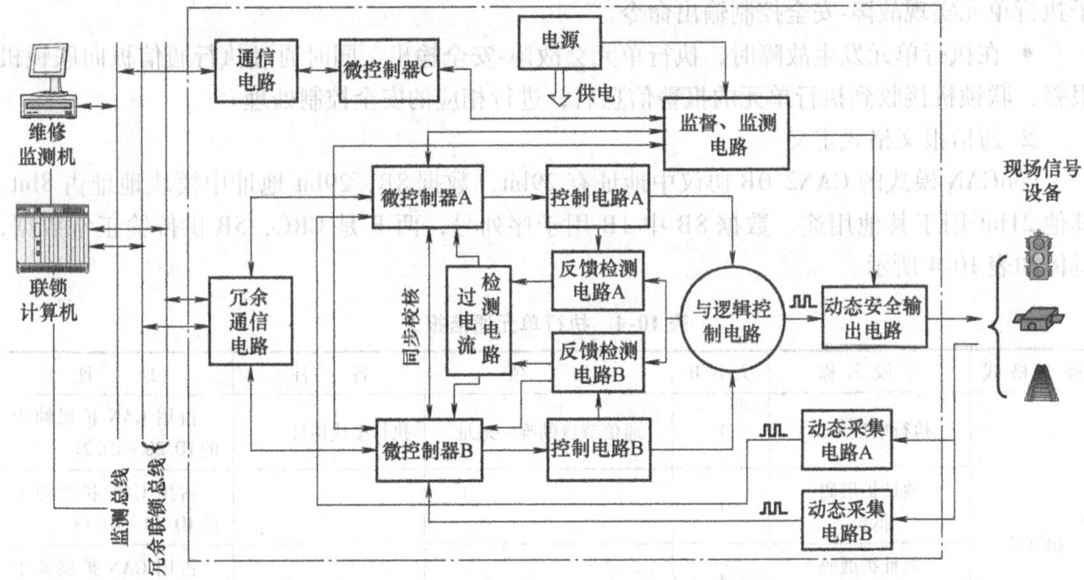

图10-34 执行单元硬件组成框图

在全电子执行单元中，所有控制和检测器件均设计为两套。联锁运算数据经过两路CAN总线，分别送给MCUA和MCUB。两套MCU通过“二取二”与逻辑比较控制输出。通过各自独立的检测电路分别对输出和输入信号进行实时监测，通过MCUA和MCUB的同步电路进行命令和状态的同步和校核。对于一般的故障，双MCU通过判断、比较后能够区分故障性质，并做出相应的处理。如果处理结果经比较不一致，则可以判定某一路发生了故障。当其中1个MCU的输出端口损坏而出现固定电平时，可以在MCU同步检测时发现，不会累积故障。双路比较还可以有效地避免外部干扰对模块的影响。全电子执行单元对于任何信号，均采用动态刷新原则。对于控制信号，每个控制周期MCU都要刷新所有的控制端口。对于采集信号，每个采集周期都要对端口状态进行多次采集，以达到“去伪存真”的目的，并且设计时将脉冲信号对应于安全侧，而将固定电平无论是“0”或“1”或其他电平都对应于危险侧，以符合故障-安全原则。

全电子执行单元中的两套MCU通过与逻辑控制电路控制主回路的断开和闭合，检测电路实时检测控制主回路的输出信号，并将采集信号变换成动态脉冲信号回送到各自的MCU中进行闭环处理和控制。当控制主回路开关异常时，立即切断动态安全输出电路，实现控制输出的故障安全。如果状态异常，在上传报警信息的同时，通过双断原则自动切断驱动电源和危险侧的控制输出，并继续实时监测外部信号设备的状态。

7. 二乘二取二联锁系统应用

基于二乘二取二的全电子安全计算机联锁控制系统采用冗余结构、故障隔离技术、安全防护和二取二全电子化技术，保证了整个系统硬件的安全可靠，容错机制的使用保证了对单点故障（瞬时故障或永久故障）的屏蔽和系统的不间断安全运行，联锁执行逻辑中多种技术的运用确保了联锁逻辑的安全实施，保证了系统中执行部分的安全可靠。目前所研制的二乘二取二全电子计算机联锁系统已应用在多个车站，如图 10-35 所示为国内某大型石化厂的火车站，图 10-36 为控制该火车站的二乘二取二全电子计算机联锁系统实际设备，图 10-37 为监控机的控制台界面，系统投入应用，运行稳定、可靠。

图 10-35　某大型石化厂的火车站

图 10-36　联锁系统实际设备

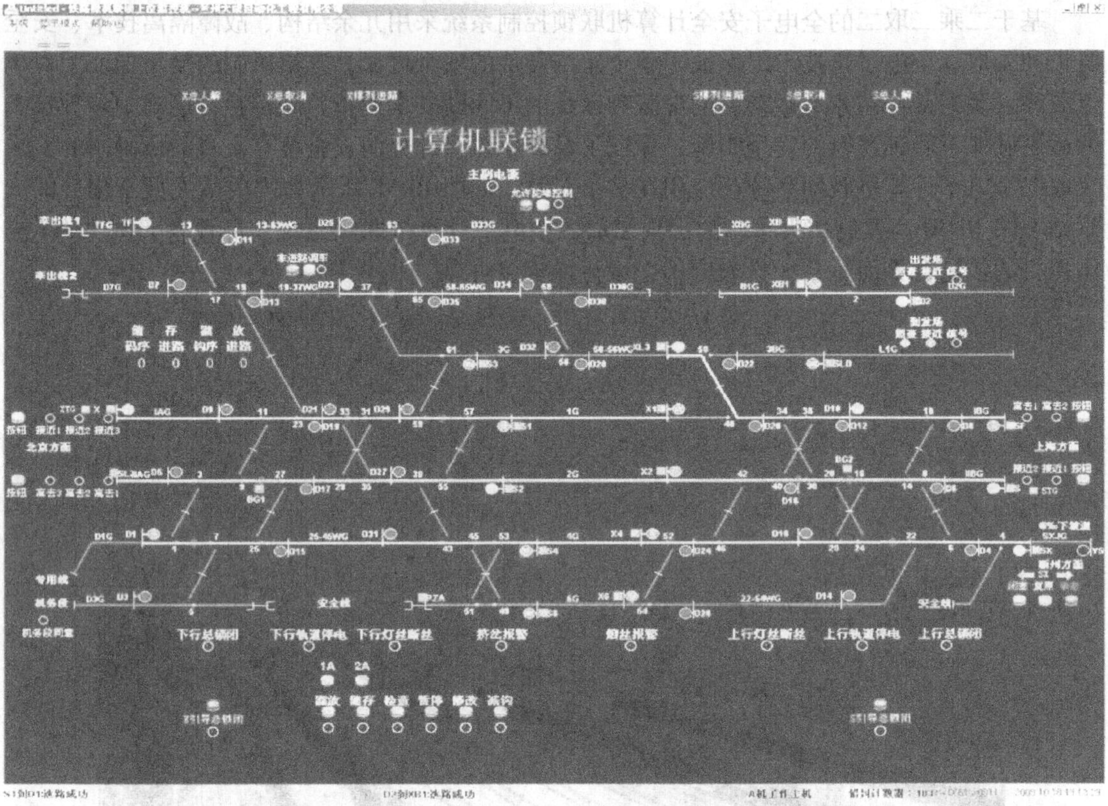

图 10-37 监控机的控制台界面

本章小结

本章叙述了计算机控制系统的设计和工程实现所应遵守的一般原则与设计步骤；计算机控制系统的设计和工程实现是一个实践性很强的综合技术问题，系统应用在实际工业现场还会遇到许多具体实现问题。提高系统抗干扰能力是控制系统设计的一个重要内容，本章较详细地介绍了计算机控制系统的各种抗干扰的实用技术。最后，结合作者的科研开发项目，给出了3个计算机控制系统设计和实现的应用实例。

习题和思考题

10-1 计算机控制系统的设计原则是什么？

10-2 计算机控制系统的设计有哪些步骤？

10-3 电源系统抗干扰主要有哪几种方法？各起什么作用？

10-4 计算机控制系统在模拟量输入/输出通道上是如何抑制干扰的？

10-5 计算机控制系统在数字量输入/输出通道上是如何抑制干扰的？

10-6 计算机控制系统中有哪几种地线？应怎样连接？

10-7 计算机控制系统中有哪几种常用的软件抗干扰方法？

10-8 计算机控制系统的故障自诊断技术是如何实现的？

10-9　设计一个以 8086 或 8031 单片机为核心的微型计算机控制系统，要求：

（1）32KB RAM 和 64KB EPROM。

（2）16 位的 A-D，D-A 各 2 路。

（3）16 个数字量 I/O，要求驱动微型继电器。

（4）具有键盘扫描和数码显示。

（5）RS-232 通信接口。

（6）PID 控制算法，参数可调整。

10-10　参考第 4 章有关内容，设计一个 5 层电梯控制系统，要求完成软件和硬件设计。

附　　录

附录 A　常用函数的 Z 变换

拉普拉斯变换 $F(s)$	时域函数 $f(t)$	Z 变换 $F(z)$
1	$\delta(t)$	1
e^{-KTs}	$\delta(t-KT)$	z^{-k}
$\frac{1}{s}$	$1(t)$	$\frac{z}{z-1}$
$\frac{1}{s^2}$	t	$\frac{Tz}{(z-1)^2}$
$\frac{1}{s^3}$	$\frac{1}{2}t^2$	$\frac{T^2z(z+1)}{2(z-1)^3}$
$\frac{1}{s+a}$	e^{-aT}	$\frac{z}{z-e^{-aT}}$
$\frac{1}{(s+a)^2}$	te^{-at}	$\frac{Tze^{-aT}}{(z-e^{-aT})^2}$
$\frac{a}{s(s+a)}$	$1-e^{-at}$	$\frac{z(1-e^{-aT})}{(z-1)(z-e^{-aT})}$
$\frac{a}{s^2(s+a)}$	$t-\frac{1}{a}(1-e^{-at})$	$\frac{Tz}{(z-1)^2}-\frac{z(1-e^{-aT})}{a(z-1)(z-e^{-aT})}$
$\frac{a}{s^3(s+a)}$	$\frac{1}{2}t^2-\frac{1}{a}t+\frac{1}{a^2}-\frac{1}{a^2}e^{-at}$	$\frac{T^2z(z+1)}{2(z-1)^3}-\frac{Tz}{a(z-1)^2}+\frac{z}{a^2(z-1)}-\frac{z}{a^2(z-e^{-aT})}$
$\frac{b-a}{(s+a)(s+b)}$	$e^{-at}-e^{-bt}$	$\frac{z(e^{-aT}-e^{-bT})}{(z-e^{-aT})(z-e^{-bT})}$
$\frac{ab(a-b)}{s(s+a)(s+b)}$	$(a-b)+be^{-at}-ae^{-bt}$	$\frac{(a-b)z}{z-1}+\frac{bz}{z-e^{-aT}}-\frac{za}{z-e^{-bT}}$
$\frac{a^2b^2(a-b)}{s^2(s+a)(s+b)}$	$ab(a-b)t+(b^2-a^2)-b^2e^{-at}+a^2e^{-bt}$	$\frac{ab(a-b)Tz}{(z-1)^2}+\frac{(b^2-a^2)z}{z-1}-\frac{b^2z}{z-e^{-aT}}+\frac{a^2z}{z-e^{-bT}}$
$\frac{\omega}{s^2+\omega^2}$	$\sin\omega t$	$\frac{z\sin\omega T}{z^2-2z\cos\omega T+1}$
$\frac{s}{s^2+\omega^2}$	$\cos\omega t$	$\frac{z(z-\cos\omega T)}{z^2-2z\cos\omega T+1}$
$\frac{\omega}{(s+a)^2+\omega^2}$	$e^{-at}\sin\omega t$	$\frac{ze^{-aT}\sin\omega T}{z^2-2ze^{-aT}\cos\omega T+e^{-2aT}}$
$\frac{s+a}{(s+a)^2+\omega^2}$	$e^{-at}\cos\omega t$	$\frac{z(z-e^{-aT}\cos\omega T)}{z^2-2ze^{-aT}\cos\omega T+e^{-2aT}}$
$\frac{a^2+\omega^2}{s[(s+a)^2+\omega^2]}$	$1-e^{-at}\sec\varphi\cos(\omega t+\varphi)$ $\varphi=\arctan\left(-\frac{a}{\omega}\right)$	$\frac{z}{z-1}-\frac{z^2-ze^{-aT}\sec\varphi\cos(\omega T-\varphi)}{z^2-2ze^{-aT}\cos\omega T+e^{-2aT}}$

附录 B　MATLAB 控制系统工具箱库函数

功能类型	命　令	功　能
LTI 模型建立	tf	建立或转化成传递函数模型
	zpk	建立或转化成零极点增益模型
	ss	建立或转化成状态空间模型
	dss	建立描述状态空间模型
	frd	建立或转化成频率响应数据模型
	filt	建立数字滤波器模型
	set	置定/修改 LTI 模型属性命令
	ltimodels	各类型的 LTI 模型的详细帮助
	ltiprops	LTI 数据提取可用工具详细帮助
数据提取	tfdata	提取传递函数分子和分母数据
	zpkdata	提取零极点增益数据
	ssdata	提取状态空间矩阵
	dssdata	提取描述状态空间矩阵
	frdata	提取频率响应数据
	get	提取 LTI 的属性值
模型尺寸和特征	class	模型类型(tf、zpk、ss 或 frd)
	isa	测试 LTI 模型是否为给定类型
	size	模型大小和阶次
	ndims	维数
	isempty	LTI 模型是空时为真
	isct	是连续时间模型时为真
	isdt	为离散时间模型时为真
	isproper	为恰当 LTI 模型时为真
	issiso	为 SISO 模型时为真
	reshape	使 LTI 模型的阵列再成形转换
转化成转换函数	tf, zpk, ss, frd	见 LTI 模型建立函数栏
	chgunits	改变 FRD 模型频率点的单位
	c2d	连续到离散时间的转换
	d2c	离散到连续时间的转换
	d2d	再抽样

（续）

功能类型	命令	功能
模型动态性能分析	pole, eig	系统极点
	zero	系统（传送）零点
	pzmap	零极点图
	dcgain	连续低频增益
	norm	LTI 系统的范数
	covar	对白噪声的连续协方差响应
	damp	系统极点的阻尼系数和固有频率
	esort	按实部从大到小对连续极点进行排序
	dsort	从大到小对离散极点进行排序
时延	hasdelay	是有延时的系统时为真
	totaldelay	在每一对输入/输出之间总时延
	pade	用 pade 多项式近似时延
状态空间模型	rss, rmodel	随机生成稳定的连续状态空间模型
	drss, drmodel	随机生成离散状态空间模型
	ord2	生成二阶系统的状态方程或传递函数
	ss2ss	状态空间的相似变换
	cannon	系统转换为标准形式
	ctrb, obsv	可控性阵、可观性阵
	gram	可控性和可观性（gramians）阵
	ssbal	状态空间实现的对角线平衡
	balreal	平衡实现
	modred	模型状态降阶
	minreal	最小实现和零极点对消
	sminreal	结构极小实现
时间响应	ltiview	响应分析图形界面
	step	阶跃响应
	impulse	脉冲响应
	initial	连续状态空间系统的初始状态响应
	lsim	连续系统给定输入的输出计算
	gensig	为 LSIM 产生输入信号
	stepfun	产生单位阶跃输入
频率响应	bode	频率响应的伯德曲线
	sigma	连续奇异值频率曲线
	nyquist	奈奎斯特曲线
	ngrid	画 Nichols 图网格
	nichols	Nichols 图

（续）

功能类型	命令	功能
频率响应	margin	边缘增益和相位裕量
	freqresp	在一频率格栅上的频率响应
	evalfr	在给定频率上求频率响应的数值
系统相互连接	append	通过添加输入和输出把两个 LTI 系统合成
	parallel	系统并联后的等效系统
	series	系统串联后的等效系统
	feedback	系统反馈连接后的等效系统
	lft	广义的反馈连接
	connect	从方块图导出状态空间模型
根平面分析设计工具	rltool	根轨迹设计 GUI
	rlocus	伊文斯根轨迹
	rlocfind	用人机交互确定根
	sgrid	画 s 平面根网格线
	zgrid	画 z 平面根网格线
	acker	单输入单输出系统极点配置
	place	MIMO 系统极点配置
	estim	给定增益构成估计器
LQG 设计工具	lqr	线性平方调节器设计
	dlqr	离散线性平方调节器设计
	lqry	输出加权的调节器设计
	lqrd	用连续代价函数的离散调节器设计
	kalman	离散 Kalman 估计器
	kalmd	被控对象的离散 Kalman 估计器
	lqgreg	给定 LQ 增益和 Kalman 估计器构成 LQG 调节器
	augstate	通过添加状态变量扩大输出
矩阵方程求解	lyap	解连续李雅普诺夫方程
	dlyap	解离散李雅普诺夫方程
	care	解代数黎卡提方程
	dare	解离散代数黎卡提方程

附录C 部分例题 MATLAB 仿真参考程序清单

例 5-4 MATLAB 仿真参考程序 zuiyou_1. m

```
% Optimal control
%
clear all;close all;
% Simulation time
T=0:0.01:20;
% Reference input
r=ones(size(T));
% Plant state space equation
A=[-0.1937      -15.4193  -0.1415  0.0843     0.0;
   0.0          0.0       -0.2111  0.0        0.0;
   -0.49        405.4635  -0.3581  0.2132     0.0;
   -13600       0.0       0.0      -50        -13600;
   -974.6667    0.0       0.0      -3.5833    -991.3333]
B=[0;0;0;13600;974.6667]
C=[1 0 0 0 0]
D=[0]
syso=ss(A,B,C,D);
% Open loop control for step response
[yo,to,xo]=lsim(syso,r,T);
% ----------Choice------
choice=1;
% Design of Linear Quadratic Regulator system
if choice==1
Q=diag([10 1 1 1 1])
R=1
end
if choice==2
Q=diag([100 1 1 1 1])
R=1
end
if choice==3
Q=diag([10 1 1 1 1])
R=10
end
[K,P,E]=lqr(A,B,Q,R)
```

```
disp('The optimal feedback gain matrix K is')
K
Nbar = -1.0/(C * inv(A-B * K) * B);% Compute the reference input, the same as
above line
AC = A-B * K;
BC = B * Nbar;
CC = C;
DC = D;
%The closed-loop state space equation is denoted as (AC BC CC DC)
sysc = ss(AC,BC,CC,DC);
%State feedback control with LQR for step response
[yc,tc,xc] = lsim(sysc,r,T);
%Optimal control single u
n = length(T);
for i = 1:1:n,
    u(i) = Nbar * r(i)-K * xc(i,:)';
end
% ----------Plot----------
figure(1)
plot(tc,yc,'-'),grid
ylabel('Output value y = x1')
xlabel('Time(sec)')
figure(2)
plot(T,u,'-'),grid
ylabel('control input u')
xlabel('Time(sec)')
```

例 6-4 MATLAB 仿真程序 dmc_1. m

```
% reference input
r = ones(31,1);
% sampling time
Ts =0.2;
%%%%%%%%%%%%%%%
ny =1;
tend =6;
t =0:0.2:6;
% Plant
g = poly2tfd(8611.77,[1  1.6  274.13  279.096  8611.77],0,0);
pmod = tfd2mod(Ts,ny,g);
```

```
% MPC controller
choice =0;
if(choice = =0)
    imod = pmod0;% plant-model mismatch
else
    imod = pmod;% plant = model match
end
ywt1 = [ ];
uwt1 = [ ];
P1 =6;
M1 =1;
Ks1 = smpccon(imod,ywt1,uwt1,M1,P1);
[y1,u1] = smpcsim(pmod,imod,Ks1,tend,r);

ywt2 = [ ];
uwt2 = [ ];
P2 =6;
M2 =4;
Ks2 = smpccon(imod,ywt2,uwt2,M2,P2);
[y2,u2] = smpcsim(pmod,imod,Ks2,tend,r);

ywt3 = [ ];
uwt3 = [ ];
P3 =20;
M3 =4;
Ks3 = smpccon(imod,ywt3,uwt3,M3,P3);
[y3,u3] = smpcsim(pmod,imod,Ks3,tend,r);

ywt4 = [ ];
uwt4 = [ ];
P4 =4;
M4 =4;
Ks4 = smpccon(imod,ywt4,uwt4,M4,P4);
[y4,u4] = smpcsim(pmod,imod,Ks4,tend,r);
figure(1)
subplot(2 ,2, 1)
plot(t,r,'--',t,y1,'-')
xlabel('time(sec) (a)'),ylabel('y')
grid
```

```
subplot(2 ,2, 2)
plot(t,r,'--',t,y2,'-')
xlabel('time(sec) (b)'),ylabel('y')
grid
subplot(2, 2, 3)
plot(t,r,'--',t,y3,'-')
xlabel('time(sec) (c)'),ylabel('y')
grid
subplot(2 ,2, 4)
plot(t,r,'--',t,y4,'-')
xlabel('time(sec) (d)'),ylabel('y')
grid
```

参考文献

[1] 李华，范多旺，等．计算机控制系统 [M]．北京：机械工业出版社，2007.
[2] 李华，程瑞琪，吴六爱．计算机控制技术 [M]．兰州：兰州大学出版社，2002.
[3] 高金源，夏洁．计算机控制系统 [M]．北京：清华大学出版社，2007.
[4] 于海生，等．计算机控制技术 [M]．北京：机械工业出版社，2007.
[5] 王锦标．计算机控制系统 [M]．北京：清华大学出版社，2004.
[6] 孙增圻．计算机控制理论及应用 [M]．2 版．北京：清华大学出版社，2008.
[7] 谢剑英，夏青．微型计算机控制技术 [M]．3 版．北京：国防工业出版社，2007.
[8] 郑大钟．线性系统理论 [M]．2 版．北京：清华大学出版社，2002.
[9] 薛定宇．控制系统计算机辅助设计—MATLAB 语言及应用 [M]．3 版．北京：清华大学出版社，2012.
[10] 李正军．计算机控制系统 [M]．北京：机械工业出版社，2005.
[11] 席裕庚．预测控制 [M]．北京：国防工业出版社，1999.
[12] 何克忠，李伟．计算机控制系统 [M]．北京：清华大学出版社，1998.
[13] 金以慧．过程控制 [M]．北京：清华大学出版社，1993.
[14] 冯景之．微型计算机控制 [M]．成都：西南交通大学出版社，1996.
[15] 刘国荣，等．计算机控制技术与应用 [M]．北京：机械工业出版社，1999.
[16] 曹承志．微型计算机控制新技术 [M]．北京：机械工业出版社，2001.
[17] 吴坚，赵英凯，黄玉清．计算机控制系统 [M]．武汉：武汉理工大学出版社，2002.
[18] 潘新民，等．微型计算机控制技术 [M]．北京：人民邮电出版社，1988.
[19] 王勤．计算机控制技术 [M]．南京：东南大学出版社，2003.
[20] 王树清，等．先进控制技术及应用 [M]．北京：化学工业出版社，2001.
[21] 高东杰，谭杰，林红权．先进控制技术应用 [M]．北京：国防工业出版社，2003.
[22] 王树清，等．工业过程控制工程 [M]．北京：化学工业出版社，2003.
[23] 余人杰，等．计算机控制技术 [M]．西安：西安交通大学出版社，1989.
[24] 郑文波．控制网络技术 [M]．北京：清华大学出版社，2001.
[25] 阳宪惠．现场总线技术及其应用 [M]．北京：清华大学出版社，1999.
[26] 王常力，等．集散型控制系统的设计与应用 [M]．北京：清华大学出版社，1993.
[27] 白焰．分散控制系统与现场总线控制系统 [M]．北京：中国电力出版社，2001.
[28] 胡道元．计算机局域网 [M]．北京：清华大学出版社，1990.
[29] 张培仁，等．自动控制技术和应用——监控网络设计 [M]．合肥：中国科学技术大学出版社，2001.
[30] 刘跃南，等．机床计算机数控及其应用 [M]．北京：机械工业出版社，1999.
[31] 刘金琨．先进 PID 控制 MATLAB 仿真 [M]．2 版．北京：电子工业出版社，2004.
[32] 郑以则．大型真空钎焊炉温度控制的研究与实现 [J]．甘肃科学学报，1991，3（8）：16-19.
[33] 王林泽，郑以则．真空钎焊炉系统辨识及应用 [J]．甘肃工业大学学报，1993，3（19）：17-21.